Sous la direction
de
Henry de Lumley
et
Pierre-Marie Lledo

LÉONARD DE VINCI, PIONNIER DE L'ANATOMIE

Anatomie comparée, biomécanique, bionique, physiognomonie

CNRS ÉDITIONS
15, rue Malebranche – 75005 Paris

IPH
Institut de Paléontologie Humaine
Fondation Albert Ier, Prince de Monaco
1, rue René Panhard
75013 Paris

Tél : 00 33 (0)1-43-31-62-91
Fax : 00 33 (0)1-43-31-22-79
Email : iph@mnhn.fr

CNRS ÉDITIONS, Paris, 2021
ISBN : 978-2-271-13574-2

Ce volume réunit les actes du colloque international qui s'est tenu à l'occasion du 500e anniversaire de la mort de Léonard de Vinci, le 2 mai 2019 au Château du Clos Lucé, à Amboise, que lui avait offert le roi de France, François Ier : « Léonard de Vinci, Anatomiste. Pionnier de l'Anatomie comparée, de la Biomécanique, de la Bionique et de la Physiognomonie ». Organié par l'Institut de Paléontologie Humaine, Fondation Albert Ier Prince de Monaco, avec le concours du Château royal d'Amboise, du Château du Clos Lucé et de la Mission Val-de-Loire, et avec le soutien de la Fondation Richard Lounsbery : il a rassemblé des chercheurs venus d'Allemagne, d'Angleterre, des États-Unis, de France, d'Italie, de Nouvelle-Zélande et de Suisse.

Sous le haut patronage de

Monsieur Emmanuel MACRON

Président de la République

500 ans de Renaissance en Val de Loire

À l'occasion du 500e anniversaire de la mort de Léonard de Vinci

Institut de Paléontologie Humaine Fondation Albert Ier, Prince de Monaco

Mission Val de Loire

Richard Lounsbery Foundation

Organisé avec la collaboration de

Château royal d'Amboise

Château du Clos Lucé

COLLOQUE INTERNATIONAL
LEONARD DE VINCI, ANATOMISTE

Pionnier de l'Anatomie Comparée, de la Biomécanique, de la Bionique et de la physiognomonie

Vendredi 11 et samedi 12 octobre 2019

Au Château royal d'Amboise, le vendredi 11 octobre 2019

Au Château du Clos Lucé, le samedi 12 octobre 2019

Ce colloque a été organisé sous le parrainage de

Bruno MARMIROLI, Directeur, Mission Val de Loire, Tours, France
Henry de LUMLEY, Président de l'Institut de Paléontologie Humaine, Fondation Albert Ier Prince de Monaco, Paris, France
Jean-Louis SUREAU, Directeur du Château royal d'Amboise, Amboise, France
François SAINT BRIS, Président et Conservateur du Château du Clos Lucé, Amboise, France

Comité d'organisation

Armelle de CRÉPY, Assistante à l'Institut de Paléontologie Humaine, Paris, France
Emma CROCHET, Assistante à l'Institut de Paléontologie Humaine, Paris, France
Elisabeth FAUQUEMBERGUE, Assistante de Direction au Laboratoire de Préhistoire Nice-Côte d'Azur, Nice, France
Sheryne GROSSET-PICAZO, Responsable communication et événementiel à l'Institut de Paléontologie Humaine, Paris, France
Caroline LEMERLE, Assistante à l'Institut de Paléontologie Humaine, Paris, France
Marguerite MANGIN, Coordinatrice du projet « Leonard de Vinci » à l'Université Rockefeller, New-York, Etats-Unis
Melika SIMEUNOVIC, Assistante à l'Institut de Paléontologie Humaine, Paris, France
Représentants du Château royal, Amboise, France : Marc METAY, Agnès BERTHET, Samuel BUCHWALDER
Représentants du Château de Clos Lucé, Amboise, France : Catherine SIMON MARION, Jordane MOURGUES

Comité scientifique

Henry de LUMLEY, Président de l'Institut de Paléontologie Humaine, Fondation Albert Ier, Prince de Monaco, Paris, France
Giacomo GIACOBINI, Professeur d'anatomie humaine, Université de Turin, Italie
Ian TATTERSALL, Directeur du Département d'Anthropologie, American Museum of Natural History, New-York, Etats-Unis

Allocutions d'ouverture du colloque

Allocution de Bruno Marmiroli*

* Directeur de la Mission Val de Loire, Conseil Régional du Centre-Val de Loire

Vous m'avez sympathiquement convié à dire quelques mots à l'occasion de cet éminent colloque international portant sur « Léonard de Vinci, anatomiste » et j'en suis honoré. D'abord parce que nous sommes soucieux, à la Mission Val de Loire patrimoine mondial, du rayonnement du territoire, ce à quoi votre action participe. Ensuite parce que nous sommes fiers de pouvoir être associés à des manifestations aussi prestigieuses, dans le cadre du 500e anniversaire de la mort de Léonard de Vinci, qui contribuent à perpétuer la diffusion des savoirs et enfin parce ce que la dimension internationale du colloque tisse un lien fort entre le Val de Loire inscrit sur la liste du patrimoine mondial de l'Unesco et le « reste du vaste monde ».

Or, c'est là un trait essentiel de l'identité de ce territoire, d'être reconnu pour ses qualités intrinsèques, son intensité patrimoniale, ses nombreux et prestigieux sites et monuments, tout en continuant d'accueillir et d'échanger pour maintenir la vitalité culturelle qui, dès la Renaissance, a profondément modelé, façonné les paysages du Val de Loire.

La circulation des Hommes et des idées a constitué un élément essentiel de la fabrique du territoire ligérien qui, en retour, a très certainement imprimé sa marque dans les terres mentales, dans les imaginaires des voyageurs de toutes origines qui ont sillonné les routes et navigué sur les eaux du fleuve.

Le plus prestigieux d'entre eux, Léonard de Vinci, a séjourné trois ans ici, entre le château royal d'Amboise et le Clos Lucé (le manoir du Cloux). Il a vu à peu près les mêmes paysages que ceux que vous pouvez encore contempler depuis les terrasses du château et qui ont nourri son imaginaire si fertile. Au-delà du château royal, ce qui fait le Val de Loire réside probablement dans ce continuum historique d'un paysage né du fleuve, dans lequel les communautés humaines et l'environnement évoluent en harmonie. Ce colloque est une façon de perpétuer cette dynamique à travers votre éclairage, sur un sujet scientifique passionnant qui, à bien des égards, est relié aux modes d'appréhension du territoire des paysagistes ou des géographes.

Représenter le corps est fortement associé à la représentation du territoire. Le lexique est souvent commun (cœur, réseau, flux, tissu...) et il suffit de comparer les cartes de Toscane et la représentation des organes de la femme par Léonard de Vinci pour s'en convaincre : la frontière est bien mince. Encore une leçon que nous avons apprise du maître italien, l'imbrication des mondes sensibles et la difficile définition de la limite entre humains et non humains dès lors qu'ils sont « dépliés ».

Le sujet que vous allez aborder au cours de ces deux journées est essentiel, car au-delà du corps, c'est bien du monde qu'il s'agit. Je vous souhaite donc un excellent travail et vous remercie, une nouvelle fois, de votre présence dans le Val de Loire.

Allocution de Jean-Louis Sureau*

* Secrétaire Général de la Fondation Saint-Louis, Directeur du Château Royal d'Amboise

C'est pour nous un honneur et un plaisir de vous accueillir au château d'Amboise sur une idée, celle qui accompagne toute cette année : l'hommage à Léonard de Vinci, rendu à l'occasion du 500e anniversaire de sa mort à Amboise.

Pourquoi Amboise ? Eh bien, parce que le Roi résidait principalement à Amboise et que Léonard de Vinci a vécu ses dernières années dans cette ville. Il a souhaité être enterré dans l'église collégiale du château, ce qui souligne le lien plus qu'affectif qu'il avait noué avec la Cour de France. C'est donc pour nous un devoir de montrer combien sa présence a été bénéfique en une période historique que l'on désigne comme l'aube des temps modernes.

Léonard de Vinci, comme vous le savez, est un homme qui a revendiqué surtout d'être un peintre mais avec une exigence optimale, celle de pouvoir représenter la totalité de « la machinerie du monde ». Il s'agit de comprendre le monde, comprendre l'intelligence du monde et, l'intelligence du monde, c'est la vie ! Il n'avait pas fait d'études du fait de sa naissance et n'était donc pas pétri de connaissances classiques. Cela lui sera reproché mais il va substituer à cet apport de l'éducation, une extraordinaire capacité d'observation et d'expérimentation. Dans son approche, on discerne une qualité, la volonté de regarder attentivement le monde, ce que Julien Gracq, un grand écrivain français, soulignera en ces termes : « il y a tant de gens pour transformer le monde et si peu de regards pour le contempler ».

Léonard de Vinci s'inscrit dans le monde ou, plutôt, inscrit l'homme au sein du monde. La vocation est de l'homme est d'y trouver sa place et d'y vivre en contemplation. Nous sommes là dans des sujets de pleine actualité. Léonard de Vinci, dans tout son parcours, rencontrera des hommes de sciences et profitera de cette proximité pour nourrir sa réflexion et la mettre en image. Je pense en particulier à Luca Pacioli, un grand mathématicien qu'il va fréquenter à Milan et qui va considérablement l'influencer. C'est sans doute ce savant qui est à l'origine du dessin de l'homme vitruvien, c'est-à-dire de cet homme aux proportions idéales qui s'inscrit en mouvement au centre du monde. Voyez là le rapport entre l'esthétique, les mathématiques, la science et la vie artistique. C'est aussi le cœur du sujet qui va vous intéresser durant ces deux jours. Ainsi le rapport à l'anatomie va au-delà de sa représentation courante, c'est le rapport de l'homme à l'art, le rapport de l'homme au monde, c'est l'aube de l'humanisme et pour nous tous, un sujet de réflexion et d'enthousiasme. Je ne veux pas être trop long dans mon propos et pense aux œuvres de Léonard peintre. Il y représente souvent avec une incomparable perfection technique des personnages qu'ils dotent de sentiments. M'ont toujours frappé et intrigué leurs sourires. Dès la première œuvre qu'on lui attribue, un ange dans l'Annonciation de Verrocchio, cet acteur secondaire de la scène sourit au monde. J'évoque ce sourire, à peine moins célèbre que celui de la Mona Lisa, parce que je souhaite que lors de ce colloque, pendant ces deux journées, ce soit ce même sourire qui puisse accompagner vos échanges. Il serait ainsi une fenêtre sur le bonheur, celui que nous devons procurer dans nos monuments à tous nos visiteurs.

Travaillez bien et soyez heureux à Amboise !

Allocution de François Saint Bris*

* Président et Conservateur du Château du Clos Lucé - Parc Leonardo da Vinci

Cher Professeur de Lumley, cher Jesse Ausubel, Mesdames, Messieurs, chers amis.

Bienvenue à toutes et à tous demain, samedi 12 octobre 2019, au Château du Clos Lucé, la dernière demeure de Léonard de Vinci.

Nous sommes particulièrement honorés et très heureux de vous accueillir au Clos Lucé, pour la seconde journée de cette conférence internationale sur « Léonard de Vinci Anatomiste », organisée par le Professeur Henry de Lumley, Directeur de l'Institut de Paléontologie Humaine, Fondation Albert Ier Prince de Monaco, avec le soutien de la Fondation Richard Lounsbery. Cet événement se tient aujourd'hui dans le lieu où Léonard de Vinci passa les trois dernières années de sa vie de 1516 à 1519, à l'occasion des célébrations du 500e anniversaire de sa disparition.

Vous savez que Léonard fut invité dans cette résidence royale par le roi François Ier pour y « travailler comme premier peintre, ingénieur et architecte ». Léonard répondit positivement à cette royale invitation et traversa les Alpes, apportant avec lui tous ses manuscrits (incluant des manuscrits relatifs à l'anatomie) et ses trois principales œuvres : la *Mona Lisa*, le *Saint Jean-Baptiste* et la *Sainte Anne*. C'est ici au Clos Lucé que commença l'histoire française de ces trois chefs-d'œuvre. Léonard de Vinci s'installa au Château du Clos Lucé et travailla sans relâche sur de nombreux projets commandés par le roi aussi variés que des projets de peinture, d'architecture, de sculpture, de systèmes hydrauliques, de canaux, tout en divertissant le roi et la cour de France par l'organisation de fêtes extraordinaires et somptueuses à l'aide d'effets spéciaux. Nous aurons le plaisir cet après-midi de visiter ensemble, dans ses pas, sa dernière demeure ainsi que le magnifique Parc Leonardo da Vinci où vous découvrirez ses machines et inventions reproduites à l'échelle humaine.

De tous les sujets scientifiques que Léonard de Vinci explora, les études anatomiques constituent son domaine de prédilection. Il s'y consacre jour après jour pendant au moins 50 ans. Il disséqua pas moins de 30 cadavres et consigna dans ses carnets 200 feuillets de notes et de dessins qui témoignent de son étonnante exploration du corps humain. Léonard de Vinci fut l'un des plus grands anatomistes de tous les temps, explorant tous les aspects de l'anatomie et de la physiologie. Il étudia l'embryon et le fœtus, le crâne et le cerveau, le squelette et la colonne vertébrale, le thorax, les os, les bras et les jambes, les muscles, les nerfs et les tendons, les principaux organes et leurs vaisseaux, l'appareil cardiovasculaire, le système nerveux… En disséquant le corps humain, il le compare à une machine dont les organes sont comme des engrenages. Le corps humain est étudié comme s'il était une « science mécanique », mais aussi « une merveilleuse machine ».

Ses études anatomiques apportent deux innovations fondamentales :

– La précision physiologique des résultats de la dissection avec une vérification expérimentale,

– Les dessins d'une beauté et d'une vérité inégalée, représentant la compréhension scientifique de la structure du corps humain dans ses moindres détails.

Léonard de Vinci devient le précurseur de la science de l'anatomie. Ses dessins artistiques constituent une œuvre médico-anatomique de référence. Le Professeur Le Nen, Professeur de chirurgie orthopédique au Centre Hospitalier Universitaire de Brest, nous dit que Leonardo avait inventé aussi le principe de l'IRM, grâce à des dessins représentant de nombreuses vues et diverses coupes, permettant d'observer les muscles et les os sous différents angles. Nous sommes heureux d'accueillir les chercheurs invités à s'exprimer aujourd'hui pour parler et partager la vision de Léonard anatomiste et les secrets de ses découvertes.

Léonard était le pionnier de la biomécanique, de la bionique et aussi de la physiognomonie. Nos invités nous parleront de Léonard anatomiste visionnaire, inventeur de la bionique et de la bioinspiration. Léonard nous apparaitra réellement comme un précurseur dans cette science du futur, la plus innovante, à la pointe de la recherche et de la haute technologie. La bionique qui est basée sur le principe d'apprendre d'abord de la nature pour répondre aux défis technologiques, industriels ou scientifiques. Nous vous souhaitons une très belle et enrichissante conférence.

Allocution de Jesse Ausubel*

* Président de la Fondation Richard Lounsbery

As chair of the Richard Lounsbery Foundation, a sponsor of the international colloquium "Leonardo da Vinci: pioneer of comparative anatomy, biomechanics, bionics, and physiognomy," I welcome readers to the Proceedings. I thank the Institut de Paléontologie Humaine (IPH) Fondation Albert 1st de Monaco who organized the colloquium under the superb intellectual leadership of Prof. Henry de Lumley. The brilliant IPH monograph «Leonardo da Vinci: Pioneer of comparative anatomy, biomechanics and physiognomy» directly stimulated the colloquium. I thank our colleagues who hosted the colloquium, the Fondation St Louis, who care for the Royal Chateau of Amboise, and the St. Bris family, tenders of the Clos Lucé Parc Leonardo da Vinci. Leonardo worked and dwelled in the Château and the Clos the last three years of his life, 1516-1519.

I also thank IPH's Sheryne Grosset-Picazo and Caroline Lemerle and all the members of the IPH team who made the Amboise arrangements attractive and convenient, and the publication timely. Time is the most precious coordinate of the universe, as Leonardo understood.

Richard Lounsbery served as an American pilot in World War I, flying with the French forces. Lounsbery developed an affection for France and through the rest of his life, he and his wife, Vera, lived both in New York and Paris. They were great enthusiasts for French and American cultures and for science. When they passed away about a half century ago, they left their fortune as a private philanthropic foundation with the mission to encourage US-French scholarly and scientific cooperation.

No goal could be more appropriate for Lounsbery than to encourage investigations about Leonardo. A few years ago in Florence, I sat with Henry de Lumley's distinguished Italian counterpart, physical anthropologist Prof. Brunetto Chiarelli. Chiarelli proposed that for the 500th anniversary of the death of Leonardo, it would be fruitful to stimulate activities in which new dimensions of physical anthropology, genetics, molecular biology, and microbiology might shed light on the life and work of Leonardo. During the past few years, Lounsbery has encouraged research to explore, as in this colloquium, how the eyes of modern anthropology and biology might understand achievements of Leonardo, including by a quest to obtain and sequence the genome of Leonardo himself. The activities of the Leonardo da Vinci DNA Project are ongoing and appear to have a good chance to succeed.

In fact, the grail of the DNA of Leonardo has already caused a broader initiative that Lounsbery refers to as "Biology in Art". Through new biology, potential abounds to learn about artists of many epochs, including their health, characteristics, and ancestry, to learn about the materials that artists used, and perhaps to improve the conservation of cultural heritage by reducing the degradation of art that might be caused by microbes. To develop and to apply such new techniques are precisely the kinds of challenges that Leonardo himself would have loved. To search for biological traces from works made 500 years ago, from skin cells or DNA that Leonardo or an assistant left on the pages of his notebooks, thrills the detective in each of us. Lounsbery now has a broader program catalyzed by the Leonardo Project to encourage institutions, especially in the US and in France, to explore anew their collections with modern biological tools.

So, Lounsbery is delighted you are here. We thank all the authors for their contributions and hope each reader will learn and discover, as Leonardo himself would have, by raising questions from many points of view. Supreme powers of observation unify Leonardo's work in arts and sciences. Exploring how Leonardo practiced anatomy and physiology, how modern sciences may help explain the contributions of Leonardo, and the beauty and brutality of nature, collectively we may earn for the colloquium the formidable designation "leonardesque."

Allocution d'Henry de Lumley*

* Président de l'Institut de Paléontologie Humaine, Fondation Albert Ier, Prince de Monaco, Paris

Organisateur de ce colloque International à la demande de Richard Lounsbery Foundation, je tiens à remercier Jean-Luc Sureau, Directeur du Château royal d'Amboise et Secrétaire Général de la Fondation Saint Louis, d'accueillir les participants à cette réunion d'échange sur le thème « Léonard de Vinci, anatomiste. Pionnier de l'anatomie comparée, de la biomécanique, de la bionique et de la physiognomonie ». Tous ces sujets, sur lesquels Léonard de Vinci s'est particulièrement investi, seront tour à tour abordés.

Demain, ce colloque International se prolongera, accueilli par François Saint Bris au château du Clos Lucé où, le 2 mai 1519 est décédé Léonard de Vinci à l'âge de 67 ans.
Bruno Marmiroli, responsable de la Mission Val de Loire, patrimoine mondial, a bien voulu s'associer à cet événement ainsi que Jesse Ausubel qui, au nom de la Richard Lounsbery Foundation, a pris en charge le financement de ce colloque International.
Je demande à chaque intervenant de limiter à vingt minutes leur présentation qui sera suivie par dix minutes de questions.
Les questions et les réponses seront publiées à la fin de chaque intervention dans les actes de ce colloque international.

Objectifs du colloque

Léonard de Vinci qui a incarné l'esprit universel de la Renaissance, doué dans tous les domaines de la connaissance, fut un touche-à-tout, un avant-gardiste, maître en peinture, en dessin, en sculpture, en architecture, en musique, en littérature, en mathématiques, en philosophie, en botanique, en art militaire, en mécanique, en optique, en hydraulique, en balistique, en aéronautique. Autant de domaines dans lesquels il s'est investi et pour lesquels il a laissé de très nombreux dessins.
Il a renouvelé la pensée scientifique de la Renaissance à la fin du XVe siècle et au début du XVIe. Ce fut le premier à lier les sciences et les arts.

« Le travail pratique », affirme-t-il, *« doit s'appuyer sur de bonnes connaissances théoriques »* et il ajoute cette définition : *« expérimenter, c'est reproduire un phénomène naturel dans le but de découvrir les lois et relations qui relient les faits entre eux. Une expérience n'est jamais trompeuse ; seule l'interprétation que nous en donnons peut-être erronée »*.

Soucieux de comprendre le fonctionnement du corps humain et sa formation progressive depuis l'embryon jusqu'à l'adulte, un de ses buts essentiels tout au long de sa vie était de rédiger un traité d'anatomie.
C'est ce projet qu'il présenta à Antonio de Beatis, Secrétaire du Cardinal Louis d'Aragon, qui lui rendit visite le 10 octobre 1517, au Château du Clos Lucé et qui écrivit : *« Ce gentilhomme a composé un singulier traité d'anatomie avec l'explication au trait, non seulement des membres, mais également des muscles, nerfs, veines, articulations, intestins et de tout ce qui peut être démontré du corps, tant de l'homme que de la femme, d'une manière qui n'a jamais encore été faite »*.
Malheureusement, faute de moyens suffisants, il n'a jamais eu le temps de se consacrer pleinement à cet objectif bien qu'il ait réalisé des milliers de dessins et laissé de nombreux textes rédigés en écriture spéculaire, ou écriture en miroir inscrite à rebours et de la main gauche.
Les nombreux dessins qu'il a réalisés, tout au long des années, au cours de nombreuses séances de dissection du corps humain dans divers hôpitaux, ou d'animaux comme la vache, l'ours, le singe, etc., n'ont jamais été publiés de son vivant et sont restés dans ses cartons.
Il a été l'un des premiers à observer dans le corps humain un ensemble de forces, de déplacements angulaires, de points d'appui...
Plusieurs observations, plusieurs découvertes effectuées lors de nombreuses séances de dissection, certainement beaucoup plus que la dizaine qu'il reconnaît avoir réalisée, restant inconnue des spécialistes, ont été reconnues ultérieurement par des anatomistes. Ses observations ne sont pas inscrites dans l'Histoire des Sciences.
L'un des buts de ce colloque consacré à *« Léonard de Vinci, Anatomiste. Pionnier de l'Anatomie comparée, de la Biomécanique, de la Bionique et de la Physiognomonie »*, est de faire connaître les découvertes qu'il a effectuées au cours de ses très nombreuses séances de dissection et qui ont été, par la suite, reconnues officiellement.
Un autre but est d'évoquer les apports modernes de ces différentes disciplines.

Sommaire

Léonard de Vinci, anatomiste. Pionnier de l'anatomie comparée, de la biomécanique, de la bionique et de la physiognomonie

Henry de Lumley*

Jusqu'à présent, peu de travaux ont été consacrés aux recherches effectuées par Léonard de Vinci dans le domaine de l'Anatomie humaine. Ce fut pourtant, tout au long de sa vie, sa principale préoccupation. En effet, il a toujours souhaité préparer un traité d'anatomie qu'il n'a jamais achevé. Les nombreux dessins qu'il a réalisés au cours de nombreuses séances de dissections de corps humains, dans plusieurs hôpitaux, à Milan à Florence, à Pavie, à Padoue et à Rome, ainsi que d'animaux, n'ont jamais été publiés de son vivant et sont restés dans ses cartons.

On estime à plus de 100 000 dessins et 13 000 pages les documents laissés par Léonard de Vinci non publiés de son vivant. C'est Francesco Melzi (1493-1570), l'un de ses plus fidèles compagnons qui, à son décès au manoir « du Cloux », à Amboise, a hérité de l'ensemble de ses manuscrits, de ses dessins et, aussi, de ses livres et de ses instruments. Il devait achever leur classement entrepris ensemble et terminer, si possible, certains livres projetés.

Les manuscrits et les dessins sont réunis artificiellement dans des cahiers dont les plus célèbres sont le Codex Urbinas, le Codex Trivulziano, le Codex Arundel, le Codex Atlanticus, le Codex Leicester, le Codex Huygens ou le recueil de Windsor. De nombreuses pages de certains d'entre eux ont été arrachées et se trouvent aujourd'hui isolées sous forme de feuilles volantes.

L'ensemble des manuscrits et des dessins de Léonard de Vinci est actuellement dispersé dans diverses institutions : Bibliothèques Ambroisienne et Trivulcienne de Milan, Accademia de Venise, Bibliothèque Royale de Turin, Institut de France à Paris, Bibliothèque royale de Windsor, British Museum de Londres, Library of Christ Church d'Oxford, Kunstsammlungen du Schlossmuseum à Weimar, Morgan Library à New York et chez des particuliers comme le Codex Leicester. Des pages de notes et des dessins sont conservés au musée des Offices de Florence, au musée du Louvre, à l'École des Beaux-Arts de Paris, au musée Bonnat de Bayonne, au Metropolitan Museum de New York, au Schlossmuseum de Weimar, à la bibliothèque municipale de Nantes et chez des particuliers (Chauveau, 2008, p. 260).

Deux importants manuscrits ont été découverts en 1967 dans la Biblioteca Nacional de Madrid : le manuscrit I qui couvre la période comprise entre 1493 et 1497 concerne essentiellement des questions de mécanique et d'hydraulique, et le manuscrit II qui couvre la période allant de 1501 à 1505, dont une partie traite de la perception visuelle, l'optique et la réflexion.

Récemment, en 2012 et 2018, Martin Clayton, Directeur du département des peintures et dessins de la Royal Library, Windsor Castle, et Ron Philo, Maître de Conférence au département des Sciences de la Santé à l'Université du Texas, ont publié un remarquable ouvrage sur les travaux d'anatomie de Léonard de Vinci dans lequel figurent déjà des planches des dessins de Léonard de Vinci appartenant aux collections royales de la reine Elisabeth II, conservées dans la Royal Library de Windsor Castle.

Outre des cadavres humains, Léonard de Vinci a disséqué de nombreux animaux, essentiellement des bovins et aussi des ours, des lions, des chiens, des singes, etc., ce qui

* Président de l'Institut de Paléontologie Humaine, Fondation Albert Ier, Prince de Monaco, Paris.

lui a permis d'avoir une bonne connaissance de l'anatomie comparée lui permettant de mettre en évidence que tous les grands mammifères étaient construits selon le même système.

Il a dit un jour à Antonio de Béatis, secrétaire du Cardinal Louis d'Aragon, qui lui rendit visite le 10 octobre 1517 au manoir du Cloux, qu'il préparait un traité d'anatomie avec des dessins non seulement des membres, mais également des muscles, nerfs, veines, articulations, intestins et tout ce qui peut être repéré dans le corps humain, à partir de dissections d'une dizaine de cadavres.

En fait, il en a certainement disséqué davantage car il n'existait pas de salle réfrigérée et les corps se décomposaient rapidement. Ses observations sur l'architecture osseuse, sur les muscles, sur les nerfs et sur les vaisseaux sanguins sont très précises et exactes, ce qui témoigne qu'au cours de ses travaux de plusieurs années, il a disséqué beaucoup plus de cadavres que ce qu'il a dit.

Il a été l'un des premiers à observer dans le corps humain un ensemble de forces, de déplacements angulaires, de points d'appui... N'est-ce pas là les éléments essentiels de la biomécanique ?

Plusieurs observations effectuées lors de ses séances de dissections, restées inconnues, ont été publiées ultérieurement par des anatomistes. Ses observations ne sont donc pas inscrites dans l'Histoire des sciences.

Ses travaux dans le domaine de l'anatomie humaine avaient essentiellement pour but d'essayer de comprendre le fonctionnement du corps humain dès sa formation à partir de l'embryon au sein de l'utérus et les lois qui le régissent.

Pour Léonard de Vinci, le corps de l'Homme constitue un ensemble harmonieux régi par des lois précises : longueurs des bras et des jambes, architecture osseuse, position des muscles, dont l'ordonnancement en assure l'équilibre et la beauté. Ses observations des rapports entre les membres d'un corps humain lui ont permis, par exemple, de constater que la longueur des bras étendus est égale à la hauteur du corps. L'étude de l'harmonie des proportions du corps concerne toutes les parties du corps.

Au cours de ses travaux, il a été un précurseur de l'anatomie comparée, de la biomécanique, de la bionique et de la physiognomonie.

Recherches sur le cœur

Les recherches anatomiques consacrées au cœur ont eu chez Léonard de Vinci une importance primordiale. Au cours de dessins successifs de l'anatomie de l'homme et de bovins, l'appareil cardio-vasculaire est décrit de plus en plus précisément et son fonctionnement mieux compris. Il met en évidence la place centrale du cœur dans le système veineux et artériel.

Si à l'origine de ses recherches, il pense que le rôle du cœur est d'envoyer de l'air dans les poumons, il admet par la suite que c'est le cœur qui envoie le sang dans les poumons. Il met en évidence la contraction et la dilatation successives, qui permettent au cœur d'aspirer le sang dans les oreillettes puis dans les ventricules avant de le rejeter dans l'artère pulmonaire, pour le cœur droit, et dans l'aorte, pour le cœur gauche. Il est le premier anatomiste à avoir distingué dans le cœur quatre cavités : deux oreillettes et deux ventricules. Bien après lui, André Vésale au XVIe siècle et René Descartes au XVIIe siècle n'en signalaient que deux. C'est lui qui a fait la première description des oreillettes en tant qu'entité musculaire active. C'est ainsi que Léonard de Vinci a abandonné les croyances traditionnelles que l'air passe du poumon vers le cœur.

Léonard de Vinci a été le premier anatomiste à comprendre parfaitement le rôle du cœur dans la circulation du sang et l'enchaînement des phases du cycle cardiaque, la systole ou contraction des oreillettes et des ventricules et la diastole, phase de décontraction.

Après avoir reconnu que les valves du cœur sont parfaitement étanches lorsqu'elles sont fermées, il a montré par des dessins que lorsque le ventricule gauche se contracte pour injecter du sang dans l'aorte, la valve mitrale est fermée empêchant le sang de refluer dans l'oreillette gauche tandis que la valve aortique ouverte permet au sang d'être injecté dans l'aorte. En revanche, lorsque le ventricule droit se contracte pour injecter le sang dans l'artère pulmonaire, c'est la valve tricuspide fermée qui empêche le sang de refluer dans l'oreillette droite, et par l'orifice pulmonaire dans l'artère pulmonaire pour rejoindre le lit capillaire pulmonaire où se feront les échanges gazeux.

Il a mis en évidence le renflement situé juste au-dessus de la valve aortique, à la racine de l'aorte, appelé à sa suite, en 1912, sinus de Valsalva, dans lequel se produit un tourbillon du sang à l'origine du déclenchement de la fermeture de la valve aortique au cours de la diastole, lors de la décontraction du ventricule.

Recherches sur l'appareil respiratoire

Certains de ses dessins ont été consacrés à la représentation des ramifications des bronches, les conduits de l'appareil respiratoire, en disséquant surtout des bovins.

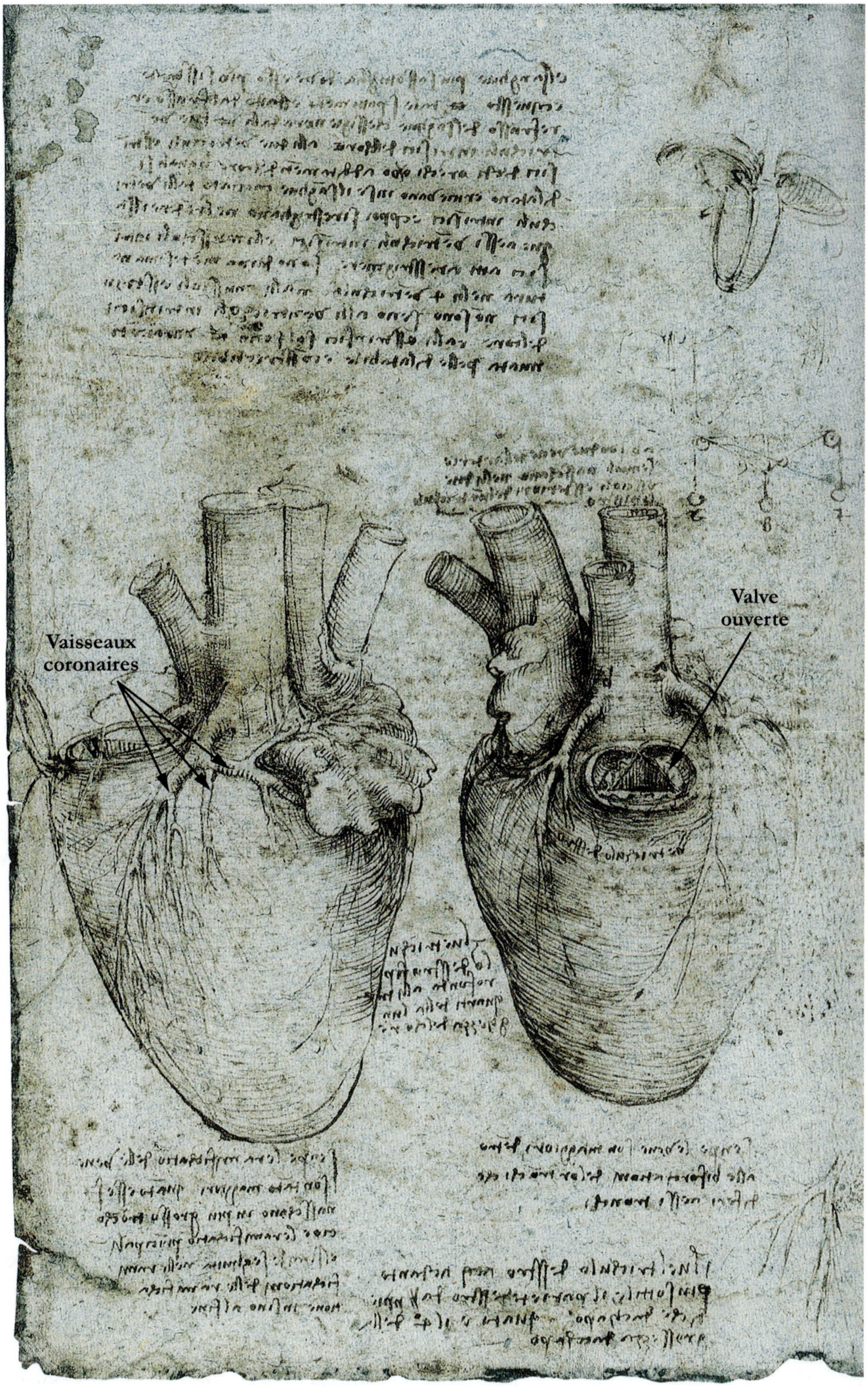

Figure 1 : Dessin du cœur d'un bœuf avec les vaisseaux qui suggère une circulation d'un fluide comme le sang. Les vaisseaux coronaires, veines ou artères sont bien dessinés.

Vers 1513 (Windsor Castle, Royal Library. RL 19073 r).

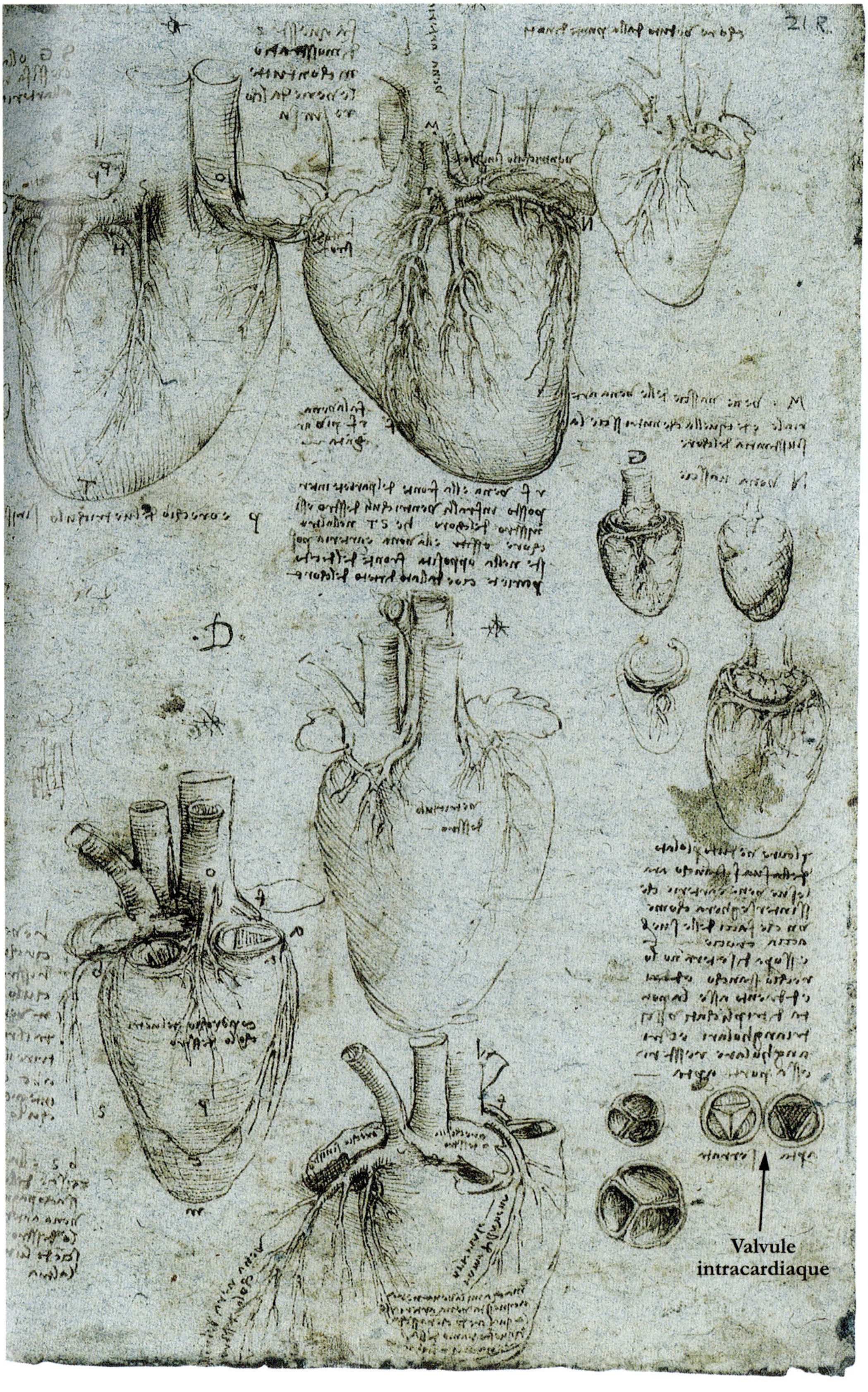

Figure 2 : Dessins détaillés du cœur d'un bœuf. En bas, à droite, mise en évidence d'une valvule intracardiaque fermée et ouverte. D'après ce dessin, Léonard de Vinci avait entrevu un système de circulation du sang avec flux et reflux.

Vers 1513 (Windsor Castle, Royal Library. RL 19074 v).

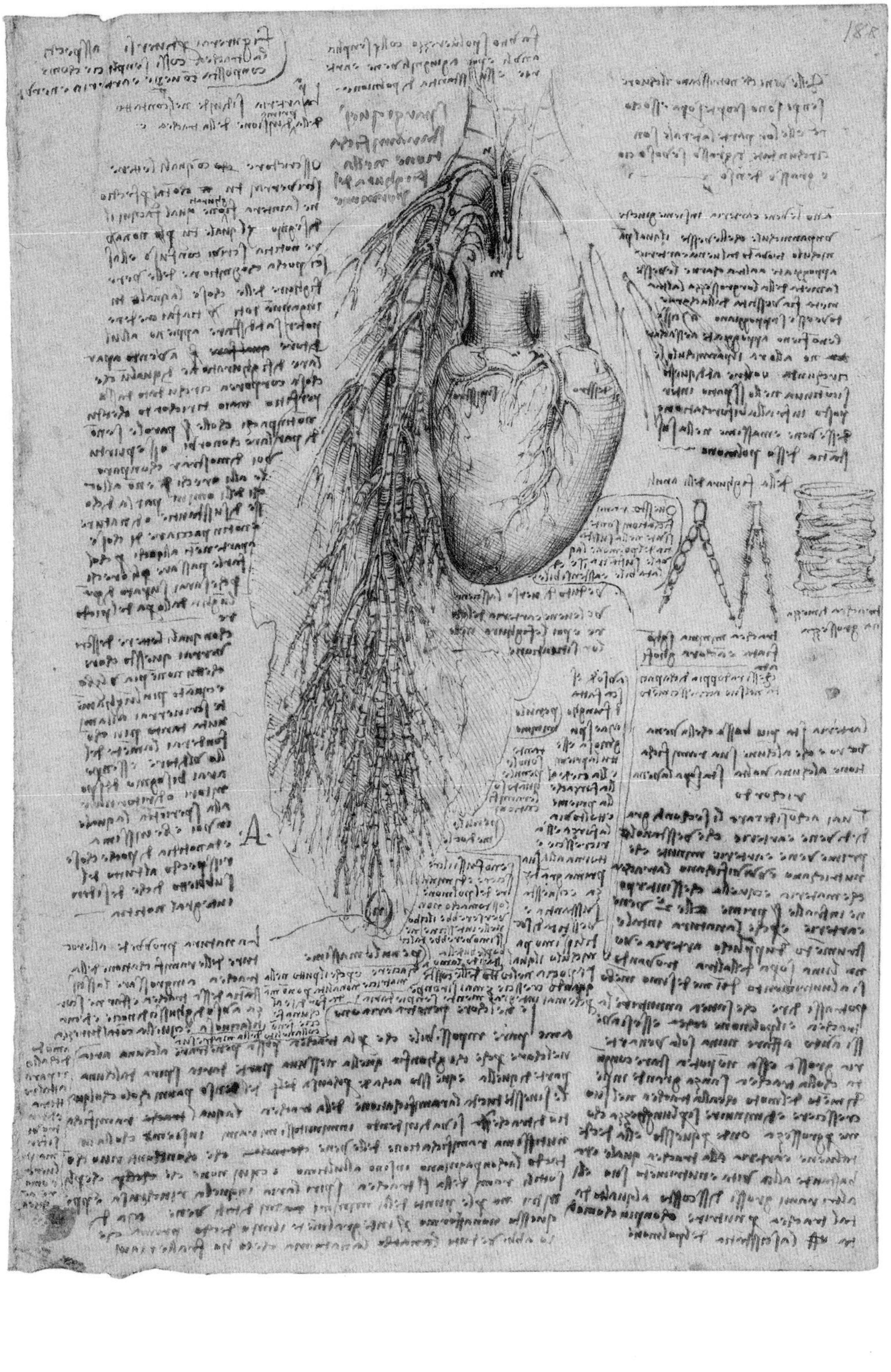

Figure 3 : Cœur, bronches et vaisseaux bronchiques d'un bovin. Les ramifications des bronches sont bien représentées.

Vers 1511-1513 (Windsor Castle, Royal Library. RL 190 712).

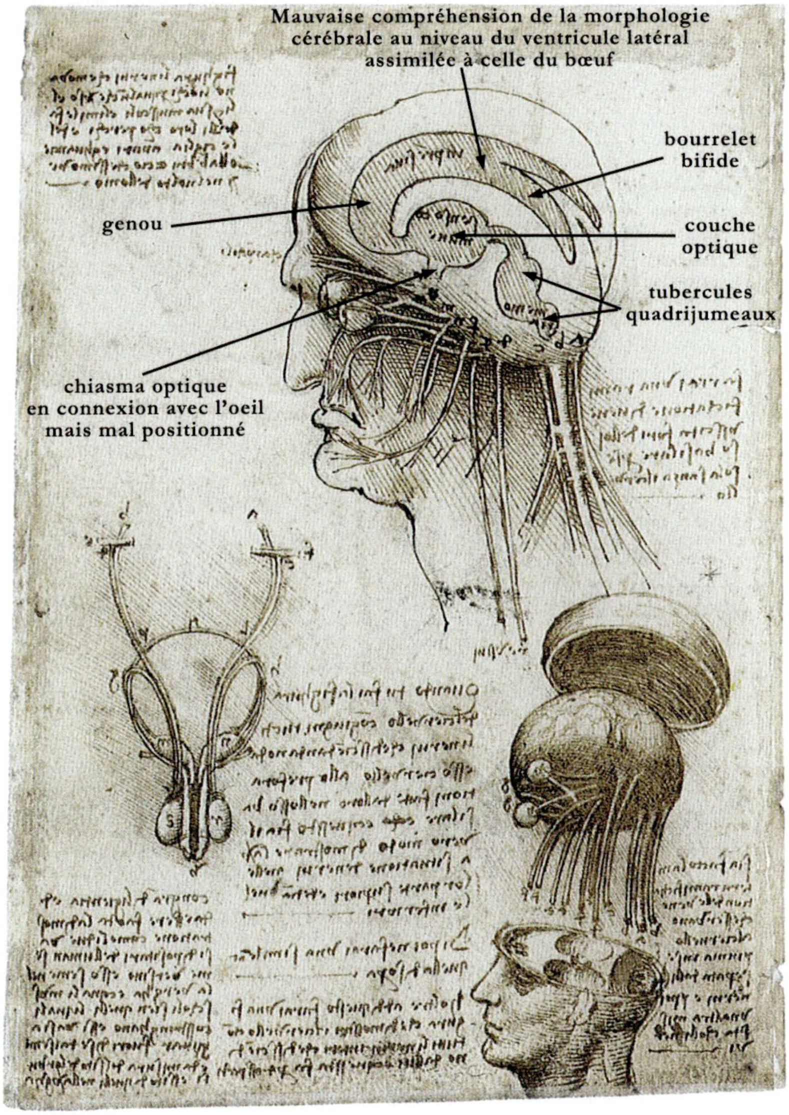

Figure 4 : Section sagittale d'un crâne humain présentant le cerveau avec l'origine des nerfs crâniens. Sur les 12 paires de nerfs connus actuellement :

1 : nerf olfactif (1re paire) ; 2 : nerf optique avec le chiasma (2e paire) ;
3 : nerf oculomoteur (3e paire) (ancien moteur oculaire commun) ;
4 : nerf trochléaire (4e paire) (ancien nerf pathétique) ;
5 : nerf trijumeau (5e paire) ;
6 : nerf abducens (6e paire) (ancien nerf moteur oculaire externe) ;
7 : nerf facial (7e paire) ;
8 : nerf vestibulo-cochléaire (8e paire) (ancien nerf auditif) ;
9 : nerf glosso-pharyngien (9e paire) ;
10 : nerf vague (10e paire) (ancien nerf pneumogastrique) ;
11 : nerf accessoire (11e paire) (le plus épais) (ancien nerf spinal) ;
12 : nerf hypoglosse avec son anse (12e paire) (ancien nerf grand hypoglosse).
Les dix nerfs représentés sur le dessin de Léonard de Vinci sont accompagnés d'une lettre.
La morphologie cérébrale au niveau du ventricule latéral est assimilée à celle du bœuf.
Le corps calleux est représenté identique à celui du cerveau d'un bœuf :
– genou antérieur arrondi ;
– bourrelet bifide postérieur comme chez un bovin et non arrondi comme chez l'Homme ;
– tubercules quadrijumeaux mal positionnés ;
– protubérance et cervelet non représentés ou représentés sans les tubercules quadrijumeaux.

Vers 1508 (Weimar, Kunstsammlungen zu Weimar, Schlossmuseum, Inv. KK 6287 v).

Recherches sur l'anatomie du cerveau

Par ses recherches sur l'anatomie du cerveau, il a individualisé les différents lobes de l'encéphale et leurs rapports avec le reste du système nerveux, en particulier, le départ du nerf optique avec son chiasma. Dans une planche réalisée aux environs de 1508, il dessine neuf paires de nerfs parmi les 12 reconnues actuellement.

– Dix sont bien repérables.

– Les paires 6 – nerf abducens (moteur oculaire externe) – et 8 – nerf vestibulo-cochléaire (ancien nerf auditif) – ne semblent pas représentées.

Recherches sur le développement de l'embryon

Il a notamment été très préoccupé par l'observation des organes de reproduction et de l'utérus pour suivre la formation progressive du corps humain dans la matrice utérine depuis son stade d'embryon jusqu'à l'âge adulte. Ses observations sont parfois orientées sur la posture du fœtus humain au sein de l'utérus. Sur certains de ses dessins, le fœtus lui-même est remarquablement représenté en position physiologique avant le retournement pour la présentation céphalique en fin de grossesse.

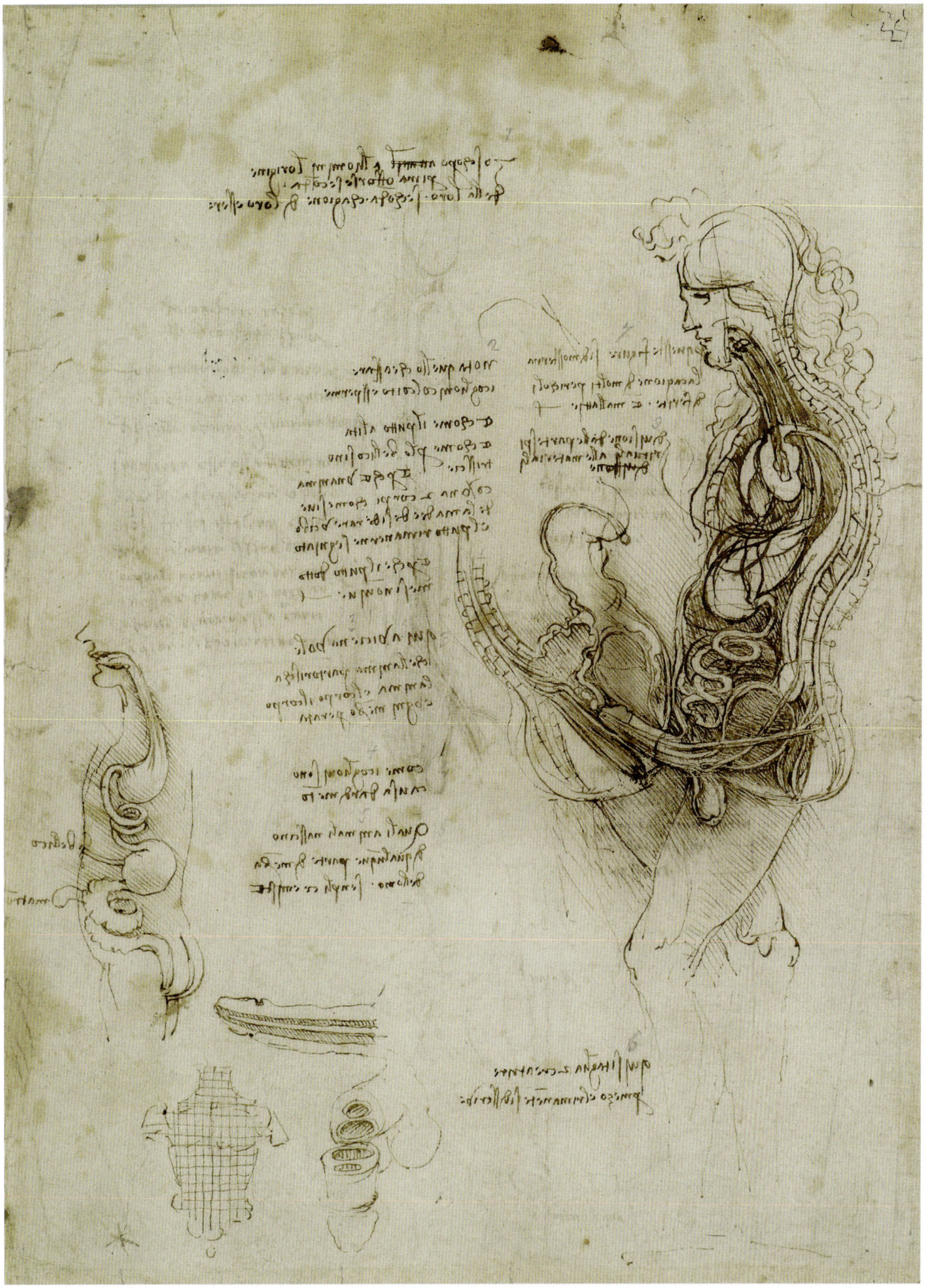

Figure 5 : Dessin représentant la section verticale d'un homme de profil à droite, face à un appareil sexuel féminin. Il est étonnant de constater une grande précision pour le dessin d'un coït, avec la verge, le col de l'utérus féminin allongé, un corps utérin petit, le rectum est présent. Le visage féminin est absent. Au-dessous du sein, présence d'un canal reliant le mamelon à l'utérus. Cet élément est difficile à expliquer à moins qu'il ait valeur de symbole.

Vers 1488 (Windsor Castle, Royal Library. RL 19097 v).

Dans un de ses dessins, le fœtus en fin de grossesse est conservé dans un utérus de bovin, ce qui souligne son intérêt pour l'orientation corporelle.

La paroi utérine est constituée de villosités choriales caractéristiques de la structure d'une paroi utérine de bovin.

Léonard de Vinci fait une comparaison entre les villosités courtes chez l'homme et longues chez les bovins (*en haut à droite sur le dessin*).

L'embryon est en position antérieure à la bascule qui précède la naissance ou bien il s'agit d'une position en siège.

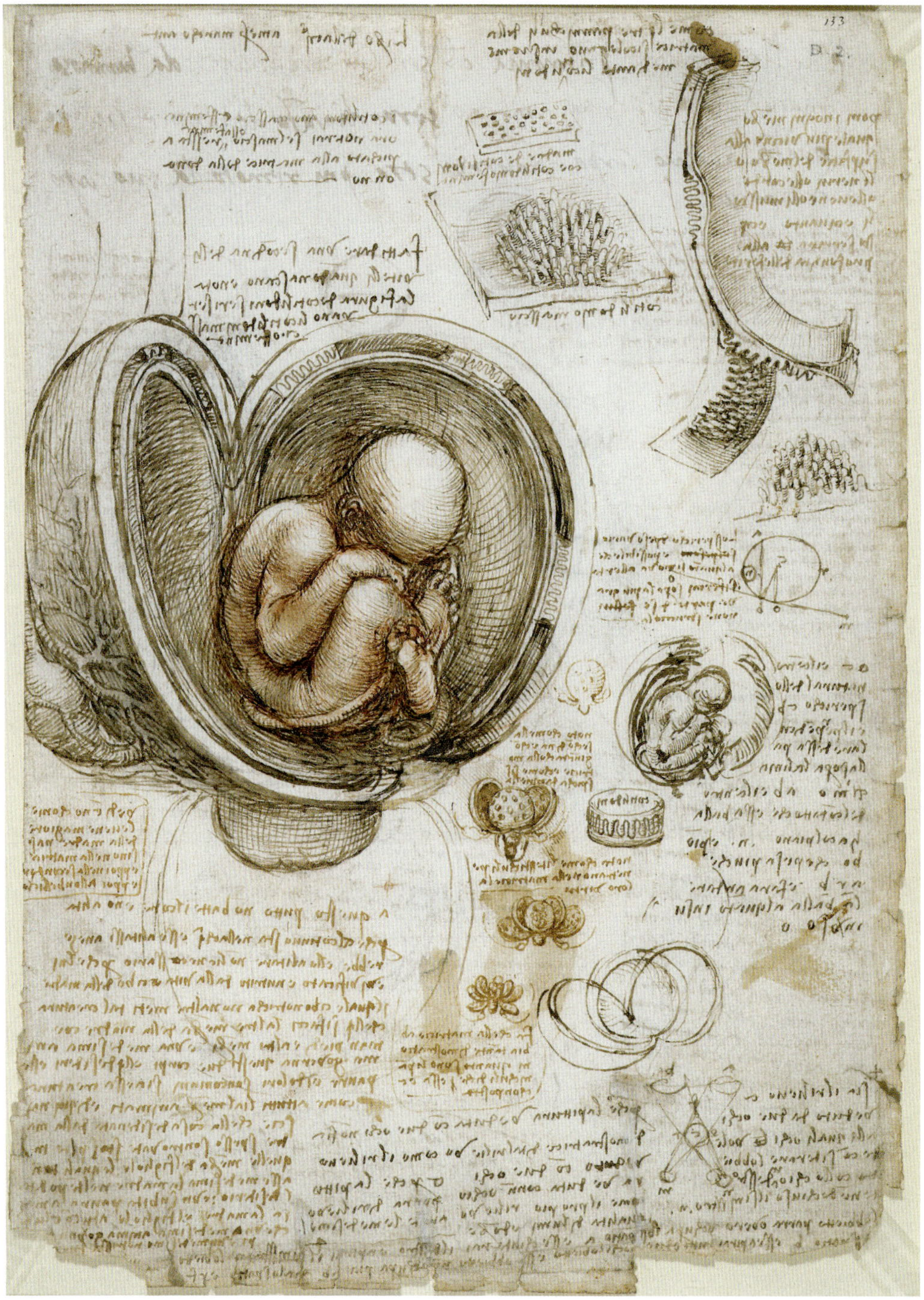

Figure 6 : Dessin d'un fœtus humain dans un utérus de bovin. Présence d'un cordon ombilical.
Vers 1510 (Windsor Castle, Royal Library. RL 19102 r).

Recherches sur la biomécanique

Pour Léonard de Vinci, le corps de l'Homme constitue un ensemble harmonieux régi par des lois précises : longueurs des bras et des jambes, architecture osseuse, position des muscles, dont l'ordonnancement en assure l'équilibre et la beauté. Ses observations des rapports entre les membres d'un corps humain lui permettent de constater que la longueur des bras étendus est égale à la hauteur du corps. L'étude de l'harmonie des proportions du corps concerne toutes les parties du corps.

Il en rechercha toujours les causes, avec une approche de mathématicien, rêvant d'appréhender le monde dans sa globalité dans une vision holistique, en prenant en compte l'art et la science : « *Que nul ne lise mes principes s'il n'est mathématicien* ».

Il s'est particulièrement intéressé aux mouvements de rotation de l'avant-bras avec le bras en étudiant la pronation et la supination. C'est ainsi qu'il a représenté sur deux planches, destinées à être placées en regard, huit dessins de la musculature de l'avant-bras, du bras, de l'épaule et du cou pour montrer les mouvements du bras lorsqu'il s'élève ainsi que ceux de pronation (*mouvement de l'avant-bras qui fait exécuter à la main une rotation du dehors en dedans, plaçant la paume de la main en arrière et le pouce en dedans*) et de supination (*mouvement de l'avant-bras plaçant la paume de la main en avant et le pouce à l'extérieur*).

Avec une démarche d'ingénieur, il a cherché à comprendre le fonctionnement du corps de l'Homme et des

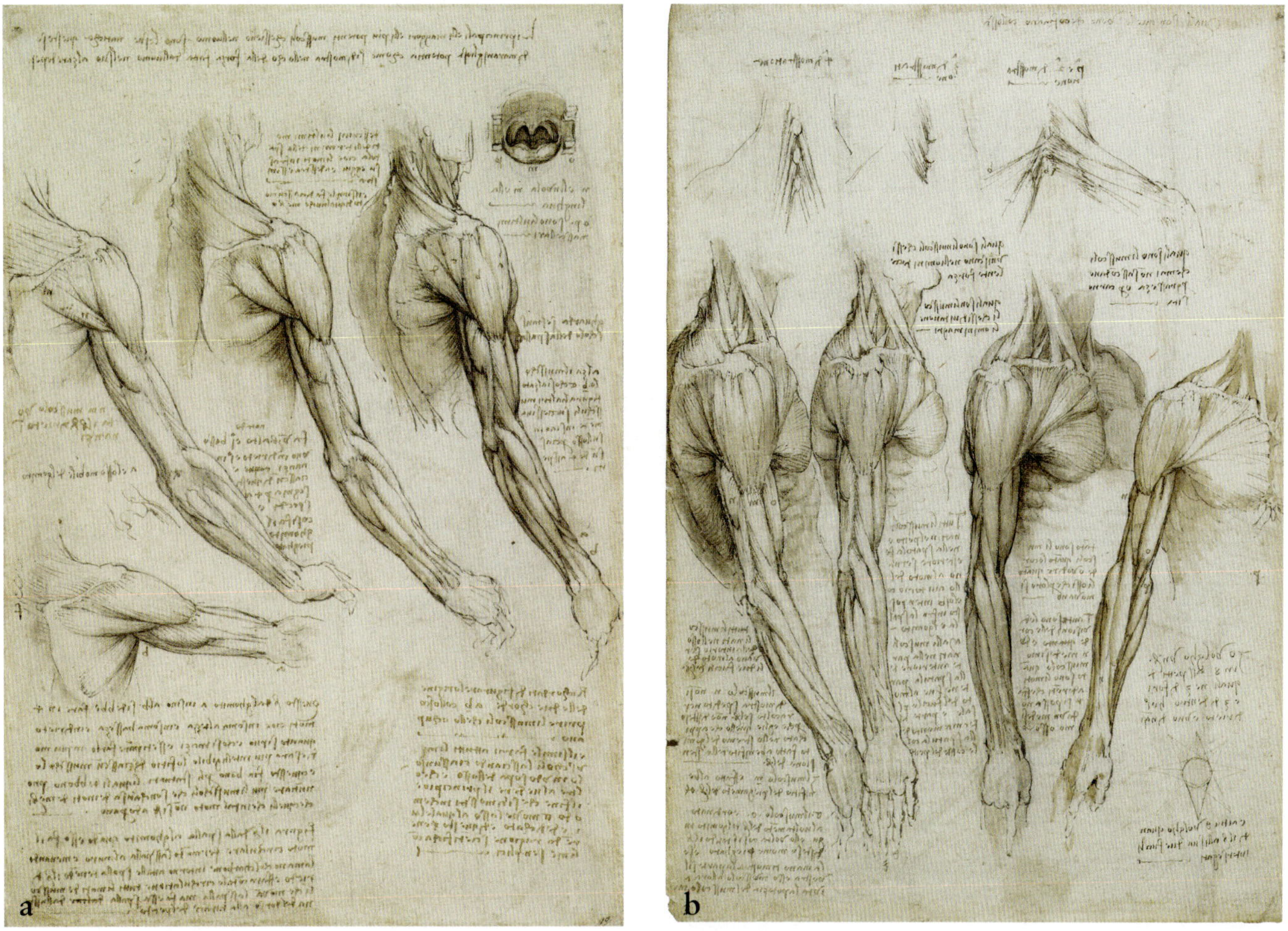

Figure 7 : Musculature de l'avant-bras, du bras, de l'épaule et du cou montrant les mouvements du membre supérieur.

a : Le biceps fléchit l'avant-bras sur le bras, il porte l'avant-bras en supination, il élève le bras et le porte en dedans.
b : Le triceps est extenseur de l'avant-bras sur le bras et le rond pronateur agit sur les mouvements de pronation.
a : Vers 1509 (Windsor Castle, Royal Library. RL 19005 v).
b : Vers 1509 (Windsor Castle, Royal Library. RL 19008 v).

animaux en les comparant et en recourant aux principes de la mécanique. Les membres sont comparés à des leviers qui pivotent autour de leurs points d'appui.

Il fut le premier biomécanicien. Pour lui, la musculature conditionne la mécanique du mouvement en fonction des efforts physiques du personnage. Il écrit « *Tu représenteras le bon fonctionnement de membres, c'est-à-dire dans l'acte de se lever après s'être couché, remuant, sautant et courant avec des attitudes variées, soulevant et portant de gros poids, lançant des objets au loin et nageant. Et ainsi pour chaque mouvement tu démontreras quels membres et quels muscles le déterminent et notamment le jeu des bras* ».

Ces deux dessins de Léonard de Vinci montrent un membre supérieur en pronation, mais sa biomécanique est mal explicitée.

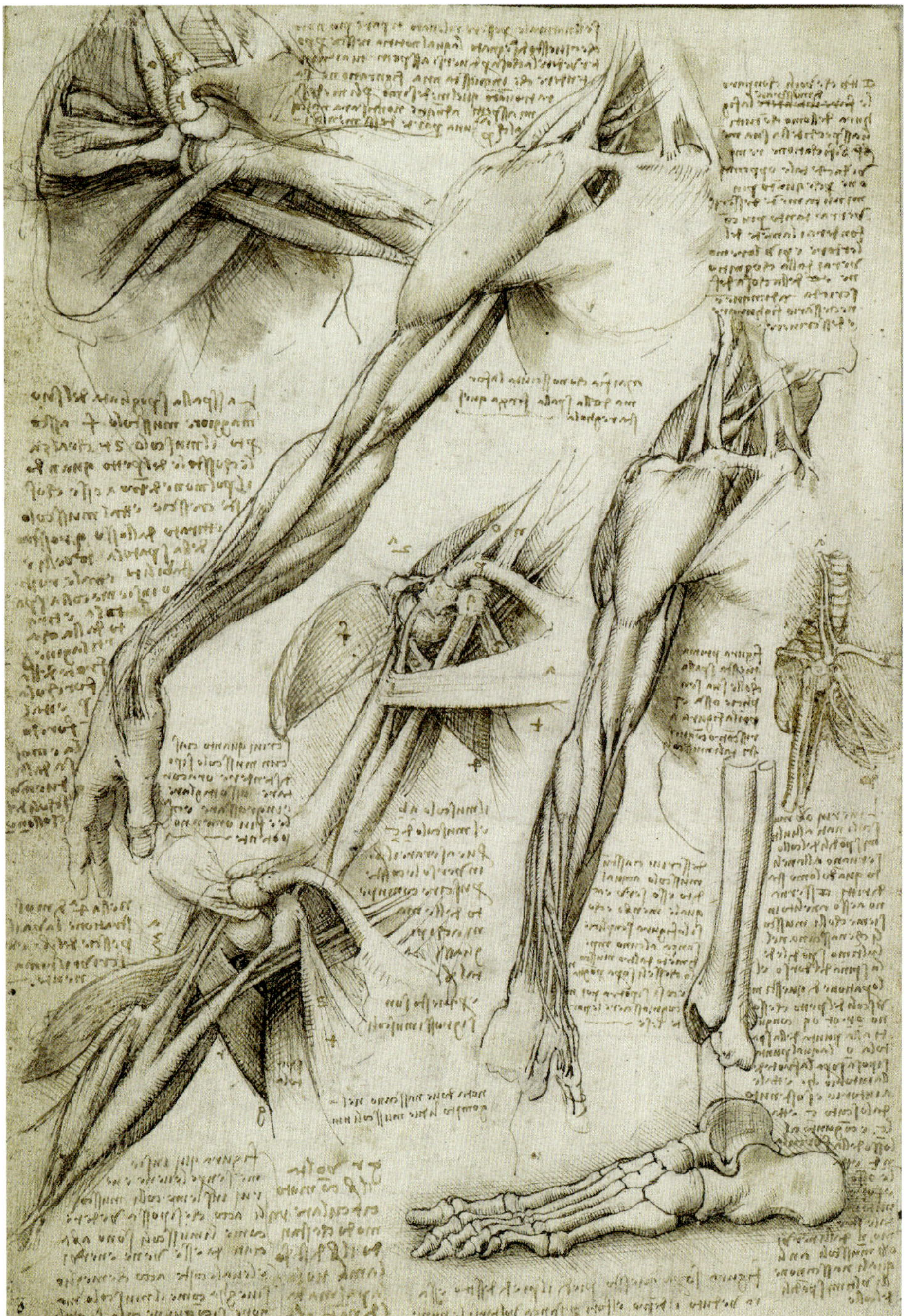

Figure 8 : Bonne observation des articulations, de la musculature et des mouvements du membre supérieur.

En bas à droite, jambe et pied gauche avec détail de l'articulation du tibia et de la fibula sur le talus.
① : Le complexe musculo-articulaire scapulaire est très confus.
② : Dessin d'un complexe laryngo-pharyngé peu explicite.

Vers 1509 (Windsor Castle, Royal Library. RL 19013 v).

Recherches sur la physiognomonie

Léonard de Vinci était fasciné par les visages et leurs rapports avec le caractère des individus.

Précurseur de la physiognomonie, il a mis en évidence que la physionomie des individus pouvait révéler leur caractère. C'est ainsi qu'il a représenté des hommes timides et mélancoliques ou audacieux et agressifs, d'après leur physionomie. Il compare les têtes des hommes avec celles des animaux pour montrer que les émotions peuvent être communes.

Cette discipline qui n'est pas scientifique a connu ses heures de gloire au début du XIXe siècle avec Franz-Josef Gall (1758-1828).

Avant et après Léonard de Vinci

À partir de tous ses dessins d'anatomie, il semble important de reconnaître que si Léonard de Vinci est mondialement connu pour certains de ses tableaux comme La Joconde, le Saint-Jean-Baptiste, la Sainte-Anne, c'était en fait un homme universel. Il alliait à ses observations de grand anatomiste ses qualités de physicien. Précurseur humaniste, il fut un critique, observateur de son époque. Il a été, en son temps, un personnage exceptionnel dont on découvre à peine maintenant tous ses traits de caractère.

Son but essentiel était de rédiger un traité d'anatomie dans lequel il aurait montré le fonctionnement du corps humain, son développement et sa signification.

a. Type triste

b. Type léonin

Figure 9 : Léonard de Vinci s'est intéressé à la physiognomonie, c'est-à-dire à l'art de connaître les hommes d'après leur physionomie et la forme de leur crâne. Il distinguait d'après leurs traits les individus tristes ou mélancoliques et les individus de type léonin, audacieux ou agressifs.

a : Vers 1490 (Windsor Castle. Royal Library. RL 12603 v).
b : Vers 1509 (Windsor Castle. Royal Library. RL 19004 v).

Figure 10 : Dans son approche de la physiognomonie, Léonard de Vinci compare les têtes de l'Homme, celles du lion et du cheval, déformées par la fureur, pour expliquer que les émotions sont communes chez les hommes et les animaux.

Vers 1503 (Windsor Castle, Royal Library. RL 12326 r).

Malheureusement, à cette époque il n'existait pas de structure pour financer la recherche et les travaux artistiques dépendaient de mécènes. Léonard de Vinci achevant rarement ses travaux, les commandes se raréfiaient et faute de moyens, il n'a pu réaliser son projet.

Lorsque François Ier, après la bataille de Marignan, l'invita à s'installer en France au manoir de Cloux, à Amboise, en mai 1516, en lui disant « *Tu seras libre de penser, de rêver et de travailler* », il était trop tard.

Âgé de 64 ans, sa santé n'était plus très bonne ; affecté d'une paralysie de la main à la suite d'un accident vasculaire, il ne put achever son traité d'anatomie. Ses nombreuses planches de dessins d'anatomie, réalisées au cours de ses dissections et ses textes ont été conservés dans leurs cartons. Ce n'est qu'à une période récente qu'ils ont pu être publiés.

Bien avant Léonard de Vinci, le médecin grec Hippocrate (460-377 avant J.-C.), avait déjà procédé à des dissections de cadavres et laissé quelques écrits sur l'anatomie. Le philosophe Aristote (348-322 avant J.-C.) prit conscience de l'unité du monde vivant en comparant l'Homme et les grands mammifères. Tous deux pensaient que le cœur était le siège de l'intelligence.

Erasistrate (vers 280 avant J.-C.), médecin et anatomiste grec, fut, semble-t-il, l'un des premiers à disséquer des cadavres : il pensait que dans les artères arrivant au cœur et partant du cœur, circulait de l'air qu'il considérait comme le souffle vital.

Hérophile (né en 335 avant J.-C.), également médecin et anatomiste grec, l'un des fondateurs de l'École d'Alexandrie, pratiqua des dissections du cerveau qu'il reconnaissait comme le centre du système nerveux et le siège de la vie psychique et intellectuelle. Il découvrit le confluent postérieur des sinus crâniens qui porte le nom de pressoir d'Hérophile. Il mit en évidence que les artères assuraient la circulation du sang et fit des descriptions de divers organes, comme l'œil, le foie, les trompes utérines.

Au deuxième siècle de notre ère, Aelius Galienus, dit Claude Galien de Pergame (131- 201), médecin de plusieurs empereurs romains, comme Commode, Pertinax et Septime Sévère, qui suivait l'école des gladiateurs, s'est familiarisé en tant que thérapeute soignant plaies et traumatismes avec l'anatomie du corps humain et a été l'auteur de nombreux traités médicaux. Ses découvertes en anatomie sont basées sur des observations précises. C'est lui qui, le premier, donna au cerveau son statut majeur et qui attribua au cœur son rôle de pompe sanguine. Ses théories sur la physiologie et la pathologie sont fondées sur l'existence de quatre humeurs dont trois hypothétiques et trois esprits purement imaginaires, basées sur des raisonnements philosophiques.

La théorie des humeurs a été fondamentale dans l'Antiquité. Le corps est constitué de quatre éléments fondamentaux, l'air, le feu, l'eau et la terre possédant quatre qualités : le chaud et le froid, le sec et l'humide. Ces éléments, mutuellement antagonistes (l'eau et la terre éteignent le feu, le feu fait s'évaporer l'eau) doivent coexister en équilibre pour que la personne soit en bonne santé. Tout déséquilibre entraîne des perturbations, tout déséquilibre majeur menace la santé du sujet. Cette croyance est complètement fausse mais cette théorie a marqué des générations et a survécu de très nombreux siècles.

En Occident, l'autorité dont a joui Claude Galien tout au long du Moyen Âge a contribué à maintenir un ensemble d'idées fausses qui n'ont été définitivement abandonnées qu'à partir de la Renaissance.

En effet, après Galien, les recherches d'anatomie ont été abandonnées en Occident jusqu'à la fin du XIIe siècle, la dissection des cadavres étant interdite depuis Marc Aurèle, à l'époque romaine, et plus tard par l'Église.

À l'époque de Léonard de Vinci, les théories de Galien étaient généralement admises et la compréhension de l'anatomie était celle proposée par Galien.

Une planche est publiée à Venise en 1494, montrant :

- Un médecin (supposé) appelé Lector lisant un texte théorique d'anatomie.
- Un chirurgien appelé Sector découpant le corps en fonction des dires du Lector.
- Un médecin plus âgé appelé Ostensor ou Demonstrator désignant avec une baguette les parties du cadavre citées au fil de la lecture.

Une prédelle de Fra Angelico (1387-1455), datant de 1438, et conservée au musée San Marco à Florence, représente le miracle des Saints Côme et Damien. Au couvent de Saint-Paul-le-Vieux à Ferrare, une restauration met au jour sur un mur bâti avant 1330, probablement lors de la construction du couvent, la fresque dont s'est inspiré Fra Angelico pour sa prédelle. Elle représente le miracle de la jambe noire que les saints thaumaturges greffèrent à un sacristain, dont la jambe était atteinte de gangrène, après l'avoir prélevée sur un maure qui venait de mourir. La légende inscrite au pied du lit indique : « *Côme a enlevé la jambe pourrie et l'a remplacée par celle d'un Éthiopien mort de froid* ».

Ce n'est que bien après la mort de Léonard de Vinci, le 2 mai 1519 qu'André Vésale, dit *Andreas Vesalius*, bouleversa, au cours du XVIe siècle, les connaissances anatomiques, à partir de dissections réalisées sur les corps de suppliciés du Galgenberg (mont de la potence), à Bruxelles. Son ouvrage « *De humani corporis fabrica* » (1543), illustré de dessins de Jan Van Calcar, un élève du Titien, est un recueil d'anatomie descriptive, topographique, fonctionnelle et biomécanique.

C'est par la suite que vont se multiplier, surtout au cours du XVIIIe siècle, la réalisation « *d'écorchés* » qui représentent le corps humain sous la peau qui le recouvre, avec les muscles, leurs attaches et les tendons, et « *de ceroplasties* », sculptures en cire colorée dont le volume était obtenu par moulage sur les dissections.

Felix Fontana (1730-1805), Louis Auzoux (1797-1880) et notamment Jean-Antoine Houdon (1741-1828) par son fameux écorché sculpté en 1767, les ont rendus célèbres.

Références bibliographiques

AUSUBEL Jesse (2016) Using New Anthropological and Biological Tools to Learn about Leonardo de Vinci. Introduction. *Human Evolution*, volume 31, July-September 2010, n° 3, p. 125 à 131.

BARIETY Maurice et COURY Charles (1963) Histoire de la Médecine, Librairie Arthène Fayard, 1963.

BELT E. (1953) Les dissections anatomiques de Léonard de Vinci, *in* Léonard de Vinci et l'expérience scientifique au XVIe siècle.

BOTTAZI F. (1910) Leonardo biologo e anatomico *in* Leonardo da Vinci.

CHAUVEAU Sophie (2008) Léonard de Vinci. *Gallimard,* 286 pages, Repères chronologiques. Références bibliographiques.

CLARAC François (2015) Le corps humain: De l'histoire du cerveau aux robots, demain... Institut de France, Conférence nationale des Académies des Sciences, Lettres et Arts, *Akadémos*, 2015, p. 295 à 303, 11 réf. infrap.

CLAYTON Martin et PHILO Ronald (2012) *Royal collection Publications.*

CLAYTON Martin et PHILO Ronald (2018) Léonard de Vinci. Anatomiste: *Actes Sud*, 256 pages, 87 pl. de dessins.

ESCHE S. (1943) Die Anatomiezeichnungen Leonardo, Berlin 1943, Bâle 1954.

HUARD Pierre (1961) Léonard de Vinci. Dessins anatomiques, *Editions Roger Dacosta.*

LAURENZA Domenico (2009) Leonardo: l'anatomia, Giunti, 2009.

LAURENZA Domenico (2010) Léonard de Vinci, Anatomies. Traduction de Cécile Breffort, *Edition Gründ*, 192 pages, 238 fig., notes bibliographiques, 171 réf. bibl., index des noms.

LE NEN Dominique et LAULAN Jacky (2010) La main de Léonard de Vinci, préface de Domenico Laurenza, Springer. *Publié par Administrateur* SFCM 2017-01-01 dans l'Espace Public.

LUMLEY Henry de, LUMLEY Marie-Antoinette de, CLARAC François, FIGARELLA Jacques et LAMY Paul (2017) Leonardo da Vinci. Pioneer of comparative anatomy, biomechanics and physiognomony. *International Journal of Anthropology*, vol. 32, n°s 1-2, p. 1 à 72, 56 fig., 26 réf. bibl.

Mc MURRICH J.P. (1930) Leonardo da Vinci the Anatomist, Baltimore.

O'MALLEY C.D. et SANDERS J.B. de C.M. (1952) Leonardo da Vinci on the Human Body, New-York.

TONI G.B. de (1903) La Biologia *in* Leonardo da Vinci, *in Atti R. Instituto veneto*, vol. XXIII, 1903.

Questions à Henry de Lumley et réponses

Amalie Rothschild : Ce que je trouve très intéressant, c'est qu'il n'a pas disséqué de femmes. Il a travaillé sur l'utérus, on a vu les dessins des fœtus notamment, donc comment cela serait possible ? Il n'y a pas eu de dissections du reste du corps féminin mais seulement du développement du fœtus dans l'utérus ?

Amalie Rothschild: *It sounds very interesting that he did not actually do any work dissecting the female body, except that we know he did work on the uterus, and we've seen the drawings of fetus, etc., so how does that figure in, he didn't do any dissection of the rest of the female body?*

Henry de Lumley : Léonard de Vinci a fait surtout des dissections d'hommes mais aussi de femmes. Il a essentiellement disséqué des personnes âgées, plus nombreuses dans les hôpitaux. Ayant plus facilement accès à des animaux, comme des bovins, il a pu observer l'utérus des femelles. Il a constaté qu'il était très proche de celui d'une femme.

Henry de Lumley: *Leonardo da Vinci dissected mainly men but also women. Most of them were elderly, better represented in hospitals. Having easier access to animals, such as bovines, he had the opportunity to observe the uterus of female specimens, which he saw was very similar to that of humans.*

David Thaler : Le travail de Leonardo a été caché pendant des centaines d'années, notamment tout son travail sur l'anatomie. Il y a eu des travaux plus modernes ces dernières centaines d'années qui ont découvert les mêmes choses, c'est ce que vous avez dit. Y a-t-il des cas particuliers évidents pour lesquels le travail de Leonardo a vraiment apporté quelque chose de tout à fait nouveau, qui n'aurait pas été redécouvert par la suite, où ses découvertes ont permis d'autres découvertes scientifiques directes en anatomie ?

David Thaler: *Leonardo's work was locked away for hundreds of years, his anatomical work, and we've heard a lot that more modern work, more recent work over the last 100 years discovered the same things. Are there any clear cases where Leonardo's work has led to new novel work that was not rediscovered independently of Leonardo, but where his actual findings lead to further scientific work in anatomy, directly?*

Henry de Lumley : On ne s'est pas intéressé, pendant très longtemps, aux travaux anatomiques de Léonard de Vinci. Ce sont essentiellement ses réalisations de peinture ou de sculpture qui ont attiré l'attention. Plus récemment, les travaux de Léonard de Vinci dans le domaine de la technologie ont suscité l'intérêt du public. Ce n'est qu'il y a peu de temps que ses travaux d'anatomie ont été pris en compte. G.B. de Toni en 1903, J.P. Mc Murrich en 1930, F. Bottazi en 1910, S. Esche en 1910, O. Malley et J.B. de C.M. Sanders en 1952, E. Belt en 1953, K.O. Keele en 1969 et plus récemment D. Laurenza en 2010, Dominique Le Nen et Jacky Laulan également en 2010, M. Clayton et R. Philo en 2018, ont attiré l'attention sur les travaux de Léonard de Vinci en biologie et en anatomie. De nombreuses planches de dessins d'anatomie réalisées par Léonard de Vinci au cours de ses dissections et conservées dans ses cartons ont été publiées par R. Dacosta en 1961, P. Huard, F. Zöllner et J. Nathan en 2003, D. Laurenza en 2010, M. Clayton et R. Philo en 2018. C'est ainsi que toutes les découvertes effectuées par Léonard de Vinci, dessinées et décrites par lui, n'ont été connues que très récemment. Elles ont généralement été redécouvertes après lui et ont reçu le nom de leur nouvel inventeur (ex. le sinus de Valsalva, en 1912). Comme je l'ai dit dans mon exposé, Léonard de Vinci avait déjà observé les quatre cavités cardiaques, alors que, bien après lui, Vésale au XVIe siècle et Descartes au XVIIe siècle n'en signalent que deux. C'est William Harvey, au XVIIe siècle, qui a expliqué le fonctionnement de la circulation sanguine que Léonard de Vinci avait déjà bien compris.

Henry de Lumley: *For a long time, no one was interested in Leonardo's works of anatomy. It was his paintings and his sculptures which drew all the attention. More recently, people have become interested in his technological creations. But his anatomical studies are being considered since only very recently.* G.B. *de Toni un 1903, J.P. Mc Murrich in 1930, F. Bottazi in 1910, S. Esche in 1910, O. Malley and J.B. de C.M. Sanders in 1952, E. Belt in 1953, K.O. Keele in 1969 and more recently D. Laurenza in 2010, Dominique Le Nen and Jacky Laulan also in 2010, M. Clayton and R. Philo in 2018 have raised attention on Leonardo da Vinci's works in biology and anatomy. Many of his boards of anatomical drawings made during his dissections and preserved in boxes were published by R. Dacosta in 1961, P. Huard, F. Zöllner and J. Nathan in 2003, D. Laurenza in 2010, M. Clayton and R. Philo in 2018. All of Leonardo da Vinci's discoveries, drawn and described by himself, were thus made public only very recently. They were generally re-discovered after him, by someone whose name is then associated to the discovery (for ex. Vasalva's sinus, in 1912). As said in my presentation, Leonardo da Vinci had observed all four cardiac cavities, whereas, long after him, Vesalius in the 16th century, and Descartes in the 17th century mention only two. Not until William Harvey, in the 17th century, is the circulation of blood explained accurately the way Leonardo had well understood.*

John Dennison : Je suis anatomiste et je viens de Nouvelle-Zélande. Pour répondre à la question de David, je peux donner des exemples. Léonard a disséqué un vieil homme qui est mort sur une table d'opération à Florence et cet homme disait n'avoir aucun problème avec son corps. C'est une personne qui avait en fait cent ans, qui n'était pas un jeune homme et qui était morte d'une mort douce. Qu'a trouvé Leonardo ? Il a trouvé qu'il avait un durcissement du sang et une cirrhose du foie. Il y a 500 ans, Wells, un chirurgien en Angleterre a trouvé, grâce à l'étude de Leonardo sur les valves de l'aorte, qu'il y avait des turbulences dans le sang. Il a fabriqué un cœur artificiel de bovins avec de la cire et un modèle en verre, il l'a rempli de graines d'herbe sèches et d'eau. Il a fermé les valves et a regardé le courant turbulent. Il a observé que ces courants dans le cœur aidaient les valves à rester fermées. Wells décida de changer ses procédures chirurgicales. Au lieu de mettre une valve aortique, faire une résection et joindre les petits filaments depuis les volets de la valve jusqu'à leur contact avec le muscle de la paroi du cœur. Il a refait la même chose que ce que Leonardo avait mis en évidence, il n'y a pas de substitut à la chose réelle et ça, c'était il y a 500 ans !

John Dennison: *I'm an anatomist coming from New Zealand, may I answer? I can give few examples. For instance, he dissected an elderly gentleman who died on the table in Florence, and this elderly man said he had no problems with his body, he was over 100 years of age, and he died a death so sweet, that Leonardo promptly did an anatomical dissection after he died, and what did he find? He found a blood hardening in the arteries, he found cirrhosis of the liver, 500 years ago. Wells, who was a surgeon in England, has decided that because of Leonardo's studies of the valves of the heart, particularly for the valve that leads to the aorta, he found out that there were little turbulences in the blood, because he made a heart artificially, a cattleheart out of -would you believe- wax, and then he made a model in glass, filled it full of water, put in some dried grass seed, closed the valves, and watched the turbulent current, found out that those currents were helping the valve to stay closed. So Wells decided in his surgical procedures, not to put in an artificial aortic valve, as was done to me, so I've got personal experience, but instead, to resection and rejoin all the little filaments, from the valve flaps right down to where they contact the muscle of the heart wall, instead of, just like a car replacement, putting in a module. He does the whole thing that way, because as Leonardo pointed out, there's no substitute for the real thing. So that's what he does, and that was 500 years ago.*

Jeffrey Laitman : Merci professeur pour votre excellente présentation. Da Vinci a écrit sur le cœur. Est-ce que vous suggérez qu'il a découvert la circulation sanguine ? Harvey l'a fait peu de temps après et ne comprenait pas pour autant entièrement la circulation du sang, et même Vesaleus ne comprenait pas vraiment la circulation sanguine. Est-ce qu'on pense maintenant qu'en fait, c'est da Vinci qui les avait tous précédés dans la compréhension de la circulation sanguine au-delà de l'identification de certaines structures du cœur ?

Jeffrey Laitman*, from New York. While da Vinci has written on the heart... are you suggesting that he really was the discoverer of the circulation of blood? Harvey was not for quite some time later, and even Vesalius did not fully understand about the circulation of blood, it wasn't until Harvey of course came along, that it was articulated. So do we now think that da Vinci predated all of them in understanding the circulation of the blood beyond identifying some of the structures of the heart?*

Henry de Lumley : Avant Léonard de Vinci, et même au cours de ses premières dissections, Léonard de Vinci pensait comme ses prédécesseurs que le cœur avait pour but de faire circuler de l'air et d'envoyer de l'air aux poumons. Au cours de ses dissections, et au cours de ses travaux d'anatomie, il a pris conscience progressivement que ce n'était pas le cœur qui envoyait de l'air dans les poumons mais que le cœur avait pour but de faire circuler le sang. L'examen des valves du cœur (pulmonaires, aortiques) lui a permis de comprendre le fonctionnement du cœur qu'il a décrit en écriture spéculaire (de droite à gauche) mais qu'il n'a jamais publié. D'autres, après lui, l'ont mis en évidence. On peut préciser que les observations d'anatomie de Léonard de Vinci ont été effectuées au cours des années et ses conceptions ont évolué au cours du temps. Certains de ses dessins effectués lors de ses premières dissections ont été remplacés par la suite. Sur certains de ses dessins, il écrivait parfois « à vérifier » ou « vérifié ». Ainsi, au début de ses dissections, il considérait que le cœur avait pour but de faire circuler de l'air, ce qui était admis généralement, alors que dans ses derniers dessins et écrits, il considère qu'il a pour fonction de faire circuler le sang.

Henry de Lumley: *Before Leonardo da Vinci, and even during his early dissections, Leonardo da Vinci felt like his predecessors, that the heart's purpose was to force the circulation of air and send it to the lungs. And then during his dissections, and his anatomical work, he realized that it wasn't the case, that the heart didn't send air to the lungs but the heart was meant to circulate the blood. The study of the valves around the heart (pulmonary, aortic) made him understand how the heart functions. He wrote it in right-to-left script but never published it. Other people after him have demonstrated the function of the heart. I might add that his own observations on anatomy have been made over the course of years, and that his understanding has evolved over time. Some drawings he made during his early dissections, he later replaced with others. On some of his drawings, he would write "to check" or "checked". This is how, during his early dissections he considered, just as everyone else, that the heart sustained the circulation of air, and in his last drawings and writings, he considers it's blood circulation which the heart is involved in.*

Renaud Chabrier : Je voulais dire aussi que par rapport au fait que les dessins anatomiques de Leonardo ont été assez ignorés jusqu'à assez récemment, il y a eu un problème d'interprétation des dessins scientifiques surtout dans les milieux de l'histoire de l'art et en particulier les dessins du cœur de Leonardo. La principale chose qu'on disait d'eux était qu'ils comportaient des erreurs parce qu'il y avait des petits trous. Et il a une façon d'interpréter les dessins scientifiques en leur demandant d'être une reproduction photographique de la réalité, en négligeant complètement le fait qu'on peut aussi mettre des hypothèses dans un dessin, et pas nécessairement uniquement ce qu'on voit. C'est lié à toute l'histoire de l'apparition de la notion d'objectivité en sciences, à la fin du XIXe siècle. Donc, c'est à la fois les scientifiques qui ont voulu avoir des images qui n'étaient qu'une représentation objective, sans interprétation, les historiens de l'art qui, du coup, pensaient que c'était des images scientifiques. Cela a créé une sorte d'impossibilité de voir tout ce qu'il y avait à côté.

Renaud Chabrier: *I also wanted to say that Leonardo's anatomical work had been ignored for a long time, but there is also an issue with interpreting scientific drawing, especially in art with art history experts. What we said mainly about Leonardo's drawing was that there were mistakes, because there were holes and there was a way of interpreting scientific drawings, and researchers in art history wanted these drawings to reflect the reality, and not allow for holes or blanks on the drawings. So it questions the notion of objectivity in science at the end of the 19th century. Both scientists wanted to have images that were only an objective representation with no interpretation, art historians thought that that was what scientific images were about, and so it created some sort of impossibility to see what was on the side.*

Ian Tattersall : Pensez-vous que Leonardo a reconnu que le cœur était une structure musculaire ?

Ian Tattersall: *Do you think that Leonardo recognized that the heart was a muscular structure?*

Henry de Lumley : Oui, il a mis en évidence que les oreillettes étaient des structures musculaires, qui avaient pour rôle d'introduire le sang dans le cœur, alors que les ventricules étaient aussi des structures musculaires qui avaient pour but de le rejeter dans l'aorte. Afin de bien comprendre ce qu'avait vu Léonard de Vinci, il est nécessaire de prendre en compte non seulement ses dessins, mais également ses textes qui sont beaucoup moins connus.

Henry de Lumley: *Yes, he showed that atrium and ventricles are muscle structures aiming at introducing blood into the hart whereas ventricls are muscles structures aiming at sending blood inside the aort. To understand Leonardo's research work, it is necessary to examine, to scrutinize his drawings, but also to take into account the text that goes with the drawings, that are much less well known than the drawings.*

Leonardo da Vinci and the early evolution of earth sciences

Ian Tattersall*

Introduction

The present volume is devoted principally to Leonardo da Vinci's investigations into comparative and human anatomy: realms of pure and clinical science in which, as is well known, his remarkable private researches and insights amply justify detailed scrutiny. However, it also offers an opportunity to briefly examine the Renaissance polymath's less widely appreciated interest in two other areas of pure science: geological stratigraphy and paleontology, in both of which he showed equal if not greater prescience. Indeed, Leonardo himself perceived an intimate connection between anatomy and what we now know as geology; for he believed that the planet is a macrocosm and the human body its microcosm. This conviction is clearly reflected in the following well-known passage, written around 1492 in his Manuscript A, folio 55v: "Man has been called by the ancients a lesser world, and indeed the term is well applied, being that if man is composed of earth, air and fire, this body of earth is similar. While man has within him bones as a stay and framework for the flesh, the world has stones that are the support of earth. While man has within him a pool of blood wherein the lungs as he breathes expand and contract, so the body of the earth has its ocean, which also rises and falls every six hours with the breathing of the world [the tides]; as from the said pool of blood proceed the veins which spread their branches through the human body, so the ocean fills the body of the earth with an infinite number of veins of water… man and earth are very much alike" (Translation from Richter, 1883: 45).

As Leonardo acknowledged at the outset, this analogy was an ancient one, inherited from classical beliefs via the medieval Scholastics (see Gould [1998] for an entertaining account of Leonardo's struggle to reconcile his theoretical views on planetary structure and function with his empirical observations, and Laurenza [2015] for a more recent view). Today, of course, this way of thinking about the Earth has an entirely archaic resonance; and, given the notion's roots in antiquity rather than in direct empirical observation, it is hardly surprising that Leonardo never succeeded in properly reconciling it with his own astute reading of the physical evidence for Earth's history as preserved on the landscape. In striking contrast, Leonardo's direct geological insights were grounded in acute and highly focused observation; and they are amazingly modern in tone, closely anticipating important aspects of the modern sciences of stratigraphy and paleontology.

Stratigraphy

The early progenitor of geological stratigraphy is usually considered to have been Nicolas Steno, who published his *Dissertationis Prodromus* in 1669, exactly a century and a half after Leonardo died. In this volume Steno laid down four of the principles that underpin the science of geological stratigraphy to this day: the *law of superposition* (younger strata overlie older ones), *the principle of original horizontality* (all strata are originally laid down flat), *the principle of lateral continuity* (sediments have a lateral dimension that is continuous unless interrupted), and *the principle of cross-cutting relationships* (a geological discontinuity is later than the strata it cuts across).

At the time, he enunciated these principles, Steno was actually best known as an anatomist, renowned for discovering something that Leonardo had privately known a century and a half earlier, namely that the heart is a muscle. And although he was based in Florence, working for the Medici Grand Duke, Steno was actually spending

* Division of Anthropology, American Museum of Natural History, New York NY 10024, USA.

most of his time some 80 km to its southwest, in the ancient Etruscan town of Volterra, perched high on a hilltop from which he could readily survey the neighboring countryside. He used his anatomist's eye to dissect the surrounding landscape as if it were a human body, with the aim of learning how its Creator had fashioned it; and from numerous cues in that landscape he recognized that the area around Volterra had once been an ancient seabed. He even detected signals of marine origin within the rocks that had been quarried nearby Volterra to construct the town. Here, as translated by the paleontologist Stefano Dominici of the Natural History Museum in Florence, is an excerpt from the *Prodromus*: "...in the exceedingly large stones which are found in certain places at Volterra, shells of every kind are found, and not so very long ago there was hewn from the midst of the forum a stone packed full of striated shells. Hence it is certain that the shells found today in the stones had already been formed at the time when the walls of Volterra were being built... the whole hill upon which the most ancient of Etruscan cities is built, rises from the deposits of the sea, placed one above the other, and parallel to the horizon; and in these deposits, many strata, not of stone, abound in shells that are real and have suffered no change at all." (Steno, 1669).

In this short passage, we find not only a clear articulation of Steno's first and second stratigraphic principles, but we see how the young anatomist clearly realized that the shelly rocks found around Volterra were evidence that this entire terrain had once lain beneath the sea. Even in the mid-seventeenth century, the world was evidently unready for this revolutionary insight, however; and, as Dominici (2009) observes, broad acceptance of Steno's geological principles had to await the nineteenth century, since when Steno's role as a forerunner of modern stratigraphy has become widely accepted.

Steno was not, however, the first individual to have reached this conclusion. Naturalists had long been attracted to the subapennine landscape of Tuscany by the mysterious presence of marine shells on and in its hilltops; and as early as 1282 the monk Restoro d'Arrezzo had noted – as translated by Stefano Dominici – that "the place where these mountains are found, where the sand and the snail bones are, indicates that there once was the sea." Closer to Steno's time, another of those curious naturalists was Leonardo da Vinci, who was actually born in the eponymous town crowning one of those hills some fifteen kilometers due north of Volterra. From his early youth, Leonardo loved to roam the Tuscan landscape; and in 1473, at the age of 21, he summarized what he saw in the remarkable drawing variously known as "Holy Mary of the Snow," "Landscape with Waterfall," or simply "Valdarno Landscape" (Fig. 11). This deceptively simple sketch represented Leonardo's plain and unembroidered vision of what he saw before him; and it is, as several authors have noted (see Kemp, 2004), very probably the earliest work of Western art in which the primary

Figure 11: Leonardo da Vinci: Holly Mary of the Snow, 1473. Drawing in the Uffizi Gallery, Florence.

Source: Wikimedia Commons.

subject is landscape itself: a landscape that remained entirely untransformed on the page by any human conventions.

Nonetheless, despite the apparent fidelity to Nature shown in this sketch, the precise locality it depicts has been the subject of considerable dispute. The image is sometimes identified as a generalized view of the Valdinievole area in Tuscany as seen from nearby Montalbano, or as of the Marmore waterfall (an artificial feature created in Roman times) near Umbria's capital of Terni, but several other Tuscan and Umbrian localities have also been mooted over the years (see Anon, 2017). However, an interesting wrinkle was added recently by microscopic analysis (involving infra-red light and X-rays) that found the drawing was actually made in two stages, with two different inks. Based on this finding (so far published only in the popular press), the geological journalist David Bressan (2019a) has propounded the notion that the addition of various geological details resulted in a composite landscape which summarized Leonardo's geological observations over a sustained period, rather than in a portrait of a particular place at a particular time. Stefano Dominici (in prep.) likewise endorses the general notion that the drawing reflects Leonardo's keen geological observation, pointing to the extensive allusions in the image to water, erosion, and gravity as shapers of the environment. He suggests, for example, that the juxtaposition of a recent debris cone at the base on the cliff on the right with some ancient angular erosional remnants to its left specifically refers to the dynamically changing nature of the landscape, while Bressan (2019b) additionally notes that the structure of the same cliff accurately represents a typical Apennine marine turbidite sequence, with thinner layers at the bottom and thicker ones above. And there can certainly be little doubt that this image is the product of an individual who, in representing the terrain, was as greatly concerned about process as about superficial appearance.

However, even given the later alterations to the drawing, there are still substantial grounds for believing that this was at least in part an accurate portrayal of a particular locality, rather than simply a recollected composite showing an assemblage of geological features. Thus, Dominici (in prep.) suggests that, far from being Umbrian, the dominant topographical element of the image, the cliff at the right, was sketched as Leonardo sat on the ancient Etruscan walls of Volterra itself, looking out toward an outcrop known today as "Le Balze," ("the Cliff": Fig. 12). Dominici records that in Leonardo's day a chapel existed in the vicinity of the Balze that was dedicated to "Holy Mary of the Snow" (the title Leonardo himself gave to the drawing, at upper left); and he notes that Restoro's earlier writings might well have drawn Leonardo to this particular place. The tantalizing uncertainties that hover around this important image make it all the more unfortunate that its youthful creator made no contemporaneous record of the thoughts that were in his mind as he drew it.

Figure 12: View of Le Balze, Volterra, taken from the city walls. Photograph by and courtesy of Stefano Dominici.

Still, those thoughts were not forgotten by the more mature Leonardo. In notes jotted down between 1507 and 1510 in the notebook now known as the Leicester Codex, Leonardo produced a synthesis of his early Tuscan geological observations, mostly made in the greater basin of the Arno River, within which Volterra lies. Here, in Stefano Dominici's translation, are some of his observations:

> "At Montelupo the Arno would deposit its gravels, still visible in a conglomerate made up of stones from several sources, colors, and kinds; and a bit further away, around Castelfiorentino, sandstone was made from agglutinated sand; and still further on, mud was dropped in which the shells lived; and this was raised in a stepwise fashion, depending on the level at which the turbid Arno river poured into the sea; and from time to time the sea bottom was raised, so that shell[y rocks] were produced in a stepwise fashion." (LC folio 8v).

He then went on, in a remarkably specific rejection of Biblical orthodoxy, to state that:

> "This [stepwise arrangement of shelly rocks] is seen in a cutting at Colle Gonzoli, produced by the Arno river: in which cut, we can clearly see the above-mentioned levels of shells in the blue mud, together with all kinds of marine things ... If the shells were brought in by the turbid deluge, they would have been mixed with the mud, separated one from the other, and not aligned along horizons, on surfaces, as they are seen today." (LC folio 8v).

And it is worth also quoting the remainder of this extract:

> "We have signs of this where, back in the day, the Apennine mountains would let their rivers flow towards the Adriatic, where also many shells are found between the mountains, together with their blue muddy earth; and all the stones that you collect there are full of shells. The same we know to have been done by the Arno river when it flowed from the Gonfolina towards the sea, the latter not much below the first, since at those times it was above the height of San Miniato al Tedesco, given that in its highest sites we see it is filled with shells and oysters within its walls." (LC folio 9r).

These passages and many others in the Leicester Codex show highly sophisticated observation and induction, using much the same kind of reasoning a modern geologist would employ. And they clearly reveal that Leonardo understood the yet-to-be-articulated uniformitarian principle that the active modern landscape in Tuscany, including at Volterra, had been produced by natural forces that could still be observed at work.

Foremost among these forces was water; and indeed, water lay at the very center of Leonardo's ideas of how the Earth functioned. "The water," he thus wrote at another point in his diary, would "if possible, transform the earth into a perfect sphere." But, planetary-scale issues aside, Leonardo was also fascinated by the local role of water in sculpting the landscape; and in a series of sketches, produced between 1478 and 1518, that showed cliffs weathered by rain and steep gorges cut by streams, the polymath paid meticulous attention to the weathering of rocky outcrops by water. Indeed, it has even been suggested, again by David Bressan (2018), that Leonardo smuggled some geological observations into his Mona Lisa portrait of around 1503-6 in which, behind the sitter, we glimpse a rocky landscape around a body of water. In the geologically recent past the Arno river was temporarily blocked by a natural rocky dam that created a lake, the sediments and ancient shorelines of which are still discernible on the landscape today. The passages cited above are proof enough that Leonardo had closely studied this landscape and its geological features, and Bressan hazards that the artist had re-created the ancient Lake Arno both in his mind and in the background of his most famous painting. If true, this places Leonardo, who was of course working in a theoretical milieu vastly different from today's, as an intuitive field geologist of the first order.

Geology, Art and Observation

Whether or not Bressan is right about the Mona Lisa, there is no denying the very careful observation of geology that Leonardo employed in the background of his 1483-6 masterpiece *Virgin of the Rocks*, now in the Louvre (Fig. 13). Indeed, the geologist and Renaissance scholar Ann Pizzorusso (1996) has called this painting a "geological tour de force" that allows an experienced eye to dissect its meticulously naturalistic geological elements. In this scene, the Madonna and child are seen with the infant St John the Baptist and an angel, and the foreground figures (the Virgin at center) are grouped in the mouth of a cave behind which a river is visible. The river has evidently eroded the background rocks into the jagged remnants that Leonardo was so fond of depicting. The cave itself is formed mostly in a weathered sandstone that is horizontally interrupted by an intrusive sill. The basal contact between the sill and the underlying sandstone is visible just above the Virgin's head, and to the right of her left shoulder. Pizzarusso identifies the sill material as a diabase (dolerite), an igneous rock compositionally much like basalt. Volcanic intrusions of this kind crack vertically on cooling, as Leonardo shows; and in this image, we can also see how the sill has subsequently eroded to a

Figure 13: Leonardo da Vinci: Virgin of the Rocks, 1483-6, original version. Painting in the Louvre, Paris.

Source: Wikimedia Commons.

relatively jagged profile compared to the surrounding sandstone. Above the sill the sandstone is exposed to the elements, and it is accordingly relatively heavily weathered; below the lower igneous contact the more protected rock is appropriately shown by the artist to be more lightly eroded, with its bedded structure still clearly visible.

Pizzorusso is similarly impressed by Leonardo's rendering of the vegetation in this scene, which she notes is placed not for aesthetic effect but instead in exactly those places where weathering would have provided enough soil to support it. Altogether, the geological details of the background of this painting are astonishingly accurately observed, despite the appropriately otherworldly feeling of the overall composition.

This level of accuracy stands out in high relief when the Louvre painting is compared with a later rendition of the *Virgin of the Rocks* that was painted at some time before 1508 (Kemp, 2004). This latter work resides in London's National Gallery, under attribution to Leonardo. The master was certainly involved in its initiation because it was created, for the religious order that had originally commissioned it, as a substitute for the Louvre *Virgin* that Leonardo is known to have sold to a third party during a dispute over payment. But it has been strongly questioned whether Leonardo himself actually painted it (see, for example, Alberge, 2014; Gould and Shearman, 1962; Hope, 2018).

The overall scene is almost identical in the two paintings, but the details are significantly different. In the London version the texture of the rocks is uniform throughout, with aspects of the igneous sill and the sandstone blended together so that, for example, the vertical columnar jointing of the sill is continued upwards to the top of the sandstone outcrop. Differences in weathering according to exposure are ignored while, to Pizzorusso's (1996) eye at least, in the National Gallery version the river in the background has become a glacial lake within an apparently limestone topography that she regards as entirely incongruous in this setting. Additionally, in the London painting the vegetation is not confined to places in which soil formation would be expected, and John Grimshaw (cited by Alberge, 2014) has noted that, in sharp contrast to the Paris original, the plants themselves are inaccurately rendered. The lack of respect for Nature displayed in the geological (and botanical) sloppiness of the London *Virgin* suggested to Pizzorusso that this painting could not be the work of Leonardo. "Precise geology," she argued, "is an index to authenticity. It can serve as Leonardo's inimitable trademark." (Pizzorusso, 1996, p. 198).

While compelling, Pizzorusso's argument must remain an inferential one. But the private ruminations in Leonardo's diaries and manuscripts do show two things very explicitly. First, that he was observing in the Tuscan landscape precisely those things that Steno would observe a century and a half later. And second, that he was also actively drawing from them much the same conclusions as Steno would. What's more, we have to remember that – like Steno – Leonardo was arriving at his conclusions purely by inductive reasoning from the characteristics of the landscape and its rocks. After all, in Leonardo's time there was *no* coherent concept of geology, *no* notion that the surface of the Earth had evolved, *no* firm idea that it had not always been basically as we see it today. The default supposition, as indeed it still was in Steno's day, was that the planet had been created more or less as is; and it was truly a revolutionary thing to break away from this received wisdom as definitively as Leonardo did in his private musings. Purely in terms of intellectual process, then, we must certainly consider Leonardo an early pioneer of geology. We cannot, however, strictly consider him a father of modern stratigraphy because his observations remained confined to his personal notebooks for centuries, during which the basic principles of geology were articulated and refined by others. Still, while back in the sixteenth century Leonardo had sound practical reasons for staying quiet on this subject, it is hard to resist speculating that the history of geology might well have been different if he had not.

Trace fossils

An interesting footnote to Leonardo's prescient interest in stratigraphy is that this remarkable man has a very similar claim to be an early forerunner of ichnology, the science of trace fossils. As we have already seen, Leonardo was well aware that the shells in the deposits around Volterra were the remains of creatures that had once lived on the bed of the sea, noting in the Leicester Codex that "all the sea mud still contains shells, and the shells are petrified together with the mud" (LC folio 10v). Further, because these marine rocks had been stratified by successive episodes of sedimentation, with the shells lying in them as they had in life, Leonardo knew that the fossils they contained were not evidence for the Biblical Flood. He saw that they were ancient but nonetheless related to species living today, and he recognized also that they were not randomly present in the rocks, but instead represented actual communities that had lived on the ancient sea floor.

In the process of mulling over this evidence, Leonardo also vigorously refuted the "Inorganic Theory" of spontaneous formation, at the time the prevailing non-Biblical explanation for the presence of mollusk shells inside sedimentary rocks. This view, that fossils are the product of forces existing within the rocks themselves – and are thus by implication more recent than the rocks that contain them – was rejected principally because Leonardo saw in his rock samples evidence for bioturbation – the reworking of the sediments by living organisms. Such evidence included the hole-boring of ancient clams or worms (which Leonardo accurately described as "the traces of ... movements ... in the manner of a woodworm in wood": LC folio 9v), and the impressions left by invertebrates moving across the seabed. In his search to understand the spatial distribution of the fossils in the sediment, those traces of locomotion led Leonardo to observe living clams, one of which, he noted, "does not swim, but makes a furrow in the sand, and supporting itself by means of the sides of this furrow will travel between three and four *braccia* in a day [about six to eight feet]" (LC folio 8v).

Leonardo clearly perceived not only that the signs of bioturbation in the shelly rocks provided evidence for their marine sedimentary origin via documenting the individual activities of ancient sea-floor creatures, but that he also had evidence for the existence and functioning of entire ancient living communities. This made him look beyond the individual shells to the substrates in which they lay, enabling him to famously observe that:

> "Among one and another rock layer, there are traces of the worms that crawled in them when they were not yet dry." (LC folio 10v)

As the cultural historian Andrea Baucon (2010) emphasizes, this statement clearly shows just by itself that Leonardo clearly understood several critical aspects of his ichnofossils. First, that they had indeed been left behind by living organisms; second, that they proved the marine origin of the rock strata they were in; third, that they were directly comparable to traces left by living organisms today; and fourth, that in terms of information content they were complementary to the actual macrofossils found in the rocks.

Admittedly, Leonardo was not the only Renaissance naturalist whose attention was attracted to trace fossils; but, as Baucon notes, he was the only one to interpret them in terms that still make sense in the modern world – doing so, moreover, a full three centuries before the science of ichnology began to take form in the first half of the nineteenth century. To place this insight into fuller context, it might be noted that, before the end of the sixteenth century, the naturalist Ulisse Aldrovandi – the first writer to use the term "geologia" in something approximating its modern sense – had collected and illustrated a variety of bioturbation structures that were posthumously published by his disciple Bartolomeo Ambrosio (in Aldrovandi, 1648). But by Baucon's account Aldrovandi interpreted all of these structures in the context of the Inorganic Theory that Leonardo had not only privately discredited a century earlier, but that also continued to linger until the latter half of the seventeenth century, when it was still being defended by the Jesuit scholar Athanasius Kircher as late as 1664.

Intriguingly, as far as we know Leonardo was the first artist to actually illustrate an ichnofossil (Cioppi, 2006). One of the commonest such fossils in the subapennine Oligocene and Miocene turbidites that Leonardo is known to have tramped over is the graphoglyptid *Paleodictyon imperfectum*. The traces left by this enigmatic organism consist of apparent burrows that form honeycomb-like and three-dimensional hexagonal meshes of a kind that exactly match a diagram drawn by Leonardo in folio 25r of his Codex 1 of 1504-1510 (see Figs. 4.1 and 4.2 in Cioppi, 2006). Almost certainly significantly, this sketch appears on a page of the notebook that contains other rough drawings of marine macrofossils. There is no accompanying textual commentary, but Baucon (2010) gives several convincing reasons for concluding that Leonardo's sketch illustrates an actual trace fossil rather than simply being a geometric design.

Conclusion

Just as in stratigraphy, then, Leonardo's matter-of-fact naturalistic observations in ichnology were centuries ahead of their time. Yet they were doomed by circumstance to languish in their author's private diaries until the late nineteenth century, by which time others had established ichnology as a science. Still, in an odd way the issue of ichnofossils brings us back to Leonardo's paintings, and particularly to his wonderful Louvre version of the *Virgin of the Rocks*. This is because, as Baucon (2010) points out, close scrutiny shows that Leonardo represented actual trace fossils on the sandstone that forms the rim of the grotto below the Madonna's feet. The historian also notes that some apparent ichnofossils are also faintly visible atop a bedding plane in the background of another Leonardo devotional painting, the 1501 *Madonna of the Yarnwinder* (Baucon, 2010, Fig. 5). Perhaps other such representations lie, as yet unreported, elsewhere in Leonardo's oeuvre, or have been lost over the centuries to abrasion or cleaning. But whether or not this is the case, as private and hidden-away as Leonardo may have kept his farsighted geological and paleontological observations, they all evidently continued to inform and enliven his public art throughout his astonishing career.

Acknowledgments

I would like to express my gratitude to Henry and Marie-Antoinette de Lumley for inviting me to present these reflections at the fascinating October 2019 memorial colloquium. My appreciation also goes to the other members of the organizing committee, and most particularly to Sheryne Grosset-Picazo, Elisabeth Fauquembergue, and Caroline Lemerle. At the colloquium itself I benefited from conversations with many of the participants, among whom I would particularly like to mention Domenico Laurenza and Michael Kwakkelstein. And I am deeply grateful to my colleague Stefano Dominici, of the Florence Natural History Museum, for introducing me to the magical landscape around Volterra, for sharing his profound stratigraphic and historical knowledge of the region, for commenting on an early version of this contribution, and for his permission to reproduce his translations and the photograph in Figure 12.

References

ALBERGE Dalya (2014) The daffodil code: doubts revived over Leonardo's Virgin of the Rocks in London. *The Guardian*, December 12, 2014. https://www.theguardian.com/artanddesign/2014/dec/09/leonardo-da-vinci-virgin-rocks-louvre-national-gallery

ALDROVANDI U. (1648) *Ulyssis Aldrovandi Patricii Bononiensis Musaeum Metallicum in Libros IIII Distributum Bartholomaeus Ambrosinus... Labore et Studi Composuit*, Bologna, Bartholomaeus Ambrosinus.

ANON. (2017) Leonardo da Vinci at Marmore Falls. *Notitiae*, February 10, 2017. http://www.notitiae.info/leonardo-vinci-at-marmore-falls/

AREZZO d' R. (1282) *La Composizione del Mondo Colle Sue Cascioni*. Reissued 1976, Florence, Accademia Cruscia.

BAUCON A. (2010) Leonardo da Vinci, the founding father of ichnology. *Palaios*, 25 (6), p. 361-367.

BRESSAN D. (2018) The hidden geology in Leonardo da Vinci's art. *Forbes Magazine*, April 15, 2018. https://www.forbes.com/sites/davidbressan/2018/04/15/the-hidden-geology-in-leonardo-da-vincis-art/#2c9b862c3249

BRESSAN, D. (2019a) Leonardo da Vinci's geological secrets revealed by forensic science. *Forbes Magazine*, January 19, 2019. https://www.forbes.com/sites/davidbressan/2019/01/19/leonardo-da-vincis-geological-secrets-revealed-by-forensic-science/#4f4b12502fd7

BRESSAN D. (2019b) Leonardo da Vinci – Renaissance artist and pioneering geologist. *Forbes Magazine*, May 2, 2019. https://www.forbes.com/sites/davidbressan/2019/05/02/leonardo-da-vincis-earth-shattering-insights-about-geology/#4e2e11674669

CIOPPI E. (2006) Le trace di Leonardo. Catalogue entries IV.4G.g and V.7B.c1-7. In: Galluzzi P. (ed.), *The mind of Leonardo* [The universal genius at work]. Florence, Giunti, p. 288-290.

DOMINICI S. (2009) Steno, Targioni and the two forerunners. *Journal of Mediterranean Earth Sciences*, 1, p. 101-110.

DOMINICI S. In prep.: *A locale for Leonardo's 1473 landscape and the building of a theory*.

GOULD C., SHEARMAN J. (1962) Leonardo's "Virgin of the Rocks". *The Burlington Magazine*, 104 (706), p. 30 et p. 33-34.

GOULD S.J. (1998) The upwardly mobile fossils of Leonardo's living earth. In: *Leonardo's Mountain of Clams and the Diet of Worms*. New York, Harmony Books, p. 17-44.

HOPE C. (2012) The wrong Leonardo? *New York Review of Books*, February 9, 2012. https://www.nybooks.com/articles/2012/02/09/wrong-leonardo/

KEMP M. (2004) *Leonardo da Vinci: The Marvelous Works of Nature and Man*. Oxford, Oxford University Press.

KIRCHER A. (1664) Mundus Subterraneus, in XII Libros Digestus. Amsterdam, Joanna Jansson and Eliza Weyerstraten.

LAURENZO D. (2015.) Leonardo's theory of the Earth: Unexplored issues in Geology from the Codex Leicester. In: F. Frosini and A. Nova (eds.), *Leonardo da Vinci on Nature: Knowledge and representation*. Florence: Marsilio, p. 257-268.

PIZZORUSSO A. (1996) Leonardo's geology: The authenticity of the Virgin of the Rocks. Leonardo 29 (3): p.197-200. Project MUSE, muse.jhu.edu/article/607247

RICHTER J.P. (1883) *The Literary Works of Leonardo da Vinci*. London, Sampson Low, Marston, Searle and Rivington.

STENO N. (Niels Steensen) (1669) Dissertationis Prodromus. Florence, Typographia Stellae.

Questions à Ian Tattersall et réponses

Henry de Lumley : Je pense qu'on peut remercier Ian Tattersall de nous avoir montré, aujourd'hui, que Leonardo avait aussi été un pionnier de la géomorphologie. La géomorphologie est une science très récente et déjà, Leonardo da Vinci en avait jeté les règles, mais ce n'était pas connu. Comme l'a dit Ian Tattersall, cela n'a jamais été publié, et était ignoré. Ainsi la géomorphologie, au lieu de commencer à la fin du dix-neuvième siècle aurait débuté à la Renaissance.

Henry de Lumley: *I think we can thank Ian Tattersall for having showed us today that Leonardo was also a pioneer in geomorphology. Geomorphology is a very recent science, and already at the time, Leonardo had laid the foundations of geomorphology. However, it wasn't known then, and as Ian said, his work was never published, and it remained ignored. Then, at the end of the 19th century, this discipline came to rise, but it could have started much earlier with Leonardo, at the Renaissance period.*

Brian Shearer, anatomiste et paléontologue : A-t-on des traces d'une interaction de Leonardo avec des fossiles vertébrés ou est-ce qu'il se concentrait uniquement sur les invertébrés ?

Brian Shearer*, paleontologist: Is there any record of Leonardo interacting with any vertebrate fossil remains, or did he focus on invertebrates only?*

Ian Tattersall : C'est une très bonne question. Je n'ai pas connaissance de dessins ou d'écrits de Léonard concernant des fossiles. Les fossiles et les paysages qu'il observait et qu'il étudiait étaient des paysages marins et il savait qu'ils étaient très vieux mais il ne savait pas de quelle époque ils dataient. C'est bien plus tard qu'on a su et qu'on a eu les réponses à ces questions. Comment aurait-il réagi s'il avait trouvé par exemple un fossile à l'époque ? On ne peut pas le savoir parce qu'il n'y a, en effet, aucune trace mais c'est une très bonne question.

Ian Tattersall: *That's a very good question, and I am not aware of any drawings or any writings that he did, with regard to vertebrate fossils. The fossils in the landscape that he tramped over, are entirely marine. And he certainly knew that they were ancient. He didn't know how ancient they were. We didn't know until very recently how ancient the world was, and how long the history of the world is. How he would have reacted if he'd found a cetacean fossil or something? we cannot tell, because there's no record, but it's a great question.*

Michael Kwakkelstein : Je suis historien d'art et je viens de Florence. Je vous remercie pour votre exposé inspirant. Pour faire écho à la question précédente sur le codex Arundel, en 1480, Léonard y parle d'une grotte dans laquelle il veut pénétrer, mais il a peur d'y entrer. C'est un passage intéressant dans ses écrits, qui a été considéré comme une fiction, on pensait qu'il inventait. De l'autre côté de cette feuille, il écrit qu'il s'est rendu dans cette grotte et qu'il y a découvert les os d'une baleine. Ça m'a toujours surpris de lire la traduction anglaise parce qu'en italien il utilise le mot « scolie » (?) qui n'est pas dans les montagnes mais plutôt près de la mer, et qui a été traduit par une grotte en haut d'une montagne. Je me demandais si vous aviez des idées sur la traduction en anglais du mot « baleine » parce que je pense que ce n'est pas possible qu'il s'agisse d'une baleine. Il décrit le squelette également, or le squelette et les os décrits ne correspondent pas au squelette d'une baleine mais plutôt à celui d'un grand requin blanc par exemple.

Michael Kwakkenstein: *art historian from Florence: Thank you very much for your inspiring talk. With the question of the other gentleman, I was reminded of the Codex Arundel, where Leonardo on a sheet from about 1480 writes about his visit to a cave, and he wants to peer in, he wants to go inside the cave, but he's actually afraid. That's an interesting passage that has usually been given the quality of fiction, as he's writing something, but then on the other side of that sheet, he writes that he finally went into the cave, and discovered the bones of a whale. I've always been puzzled by the English translation, because in Italian he's using the word "scolie", and that is not up in the mountains, but that is near the sea. So, it's always translated as rocks, a cave high up in the mountains, so I was wondering if you have any thoughts on the translation in English of the word "whale". I think, personally, that it could not have been a whale, because he also describes the skeleton, and the skeleton remains do not correspond to the skeleton remains of a whale, but more to that of a predatory fish like the great white shark for instance, or a shark.*

Ian Tattersall : C'est une très bonne question. Si vous étiez dans une grotte, il serait très peu probable que vous retrouviez des traces fossilisées quelles qu'elles soient. Au bord de la mer, oui, vous seriez plus à même de trouver des restes d'ossements d'otaries, etc. Alors, il ne s'agissait peut-être pas d'une baleine, peut-être qu'il s'agissait d'un gros fossile. Lorsqu'on trouve quelque chose, on essaie de mettre des mots dessus et d'en parler en termes connus. Et là, vous avez vraiment ouvert la porte d'une question difficile mais fascinante. Si c'était, en effet, tout en haut d'une montagne, il serait très peu probable qu'il s'agisse d'un squelette de baleine en effet.

Ian Tattersall: *That's a really good observation, and it raises a good question, because honestly, if you were in a cave environment, you would be very unlikely to find truly ancient fossils of any kind. If you were by the seashore, you would be likely to find* *the odd seal skeleton or something like that. High in the mountains, it might not have been a whale. Maybe it was a very big fossil of some kind. When you find something, you want to explain it in terms of what you know, first of all, that's before you go to the fantastical explanations. You've just opened the door unto an imponderable question that is fascinating to consider. If he had been high in the mountains, it'll be very highly unlikely that he would have found in that kind of environment any sort of truly whale remains.*

Michael Kwakkelstein : Oui, je pense que la confusion vient de la traduction en anglais du mot italien dans les écrits en anglais de Leonardo, parce que le mot qu'il utilise en italien fait référence uniquement à l'endroit qui ne peut pas se trouver ailleurs qu'au bord de la mer.

***Michael Kwakkelstein:** I think the confusion is because of the translation in all the anthologies of Leonardo's writings in English, of the Italian word "scolie", that's what he uses, and that can only be near the sea.*

Ian Tattersall : Je vais demander à Stefano de se pencher sur cette question. Je vous remercie.

***Ian Tattersall:** Ok, well fair enough, I have to get Stefano to go back and look at the Codex.*

Nicole Le Douarin, biologiste : J'apprends beaucoup de choses aujourd'hui, je suis éblouie par le génie de cet homme extraordinaire et j'aimerais savoir quelle a été son influence à l'époque où il vivait. Est-ce que ses observations, est-ce que les généralisations qu'il pouvait en déduire ont eu une influence à son époque ? Quelle a été donc l'influence des découvertes de cet homme sur les personnes de sa génération, de son époque ?

***Nicole Le Douarin:** I'm a biologist and I'm learning many things today. I'm amazed by the genius of this extraordinary man. I'd like to know, what was his clout at the time he was alive? His observations... what influence did the discoveries of this man have on the people of his time?*

Ian Tattersall : Je pense que Leonardo était très connu à l'époque en tant qu'homme possédant une grande connaissance et je pense que son originalité n'est visible que par nous avec du recul. Aujourd'hui, nous sommes capables, en regardant ses écrits, en regardant l'ensemble de son œuvre et de sa vie, de reconstituer l'étendue de sa curiosité et de sa compréhension, mais à l'époque il était certainement reconnu comme un homme, certes parfois difficile, mais toujours inspirant. On ne peut pas dire qu'il passait inaperçu. Il était reconnu de son vivant mais parfois il était un peu à contre-courant.

***Ian Tattersall:** I think that Leonardo certainly had great renown in his time as a man of enormous learning and ingenuity. I think the full scope of his originality is only really visible to us in hindsight, that we're able now, through looking at his writings and through looking at the whole corpus of his work and his life, to reconstitute quite what the almost incomprehensible breadth of curiosity and understanding that this man had, but he was certainly recognized at his time, as a perhaps difficult sometimes, but always inspiring character. Yes, he did not go without recognition in his lifetime, but occasionally he stood a bit too counter wind.*

Jesse Ausubel : Sait-on si Leonardo comprenait le temps qu'il fallait pour que des changements majeurs comme ceux-ci se produisent ?

***Jesse Ausubel:** Do we have any sense of whether Leonardo understood deep time? Did he speak about the durations required to bring about changes in landscapes?*

Ian Tattersall : Il faudrait, pour répondre à votre question, quelqu'un qui a une meilleure compréhension des écrits de Leonardo que moi-même mais à l'époque, je pense que personne n'avait ce concept de temps long et aucune idée de la façon dont on pouvait le calculer. À l'époque, on n'avait pas la même représentation chronologique qu'aujourd'hui. C'était avant même l'idée que la Terre s'était formée en 4004 BC. Leonardo s'est rendu compte de la même chose que John Lubbock au XIXe siècle, qu'il y avait un monde avant celui dans lequel il vivait, un monde avant le monde que l'on connaît aujourd'hui. S'il était ici dans cette pièce aujourd'hui, si vous lui demandiez, il y a 500 ans, combien de temps cela fait-il, il vous dirait probablement « je ne sais pas, mais il y avait un monde avant nous ».

***Ian Tattersall:** This is a very good question and it probably requires somebody with a deeper knowledge of Leonardo's writings than I have to respond to. But no, I think nobody in those days had any idea, any real concept of deep time, and they had no idea how to calibrate it. I mean, this was even before the idea that the earth was formed in 4004 BC. That was an 18th century discovery, if you wish to put it that way. But what Leonardo realized was, basically what John Lubbock realized in the 19th century, that there was a world before this one, that there was a world before the one we're familiar with today. I bet if he sat in this very room, if you asked him 500 years ago, how long ago it was, he would say I don't know, but there was a world before us.*

Public : La Vierge aux rochers : Vous dites qu'il y a un animal fossilisé dessiné dans la Vierge aux rochers. Quel type d'animal ? À quoi ressemble-t-il ?

***Public:** In the Virgin of the rocks: You're talking about a possible animal in the Virgin of the rocks, what type of animal is the fossil, what does it look like?*

Ian Tattersall : Il s'agirait d'un paleodictyon, un invertébré marin vivant en terrier qui laisse une trace en forme de nid d'abeille dans la boue. Ce sont ces traces qui ont été préservées et ont attiré l'œil de Leonardo. Il les a dessinées dans l'un de ses carnets. C'est le tout premier dessin que nous avons d'une telle trace fossile, ce qui montre donc le comportement d'une ancienne créature et il savait ce que c'était.

***Ian Tattersall:** The animal looks like a paleodictyon, a burrowing marine invertebrate, that leaves a sort of a honeycomb shape in the mud where it's burrowing, and that shape is what* *was preserved, and what caught Leonardo's eye. He drew it in one of his diaries, and it's the first drawing that we have of a fossil, that is to say a trace fossil showing the behavior of an ancient creature. And he knew what it was.*

Henry de Lumley : À l'époque de Leonardo da Vinci, il est vrai que Leonardo était très reconnu, très admiré, mais il était admiré pour son talent d'artiste, de peintre. D'ailleurs, comme on le sait, beaucoup de grandes dames voulaient avoir un portrait fait par Leonardo da Vinci. Leonardo da Vinci a toujours refusé de peindre certaines personnes. Il a pris la femme d'un ami pour faire la Joconde. Leonardo da Vinci était très connu pour ses talents d'artiste mais le public, la population ne s'intéressaient pas tellement à l'histoire naturelle. Ce n'était pas un problème, on pensait que la terre était figée, qu'elle a toujours été pareille. Leonardo da Vinci, comme l'a souligné tout à l'heure monsieur Ian Tatterstall, a été un pionnier dans beaucoup de domaines et en particulier dans le domaine de la géomorphologie. Dans tous ses tableaux, derrière la Joconde comme dans celui qui est présenté sur cet écran, il a dessiné des paysages qui sont véritables parce qu'il avait des notions de géologie alors que personne ne s'intéressait à la géologie à cette époque-là.

Henry de Lumley: *I think that during Leonardo's time, it's true that Leonardo da Vinci was well known, extremely admired, because he had this talent as an artist, as a painter, and as we know many ladies wanted their portrait to be done by Leonardo. He often refused to paint portraits. He chose one of his wife's frien ton paint la Joconde. Leonardo da Vinci was very well known for his talent as an artist, but the population at the time wasn't really interested in natural history, in earth sciences. We thought that the earth had always been the way it looked. Leonardo da Vinci's, as quoted Ian Tattersall, was really a pioneer in many fields, in particular in geomorphology. In all his paintings, la Joconde as well as those presented by Ian Tattersall, he painted landscapes that are really true to nature, because he had a good geological and geomorphological understanding, but no one was interested at the time.*

Les remarquables dessins anatomiques de Léonard de Vinci

François Clarac*

Mon exposé va porter sur le fond sur les dessins de Léonard de Vinci. Léonard de Vinci a été un homme universel. Ce qui me frappe, et on pourra en discuter dans les jours qui viennent, c'est que Léonard de Vinci était un grand artiste, les gens le connaissent beaucoup par ses peintures, la Joconde qui est connue dans le monde entier. Mais c'était aussi quelqu'un qui mesurait tout dans le grand détail. Quand il fait ce portrait, regardez le front, la position du nez, la position de l'œil... Il va passer son temps à rechercher dans le corps humain, les relations entre les différents éléments.

Léonard est né dans le village de Vinci, ce village tout petit et charmant, un peu perdu. Il s'est mis à peindre très tôt et très tôt, ses œuvres sont tout à fait achevées. Ses premiers travaux importants sont réalisés quand il était au service du duc Ludovic Sforza où il réalise cette fameuse Dame à l'hermine, qui paraît déjà une œuvre totalement achevée.

Le maître de Vinci, Andrea del Verrocchio a été lui-même sculpteur peintre et orfèvre, et il a reçu de très nombreux œuvres de Laurent de Médicis dit le Magnifique. Il avait l'atelier le plus important à Florence et a eu une influence énorme sur tous les artistes de l'époque.

Son premier dessin, sa première œuvre, réalisé le 5 août 1473 à 21 ans, est une petite œuvre en taille, 19 centimètres sur 28. Il savait prendre tous les détails, et représenter un peu l'ensemble des différents éléments dans un paysage.

Il avait vu qu'à l'intérieur du cerveau – le cerveau n'est pas quelque chose de massif – il y a des cavités, représentées ici. On vous a montré le nerf optique, qu'il a fait parfaitement. Il a représenté des coupes de la tête. Il a schématisé le cerveau figurant les trois ventricules. On disait à l'époque que c'est là que se plaçaient les quatre fonctions d'intellect : la sensation, la mise en images, le jugement et la mémoire.

Il a aussi vu – ce qui est tout à fait exceptionnel quand on fait des dissections de cerveau – qu'il y avait une enveloppe autour du cerveau. Il avait distingué ce qu'on appelle la pie-mère – il y en a trois avec l'arachnoïde et la dure-mère. La membrane est très difficile à discerner, mais il l'avait vue et il avait représenté ainsi le corps, avec l'œil et son nerf.

Il a représenté des crânes humains, c'est beaucoup plus facile mais ce qui est frappant, c'est qu'il a très bien su montrer l'association entre le crâne et la colonne vertébrale. Il n'a pas dessiné les vertèbres en détail, parce qu'il n'avait pas le temps.

Voilà l'œil représenté. Il avait essayé de voir comment fonctionnait le cristallin. On pensait à l'époque que c'était sur le cristallin que se formaient les images. Goethe avait dit « les dons de toute sorte dont la nature l'avait doté se concentrent avant tout dans son œil. De cela vient que bien qu'apte à tout, il fut résolument un grand peintre ».

Leonard de Vinci avait fait toute une étude sur les points de fuite dans le profil. Il avait représenté un visage sur lequel il montrait comment se définissaient les différents points de fuite sur la tête, et il calculait les distances entre ces points de fuite et le visage.

« La force de Léonard de Vinci résidait dans le fait qu'il n'avait pas un regard médical ». Philippe Charlier, médecin légiste, disait : « Il n'appartenait pas au galéniste, c'est-à-dire à Galien, il ne faisait pas partie des anatomistes de l'université de Padoue, ni des disciples d'André Vésale, des Flandres d'Espagne, il n'a pas répété les erreurs de sa génération. Ses observations étaient plus objectives car plus indépendantes. » Il ne suivait pas les autres, il travaillait de son côté.

Les sanguines, son fameux portrait, le corps humain, voilà des représentations des dessins de Léonard de Vinci. Ses dessins comportaient toujours plein d'explications.

Le squelette le passionnait, le fémur, le tibia, le bras avec l'humérus, la cage thoracique, ainsi de suite... précis et une

* INSERM, Institut de Neurosciences de la Timone, Faculté de Médecine, Marseille.

organisation exacte. Il a détaillé les muscles. Il a fait une étude du bras plié, du bras tendu. C'était un mécanicien – biologiste, il avait le sens de la mécanique avant tout, et il se demandait comment la biologie organise cette mécanique. La main, les muscles de la main tels qu'on les connaît aujourd'hui. Il avait très bien détaillé la position des os. Il a montré la supination et le retournement de la main.

Sur l'ensemble interne du corps, il ne savait pas grand-chose, ses dessins sont assez approximatifs. Il a représenté le sexe d'un homme, l'intestin un peu curieusement, la vessie, les poumons, mais, comme on l'a dit par ailleurs, la putréfaction était telle qu'il fallait avoir un courage inouï. Non seulement il avait l'église contre lui, mais cette partie du corps se dégradait très vite, donc il était très difficile de représenter ce qui se passe à l'intérieur du corps et tous les viscères. Il ne les connaissait donc pas bien.

Voilà ce qu'il a fait de l'intérieur. On comprend bien, il a essayé... mais je dirais qu'il a essayé d'imposer à l'anatomie une certaine logique. Les reins ici, et là des nerfs qui en réalité n'existent pas. C'était sa manière d'essayer d'être précis.

Le fœtus dans un utérus. Il a représenté le fœtus dans sa coque, organisé de cette façon.

La patte d'ours est tout à fait remarquable. Le dessin de la patte d'ours est parfait, il n'y a pas une erreur. Il va représenter tous les ligaments, les griffes...

Concernant la mort de Léonard de Vinci, il paraît qu'il n'est pas vrai qu'il est mort dans les bras de François Ier, ceci étant François Ier l'aimait beaucoup, et il a fait beaucoup de choses pour lui. Il a légué ses instruments et ses œuvres à Francesco Melzi et d'autres biens à ses serviteurs. Il est mort le 2 Mai 1519. Il est décédé de maladie, et conformément à ses dernières volontés, il est enterré à Amboise. Est-ce qu'on a vu son corps ? Personne ne peut le dire.

L'homme de Vitruve était un latin. Il avait eu l'idée de faire un corps dans un ovale et de représenter les bras et les jambes à peu près de même grandeur, et Vinci s'est intéressé aux proportions du corps humain selon Vitruve. Il a réalisé ce dessin en 1490 à la plume, encre et lavis, sur papier, et d'après une étude de l'important traité d'architecture antique rédigé par l'architecte Vitruve, dédié à l'empereur Auguste. Ce dessin de Vinci montre qu'il a essayé de comprendre la longueur des bras, la longueur des jambes, et en gros... le nombril serait le centre du corps, ce qui permettrait de mieux comprendre l'organisation du corps humain.

Des grotesques. Il a fait aussi des grotesques, ce qui est tout à fait extraordinaire. Léonard était passionné par la physionomie humaine et il pouvait passer des heures à regarder les passants dans les rues de Milan ou de Florence, puis il revenait à son atelier et noircissait des pages de croquis. Parmi ces dessins, on trouve d'innombrables portraits, des caricatures. Il s'est toujours passionné pour les chevaux, et il a donné des dessins d'une grande précision sur tous les muscles de la jambe, par exemple, ou des membres antérieurs, ou des membres postérieurs, représentant ainsi tous les animaux.

Je cite une phrase d'André Malraux : « Vinci, dont la peinture exprime un accent d'intelligence qui n'a pas été égalé, dont le dessin nous donne, le premier en Europe, l'impression de ne connaître aucun obstacle. ».

Il s'est passionné en effet pour toutes sortes de machines, il a construit sur la terre, il a imaginé des hommes volants, une vie aérienne, pour des mondes impossibles, comme il l'écrivait.

Il paraîtrait qu'en décembre 2016 a été expertisé un dessin de Léonard. Peut-être qu'il y en a d'autres. Un expert a découvert que l'œuvre a été réalisée par un gaucher. Le croquis a la patte du maître de la Renaissance. Au dos, il découvre deux schémas scientifiques avec des annotations. Cela montre qu'il y a sûrement encore des œuvres de Vinci que nous ne connaissons pas, et peut-être qu'on va en découvrir encore dans les années qui viennent.

Il a fait plein de dessins, d'une très grande précision. Cette peinture est inachevée. Il faisait du sfumato, ce qu'on trouve par exemple dans la Joconde, c'est-à-dire qu'il faisait un fond, disons un peu gris, et sur ce fond il représentait un personnage tout à fait magnifique, comme la Scarpigliata, c'est-à-dire l'ébouriffée.

Vésale. Vésale était le grand anatomiste de l'époque, mais je dirais que les deux n'ont rien à voir. Vésale a été un très grand anatomiste qui a, en particulier, décrit les muscles du bras, et qui apporta beaucoup de connaissances anatomiques. Il est né dans une famille de médecins, et il a été successivement – il était adoré – à la cour de Charles le Téméraire jusqu'à Charles Quint. Dans le fond, grâce à lui, on va mettre fin au dogme de Galien. Vinci est un homme à part, qui va jouer un rôle capital, qui va être au-dessus des autres et qui dans le fond, dans ses travaux, va être après ignoré. Qui au XVIIe siècle parle de Vinci ? Qui au XVIIIe parle de Vinci ? Il va revenir à la mode au dix-neuvième, et naturellement, au vingtième quand on va découvrir tous ses cahiers. On avait ses œuvres au Louvre et en Italie, mais on avait oublié qu'il était un homme d'exception.

Questions à François Clarac et réponses

David Thaler : Une grande partie des communications scientifiques parlent souvent de degré de certitude et d'incertitude. Dans certains travaux de Leonardo sur la géologie ou sur l'anatomie des os, c'est très précis, conformes à la nature et dans d'autres cas on voit qu'il y a des choses plus fantasques, plus imaginaires, notamment sur le placement, la position, des organes, certaines connexions aussi entre les organes. Des choses qui sont incorrectes de façon anatomique, qui peuvent provenir de son imagination. Ce qui m'intéresse est de savoir si da Vinci, d'une façon ou d'une autre, communiquait sur son degré d'incertitude ou sur ses zones d'ombres, par exemple lorsqu'il dit que quelque chose est précis, selon la nature et sa vision et quand il dit qu'il fait une interprétation galénique du ventricule par exemple ?

David Thaler: *A large part of scientific communication is often communicating the degree of certainty and uncertainty. In some of Leonardo's work, the geology or the bone anatomy, it's incredibly precise, accurate, according to nature, in other cases, it's more fanciful, imagining, what you call a misplacement of organ, or interpreting ducts connecting things that you say are anatomically incorrect, so supposition, maybe alchemical imagination. What I'm interested in, is if da Vinci, in any way, in any notation, communicates his degree of certainty, or shades, when he says something is accurate according to nature, of his eye, and when he says he's making, say, a Galenic interpretation of what the ventricle means, or something.*

François Clarac : Vinci, je crois, était un homme qui observait et qui dessinait remarquablement. Oui, il avait un côté imaginatif mais je pense que le problème de ses œuvres est qu'elles ont été totalement incomprises. Dans le fond, il faisait ça pour lui, il savait qu'il était malin, intelligent, brillant, donc il travaillait pour lui. Je pense que François Ier a joué un rôle important. Il lui a dit « tu viens avec moi » parce que justement il n'était pas aussi reconnu en Italie qu'il pensait l'être. Il est donc venu en France et François Ier a fait de lui son peintre. Il a dû faire bien des jaloux et quand Vinci est mort, François Ier a été le premier touché, semble-t-il, comme le montre ce tableau d'Ingres du XIXe siècle. Mais je dirais que Vinci a été une exception dans son siècle. Je m'intéresse à la biologie et au système nerveux, et il a fait des dessins du cerveau tout à fait remarquables. Il a vu par exemple les cavités que personne n'avait décrites avant lui. Il était connu par quelques personnes et il a vécu une vie tout à fait exceptionnelle, parce qu'après lui, il faut attendre très longtemps, il ne se passe plus rien.

François Clarac: *I think da Vinci was a man who drew remarkably, he observed very well, he drew very well. Yes, he had imagination, obviously but, and I think that's the problem with this work, is that they were misunderstood, and he did that for himself, he knew he was smart, he was intelligent, he was remarkable, so he worked for himself, but other than that... I think that Francois 1er played a great role, because he told him "come with me" because in Italy he was not as acknowledged for his work as he thought he was. So he came to France. Francois 1er commissioned him as his personal painter. When da Vinci died, François 1er was the first to be really affected, as Ingres' painting from the 19th century shows. I would say that da Vinci is an exception that you see once in a century. I'm interested in biology and the nervous system, his drawing are really remarkable for the brain in particular. Nobody had seen the chambers of the heart as he did. And I think this remarkable man was known of a few people, and he lived his life that was really outstanding, because after him, nothing happened before a very long time.*

Henry de Lumley : Pour répondre aussi à votre question dans le détail, il dessinait et ses dessins sont excellents, tout ce qu'il observait il le consignait par des dessins de grande précision. Comme l'a dit tout à l'heure François Clarac, il disséquait les organes, les boyaux, les tripes, le foie, etc. Il n'avait pas la possibilité de le faire, il n'y avait pas de salles réfrigérées pour conserver une dissection pendant longtemps et il n'a pas pu faire des dessins très précis de l'intérieur des organes. Sur ses dessins il mettait « à compléter, à vérifier » et il n'a pas pu le faire parce qu'il n'a pas eu assez de possibilités de disséquer suffisamment de cœurs et surtout le temps, parce que pour disséquer des boyaux, il faut beaucoup de temps.

Henry de Lumley: *Yes, to answer your question in detail, we can say that he drew, and he drew very well. Everything that he observed, he also drew it with a lot of detail. But as François Clarac said, he was dissecting organs, guts, liver and that kind of organs, he couldn't do it easily, because there was no cold room to be able to dissect for a long time, so he could not draw the organs very precisely. And so, on his drawings, he also wrote things like "this needs to be checked later" because to dissect bowels or that kind of organs, takes a lot of time.*

François Clarac : Tout à fait ! Je crois qu'en fait il est mort trop tôt, parce qu'après, il faut attendre quand même le XIXe et le XXe siècle, c'est extravagant. Cet homme est une île au milieu d'un océan. Il faut aussi prendre en compte, dans l'exactitude de ses dessins d'anatomie, la chronologie de ses dessins. Des travaux d'anatomie ont été faits précocement, alors qu'il était encore sous l'influence des connaissances de l'époque. Puis vers la fin, à partir des années 1500, ce sont ses résultats qu'il montre. Je crois que ça a de l'importance dans l'exactitude de ce qu'il a transmis. Vous avez tout à fait raison, je n'ai pas assez insisté là-dessus. Il y a un ordre chronologique, il faut voir comment il a progressé lui-même, au cours de ses différentes études.

François Clarac: *Yes, absolutely, he died too soon because after him, we have to wait for the 19th and 20th century. That's amazing, he's an island in the middle of the ocean. What should also be taken into account is the chronology, the timeline of the drawings. There's some early work of anatomy that were done under the influence of knowledge at that time, and then from the 1500's, he draws his own observations, and I think this is important regarding the precision of the drawing. Yes, I haven't insisted enough on the timeline which is very important, it has to be considered that he did progress a lot throughout his work.*

Histoire du dépôt de dessins anatomiques de Léonard de Vinci, conservés à la Bibliothèque Royale de Turin

Enrica Pagella* et Giacomo Giacobini**

La Bibliothèque Royale de Turin, fondée en 1837 par le roi Charles Albert de Savoie-Carignan, abrite un ensemble d'œuvres de Léonard de Vinci qui se compose de treize dessins et du célèbre *Codex sur le vol des oiseaux*. Cette petite collection a eu un rôle important dans le développement des études sur le maître toscan, notamment en ce qui concerne les dessins anatomiques. Elle fut achetée par le roi en 1839 chez Giovanni Volpato, marchand et connaisseur. Les chemins empruntés par les feuilles ayant appartenu à Volpato au cours des trois siècles précédents ne sont pas connus, mais il est probable qu'il les ait rassemblés lors de ses voyages entre la France et l'Angleterre. Il s'agit d'un ensemble hétérogène, qui couvre la quasi-totalité de la vie de l'artiste, de 1480 à 1517 environ, et qui documente l'activité de Léonard depuis sa jeunesse jusqu'à sa pleine maturité.

Avant d'aborder spécifiquement les dessins qui montrent les intérêts anatomiques de Léonard chez l'homme et le cheval, il convient de mentionner au moins deux grands chefs-d'œuvre conservés à Turin. Le célèbre *Autoportrait* à sanguine (Fig. 14), qu'on interprète aujourd'hui plutôt comme l'image idéale d'un ancien philosophe, et le visage d'une jeune fille (Fig. 15) liée à la *Vierge aux rochers*, une étude d'une grande intensité et modernité. Avec le *Profil héroïque couronné de laurier* et l'*Étude de tête d'homme*, ces dessins nous rappellent les recherches de Léonard sur le sujet des expressions humaines et sur les changements de physionomie liés aux sentiments, au caractère, au passage du temps. On peut encore mentionner l'extraordinaire *Char de guerre*, l'un des exemples les plus spectaculaires des multiples démonstrations d'instruments décrites par Roberto Valturio dans le *De re militare*, connu par Léonard dans la vulgarisation de 1483.

Les historiens ont souligné une correspondance singulière entre les sujets de ces dessins et la sensibilité et les intérêts des commanditaires de la maison de Savoie : la guerre et les chevaux, toujours prédominants dans les représentations dynastiques ; les images de combattants et la figure d'Hercule, symbole de la force et de la vertu du souverain et souvent représenté dans les décors des résidences des Savoie.

La collection de la Bibliothèque Royale de Turin a été achevée en 1893 avec le *Codex sur le vol des oiseaux*, acquis grâce à la donation du savant russe Théodore Sabachnikoff au roi Humbert Ier et complétée en 1920 par des pages manquantes, cadeau du Genevois Enrico Fatio au Roi Victor Emmanuel III. Ce petit cahier, treize pages datant d'environ 1505, en plus d'examiner le thème du vol des oiseaux, contient des arguments sur la machine de vol, sur les problèmes de mécanique, hydraulique, architecture, anatomie, dessin de figure, toutes des questions cruciales pour les recherches de Léonard.

Les dessins anatomiques

Par comparaison avec les dessins conservés à Windsor qui, dans la grande majorité des cas, révèlent l'attention vers une anatomie systématique ou topographique, ceux conservés à Turin indiquent un intérêt adressé plutôt vers une anatomie artistique. Certains d'eux correspondent à des « écorchés » et démontrent une très bonne connaissance de la myologie.

Un exemple est représenté par les dessins de *Nus pour la bataille d'Anghiari et autres études de figure*

* Professeur d'anatomie à l'Université de Turin, Istituto di Anatomia Umana Normale.

** Directeur des Musées royaux de Turin.

Figure 14 : Léonard de Vinci. Autoportrait (?), 1515-1517, pierre rouge sur papier.

Biblioteca Reale di Torino, inv. 15571 D.C.

Figure 15 : Léonard de Vinci. Tête de jeune femme (étude pour l'ange de la Vierge aux rochers), 1478-1485, pointe de métal, rehauts de blanc sur papier préparé ocre.

Biblioteca Reale di Torino, inv. 15572 D.C.

(Fig. 16), réalisés vers 1505-1508. À côté d'un personnage au corps très musclé, se trouve un « écorché » vu par-derrière, avec les groupes musculaires du membre inférieur et du dos correctement représentés. Comme souligné par Salvi (2019), ce dernier trouve une comparaison avec un dessin conservé à Windsor (W.912625 r.) réalisé vers 1506-1508. Un autre dessin, *Études de musculature des membres inférieurs* (Fig. 17), réalisé vers 1485-1487, représente les muscles du membre inférieur gauche en vue médiale ainsi que, comme simples croquis, ceux du membre inférieur gauche et droit en vue latérale. Celui en vue médiale trouve une comparaison avec un dessin de la collection de Windsor (W.919014 r.), daté de 1510, où pourtant le détail anatomique est plus soigné.

Les *Études de proportions du visage et de l'œil, avec notes* (Fig. 18), réalisés vers 1489-90, ne sont pas proprement des dessins anatomiques, puisqu'ils ne représentent pas le résultat d'une dissection ; il s'agit néanmoins d'une observation anatomique de surface, avec une représentation très précise des paupières, de la pupille, de l'iris, de la sclérotique, ainsi que des angles et des commissures palpébrales externe et interne, avec la caroncule lacrymale.

Figure 16 : Léonard de Vinci. Nus pour la bataille d'Anghiari et autres études de figure, vers 1505-1508, pierre noire, plume et encre brun. Biblioteca Reale di Torino, inv. 15577 D.C.

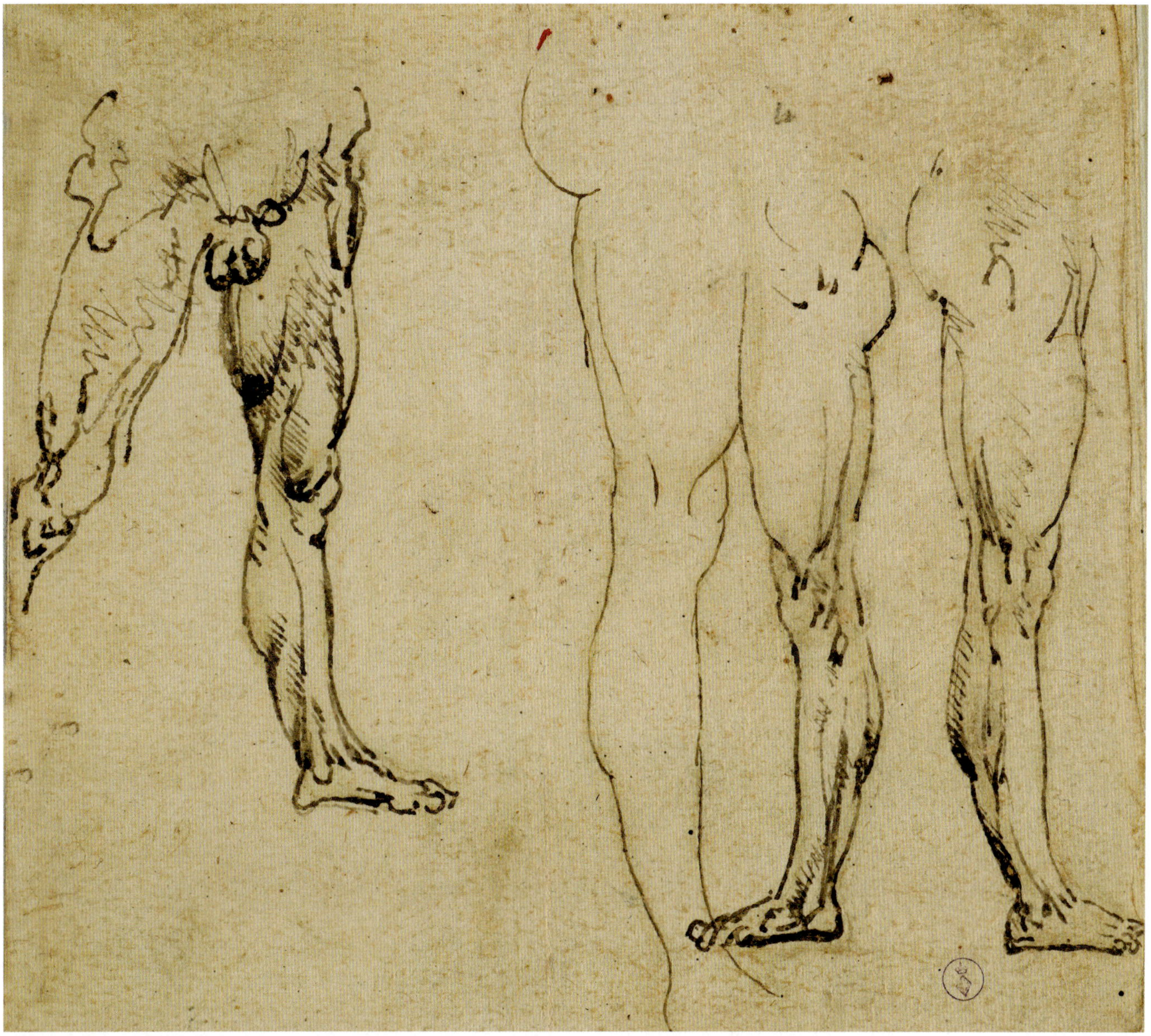

Figure 17 : Léonard de Vinci. Étude de musculature des membres inférieurs, 1485-1487, plume et encre brun.
Biblioteca Reale di Torino, inv. 15578 D.C. (recto).

La Bibliothèque Royale de Turin possède également le *Codex sur le vol des oiseaux*, réalisé vers 1505. Au feuillet 17 *verso*, un dessin anatomique, étranger au thème du *Codex* et qui précède l'écriture du texte, est en partie couvert et en partie épargné par ce dernier. Ce dessin, réalisé à la plume et encre et pierre rouge, représente la musculature du membre inférieur gauche en vue latérale (Fig. 19). Les muscles de la cuisse et de la fesse sont mieux représentés, ceux de la jambe ne sont qu'un croquis.

Trois dessins de l'anatomie du cheval font partie de la collection turinoise. L'un d'eux, *Études des membres postérieurs d'un cheval*, réalisé vers 1508-1517 en collaboration avec Francesco Melzi, n'est pas proprement un dessin anatomique, mais une étude de la jambe arrière de l'animal où, pourtant, les reliefs musculaires sont bien visibles et indiquent une bonne connaissance myologique. Au contraire, les *Études des membres antérieurs d'un cheval* (Fig. 20) dessinés vers 1490, correspondent à une dissection qui met en évidence plusieurs muscles

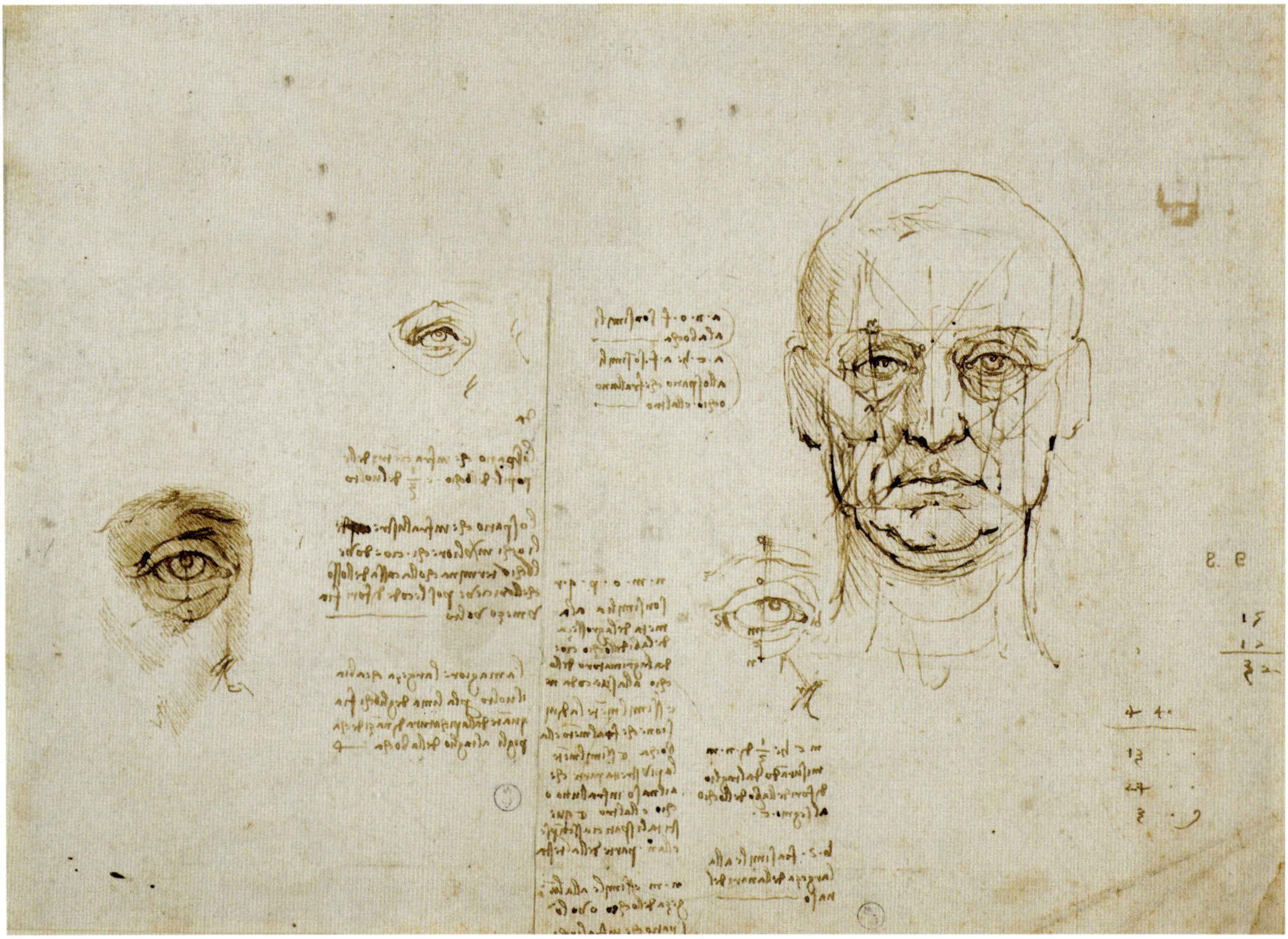

Figure 18 : Léonard de Vinci, Étude de proportions du visage et de l'œil, 1489-1490, plume et encre brun.
Biblioteca Reale di Torino, inv. 15574-15576 D.C.

(*m. extensor carpi ulnaris, m. extensor carpi radialis, m. extensor digitalis communis, m. flexor digitalis profundus*). D'autres muscles (*m. supraspinatus, m. infraspinatus, m. deltoideus, m. triceps brachii*) sont identifiables dans les *Études de la musculature du cheval*, dessins réalisés vers 1480.

Turin et la « redécouverte » de l'œuvre anatomique de Léonard

La contribution turinoise à la connaissance de l'œuvre anatomique de Léonard de Vinci n'est pas liée qu'à la présence de quelques-uns de ses dessins dans la Bibliothèque royale de la ville. Il est important de souligner que l'ensemble des dessins anatomiques de Léonard conservés à la Bibliothèque du Château royal de Windsor ont pu être connus grâce à un travail développé à Turin.

Comme on le sait, l'œuvre anatomique de Léonard de Vinci est restée longtemps presque inconnue. Le premier qui s'était rendu compte de son importance fut l'anatomiste écossais William Hunter (1718-1783), que Kenneth Clark (1935) considère comme le découvreur des dessins anatomiques de Léonard. En 1773, Hunter avait eu l'occasion de voir les dessins de Léonard, à l'époque conservés dans la Bibliothèque du Roi George III à Buckingham House. Il considéra ces dessins comme un modèle à suivre de précision et de schématisation et il aurait voulu en publier des copies, mais il mourut avant de pouvoir réaliser son projet. En 1796, des copies de quelques dessins de Léonard, associés à la transcription de ses notes, furent publiés par John Chamberlaine, conservateur de la collection royale, et l'importance du travail anatomique de Léonard commença à être appréciée. Cependant, il faut

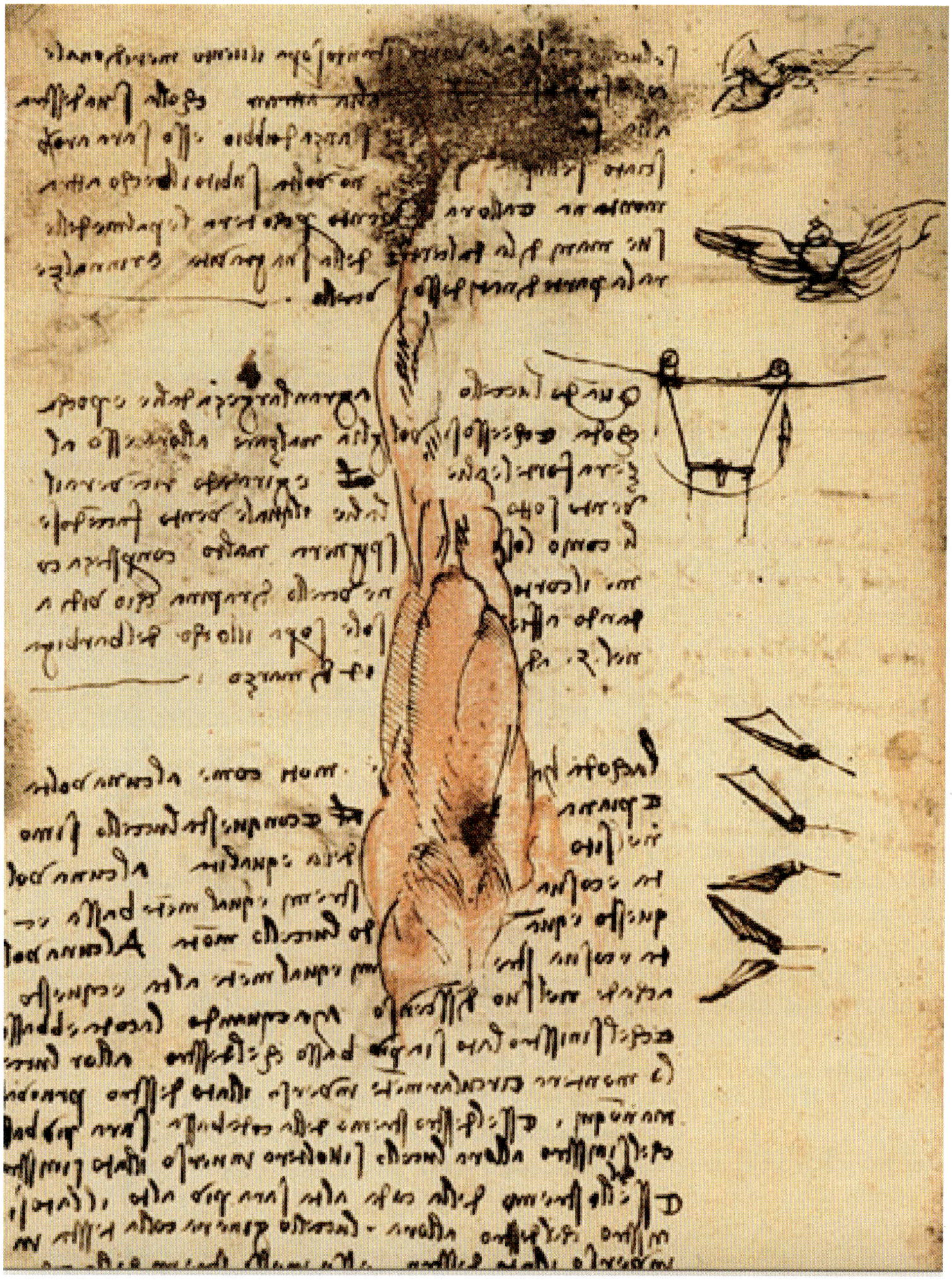

Figure 19 : Léonard de Vinci. Codex sur le vol des oiseaux, vers 1505, fol. 17 v, plume et encre brune, pierre rouge. Biblioteca Reale di Torino.

attendre la fin du XIXe siècle pour que l'ensemble de ces dessins soit connu par la communauté scientifique, grâce à la collaboration entre le russe Théodore Sabachnikoff et le piémontais Giovanni Piumati.

Giovanni Piumati (Bra, Coni, 1850 – Viù, Turin, 1915) avait été élève de l'Académie des Beaux-Arts (Accademia Albertina) de Turin où il avait suivi les cours d'Anatomie artistique de Alberto Gamba. Il passa également un doctorat de droit et un doctorat de lettres et philosophie.

Théodore Sabachnikoff (Fëdor Vasil'evič Sabašnikov) (Moscou, 1869 – Turin, 1927) était fils d'un riche marchand sibérien (v. Mogilevsky, 2012). Étudiant à l'Université de Saint-Pétersbourg, il fut expulsé pour avoir participé à des protestations étudiantes et il dut déménager en Allemagne. Il devint élève de Giovanni Piumati à Bonn, où ce dernier était professeur de littérature italienne à l'université depuis 1879. Piumati lui transmit la passion pour l'étude de l'œuvre de Léonard de Vinci, et Sabachnikoff devint son mécène.

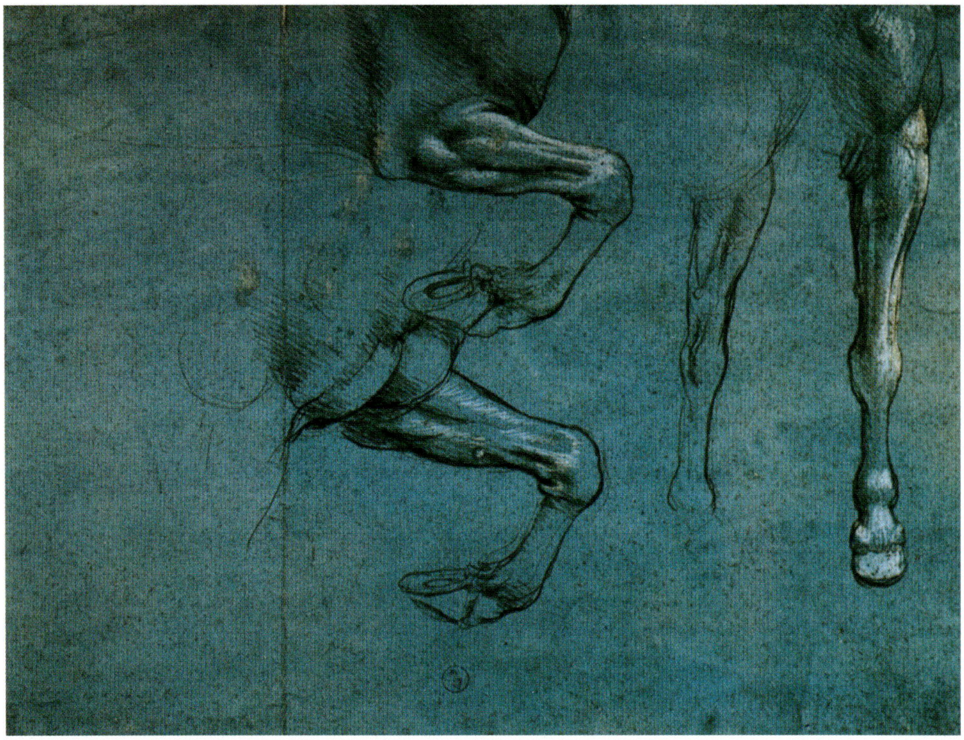

Figure 20 : Léonard de Vinci. Étude des membres antérieurs d'un cheval, vers 1490, pointe de métal, rehauts de blanc sur papier préparé indigo.
Biblioteca Reale di Torino, inv. 15572 D.C.

En 1889, Piumati quitte l'Allemagne et retourne à Turin, où il se consacre à plein temps, avec le soutien de Sabachnikoff, à des études sur Léonard, qu'il avait déjà commencées vers 1880. En 1892, Sabachnikoff utilise une partie de son héritage pour acheter aux héritiers de Giacomo Manzoni le *Codex sur le vol des oiseaux* de Léonard de Vinci, pour 30 000 francs français. En 1893, il publie une édition en fac-similé du *Codex* dédié à Marguerite, Reine d'Italie, avec une préface en deux langues, italien et français. Il offre le manuscrit original au roi Humbert I, qui à son tour le confie à la Biblioteca Reale di Torino, où il se trouve actuellement (manuscrit *Varia 95*).

Après la publication du *Codex sur le vol des oiseaux*, Sabachnikoff, assisté par Piumati, s'intéresse à l'œuvre anatomique de Léonard. Les deux obtiennent de la reine Victoria l'autorisation à la reproduction photographique des 1500 feuilles manuscrites de Léonard avec ses dessins anatomiques conservés à la Bibliothèque Royale du château de Windsor.

En 1898, un volume dédié à un premier groupe de dessins est publié sous le titre de Les manuscrits de Léonard de Vinci de la Bibliothèque Royale de Windsor : De l'anatomie, feuillets A., avec une introduction signée par Piumati. L'impression est confiée à l'éditeur parisien Édouard Rouveyre, bibliophile passionné, qui avait déjà publié le volume sur le *Codex sur le vol des oiseaux* et était en mesure d'assurer la meilleure reproduction des dessins possible à l'époque. Une longue étude introductive est signée par Mathias Duval, professeur d'Anatomie à l'École nationale des Beaux-Arts de Paris, un des spécialistes les plus renommés de l'époque en anatomie artistique. Ce livre, imprimé en 400 exemplaires numérotés, est un ouvrage extraordinaire : le volume *in-folio* (36 × 28 cm) est composé de 203 pages imprimées sur du papier de très bonne qualité. Chacun des 245 dessins est reproduit par héliotypie dans la grandeur de l'original et accompagné par des dessins schématiques réalisés par Piumati, qui s'était chargé également de la transcription « diplomatique » des notes de Léonard, c'est-à-dire de la reproduction du manuscrit « en caractères typographiques accessibles à tous ». Cette transcription est accompagnée par une autre en italien et en français qui, comme précisé par Piumati dans son introduction « conserve avec scrupule l'intégrité du texte, n'y changeant que quelques accidents, dont la modification est indispensable pour le rendre tout à fait intelligible ». Donc, « la première transcription rend le texte *lisible*, la seconde le rend *compréhensible* ».

Un volume de 272 pages dédié à un deuxième groupe de 193 dessins (*Feuillets B*) est publié en 1901, toujours financé par Sabachnikoff et avec dessins schématiques, transcription et notes par Piumati. La reine Victoria venait de mourir, et l'ouvrage est « dédié à la mémoire de sa gracieuse majesté ». Cette fois, l'éditeur est la maison turinoise Roux et Viarengo, à la suite de malentendus avec

Rouveyre, mais le style de la présentation des dessins et la qualité de reproduction sont les mêmes. Il reste encore à publier un petit nombre de dessins de la collection de Windsor (*Recueil C*), qui font l'objet d'un troisième volume édité en 1901. Cette fois, l'éditeur est à nouveau le parisien Rouveyre, mais les noms de Sabachnikoff et de Piumati ne figurent plus. La publication est « honorée de la souscription du Ministère de l'Instruction Publique et des Beaux-Arts ». Probablement, Sabachnikoff, qui entretemps avait été nommé Citoyen d'honneur de la Ville de Turin, ayant épuisé son héritage et ayant de sérieuses difficultés financières, n'avait plus la possibilité de financer ni le travail de Piumati, ni l'impression de l'ouvrage. Atteint d'une instabilité mentale, on sait qu'il est mort en 1927 dans l'hospice de charité de Turin.

C'est donc surtout grâce à la passion et au mécénat de Sabachnikoff et à la compétence et au travail de Piumati que la communauté scientifique a eu la possibilité de prendre connaissance de la richesse et de l'importance de l'œuvre anatomique de Léonard de Vinci, mais cela ne put se réaliser qu'à cheval entre le XIXe et le XXe siècle, presque quatre siècles après la mort de Léonard.

Références bibliographiques

ANONYME (1901) *Léonard de Vinci. Fragments. Études anatomiques (Recueil C). Feuillets inédits, reproduits d'après les originaux conservés à la Bibliothèque du Château de Windsor.* Publication honorée de la souscription du Ministère de l'Instruction Publique et des Beaux-Arts. Paris, Rouveyre.

CHAMBERLAINE J. (1796) *Imitations of original designs by Leonardo da Vinci.* London, Bulmer.

CLARK K. (1935) *A catalogue of the drawings of Leonardo da Vinci in the collection of his Majesty the King at Windsor Castle.* Cambridge, Cambridge University Press.

MOGILEVSKY M (2012) Teodoro Sabašnikov, il «principe» siberiano che donò il Codice all'Italia. Dans *Il Codice sul volo degli uccelli di Leonardo da Vinci.* Prefazioni e saggi introduttivi. Ambasciata d'Italia a Mosca, p. 43-46.

PEDRETTI Carlo (1990) *I disegni di Leonardo da Vinci e della sua cerchia nella Biblioteca Reale di Torino.* Firenze, Giunti.

SABACHNIKOFF T. (1893) *I Manoscritti di Leonardo da Vinci. Codice sul volo degli uccelli e varie altre materie*; trascrizioni e note di Giovanni Piumati; traduzione in lingua francese di Carlo Ravaisson-Mollien. Paris, Rouveyre.

SABACHNIKOFF T. (1898) *Les manuscrits de Léonard de Vinci de la Bibliothèque Royale de Windsor. Feuillets A. Avec traduction en langue française.* Transcrits et annotés par Giovanni Piumati. Précédés d'une étude par Mathias Duval. Paris, Rouveyre.

SABACHNIKOFF T. (1901) *Les manuscrits de Léonard de Vinci de la Bibliothèque Royale de Windsor. Feuillets B.* Avec traduction en langue française. Transcrits et annotés par Giovanni Piumati. Turin, Roux & Viarengo.

SALVI P. (2019) Nudi per la battaglia di Anghiari, Schede. Dans E. Pagella, F.P. Di Teodoro, P. Salvi, *Leonardo da Vinci, disegnare il futuro.* Cinisello Balsamo, Silvana Editoriale.

Questions à Giacomo Giacobini et à Enrica Pagella et réponses

Jesse Ausubel : Que savons-nous des pinceaux et des instruments que Léonard utilisait pour faire ses dessins ? Certains traits étaient très fins…

Jesse Ausubel: *What do we know about the brushes and the instruments that Leonardo used to make the different drawings? Some lines were very thin…*

Enrica Pagella : Pour les dessins, il a utilisé beaucoup d'outils différents. Au début, il utilisait des pointes de métal. La technique est extrêmement compliquée parce que le papier était préparé dans différentes couleurs. Par exemple, nous savons, d'après les analyses que nous avons faites, que le visage de la jeune femme dans le tableau de la Vierge aux rochers a été tracé sur du papier violet qui a une teinte grise aujourd'hui, à cause de l'effet de la lumière. La pointe de métal était vraiment l'outil qu'il utilisait principalement. Aux alentours de 1490, il a commencé à utiliser la sanguine. La sanguine était principalement faite d'argile, de différentes couleurs. Elle pouvait être très pointue et beaucoup plus rapide également. Nous pensons d'ailleurs que Léonard fut le premier à faire l'expérience de la sanguine qui est ensuite devenue extrêmement importante pour beaucoup d'artistes comme Michel-Ange par exemple. Les techniques étaient très sophistiquées. Nous savons d'autre part qu'il aimait beaucoup mélanger les couleurs sur une pierre particulière, qui venait des montagnes du Piémont, près de Saluzzo. A la frontière entre la France et le Piémont se trouve une montagne, Monte Bracco. Nous savons que Léonard a laissé des notes sur cette montagne. Nous appelons d'ailleurs le Monte Bracco, en Piémont, « la montagne de Léonard » parce que Léonard envoyait des gens sur cette montagne pour qu'ils lui ramènent des morceaux de roche très blanche et très rigide, encore plus rigide que le marbre de Carrare. C'était un matériau très transparent, comme l'albâtre. Il l'utilisait pour faire un mélange de couleur dans son atelier. Il y a eu des fêtes, près de Saluzzo, sur cette montagne, et c'est de cette montagne qu'il tirait les roches avec lesquelles il travaillait. Le fusain aussi, qu'il utilisait régulièrement.

Enrica Pagella: *Well, for the drawings, he used very different things. At the beginning, metal points, and the technique is very complicated, because the paper was prepared in different colors. For example, we know from analysis that we made, that the face of the young lady, the one linked to La Vierge au Rocher, had been traced on violet paper, which now looks gray almost, cause of the effect of the ligh. So, the metal point was the system he used, but around 1490, he began using redstone, the so-called sanguinea. Redstone was mainly clay of different colors that could have very sharp ends, and it was much quicker. As a matter of fact, we also think that Leonardo was the first one to experiment the redstone, the sanguinea, that was going to become very important for other artists like Michelangelo, for example. So, the techniques are very complicated, and we know also that he liked very much to mix colors on a special kind of stone that came from the mountains of Piedmont, and near Saluzzo. On the boundary between France and Piedmont, there is a mountain, Monte Bracco, Leonardo left some notes about this mountain, and we call this "the mountain of Leonardo", because Leonardo used to send people there to bring back these pieces of stone, very white and very strong, even more than the Carrara marble, because it was a little bit like alabaster, very transparent. He used that to mix colors in his workshop. There were celebrations near Saluzzo on this mountain where he got the stones he worked with. And he was using black chalk as well.*

Renaud Chabrier, réalisateur. J'ai compris que la plupart des publications avaient eu lieu vers 1890-1900. J'ai récemment découvert un livre de Viollet-le-Duc qui cite Léonard comme une influence dans l'observation anatomique et qui date de 1873. Ce livre ne donne pas beaucoup de références, c'est un livre très grand public, donc savez-vous sur quelle base il aurait pu connaître le travail de Léonard en anatomie ?

Renaud Chabrier: *I'm a film director, I understood that most publications took place around 1890's – 1900's, and I recently discovered a book by Viollet-le-Duc, which really mentions Leonardo da Vinci as very influential when it comes to anatomical observation. This book dates back to 1873 and doesn't give many references, it's a book for the public at large. I'd like to know how he could have known Leonardo's work in the anatomical field?*

Enrica Pagella : Viollet-le-Duc parle beaucoup de l'importance d'étudier l'anatomie, ce qui est totalement cohérent avec Léonard : l'observation des insectes, etc. C'est comme une anticipation et comme il cite Léonard, il donne l'impression qu'il a déjà vu tout ce qui allait être découvert plus tard. C'est une sorte de convergence de la part de quelqu'un qui est fondamentalement un dessinateur et qui s'intéresse à ce qui est autour de lui. Je ne suis pas en train de dire qu'il avait découvert les choses avant, mais cette convergence vraiment intéressante montre peut-être que les gens commençaient à être réceptifs à ça ? Au niveau des ateliers, il y avait beaucoup de fuites, les ouvriers, les artisans, se copiaient les uns les autres, leurs dessins de mécanique et peut-être qu'il y a eu aussi quelques fuites au niveau des dessins d'anatomie, mais c'est moins probable. Que Viollet-le-Duc ait été sensibilisé, déjà, par l'intermédiaire de l'architecture, de la technologie, ou la construction, c'est probable.

Enrica Pagella: *It's as if they were in convergence. Viollet-le-Duc talks a lot about the importance of studying anatomy, it's really consistent with Leonardo: the observation of insects, etc.*

It's like a certain anticipation. Since he's quoting Leonardo, it's as if he had already seen everything that was going to be discovered later on, it's convergence from someone who is fundamentally a draftsman and who is interested in things around him. I'm not saying here that he discovered things before Leonardo, but there is a strong convergence that's quite interesting. Does it show that people were starting to open up to their minds? There were lots of leaks from workshops, artists would copy one another their mechanical drawings and may be in the anatomical field, but it is less likely. Assuming that Viollet-le-Duc was already aware through architecture, technology or construction is possible.

Léonard de la ville de Vinci : anatomiste

John Dennison*

"Poor is the pupil who does not surpass his master" wrote Leonardo. This is well-demonstrated throughout his early life – bewildering his teacher of mathematics, making and playing the lyre, out-painting Verrocchio. There is a saying in English: "Jack of all trades and master of none" – this could not be applied to Leonardo the polymath.

Where he really stood out was his ability to "see", and know *how* to see, objects and phenomena as they were in Nature, and how to use that sight to convey the facts of experience immediately, accurately and with certainty, so that every phenomenon perceived became an object of knowledge. "Nature is the source of all true knowledge. She has her own logic, her own laws, she has no effect without cause nor invention without necessity."

Leonardo "saw" with the eye of an artist, evaluating what he "experienced" for its possible use in his art. Hence human anatomy, or rather what lay beneath the skin surface, was useful insomuch as it gave shape to his human figures, and the shading effects that he gave to muscles, and their mathematical proportions, were aids to his art. But, if he wanted to produce "movement" in his figures he needed a greater understanding of how muscles worked; then, why not an understanding of the deep body organs as well...

However, Leonardo was "up against it" – not only was he well aware of a perception that he was not "a man of letters", but Galen had been physician to the gladiators and had dissected only animals, transposing his findings into human anatomy; the all-pervading influence and the teachings of the great Galen were everywhere, and in those days dissection was almost ceremonially ritualized: a didactic presentation – the master presided, and read the text; the Demonstrator and the Prosector performed their duties. Leonardo, and a generation later Andreas Vesalius, performed all three duties, carefully observing and carefully recording what they saw. The difference between them, both with their "enquiring knives"? Vesalius *published* his observations. Leonardo's wondrous drawings have only relatively recently been coming to light. In his defense perhaps, he not only observed, he contemplated, and reflected deeply upon *what* he saw. And, he introduced the Scientific Method: observe; think about what you see; form a hypothesis; test, and retest that hypothesis.

I could have turned this presentation into a *PowerPoint* slide show of beautiful Leonardian images (tempting to an anatomist), but I have attempted to "see" a person; a person "of his era", with all his human foibles, by letting *him* speak as much as possible, without my interpretation of him.

Leonardo appeared to have had difficulty "completing" projects – Michelangelo Buonarroti needled him about it; Leonardo retorted that Michelangelo depicted human muscles rather too large. They both left Rome in a huff, in 1516.

Leonardo wrote: "I have been impressed with the urgency of doing. Knowing is not enough; we must apply. Being willing is not enough; we must do." How I wish he had applied that thought when he sat down to start producing his book "On the 2nd day of April 1489" as he wrote on the head of a page in his notebook. As an anatomist of some forty years, I think that our anatomical world might have been so much different.

The title was not composed out of smugness but because I wanted to show that the place of birth might influence Leonardo's subsequent lifetime behavior. Indeed, the green Tuscan hills (Fig. 21) appear as backdrops in many of his paintings. Leonardo was born on 15 April 1452, in the little village of Toscan d'Anchiano (Fig. 22), three kilometers northeast of Vinci, in turn forty kilometers west of Florence, as the illegitimate son of a well-to-do notary (Messer Piero Fruosino di Antonio da Vinci) and a peasant girl, Caterina. When Ser Piero married Donna Albiera Amadori, Leonardo, who had spent his first five years with his mother, was welcomed into the wealthy family (Vezzosi, 1997). He was raised by his uncle, who had an appreciation for Nature, and his father. Leonardo received no formal education beyond basic reading, writing, and arithmetic. In arithmetic, during the few months that Leonardo studied it, he

* Department of Anatomy, Otago School of Medical Sciences, P.O. Box 913, Dunedin 9054, New Zealand.

Figure 21: Countryside around Anchiano: the green Tuscan hills.

Figure 22: Anchiano: Leonardo's birthplace (Photo: Francisco Schmidt).

made so much progress, that he quickly outstripped his teacher's abilities. Leonardo moved on, to learn and play the lyre, expertly. However, his first and greatest love was drawing and working in relief, pursuits which appealed to him more than any other (Vasari, 1568). Ser Piero observed this, and took a selection of Leonardo's works to his friend Andrea del Verrochio, a master artist and goldsmith. (Leonardo, because of his illegitimate birth, would not have been able to follow his father into the legal profession, (Clayton, 2010, p. 8)). Andrea was captivated, and so the seventeen-year-old entered Andrea's workshop as an apprentice in 1469. Verrocchio, at the time, was making a panel-picture of St John baptizing Christ in the River Jordan (Fig. 23). Young Leonardo painted an angel, executing it far better than any of Verrocchio's figures. Verrocchio never used colour again (Vasari, 1568). Leonardo at this time was also taking a keen interest in the natural world around him. He practiced not just one branch of art, but all branches involving drawing – geometric sculpture, architecture: ground plans for buildings, building design (flour mills, water wheels for driving engines, drainage pumps, levers/

Figure 23: Verrocchio: St John baptizing Christ in the River Jordan.

windlasses and screws for raising great weights). After leaving Verrocchio's tutelage in 1478, he was an independent master, and worked in Florence until 1481.

In 1482, Leonardo was summoned by Ludovici Sforza, the new duke, to Milan where, with his lyre, he surpassed all the musicians summoned to play. He also painted an altar-panel of the Nativity, which the Duke sent to King Matthias Corvinus of Hungary, who became Holy Roman Emperor in 1508 (Pooler, 2014 p. 28); and, between 1494 and 1498, a Last Supper, for the Friars of Saint Dominic at Santa Maria delle Grazie. In all, he completed six works during the seventeen years he spent in Milan.

What all this demonstrates, is that this man was an *artist*, both by disposition and endowment; to him, his eyes were the main avenue to knowledge – sight was a human's highest sense, because it alone conveyed the facts of experience immediately, correctly, and with certainty. Hence, every phenomenon perceived became an object of knowledge; and *saper vedere* ("knowing how to see") became the great theme of all his productivity (Heydenreich, 2018).

The date of Leonardo's initial involvement with anatomical study is not known. However, Pollaiuolo, Verrocchio's neighbour, was known to be fascinated with the workings of the human body, and Leon Battista Alberti (1436) had urged painters to construct the human figure as it existed in Nature: the "clothing" skin supported by the skeleton and musculature. By the 1490s Leonardo's study of anatomy, originally pursued for his training as an artist, had become an independent area of his research. As his sharp eye uncovered the structure of the human body, he became fascinated by the *figura istrumentale dell' omo*, and he sought to comprehend its physical working as a creation of Nature. In fact, he had sat down to start producing his book "On the 2nd day of April 1489" as he wrote on the head of a page in his notebook. He did practical work in anatomy on the dissection table in Milan, producing a series of magnificent drawings – I have never seen a better skull drawing than this (Fig. 24) nor this of the arm (Fig. 25) before a temporary abeyance (he probably ran out of available corpses). Two decades later, he returned to his notebook (*Anatomical Manuscript B*, held in the Royal Library at Windsor Castle, (Sooke, 2014)), and continued his studies at hospitals in Florence (Santa Maria Nuova), Rome (Sancto Spiritu), and in Pavia, where he is thought to have worked with the physician-anatomist Marcantonio della Torre, "a leading figure in his day for reviving Gallenic teachings" (Clayton and Philo, 2010). He wrote movingly of an occasion where he sat on the bed of an elderly man in Florence. The old man told him that he felt nothing wrong with his body, despite being over one hundred years old.

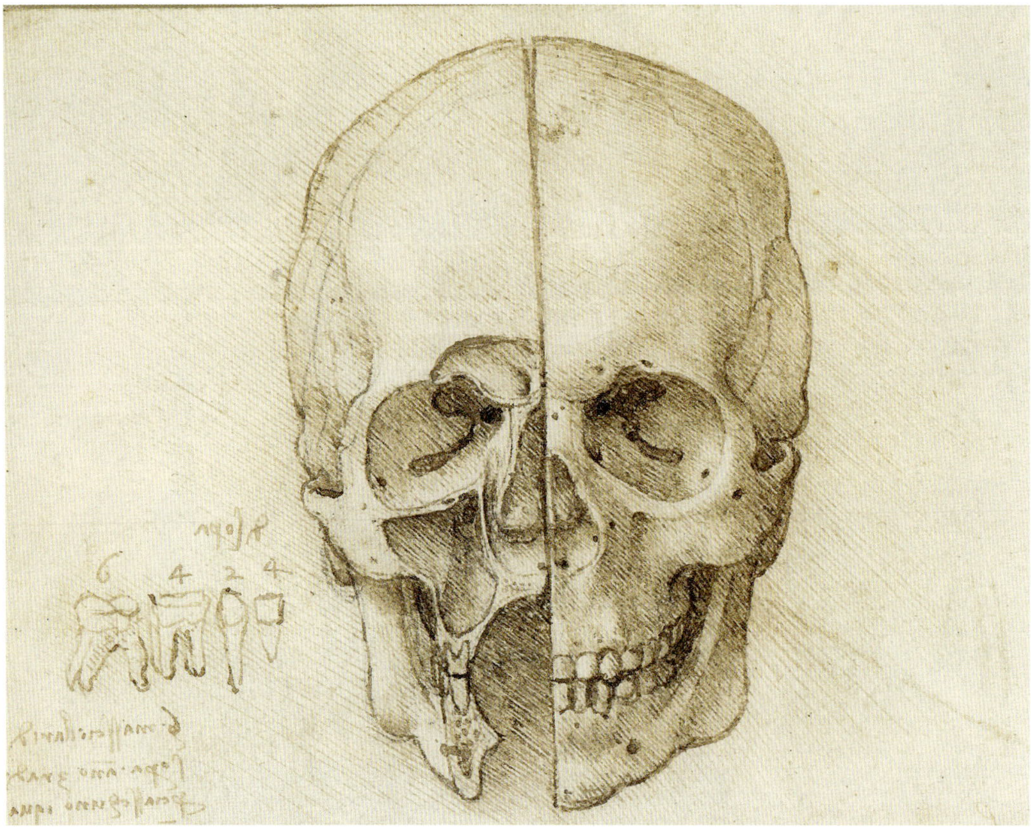

Figure 24: Human skull; dental arcade; mandibular teeth, c. 1489 (Windsor Castle, Royal Library, R 19058).

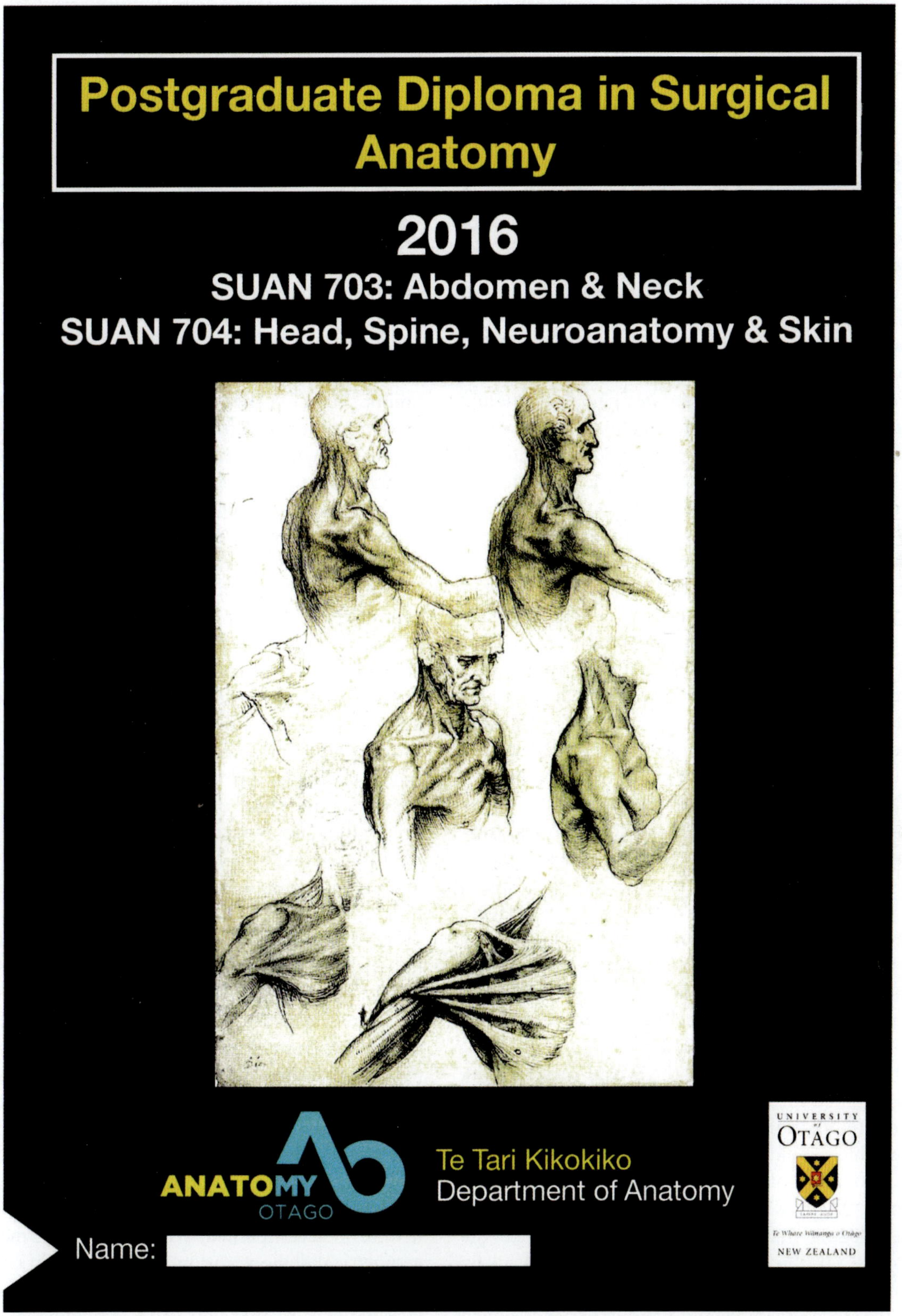

Figure 25: Pectoralis major muscle composed of four distinct fibre bundles c. 1509 (Windsor Castle, Royal Library, R 19001 v).

Leonardo wrote, "And thus, sitting upon a bed in the hospital of Santa Maria Nuovo at Florence, without any untoward movement or sign, he passed from this life. And I made an anatomy to see the cause of a death so sweet, which I found to proceed from debility through lack of blood and deficiency of the artery which nourishes the heart and the lower members." From his "personal observation" he had identified arteriosclerosis and cirrhosis of the liver. From that point, Leonardo's research resulted in a series of eighteen mostly double-sided sheets, (Clayton and Philo, 2010) now known collectively as *Anatomical Manuscript A*, containing over 240 meticulous drawings and 13,000 words of notes in mirror-script (Herrlinger, 1970; Sooke, 2013). The majority of these drawings were made between 1505 and 151 (O'Malley and Saunders, 2003; Persaud *et al.* 2015).

Leonardo's early anatomical studies had dealt mainly with the skeleton and muscles, but from this *static* study he combined the study of individual parts in *mechanical activity*. This led to a study of the brain, heart, and lungs as "motors" of the senses, and of life itself. These were represented in "perspective" drawings – muscles were strings; hidden parts by dotted lines; and he devised a hatching system for perspective shading. This process synthesized a multiplicity of experiences seen directly at the dissection table and made the information immediately and accurately visible. As Todd (1983) put it: "Although Leonardo never successfully unraveled [*sic*] himself from the bonds of traditional authority he did loosen them as his enquiring knife disclosed the true form of things to the critical eye. In this investigation, he tried to discard the confused ancient texts to read from the book of Nature."

We must remember also that Leonardo began his study of the human body from the viewpoint of an artist, not a physician. He needed not only to *visualize* the human form, but also to *understand* its more deeply-underlying structures in order to depict the topography more vividly (Tubbs *et al.*, 2018).

The anatomy of the human body was the subject in which Leonardo argued most forcefully for the importance of independent observation allied to original thought (Wells, 2013) – "experience" of the world around him, (his word), "gained through the senses". That experience, aided by contemplation, led to the development of an hypothesis, which could be tested by experimental testing and mathematical proof.

He wrote: "Many will think that they can with reason blame me, alleging that my proofs are contrary to the authority of certain *men held in great reverence* [sic] by their inexperienced judgement, not considering that my works are the issue of simple and plain experience which is the true mistress. These rules enable you to know the true from the false, and this induces men to look only for things that are possible and with due moderation... I am fully aware that the fact of my not being a man of letters may cause certain presumptuous persons to think that they may with reason blame me, alleging that I am a man without learning. Foolish folk! Do they not know that I might retort by saying... "They who adorn themselves in the labours of others will not permit me my own." They will say that because I have no book learning, I cannot express what I have desire to treat of – but they do not know that my subjects require for their exposition experience rather than the words of others. Experience has been the mistress of whoever has written well; and so as mistress I will cite her in all cases." (Notebooks, 2008).

Galen, physician to the gladiators, and a dissector of animals, had written in *De anatomicis administrationibus* (about AD 177) that there are applications for anatomy "that are more useful for philosophers than for physicians... Of what use to aetiology, diagnosis, and treatment could a knowledge of the muscles of the tongue or of the muscles, nerves, arteries and veins that run through the heart and viscera [be] if it were impossible to act on them in any way?" This gave sense to the quotation by Leonardo above: dissection had been a ritual process, used to demonstrate a didactic question; Vesalius developed it as a craft, for research; Leonardo sought to understand the anatomy of the human body, asking himself insightful questions, but he was so busy with these questions that he never published any answers during his lifetime, the late fifteenth and early sixteenth centuries. Dissection at that time was largely autopsy, to determine a cause of death. Dissection as carried out by Leonardo was largely a winter occupation (no refrigeration then): "...while in order to obtain an exact and complete knowledge of these I have dissected more than ten human bodies ... And as one single body did not suffice for so long a time, it was necessary to proceed by stages with so many bodies as would render my knowledge complete; and this I repeated twice over in order to discover the differences. But though possessed of an interest in the subject, you may perhaps be deterred by natural repugnance, or if this does not restrain you then perhaps by the fear of passing the night hours in the company of these corpses quartered and flayed, and horrible to behold, and if this does not deter you, then perhaps you may lack the skill in drawing essential for such representation; and even if you have the skill in drawing it may not be accompanied by a knowledge of perspective; and if it were so accompanied, you may lack the methods of the geometrical demonstration and methods of calculating the forces and strengths of the muscles; or perhaps you will lack patience so that you will not be diligent. Concerning which things, whether they have all been found in me, the one hundred and twenty books which I have composed will give their verdict yes or no. In these I have been impeded neither by avarice or negligence but only by want of time." (MacCurdy, 1939).

Access to cadavers was under strict control. The subject had to have lived elsewhere, been convicted of unpleasant crimes, not be a Catholic, but preferably Jewish (Wells, 2013, p. 21). Dissection was ritualized and ceremonial. However, both Vesalius and Leonardo felt that the detailed structure of the human body should be studied for itself, as a science, and so the discipline of Anatomy began in the mid-sixteenth century. Yet Leonardo was still thinking as a philosopher: "And would that it might please our creator that I were able to reveal the nature of man and his customs as I describe his figure!"

The third period of his anatomical studies, 1510-1512, found him back in Milan. Were he still collaborating with Marcantonio della Torre, that would have been short-lived, since the latter died of the plague, in 1511 (Clayton and Philo, 2010). Leonardo moved to board in the family home of his pupil, Francesco Melzi, at Vaprio d'Adda, when the Swiss Guard invaded Milan in 1513. Giuliano de Medici, brother of the Pope, invited him to Rome, where he stayed almost three years in the Belvedere Palace while Michelangelo was completing the tomb of Pope Julius II. Raphael was decorating the papal apartments next door, and Bramante was building St Peter's. When in Rome, Leonardo did not receive many commissions. He exclaimed "Raffaello and Michelangelo, who have learned all from me, receive many commissions, and I have no commissions." Raffaello, in his fresco *The School of Athens* (Fig. 26), used Leonardo as his model for Plato (Fig. 27 and 28), considering him as his teacher (Sterpetti *et al.*, 2017). During this period of upheaval he produced dissection drawings of the ox heart; the composite body of a woman (RL 12281 recto); and discovered the bronchial arteries supplying the bronchi (RL 19071 recto. Keele and Roberts, 1983, p. 124); he

Figure 26: Raphael: The School of Athens.

Figure 27: Plato and Aristotle.

Figure 28: Leonardo in the guise of Plato.

described the nature of the supporting cartilages in the major airways (RL 19072 recto); the diaphragmatic (RL 19108 verso) and intercostal musculature (RL19109 recto); and carried out detailed work on the larynx, tongue, and palate (RL 19002 recto). Throughout, there is always this philosophical/teleological approach in the background – in discussion of blood flow through *both* atria and *both* ventricles of the heart: "Nothing is superfluous and nothing is lacking in any species of animal or product of nature unless the defect comes from the means which produce it." (RL 19063 verso). Further on, he repeats this: "Though human ingenuity may make various inventions, answering by different machines to the same end, it will never devise an invention more beautiful, simpler, more direct than does Nature; because in her inventions nothing is lacking and nothing is superfluous. She needs no counterpoise when she creates limbs fitted for movement in the bodies of animals but puts within them the soul of the body which forms them, that is the soul of the mother which first constructs within the womb the shape of man, and in due time awakens the soul that is to be its inhabitant." (RL 19115 recto).

Towards the end of his life, Leonardo was obsessed with the structure and functioning of the valves of the heart. He filled a bovine heart with wax and, once the wax had hardened, he recreated the structure in a glass model of the aortic valve, through which he pumped grass seeds suspended in water. He observed little vortices in the Sinus of Valsalva at the root of the aorta (Boon, 2009; Robicsek,1991). When blood flows through, these vortices play a role in closing the aortic valve. This is something that was not observed again until the 20th century (Bellhouse, 1969) – Leonardo had posited it in 1513 (Sooke, 2013). Francis Wells (2013, p. 173-242) in his chapter "Leonardo's Heart", points out that Leonardo had also noticed that the heart was a cone with a twist. Leonardo did not fully understand why there was a twist, but he remembered pigs being killed in Tuscany by the pushing of little spears through the chest into their hearts, and he had noticed the rotational movement of the spears in the heart.

In 1516 while at the Belvedere Palace, Leonardo met Francis I of France, who found the 63-year-old Leonardo an inspirational figure and offered his patronage and a huge pension. Leonardo crossed the Alps on a donkey and headed up the Loire, spending his last three years in the small residence of Cloux (later called Clos-Lucé) near the king's summer palace of Amboise, with the title *Premier peintre, architecte et méchanicien du Roi*. He brought three paintings with him: the Florentine *Mona Lisa*, *The Virgin with the Child and St. Anne*, and *St. John the Baptist* (de Beatis, 1517).

There he was visited by Cardinal Luigi d'Aragona, whose secretary, Antonio de Beatis, noted in his diary on 10 October 1517: "This gentleman has written in great detail on anatomy, with illustration of the members, muscles, nerves, veins, joints, intestines, and of whatever else can be discussed in the bodies of men and women, in a manner that has never yet been done by anyone else. All this we have seen with our own eyes; and he said that he had dissected more than thirty bodies, both male and female of all ages." (Clayton, 2010, p. 26).

While we all enthuse over Leonardo's skills of observation of what lay before him, and his skill, patience, and accuracy in faithfully drawing what he saw, there is a horrible tendency among modern anatomists to seek out "errors". People, he produced these drawings over 500 years ago – *of course* there will be errors. You may read all about them under such headings as "da Vinci's anatomical errors" (Tubbs *et al.*, 2018), and "Leonardo's mistake: not evidence-based medicine" (Di Stefano *et al.*, 2017). The latter is accompanied by a figure entitled: Coitus: longitudinal section" (Fig. 29) or, as a learned colleague expressed it in 2012, "a man and woman doing it, fused in coitus". The figure is a diagrammatic rendering of traditional beliefs: the penis carries a second channel carrying "animal spirit" (soul?) from the spinal cord; the woman has a bifurcated spinal cord, to transmit her "animal spirit" to the uterus, as it was believed that conception involves both material and spiritual elements; there is a vessel from the testes, the source of ardour, to the heart, where the emotions are felt; and a vessel from the uterus to the breasts, so that the menses, retained on conception, could be converted into milk (Clayton, 2010, p. 10-11). What was known about hormones around 1490 – five hundred years ago – or splanchnic nerves for that matter? Those were the days of the four elements of Nature and the four humours of Man, plus Leonardo's four dispositions of Man: earth/black bile (melancholy), air/blood (sanguine), fire/yellow bile (coleric), and water/phlegm (phlegmatic).

A paucity of available female cadavers may help explain why, in his depiction of adult female anatomy (Fig. 30) there is a mixture of a bovine uterus, human foetal anatomy and adult anatomy all in one drawing. Further, Leonardo studied human embryology, it is said while collaborating with della Torre (Gilson, 2008; Jones, 2012); although this is disputed, (Clayton and Philo, 2010), and saw an upright foetus within the dissected uterus of a cadaver (Fig. 31). While he correctly drew the uterine artery, he mistakenly depicted, in the vascular wall of the *human* uterus, the cotyledons that he had previously found in a cow's uterus. In my more than forty years of gross anatomy teaching at Otago, New Zealand, I have seen only one foetus within a uterus, and that was an anatomy-museum-prepared specimen.

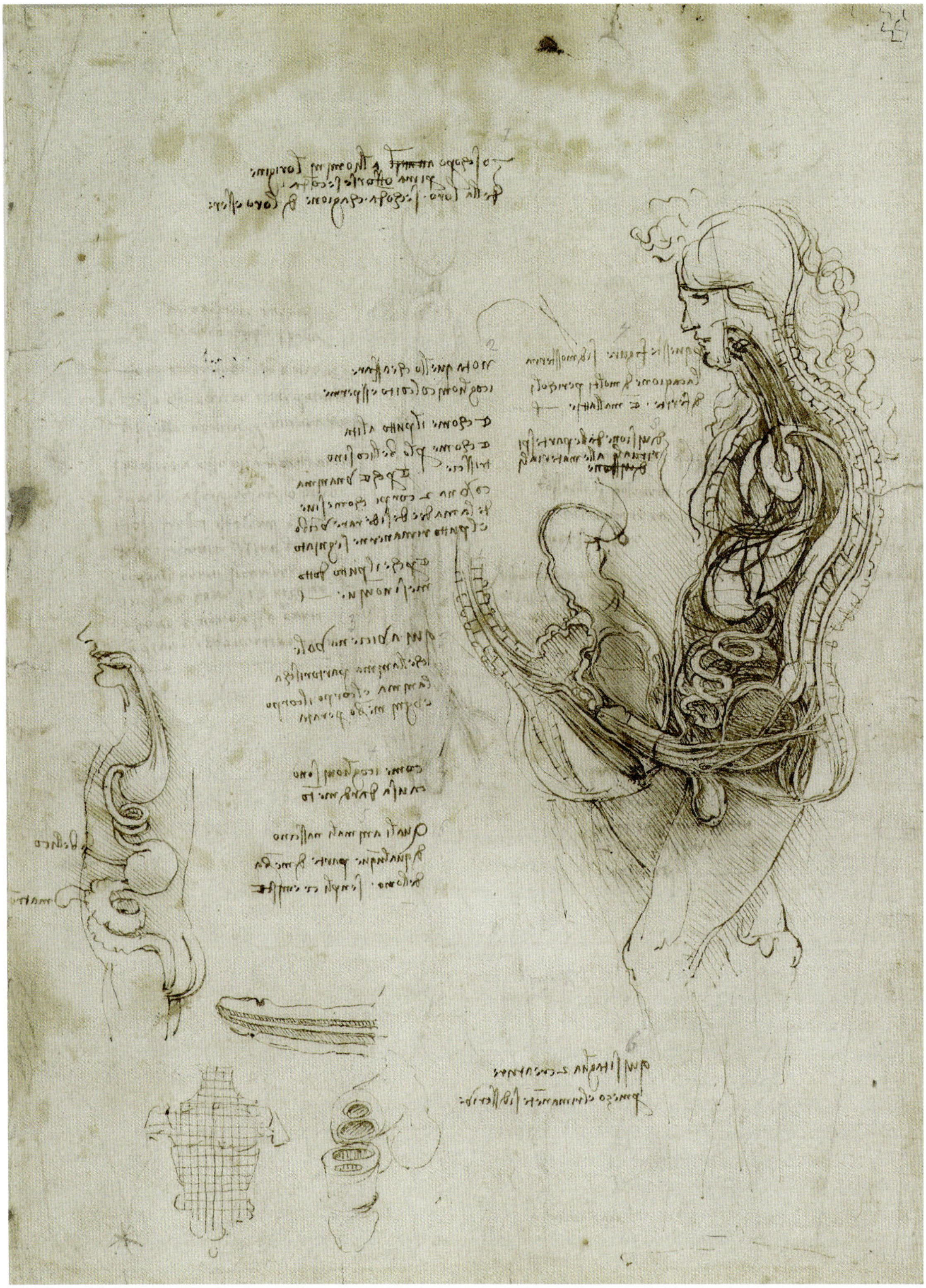

Figure 29: Coitus, c. 1488 (Windsor Castle, Royal Library, RL 19097 v.).

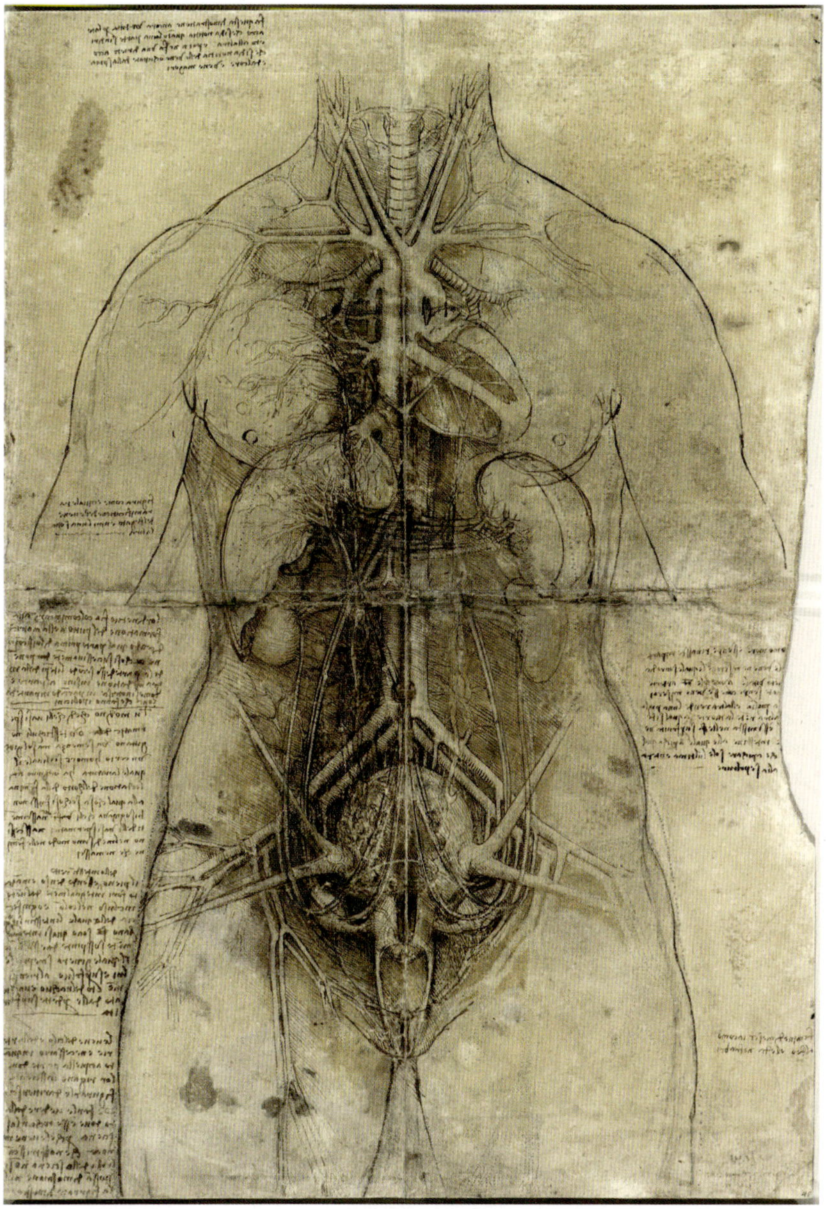

Figure 30: Adult female anatomy, c. 1508 (Windsor Castle, Royal Library, RL 12281 r.).

I find it hard to align a deliberate substitution of animal anatomy for human anatomy, given Leonardo's thoroughness elsewhere. He states that, because the process of dissection destroys some parts in the process of revealing others, at least twelve dissections are necessary to appreciate the human form – three for the veins and arteries; three for the ligaments, muscles and cords; three for the bones and cartilages; and three for the membranes. Another three dissections of a woman are necessary to understand the mystery of the uterus and its foetus. There can be no shortcut to a true appreciation and an understanding of the "marvel of artifice" which is the human body: "The abbreviators of works do injury to knowledge and to love, for love of anything is the offspring of knowledge, love being more fervent in proportion as knowledge is more certain, and this certainty springs from a thorough knowledge of all those parts, which united, compose the whole...Truly it is impatience, mother of folly, who praises brevity." (RL 19084 recto).

The question was asked, whether Leonardo used lenses in his drawing and artwork. Further research revealed that he had been intrigued with the study of optics and that he conducted extensive investigations. He made drawing of the nature of light, reflection and shadows. He realized the possibility of using lenses and mirrors to view heavenly bodies (Clark, 2016). He wrote of "...making glasses to

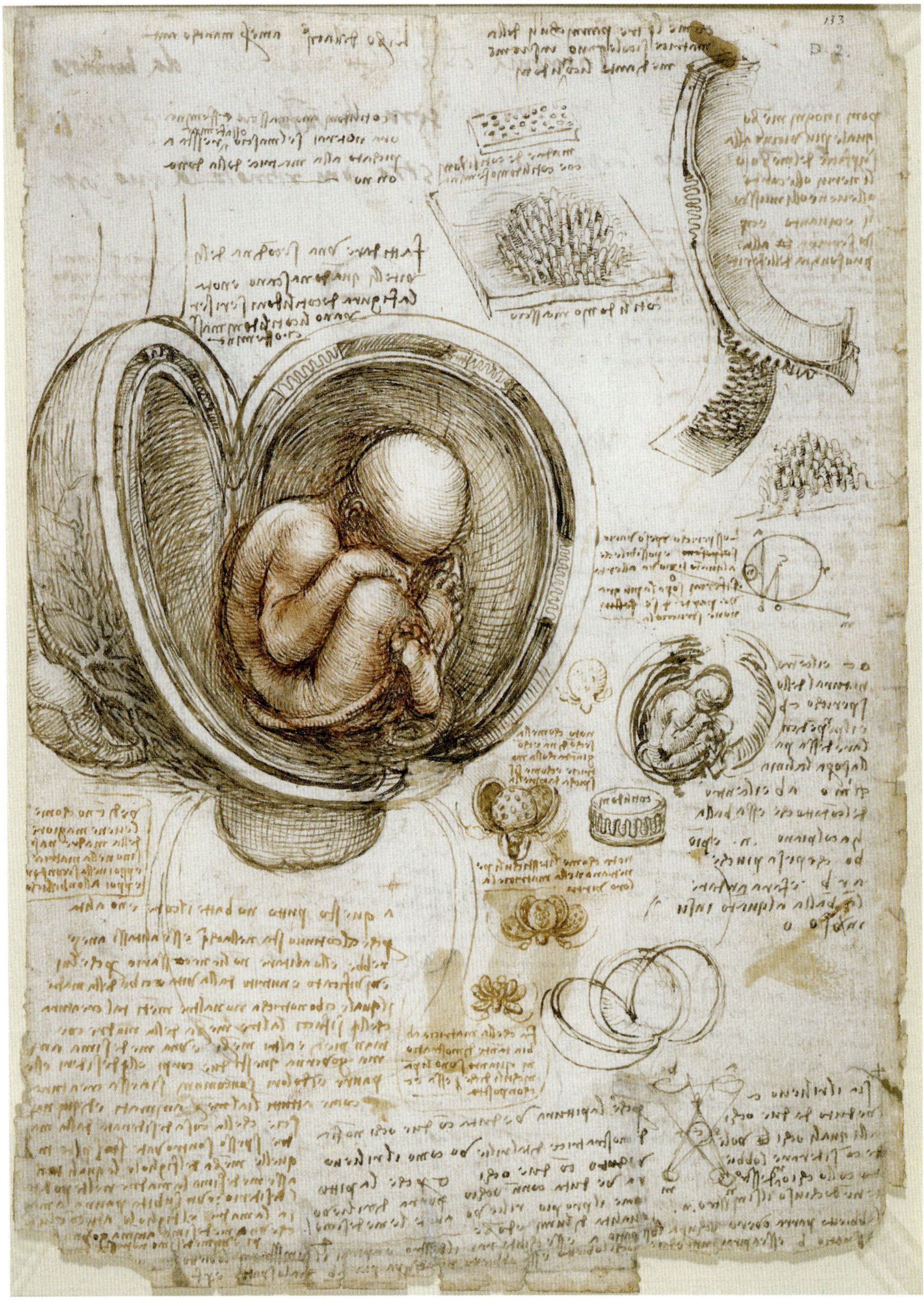

Figure 31: Human fœtus in a bovine uterus, c. 1510 (Windsor Castle, Royal Library, RL 19102 r.).

see the moon enlarged" (*Codex Atlanticus*, 1490) and "...in order to observe the nature of the planets, open the roof and bring the image of a single planet onto the base of a concave mirror. The image of the planet reflected by the base will show the surface of the planet much magnified." (*Codex Arundel*, 1513); (Whitehouse, 1993). Yet, it was not until 1608 that the Dutch eyeglass maker, Hans Lippershey applied for a patent for a telescope (King, 1955).

Leonardo was obviously well aware of the effects of magnification. Indeed, he offered two sketches of machines for the grinding of mirrors and lenses – one for grinding concave mirrors of small focal length, and the other, much larger, for grinding mirrors of large focal lengths (Dupré, 2005). Yet the idea of convex mirrors was not new by that time: a convex mirror appears in the background of Jan van Eyck's *Arnolfini Wedding* (1434), and Raphael's painting of

Pope Leo X (c. 1517) shows the very near-sighted Pope with concave-lens glasses in his hands. It seems likely that if such devices were readily available during Leonardo's time, he would have availed himself of them. Ihde (2008) refers to clear evidence of the use of optical tools by Leonardo.

This led me to thinking about Leonardo's natural visual acuity, and to wonder whether this acuity was outside of a normal range. A very recent brief report offers evidence that Leonardo da Vinci had strabismus (Tyler, 2019; Kron and Krishnan, 2019). This binocular vision disorder, which is characterized by a partial or complete inability to maintain eye alignment on the object that is the target of fixation, is usually accompanied by suppression of the deviating eye, and consequent two-dimensional monocular vision. This exotropia, if it were intermittent, would have allowed Leonardo to switch to monocular vision, and enhanced his ability to "see" the shades of grey between the black-and-white, and provide the facility to depict the three-dimensional solidity of faces (such as the *Mona Lisa* smile (Livingstone, 2000) and the "uncatchable" smile of *La Bella Principessa* (Soranzo and Newberry, 2015), and the *sfumato* effect of distance-depth in his mountain scenes.

Leonardo died on 2 May 1519, a couple of weeks past his sixty-seventh birthday (Clayton, 2010, p. 26) "...expired in the arms of the King in the seventy-fifth year of his age." (Vasari, 1568, p. 56). However, the king was said to be at least a day's ride away at the time (Trend, 2011): a royal edict was issued that day at St Germain-en-Laye. Nevertheless, Jean-August-Dominique Ingres painted a magnificent scene (Fig. 32) of Francis I in attendance at Leonardo's death (Davis and Leshko, 2000, p. 68-69). And this is where I leave Leonardo di ser Piero da Vinci. And that is where we came in...

As a postscript, I, as an anatomist, cannot align the images of Leonardo (Fig. 33) with this much-published image. Am I wrong?

Figure 32: Jean-Auguste-Dominique Ingres (1818) : Leonardo's death.

Figure 33: Comparisons.

References bibliographiques

ALBERTI L. B. (1436) *Della Pittura*. Tome III. *In*: M. Lodovico Domenichi (Trad.) La Pittura di Leon Battista Alberti. Venice, Gabriel Giolito de Ferrari (1657).

BELLHOUSE B. J. (1969) Velocity and pressure distribution in the aortic valve. *Journal of Fluid Mechanics*, 37, p. 587-600.

BELTRAMI L. (1919) *Documenti e memorie riguardanti la vita e le opera di Leonardo da Vinci*. Milan, p. 149. Cité par Clayton (2010) p. 26.

BOON B. (2009) Leonardo da Vinci on atherosclerosis and the function of the sinuses of Valsalva. *Netherland Heart Journal* 17(12), p. 496-499.

CLARK E. (2016) Pioneers in Optics: Leonardo da Vinci. *Microscopy Today*, 24(6), p. 56-57.

CLAYTON M. (2010) Leonardo in 1510: The Anatomical Manuscript A. *In*: Martin Clayton et Ron Philo, *Leonardo da Vinci anatomist*. London, Royal Collection Publications, p. 8-30.

CLAYTON Ma., PHILO R. (2010) *Leonardo da Vinci anatomist*. London, Royal Collection Enterprises Ltd.

DAVIS J., LESHKO J. (2000) *The Smith College Museum of Art: European and American Painting and Sculpture 1760-1960*. New York, Hudson Hills Press.

DE BEATIS A. (1518) *Relazione del viaggio del Cardinale Luigi d'Aragona*. Rome, Biblioteca Vaticana. Cité par Sterpetti (2016) p. e7-e8.

DI STEFANO N., GHILARDI G., MORINI S. (2017) Leonardo's mistake: not evidence-based medicine? *The Lancet*, 390 (Iss.10097), p. 845.

DUPRE S. (2005) Optics, pictures and evidence: Leonardo's drawings of mirrors and machinery. *Early Science and Medicine*, 10 (2), p. 211-236.

GILSON H. (2008) Leonardo da Vinci's embryological drawings of the fetus. *The Embryo Project Encyclopedia*. Arizona State University. http://embryo.asu.edu/handle/10776/1929.

HERRLINGER R. (1970) *History of medical illustration from antiquity to 1600*. Munich, Heinz Moos Verlagsgesellschaft.

HEYDENREICH L. H. (2018) Leonardo da Vinci, Italian Artist, Engineer, and Scientist. *Encyclopedia Britannica*. https://www.britannica.com/biography/Leonardo-da-Vinci.

IHDE D. (2008) Art precedes Science: or Did the camera obscura invent modern science? In: Helmar SCHRAMM, Ludger SCHWARTE and Jan LAZARDZIG (eds.) *Instruments in Art and Science: On the Architectonics of Cultural Boundaries in the 17th Century*. Berlin, New York, Walter de Gruyter, p. 384-393

JONES R. (2012) Leonardo da Vinci: anatomist. *British Journal of General Practice*, 62, p. 319.

KEELE Kenneth D. and ROBERTS Jane (1984) *Leonardo Da Vinci: Anatomical Drawings from the Royal Library Windsor Castle*. New York, The Metropolitan Museum of Art.

KING H. C. (1955) *The History of the Telescope*. Cambridge Massachusetts, Sky Publishing Company,

KRON T., KRISHNAN P. (2019) Leonardo da Vinci's contributions to medical physics and biomedical engineering: celebrating the life of a "Polymath". *Australasian Physical and Engineering Sciences in Medicine*, 42 (2), p. 403-405.

LIVINGSTONE M. S. (2000) Is it warm? Is it real? Or just low spatial frequency? *Science*, 290 (5495), p. 1299.

MACCURDY E. (1939) *The Notebooks of Leonardo da Vinci*. New York, Reynal & Hitchcock.

O'MALLEY C. D. and SAUNDERS J. B. de C.M. (2013) *Leonardo da Vinci on the Human Body: the Anatomical, Physiological, and Embryological Drawings of Leonardo da Vinci*. Bexley, Ohio, Gramercy Publishing Company.

PERSAUD T., VIDHYA N., LOUKAS M., TUBBS R. S. (2015) *A History of Human Anatomy* 2nd ed. North Clarendon, Charles Tuttle Publishing.

POOLER R. S.(2014) *Leonardo da Vinci's Treatise of Painting*. Wilmington, Vernon Press.

ROBICSEK F.(1991) Leonardo da Vinci and the Sinuses of Valsalva. *Annals of Thoracic Surgery*, 52, p. 328-335.

SOOKE A. (2013) Leonardo da Vinci: Anatomy of an artist *The Telegraph* 28 July http://www.telegraph.co.uk/culture/art/leonardo-da-vinci/10202124/Leonardo-da-Vinci -Anatomy-of-an-artist.html.

SORANZANO A., NEWBERRY M. (2015) The uncatchable smile in Leonardo da Vinci's La Bella Principessa portrait. *Vision Research*, 113, p. 78-86.

STERPETTI A. V. (2016) The influence of the stroke suffered by Leonardo on his last paintings. A pioneer of psychoanalysis? *European Journal of Internal Medicine*, 33, p. e7-e8.

STERPETTI A. V., FIORI E., VENTURA M. (2017) Leonardo teaching anatomy and psychology to Raffaello and Michelangelo. *European Journal of Internal Medicine*, 37, p. e16-e17.

TODD E. M. (1983) *The Neuroanatomy of Leonardo da Vinci*. Santa Barbara, Capra Press.

TREND N. (2011) Leonardo da Vinci's Loire. *The Telegraph* 20 October. https://www.telegraph.co.uk/travel/destinations/europe/france/8838726/Leonardo-da-Vinci s-Loire.html

TUBBS R. I., GONZALES J., IWANAGA J., LOUKAS M., OSKOUIAN R. J., TUBBS R. S. (2018) The influence of ancient Greek thought on fifteenth century anatomy: Galenic influence and Leonardo da Vinci. *Childs Nervous System*, 34, p. 1095-1101.

TYLER C. W. (2019) Evidence that Leonardo da Vinci had strabismus. *JAMA Ophthalmology*, 137 (1), p. 82-86.

VASARI G. (1550) *Le Vite de i più eccellenti pittori, scultori, architetti*. Florence, L.Torrentino.

VEZZOSI A. (1997) *Leonardo da Vinci: Renaissance Man*. London, Thames and Hudson.

WELLS F. C. (2013) Leonardo, Anatomist or Natural Philosopher? *In*: The Heart of Leonardo, New York, Springer, p. 17-33.

WHITEHOUSE D. (1993) Leonardo and astronomy. *Journal of the British Astronomical Association* 103, p. 218.

Questions à John Dennison et réponses

Jesse Ausubel : Merci pour cette excellente présentation. Pensez-vous que Leonardo a utilisé des astuces, des miroirs, des lentilles ? On a dit que Vermeer, Van Eycke et d'autres ont pu utiliser des chambres scora ou des loupes, par exemple, pour avoir une plus grande définition des dessins que vous nous avez montrés.

***Jesse Ausubel:** Thank you for this excellent presentation. I'm curious if you think Leonardo used any lenses or any tricks. In recent years, we've read a lot about the painters, Vermeer, Van Eycke and others who may have used camera scora or magnifying glasses, particularly with some of the highly detailed early drawings that you showed us.*

John Dennison : Je ne sais pas si Leonardo utilisait ce type d'outil parce qu'il a répété, à de nombreuses reprises, le même dessin, la même structure des muscles, presque comme s'il répétait quelque chose pour lui-même, mais en insistant, c'est ce qu'il voyait.

***John Dennison:** I'm not sure that he did, however, I had a noticed a tendency, say for different images to show the same drawing, the same structure of muscles in them, almost as if he were repeating something himself, but he insists, that this is what he saw.*

David Thaler : Est-ce qu'il avait connaissance d'un monde invisible, par exemple le fait qu'il y avait des microstructures en-dessous de ce qu'il pouvait voir, en dessous de ce qu'il pouvait observer ?

***David Thaler:** Did he have a sense of invisible smaller worlds existing? So, when he looked at bone, let's say, that there was a microstructure in bone that was below what he could see, but that existed?*

John Dennison : Je ne sais pas. Il regardait avec ses propres yeux, je ne sais pas s'il a vu le microcosme, la structure interne en dessous du niveau qu'il observait.

***John Dennison:** I'm not sure that he did, he went with the evidence that he was looking at with his eyes. I don't know whether he saw a microcosm, internal structures below the level at which he was looking.*

À l'origine d'une nouvelle science : l'anatomie comparée

Marie-Antoinette de Lumley*

Nous savons que Léonard de Vinci était un remarquable dessinateur et qu'il s'intéressait particulièrement à l'anatomie humaine, aux os, à leurs articulations, aux muscles, aux artères et aux veines, aux nerfs.

J'ai cherché à savoir à partir de quel moment il a entrepris des comparaisons avec les autres grands mammifères dont il a effectué des dissections parallèlement à celles sur des cadavres humains, c'est-à-dire, à partir de quand il a fait de l'anatomie comparée.

Pour se valoriser, Ludovic Sforza, Duc de Milan, avait chargé Léonard de Vinci de réaliser un monument équestre de taille exceptionnelle de 7 mètres de haut. Ce devait être le monument le plus haut de l'époque.

Léonard de Vinci, qui avait accepté cette commande, a commencé par l'étude de l'anatomie du cheval, sa structure osseuse, musculaire tout particulièrement au niveau des muscles de la cuisse : grand, moyen et petit fessier. Il constate alors une ressemblance de constitution musculaire avec celle de l'Homme. Il devient ainsi un précurseur de l'anatomie comparée, bien avant Georges Cuvier.

Léonard de Vinci souligne la différence de disposition des os et des muscles chez l'Homme selon un axe rectiligne, vertical, alors que chez le cheval il existe une angulation très marquée (Fig. 34). Cette différence, Léonard de Vinci la constate mais ne cherche pas à l'expliquer. Actuellement, elle nous permet de distinguer les individus à démarche bipède, l'homme, de ceux quadrupèdes comme le cheval.

Par la suite, Léonard de Vinci s'intéresse à la morphologie du pied. Il a réalisé de nombreux dessins de pieds humains avec tous les détails anatomiques, osseux : tarse, métatarse, phalanges, et son intérêt se fixe sur la morphologie osseuse d'un pied d'ours. Il constate une constitution proche de celle de l'homme par les os du tarse, du métatarse, les phalanges, à l'exception des extrémités distales des phalanges qui se terminent par des griffes chez l'ours et par des ongles chez l'homme (Fig. 35). Cette différence s'explique et traduit l'appartenance aux carnivores pour l'ours et aux hominidés omnivores pour l'homme. Il est vrai qu'il existe une grande ressemblance entre les extrémités des pattes d'ours et de pieds humains qui sont la cause d'erreurs de détermination de restes découverts dans les sites préhistoriques.

Léonard de Vinci a bien montré la différence osseuse, sans l'expliquer. Actuellement, elle nous permet de déterminer avec assurance l'attribution spécifique de restes osseux : carnivore et omnivore.

D'autre part au niveau du pied, Léonard de Vinci a remarqué que le pied de l'ours avait une voûte plantaire plane et le pied humain avait une voûte cambrée. Léonard a bien dessiné cette différence mais n'a laissé aucune trace de justification ou d'explication de cette différence entre les voûtes plantaires. Actuellement, le paléontologue attribue la voûte plane à un plantigrade, quadrupède, et la voûte cambrée à un hominidé, bipède.

Le membre supérieur a attiré l'attention de Léonard de Vinci. Il a été très intrigué par le croisement des deux os de l'avant-bras, le radius et le cubitus, dans les mouvements de pronation et de supination. Ses dessins sont remarquables par leur précision.

De plus, il a constaté la différence de localisation de l'insertion distale des muscles, deltoïde et biceps, qui sont proches de l'articulation du coude chez les humains et plus éloignés du coude chez les singes autopsiés. Les différences qu'il observe, il ne cherche pas à en comprendre la raison. Il constate parfaitement les différences sans les interpréter.

Actuellement, nous pouvons, au seul examen de la localisation de l'insertion musculaire sur l'avant-bras ou le bras, déterminer l'existence ou non d'un mode de locomotion avec les membres antérieurs et nous pouvons de plus expliquer cette nécessité d'insertion musculaire plus éloignée chez le singe, par la plus grande longueur de son membre antérieur par rapport à celui plus court de

* Institut de Paléontologie Humaine, Fondation Albert Ier Prince de Monaco, Paris.

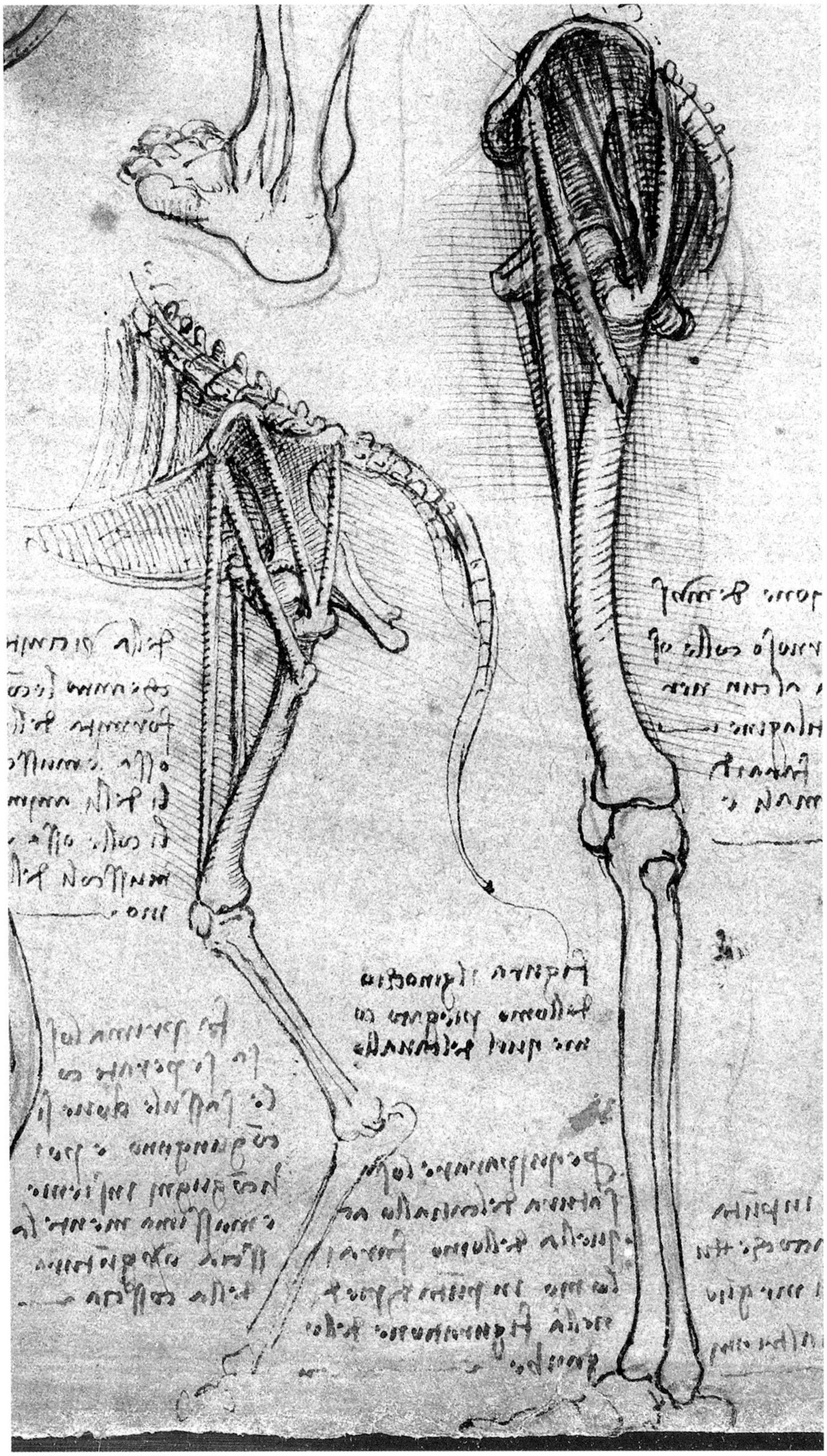

Figure 34 : À gauche, jambe arrière d'un cheval avec angulation marquée ;*
*À droite, membre inférieur d'un homme actuel, l'ensemble osseux est aligné verticalement**.*

** Il s'agit d'un quadrupède.*
*** Il s'agit d'un bipède.*

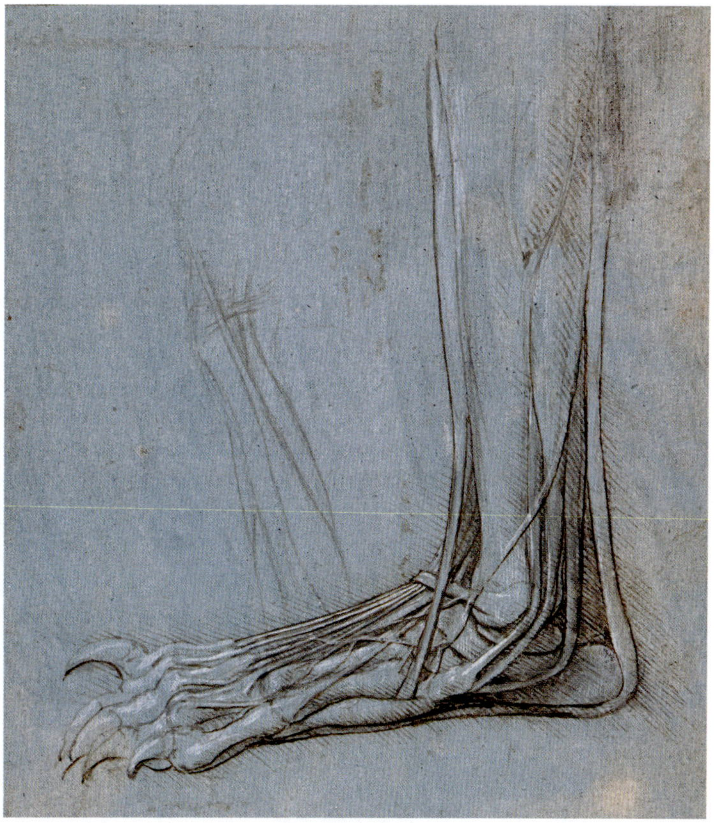

35a. Pied d'ours

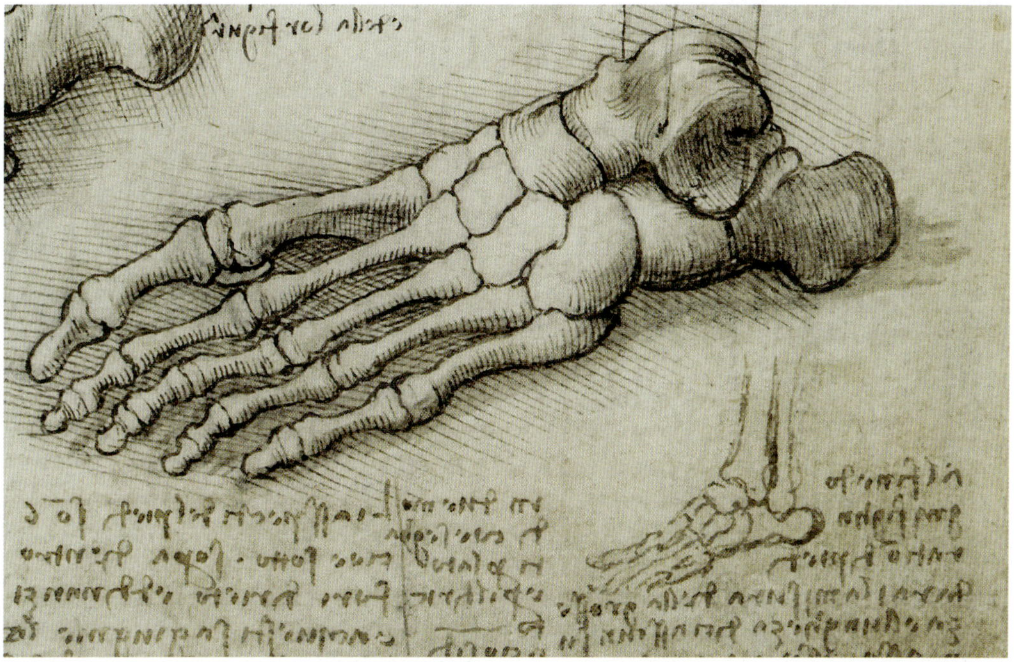

35a. Pied humain

Figure 35 : En haut, pied d'un ours avec les phalangettes terminées par des griffes. La voûte plantaire est plane. Il s'agit d'un plantigrade. En bas, pied d'un homme actuel avec les phalangettes terminées par des ongles. La voûte plantaire est concave. Il s'agit d'un bipède.

a : Vers 1490 (Windsor Castle, Royal Library, RL 123 724).
b : Vers 1509 (Windsor Castle, Royal Library, RL 190 112).

l'homme (Fig. 36). Le singe a gardé un mode de locomotion arboricole, brachiateur.

Si Léonard de Vinci, par ses dessins, a bien montré la différence anatomique entre un homme et un singe, il n'a pas cherché à connaître la cause, qui est fonctionnelle et spécifique.

En conclusion, Léonard de Vinci a fait des observations majeures, de grande qualité, qui montrent la différence entre l'homme et les grands mammifères.

Il a fait des observations, il a fait des dessins, sans aller jusqu'à la compréhension fonctionnelle que nous, actuellement, paléontologues, nous proposons.

Néanmoins il reste le pionnier de l'anatomie comparée.

Références bibliographiques

CLAYTON M., PHILO R. (2018) *Léonard de Vinci. Anatomiste.* Arles, Actes Sud.

LUMLEY H. de, LUMLEY M.-A. de, CLARAC F., FIGARELLA J., LAMY P. (2017) Léonardo da Vinci. Pionneer of comparative anatomy, biomechanics and physiognomy. *International Journal of Anthropology*, 32, 1-2, p. 1-72.

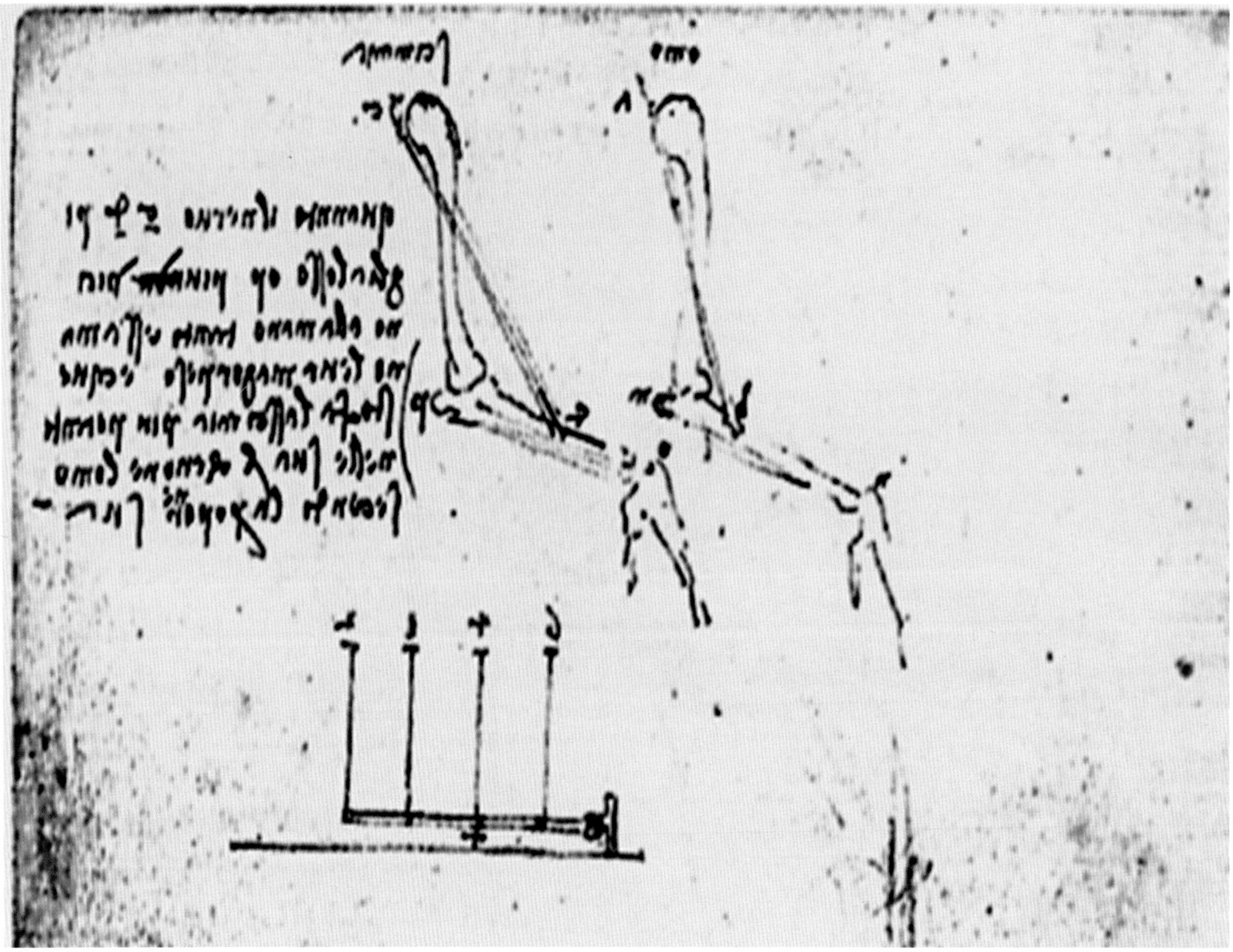

Figure 36 :
À gauche, membre antérieur d'un singe avec insertion musculaire distale au milieu de l'avant-bras. Il s'agit d'un arboricole avec un membre antérieur long.
À droite, membre antérieur d'un homme actuel avec insertion musculaire distale proche de l'articulation du coude. Il s'agit d'un individu non adapté au déplacement arboricole : c'est un bipède avec un membre antérieur légèrement plus court.
Vers 1508 (Windsor Castle, Royal Library, RL 190 V).

Questions à Marie-Antoinette de Lumley et réponses

David Thaler : J'ai entendu dire que dans la fresque de *La Cène,* on a tronqué les pieds du Christ. Est-ce que nous avons une idée de ce à quoi ressemblait dans la Cène les pieds du Christ, justement, est-ce qu'on a des dessins là-dessus ?

David Thaler: *I've read the story that the feet of Christ were cut off in the Last Supper in order to make a doorway. Are there any drawings or sketches or hints of feet, that give a sense of what the missing feet of Christ look like, in the man in the Last Supper?*

Marie-Antoinette de Lumley : Où avez-vous trouvé cette information ?

Marie-Antoinette de Lumley: *Where did you get this information?*

David Thaler : C'est dans ses cahiers. Je me demandais si on avait une idée, s'il y a des études, des notes peut être, ou l'anatomie des pieds, quelque chose qui pourrait nous donner des indications là-dessus.

David Thaler: *From the notebooks. If there is a sense of what might have been the studies, or some other notes associated with that painting, or anatomy of feet that would have been at the right angle or something, the correct angle...*

Marie-Antoinette de Lumley : De toute façon ce n'est pas si vieux que ça. Les pieds du Christ étaient identiques aux pieds humains actuels.

Marie-Antoinette de Lumley: *It is not that old, you know, Christ's feet were identical to human beings' feet...*

Like the back of your hand: Leonardo da Vinci's anatomical knowledge of the human hand and what has (not) changed in 500 years

Tracy L. Kivell*

Our highly dextrous human hand is a defining feature of what makes us human; it separates us from other primates and is unique among the animal kingdom. Our hands are fundamental to the way we interact with our environment – everything from the way we procure our food to how we communicate. This dexterity is possible due to the complex anatomy of our hands, which comprise at least 27 bones, 34 muscles, 123 named ligaments, three major nerves, 30 named arteries, among other important structures.

Leonardo da Vinci was the first to depict the complexity of anatomical structures that are needed to perform humans' distinct manual dexterity. Among his drawings, there are two key panels dedicated to the anatomy of the human hand: one focused largely on the soft tissues while the other is on the skeleton of the hand (Fig. 37 and 38). These panels depict detailed notes about what he saw and, in particular, his future drawing plans of views that would better depict specific aspects of the anatomy. He also depicted the bones of the hand in his drawings of the upper limb skeleton. In these upper limb images, he recognized that it was the bones in the forearm – the radius and ulnar – that are responsible for the rotation of our hand. He shows the upper limb in anatomical position (hand in supination), and in another drawing, the hand rotated in a pronated position (palm facing down) in which the radius rotates to cross over the ulna at its distal end.

The soft tissue drawing depicts the complex anatomy of the hand in a manner that is similar to the anatomical drawings and dissections that we would see in a typical anatomical text book today (Fig. 37). For example, he has clearly depicted the large groups of muscles that move the thumb and fifth finger (little finger), called the thenar and hypothenar muscles, respectively. These two muscle groups and digits are critical to human dexterity and to our ability to manipulate objects within one hand (Marzke *et al.*, 1998). Da Vinci has also depicted a tissue running between the bones of the wrist, known as the flexor retinaculum. Although da Vinci refers to this as a "muscle" and draws it as two tendon-like structures, we know it now as a band of fibrous tissue that creates the carpal tunnel. Da Vinci accurately draws the tendons of the extrinsic m. flexor digitorum profundus running through the carpal tunnel and inserting on the distal phalanges of the fingers. Finally, da Vinci also draws the tendon of the m. flexor pollicis longus that attaches near the elbow and runs all the way to the distal pollical phalanx, helping to flex the tip of the thumb. This muscle has traditionally been considered unique to humans, but variations of a distinct, human-like m. flexor pollicis longus are now known to occur in gibbons and some monkeys (e.g., baboons) (Marzke, 1971; Tocheri *et al.*, 2008).

In the upper right-hand corner of the soft tissue drawing (Fig. 37), da Vinci notes the need to draw the mechanism that widens the fingers (*i.e.* abduction), with a drawing of the metacarpals within the palm together while the phalanges of the fingers are spread apart. Although he did not depict the muscles responsible for this action, we know them today as the mm. dorsal interossei, deep within the palm of the hand. Da Vinci also clearly depicts the ligamentous pulleys within the thumb and fingers that are critical for keeping the flexor tendons close to the bone, allowing allowing the tendons to function to flex digits rather than bow stringing.

Following on this, da Vinci depicts the intricate anatomical interaction between the extrinsic m. flexor digitorum superficialis (FDS) and m. flexor digitorum profundus

* School of Anthropology and Conservation, University of Kent, Canterbury, UK CT2 7NR Department of Human Evolution, Max Planck Institute for Evolutionary Anthropology, Leipzig, Germany 04103.

(FDP). Because the FDP runs deep to and inserts farther distally on the finger (distal phalanx) than the FDS (intermediate phalanx), the FDS splits in two such that the FDP can continue to insert at the fingertip. We know this anatomical splitting of the FDS today as the "Chiasma of Camper", named after a Dutch anatomist in the late 1700s, but da Vinci depicted this intricate anatomy within the human hand approximately 250 years earlier.

Da Vinci also draws at the bottom right of the panel on figure 37 a human digit flexed at the metacarpophalangeal joint (knuckle) but with finger straight, with notes to determine the mechanism for this movement or posture. We know today that the mm. lumbricals are largely responsible for this is movement. The lumbricals are unusual among muscles in not attaching to the bone, but instead to the tendons of the FDP on the palmar surface of the metacarpals. They pass over the metacarpophalangeal joint on the palmar side and thus, when the muscle contracts, it flexes this joint. However, the lumbricals insert onto the extensor expansion on the dorsal side of the finger (proximal phalanx) and thus when the muscle belly contracts, it helps to extend the interphalangeal joints. It is the lumbrical muscles and this finger posture that are particularly important for certain human precision grips, such as when writing with a pencil.

When we look at da Vinci's depiction of the hand skeleton (Fig. 38), all the bones are drawn with impressive accuracy. Only the shapes of the carpal bones are somewhat vague, but this is understandable as in a cadaver they are hidden behind a strong ligamentous network. Da Vinci's drawings come before the time when these bones were given formal names, so they are labelled with letters. He notes that the thumb has one less bone than that of the fingers (the thumb does not have an intermediate phalanx), stating "I give three bones to the thumb as to the other four fingers because in it are three moveable pieces of bone like the three of each of the other fingers in the hand." (Clayton and Philo, 2010). In this description, da Vinci infers that the thumb comprises three phalanges, rather than a metacarpal and two phalanges, as we label the bones today. However, the homology of the proximal bony element of the thumb (what we currently call the first metacarpal), continues to be debated today. The early anatomist Vesalius also took a functional approach, recognizing that the high mobility within the thumb was similar to that of the fingers, suggesting, like da Vinci, that the proximal element was a phalanx. This assertion was supported by the distinct development of this element, which is more similar to that of a phalanx in having an epiphysis at the proximal end (the base) rather than at the distal end (the head) as in all the other metacarpals (Scheuer and Black, 2000). A recent developmental study of the thumb bones also suggested that the ossification pattern and direction of growth was most similar to a phalanx (Pazzaglia *et al.*, 2018).

However, others have taken a phylogenetic approach, recognizing the long evolutionary history of only three elements (as opposed to four) in the thumb, as well as the big toe (Reno *et al.*, 2013). This digit formula is shared with alligators, lizards and turtles and likely dates back to our common ancestor with all amniotes (*i.e.* vertebrates that lay their eggs on land, including reptiles, birds and mammals) (Haines, 1974; Reno *et al.*, 2013). In contrast, the loss of the distal epiphysis in the proximal element of the thumb occurred more recently, in the Jurassic, and is a derived feature common to therian mammals (marsupials and placental mammals) (Reno *et al.*, 2013). Because the loss of epiphyseal ossification centres is common throughout tetrapod evolutionary history, and that the loss of the distal epiphysis occurred after the loss of a phalanx, Reno *et al.* (2013) consider the proximal element of the thumb to be homologous to the other metacarpals. Thus, da Vinci's notes were the first to touch on a morphological and evolutionary question that remains contested by anatomists today.

Finally, da Vinci notes also in his soft tissue drawings of the hand (Fig. 37) that the extrinsic flexor muscle tendons were thicker than those on the dorsum of the hand, the extrinsic extensor muscle tendons. Da Vinci was indeed correct in this observation, but he also lacked the vast comparative knowledge that we have gained since the 16th century, particularly when it comes to the anatomy of our closest living relatives, the great apes. Although da Vinci conducted numerus dissections of other animals, including other primates, as can be seen in one early drawing (c. 1488-90) of what appears to be a juvenile monkey hand skeleton (although it is anatomically incorrect), his notes with regard to human hand anatomy do not provide a comparative perspective. In the case of the relative size of the extrinsic tendons, humans indeed have larger flexor tendons relative to those of the extensors, but in comparison to other apes, our flexors are small. Tuttle's (1969) comparative study of ape forelimb anatomy reveals that human flexor and extensors are more equal in size (51 % and 35 % of forearm muscle mass, respectively) than those of all other apes. For example, in chimpanzees, orangutans and gibbons the flexor muscles are approximately 60 % of total forearm muscle mass, while the extensors are approximately 25 %. This reflects the high degree of arboreality found in other living apes, in which the flexor muscles of the hand are particularly important for climbing and suspending in trees.

We have gained much from this greater comparative perspective since da Vinci's time that has allowed us to better understand humans within the context of our pri-

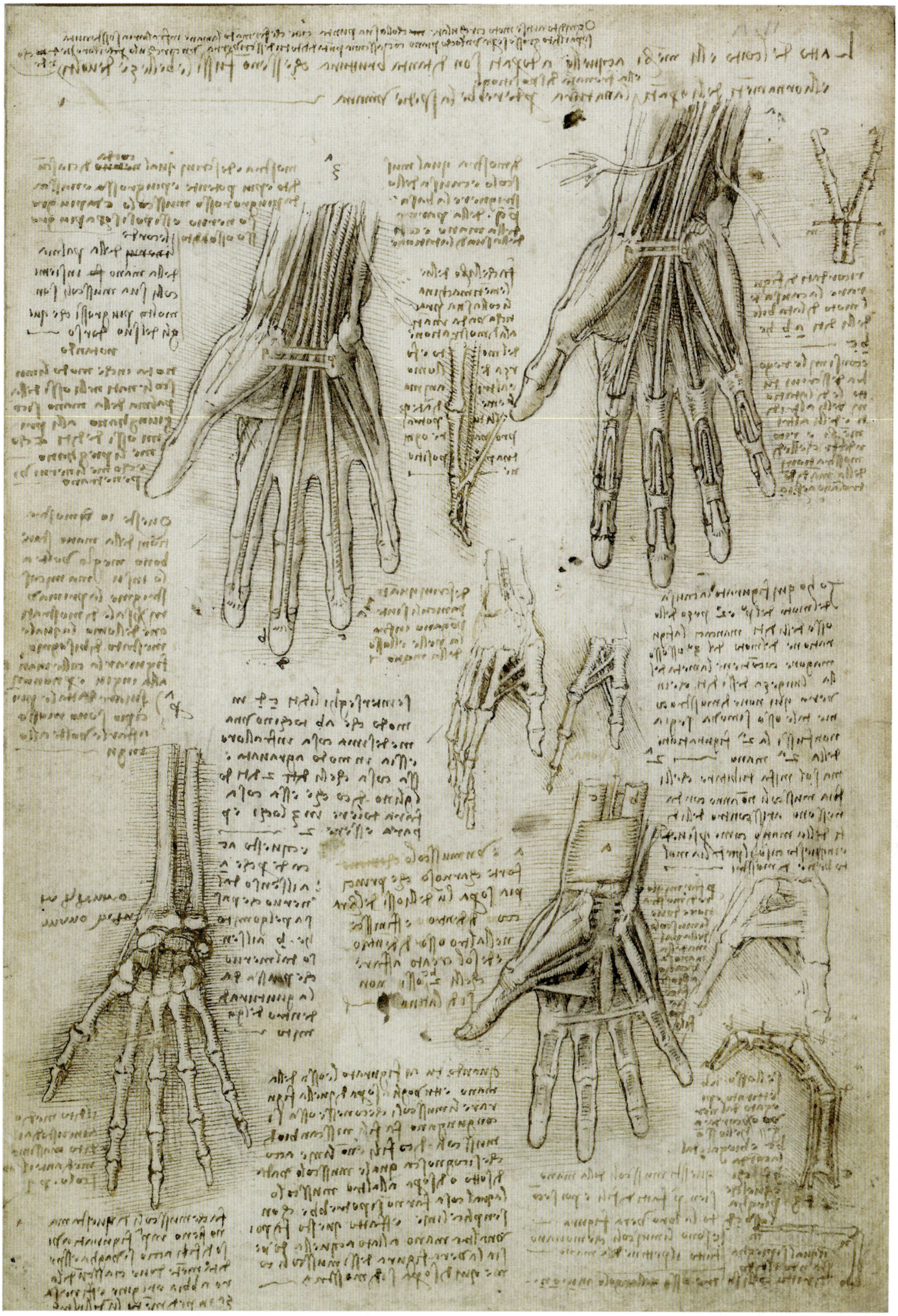

Figure 37: Drawings of the human hand by da Vinci, focussing on the soft tissue structures.

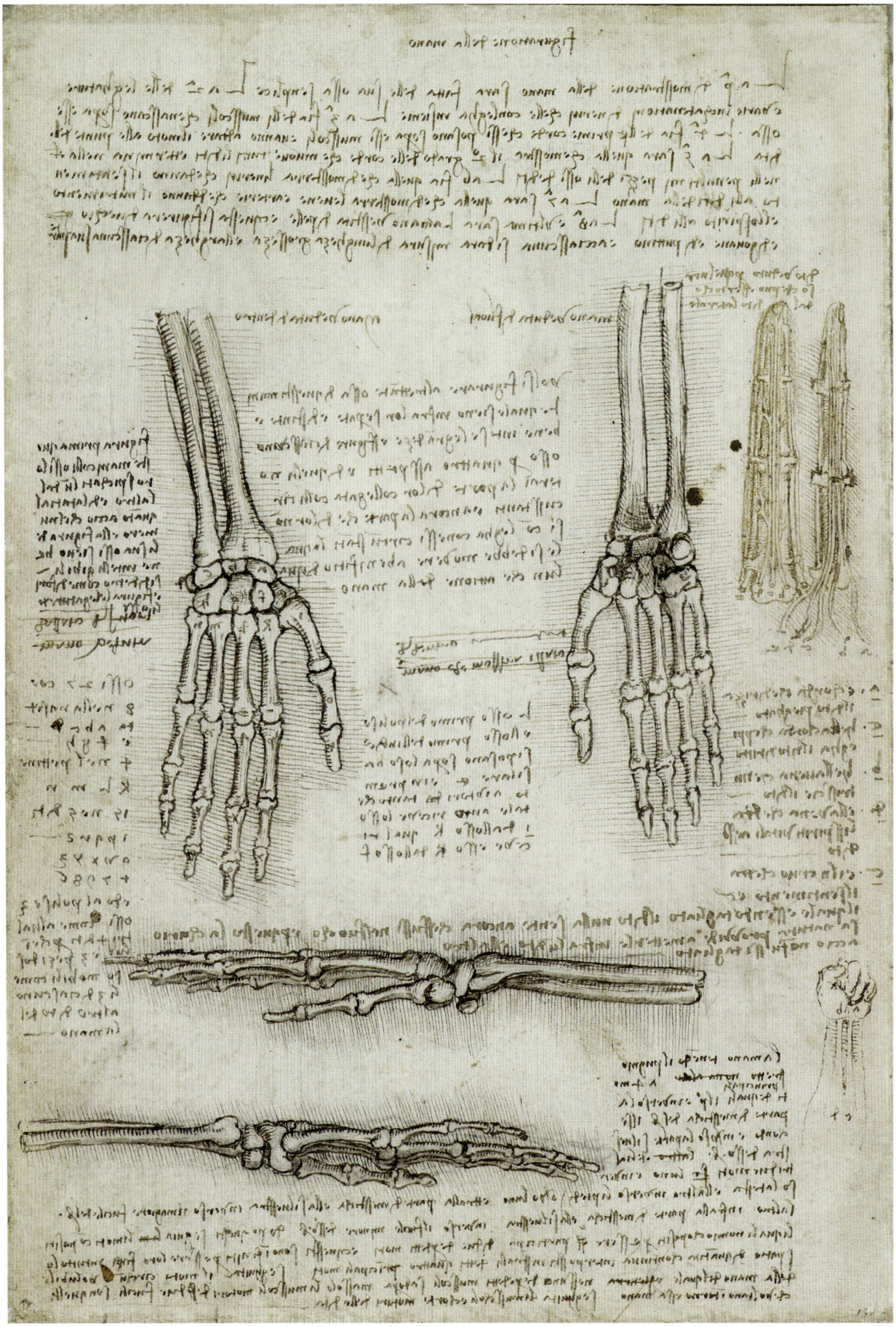

Figure 38: Drawings of the human hand by da Vinci, focussing on the bony morphology.

mate and mammalian world. We often consider the human hand to be highly specialized given our uniquely enhanced dexterity. Indeed, there are parts of the human hand that are derived relative to other primates, some of which are discussed below. However, Wood Jones (1916) and, later, Napier (1962, 1980) importantly highlighted the primitive nature of the human hand. Within the context of other primates, the aye-aye has a highly specialized, elongated fourth digit with a ball-in-socket joint that is adaptive for the extraction of grubs during feeding; pottos and lorises have a strongly reduced index finger; spider monkeys have lost their thumb, and all non-human living apes have elongated fingers necessary for grasping branches when moving within the trees. The primitiveness of the human hand is even more striking in comparison to other mammals, such as whales that have modified their hands into fins for swimming, bats that have modified their hands into wings, or elephants and rhinoceros that have lost digits and modified their hands solely for terrestrial quadrupedalism. Thus, the primitive *bauplan* of the human hand may be one that can be described as good at performing many different tasks but not excellent in doing any one thing; not only can we manipulate objects (and some might argue that we can do this with perfection), but we can also communicate, swim, climb trees and rocks, and even walk on our hands if necessary.

The primitive morphology of the human hand skeleton has generally been discussed within the context of manipulation and, in particular, stone tool behaviors. Since Darwin, palaeoanthropologists have, understandably, often focused on features of the human hand that may be considered advantageous for stone tool production and use. This is in part due to the long-held assumption until the 1960s that humans were the only animals capable of tool use. As soft tissues often do not preserve in the fossil record, many have focused on features of the skeleton or bony morphology. The most obvious is that of hand proportions. Humans have a relatively long and powerful thumb and short, straight fingers, while chimpanzees and orangutans have comparatively short, weak thumbs and long, curved fingers. Such hand proportions in humans enable us to oppose the pad of our fingers to the pad of our thumb, and do this forcefully – what we call forceful precision grips – that are traditionally considered unique to humans among the animal world (Marzke, 1997). We also have broad fingertips that help us grasp and manipulate objects, particularly within one hand. The head of each metacarpal is asymmetrical, such that when we flex our fingers they naturally rotate towards our thumb, to aid opposition. And finally, the wrist bones at the base of our thumb have changed their shapes and their articulations to better cope with the large loads that come from forceful use of our thumb during manipulation (Tocheri *et al.*, 2008). Together, this suite of features is only found in humans and Neandertals and is generally considered adaptive for complex, committed tool behaviors. Paleoanthropologists then look for these features within the hands of our fossil ancestors to help infer their tool-use abilities.

However, it is important to remember that since da Vinci's time and, indeed, since the early 1960s, we have learned a lot more about the broader comparative context of human abilities and what does, and does not, make humans unique. Jane Goodall (1964) was the first to demonstrate that chimpanzees regularly engaged in tool use in the wild. Gorillas, although they rarely use tools in the wild, are capable of extremely complex dexterity when processing food (Neufuss *et al.*, 2018). Capuchin monkeys and macaques are also very capable, regular tool-users in the wild (Biro *et al.*, 2013; Luncz *et al.*, 2017), not to mention other non-primate mammals and many birds (Shumaker *et al.*, 2011). This comparative perspective leads to questions about what anatomical features of the human (and primate) hand are *necessary* for enhanced dexterity, and highlights a clear need to better understand the evolutionary history of the human hand and how it links to our brains. While the latter is a research discipline within itself and beyond the scope of this chapter, over the last decades we have learned much more about the evolution of the human hand skeleton.

Our evolutionary history of hand use included two major transitions; one in locomotion, in which our earlier ancestors used their hands for moving around in the trees and then transitioned to being fully committed bipeds walking on two feet on the ground. The second transition was one in tool use, in which our earlier ancestors transitioned from using simple tools to increasingly more complex tools that became a critical component of our adaptive fitness. It has generally been accepted that these two transitions were mutually exclusive. In other words, one could not be an advanced tool-maker and still use one's hands for locomotion. Until recently, figuring out when and how these transitions occurred and what our early ancestors, called hominins, were doing with their hands in terms of locomotion and manipulation was based on relatively sparse fossil record.

There are numerous hand bones from *Australopithecus afarensis*, Lucy's species found in East Africa and dating from ~4-3 million years ago, but few are clearly associated to the same individual. Thus, our understanding of what Lucy's hand may have looked like is only an estimate. Even the hand of *Homo habilis* (OH 7), whose name means "handy man" because the hand fossils were found near to stone tools, only preserves a few finger and wrist bones. In South Africa, the *Australopithecus* fossil record of hand bones is even more sparse (see Kivell, 2015 for a review). So, although we have well-preserved hand skeletons of Neandertals and early modern humans, it has long been challenging to reconstruct hand use in earlier fossil hominins.

This situation changed with the recent discovery of two new fossil hominin species in South Africa: *Australopithecus sediba* announced in 2010 and dating to just under 2 million years old (Berger *et al.*, 2010), and *Homo naledi* announced in 2015 and dating to only around 250,000 years old (Berger *et al.*, 2015). Both species preserved relatively complete hand skeletons of a single individual found in semi-articulation, allowing for a more holistic and robust interpretation of how each hand may have functioned, both for locomotion and manipulation (Kivell *et al.*, 2011; 2015) (Fig. 39). And this fossil evidence reveals that the evolutionary history of the human hand is more complex and varied than paleoanthropologists previously thought.

The geologically younger *H. naledi* shows a different mix of morphologies. The wrist bones are most similar to humans and Neandertals and the thumb is long and robust with very well-developed muscle attachments; features that together suggest the habitual use of tool behaviors. In contrast, however, *H. naledi* finger bones are remarkably curved; a feature strongly suggestive of regular use of the hands for climbing. Thus, in both South African species, the hand morphology, in association with the rest of their preserved skeletons, suggests use of the hands for frequent

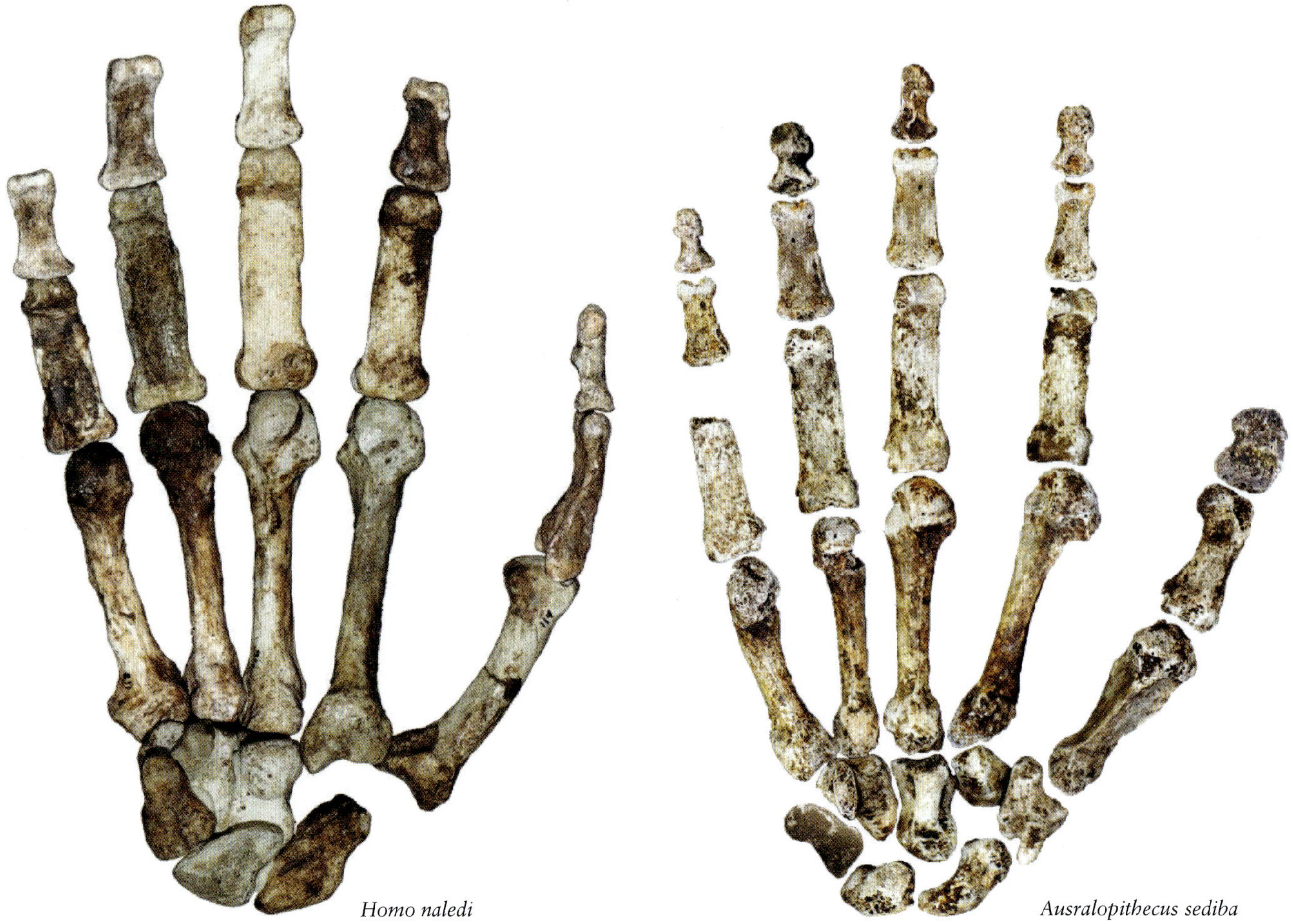

Figure 39: The relatively complete fossil hominin hands of Australopithecus sediba (2 million years old) and Homo naledi (250 000 years old) from South Africa, both shown in palmar view to 1 cm scale. Photo credit: P. Schmid.

Both A. sediba and H. naledi hand skeletons show a different combination of ape-like and human-like morphological features. In the case of the geologically-older A. sediba hand, the wrist bones are in some aspects more ape-like in their shape, the thumb bones are gracile, and the finger bones are moderately curved. However, in contrast to these more ape-like features, the thumb is longer relative to the fingers than that of recent humans; hand proportions that would greatly facilitate the human-like ability to perform pad-to-pad precision grips. The thumb tip also appears to be broad and its morphology suggests the presence of a distinct m. flexor pollicis longus muscle, which da Vinci depicted in his drawings of a human hand.

climbing, but also enhanced manipulation and tool use. *H. naledi*, in particular, demonstrates hand morphology that suggests that the hominin hand can be used for *both* locomotion and advanced tool use. The regular use of climbing in a hominin that is only 250,000 years old – a time that overlaps with the emergence of our own species, *Homo sapiens* – is particularly surprising. Thus, *H. naledi*, like *Homo floresiensis* discovered a decade earlier (Aiello, 2010), is another clear example that human evolutionary history is complex and unpredictable, and that the evolution of the human hand in particular is no different.

Da Vinci captured in his drawings the complexity of anatomy and movement within the human hand with incredible accuracy. This is the foundation for understanding how and why the human hand is so dexterous and versatile in its abilities. Over the 500 years since da Vinci, we have learned that humans are not alone within the animal kingdom in having enhanced manipulative abilities and that many aspects of human anatomy are far less specialized than that of many other mammals. We have also learned that the evolution of the human hand is perhaps just as complex as its anatomy. The human hand did not evolve simply in response to ever-increasingly advanced tool behaviors, but instead balanced the functional needs of both locomotion and manipulation in a variety of different ways until much more recently than we ever expected.

References

AIELLO L.C. (2010) Five years of *Homo floresiensis*. *American Journal of Physical Anthropology,* 142, p. 167-179.

BERGER L.R., De RUITER D.J., CHURCHILL S.E., SCHMID P, CARLSON K.J, DIRKS P.H., KIBII J.M. (2010) *Australopithecus sediba*: a new species of *Homo*-like australopith from South Africa. *Science,* 328, p. 195-204.

BERGER L.R., HAWKS J., de RUITER D.J., CHURCHILL S.E., SCHMID P., *et al.* (2015) *Homo naledi*, a new species of the genus Homo from the Dinaledi Chamber, South Africa. *elife,* 4, e09560.

BIRO D., HASLAM M., RUTZ C. (2013) Tool use as adaptation. *Philosophical Transactions of the Royal Society,* B 368, 20120408.

CLAYTON M., PHILO R. (2010) *Leonardo da Vinci: the mechanics of man.* Getty Publications, Los Angeles.

GOODALL J. (1964) Tool-using and aimed throwing in a community of free-living chimpanzees. *Nature,* 201, p. 1264-1266.

HAINES R.W. (1974) The pseudoepiphysis of the first metacarpal of man. *Journal of Anatomy,* 117, p. 145-158.

KIVELL T.L. (2015) Evidence in hand: recent discoveries and the early evolution of human manual manipulation. *Philosophical Transactions of the Royal Society,* B 370, 20150105.

KIVELL T.L., KIBII J.M., CHURCHILL S.E., SCHMID P., BERGER L.R. (2011) *Australopithecus sediba* hand demonstrates mosaic evolution of locomotor and manipulative abilities. *Science* 333, 1411-1417.

KIVELL T.L., DEANE A.S., TOCHERI M.W., ORR C.M., SCHMID P., HAWKS J., BERGER L.R., CHURCHILL S.E. (2015) The hand of *Homo naledi. Nature Communications,* 6, 8431.

LUNCZ L.V., SVENSSON M.S, HASLAM M., MALAIVIJITNOND S., PROFFITT T., GUMERT M. (2017) Technological response of wild macaques *(Macaca fascicularis)* to anthropogenic change. *International Journal of Primatology*, 38, p. 872-880.

MARZKE M.W. (1971) Origin of the human hand. *American Journal of Physical Anthropology,* 34, p. 61-84.

MARZKE M.W. (1997) Precision grips, hand morphology, and tools. *American Journal of Physical Anthropology,* 102, p. 91-110.

MARZKE M.W., TOTH N., SCHICK K., REECE S., STEINBERG B., HUNT K. (1998) EMG study of hand muscle recruitment during hard hammer percussion manufacture of Oldowan tools. *American Journal of Physical Anthropology*, 105, p. 315-332.

NAPIER J. (1962) The evolution of the hand. *Scientific American,* 207, p. 56-62.

NAPIER J. (1980) *Hands.* Pantheon Books, New York.

NEUFUSS J., ROBBINS M.M., BAEUMER J., HUMLE T., KIVELL T.L. (2018) Manual skills for food processing by mountain gorillas *(Gorilla beringei beringei)* in Bwindi Impenetrable National Park, Uganda. *Biological Journal of the Linnean Society,* 127, p. 543-562.

PAZZAGLIA U.E., SIBILIA V., CASATI L., SALVI A.G., MININI A., REGUZZONI M. (2018) The missing segment of the autopod 1st ray: new insights from a morphometric study of the humn hand. *Journal of Anatomy*, 233, p. 828-842.

RENO P.L., HORTON Jr W.E., LOVEJOY C.O. (2013) Metapodial or phalanx? An evolutionary and developmental perspective on the homology of the first ray's proximal segment. *Journal of Experimental Zoology Part B: Molecular and Developmental Evolution,* 320, p. 276-285.

SCHEUER L., BLACK S. (2000) *Developmental Juvenile Osteology*. Academic Press, San Diego.

SHUMAKER R.W., WALKUP K.R., BECK B.B. (2011) *Animal tool behavior: the use and manufacture of tools by animals.* Johns Hopkins University Press, Baltimore.

TOCHERI M.W., ORR C.M., JACOFSKY M.C., MARZKE M.W. (2008) The evolutionary history of the hominin hand since the last common ancestor of *Pan* and *Homo. Journal of Anatomy*, 212, p. 544-562.

TUTTLE R.H. (1969) Quantitative and functional studies on the hands of the anthropoidea: I. The Hominoidea. *Journal of Morphology*, 128, p. 309-363.

WOOD JONES F. (1916) *Arboreal man.* Edward Arnold, London.

Questions à Tracy I. Kivell et réponses

Marie-Antoinette de Lumley : Vous êtes une spécialiste de la main. Est-ce que vous avez remarqué dans le dessin de Léonard de Vinci s'il s'agissait d'une main un peu trapue, d'une main très fine, très longue comme chez les asiatiques, par exemple, est-ce que vous avez pu distinguer cela ?

Marie-Antoinette de Lumley: *You're a hand specialist. Have you noticed in Leonardo da Vinci's drawings if it was a hand that was long and thin, like the slender type of hands often found in Asian people for instance? Were you able to distinguish any specificity looking at da Vinci's illustration of hands?*

Tracy Kivell : Je n'ai pas vraiment réfléchi à ça, en fait. Mais c'est vrai que les mains pour moi, sont plutôt des mains d'homme, étant donné l'accès qu'il avait aux cadavres. Pour moi, ça ressemble à une main classique, tout ce qui a de plus classique. En fait, je n'y ai pas vraiment réfléchi, pour être tout à fait honnête, mais elles n'ont pas l'air d'être très particulières.

Tracy Kivell: *I hadn't thought about it in that level of detail, actually. I was assuming they were mostly male hands given the access to cadavers, and they looked like, to me, the average human hand. It's not something I actually thought about too much, but they don't look unusual in any way.*

David Thaler : Est-ce que de Vinci a parlé des changements de structure des muscles ou des os notamment en raison de certaines pratiques, de la musique par exemple ? Est-ce que la main change en fonction de l'activité ?

David Thaler: *Did da Vinci ever comment on the changes in muscle or bone or structure with exercise, like in musicians?*

Tracy Kivell : Je ne crois pas. Il y a quand même quelques notes qui traduisent sa volonté de dessiner la structure interne des os. Donc, couper l'os en 4 et montrer la cavité médullaire et l'os spongieux appelé os trabéculaire. Nous travaillons beaucoup là-dessus dans notre groupe de recherche et c'est très utile pour pouvoir répondre à ce genre de question. Certains os évoluent au fur et à mesure de la vie de quelqu'un, en fonction de l'activité, et ça nous donne une idée effectivement. C'est l'endroit que vous devez regarder quand vous voulez travailler sur l'activité particulière d'un individu. Il reconnaît qu'il y a une structure interne à l'os effectivement, mais sur l'évolution de l'os en lui-même, je n'ai rien vu de la sorte.

Tracy Kivell: *He did make a note about wanting to do drawings of the internal structure of the bone. So as he said, cutting it in 4 sections, and one showing the medullary cavity, and the spongy bone, which we call trabecular bone, which is what a lot of my research in my group concentrates on, and is really useful for getting at those kinds of questions, because the trabecular bone remodels throughout an individual's life, in response to how that joint or that bone is being loaded, so that's a good place to look in terms of seeing those differences due to exercise or activity. But as far as I know, he recognized that there was this internal structure, but as far as the variation, or how it changed... I haven't seen anything about it.*

David Thaler : En général, on parle d'évolution en termes d'utilisation d'outils, mais une autre possibilité peut être celle de l'aide à l'accouchement. Quelles structures seraient impliquées ?

David Thaler: *Usually, the evolution is talked about in terms of tool use, but another possibility might be to aid in childbirth. Humans usually have assistance in childbirth. So what kind of structure, what kind of things allow that aided childbirth?*

Tracy Kivell : Bonne question, les hommes modernes ont besoin de beaucoup d'aide, mais je ne pense pas que nous ayons besoin de remonter très loin dans notre histoire évolutive pour retrouver des accouchements plus simples. C'est beaucoup moins facile chez les humains que chez d'autres espèces animales. Comme chez les autres primates, l'accouchement est un acte solitaire de la mère et du bébé, parce que c'est un processus assez facile, bien qu'on ait observé que dans certains groupes, des individus aident la mère à mettre au monde. Probablement, jusqu'à ce que notre cerveau devienne vraiment grand et que notre pelvis ait évolué, l'accouchement devait être beaucoup plus simple qu'aujourd'hui.

Tracy Kivell: *It's a good question, so modern humans need a lot of assistance, but I don't think we need to go back too far in our evolutionary history when the child birth would have been a lot easier. Similar to what it is for other primates where, for most primates, I think childbirth is a solo activity with the mother and the baby, because it's a fairly easy process relative to humans, although there have been instances of other primates where in certain groups, individuals help the mother give birth, but had it not been for our brains getting really big, and potentially some other things going around with metabolism and the way our pelvis is shaped, childbirth would have been a lot simpler than it is today.*

Leonardo da Vinci as a specialist in facial anatomy and the key to Mona Lisa's smile

Anne M. Burrows*

Figure 40 : One of the many faces that Leonardo sketched, highlighting his deep knowledge of facial anatomy and the graded, sometimes subtle facial expressions that humans make.

* Duquesne University, Pittsburgh, PA 15282 USA.

The paintings and drawings that Leonardo brought to life included both human and animal subjects. These works reveal a deep mastery of the underlying anatomy of the face and an ability to manipulate emotional responses of the viewers. This talk will focus on Leonardo as comparative anatomist, how the face works, and a tour through the functional aspects of the face.

Western art before the Renaissance (Fig. 41) consisted largely of flat, two-dimensional depictions of Biblical subjects with highly stylized human forms. Naturalistic depictions of the human form were taboo due in part to a rejection of creating graven images, and the nude figure was to be covered up in order to promote the values of celibacy and chastity.

The Early Renaissance painters (Fig. 42) were re-discovering ancient Greek works that celebrated the human form, depth perception, and careful study of anatomy and biomechanics. The early Renaissance artists sought in part to expand from the flat, spiritual nature of art to one that emphasized anatomy, perspective, and depth of field.

Renaissance artists stationed in Florence, such as Donatello, Michelangelo, and Raphael, were fully embracing the return to celebrating the human form in its naturalistic beauty, the physics of light, depth perception, and zoology (Fig. 43). However, their understanding of human anatomy and biomechanics depended on another Renaissance artist, Leonardo. Written records of human anatomy were largely lacking, and Leonardo was the first person in the Western world to document fine details of musculoskeletal and visceral anatomy.

Leonardo was at the crest of the wave heralding the Renaissance in the arts. No Western artist advanced our understanding of human anatomy and biomechanics more than Leonardo. He did it all, from physics to physiology, botany to zoology, and especially comparative anatomy. Truly, Leonardo was a leader not only in art but in the re-emergence of scientific inquiry. Leonardo was at the vanguard of Renaissance art and those artists that immediately followed him, including Michelangelo and Raphael, benefited from Leonardo's work on human anatomy and movement.

Figure 41: Examples of typical pre-Renaissance art. These images demonstrate some of the ways that pre-Renaissance artists portrayed the human body, with an emphasis on more spiritual and symbolic representations over realistic and scientific anatomical portrayals.

Figure 42: Early Renaissance paintings, such as those highlighted here, returned attention to mathematical and geometric principles in composing their works. This also included a return to the interest in the human form in its anatomical glory.

Figure 43: Artists of the high Renaissance, such as Donatello, Michelangelo, and Raphael, spent much time closely studying human anatomy and striving to represent that in their work. Much of their understanding of human anatomy came from Leonardo's dissections and careful note-taking.

Leonardo's ground-breaking sketches and studies of human anatomy influenced the history of Western art and are still useful today in teaching anatomy for a wide range of disciplines including medicine, physiotherapy, and biomechanics (Fig. 44). There is clear evidence that Leonardo married science to anatomy in order to produce many of his drawings and paintings, as shown here. The image of the Vitruvian Man continues to be recognized around the world and is perhaps the most recognizable, famous image in the field of human anatomy and anatomy education. It appeals to a wide range of professionals from artists to engineers, to medical doctors.

Leonardo's strengths and interests in anatomy extended to animals as well. He was known to spend time observing animals and taking extensive notes on their behavior, anatomy, and movement as shown here in studies of horse faces on the left, and comparative osteology of the lower limb, on the right, in a dog and a human (Fig. 46). Leonardo was able to portray emotions in his subjects both via body posture and facial expression, not only in humans but in animals as well, from monkeys, horses, dogs, cats, and birds.

While Leonardo repeatedly demonstrated his mastery of anatomy in his work, it is his representation of faces that many people recall. In all of his work, Leonardo made detailed, careful note of proportions and measurements, which we can see here in some of his drawings of human faces (Fig. 47). These careful notes reflect Leonardo's interest in ratios and proportions, and we see this interest in his depictions of humans, animals, botany, and architecture.

While we think of faces from other Renaissance artworks (Fig. 48), there is typically overt emotion or turmoil in these works that is emphasized by composition of drama. With his contemporaries, scenes often depict intensely emotionally charged situations with faces that reflect this state. With Leonardo, we sometimes see a moment in time where there is a pause or slow-motion of action, and his faces look out to us and catch us unawares (Fig. 49).

Leonardo's faces are hushed but speak volumes. His faces are "in your face" and can't be ignored. They rivet us to the spot and draw us in like no other artist before or since. While these faces aren't overtly emotional, they elicit a range of emotions from the viewer but what exactly the viewer feels and what the subject was feeling are constantly debated.

Leonardo painted the most famous face in the world, the Mona Lisa (Fig. 50). This painting is almost completely about the face and both scholars and interested laypeople still debate what this young lady was thinking and feeling with this enigmatic smile. The detailed background and hands with their careful sfumato and proportions serve to frame this face. How did Leonardo do it? How did he

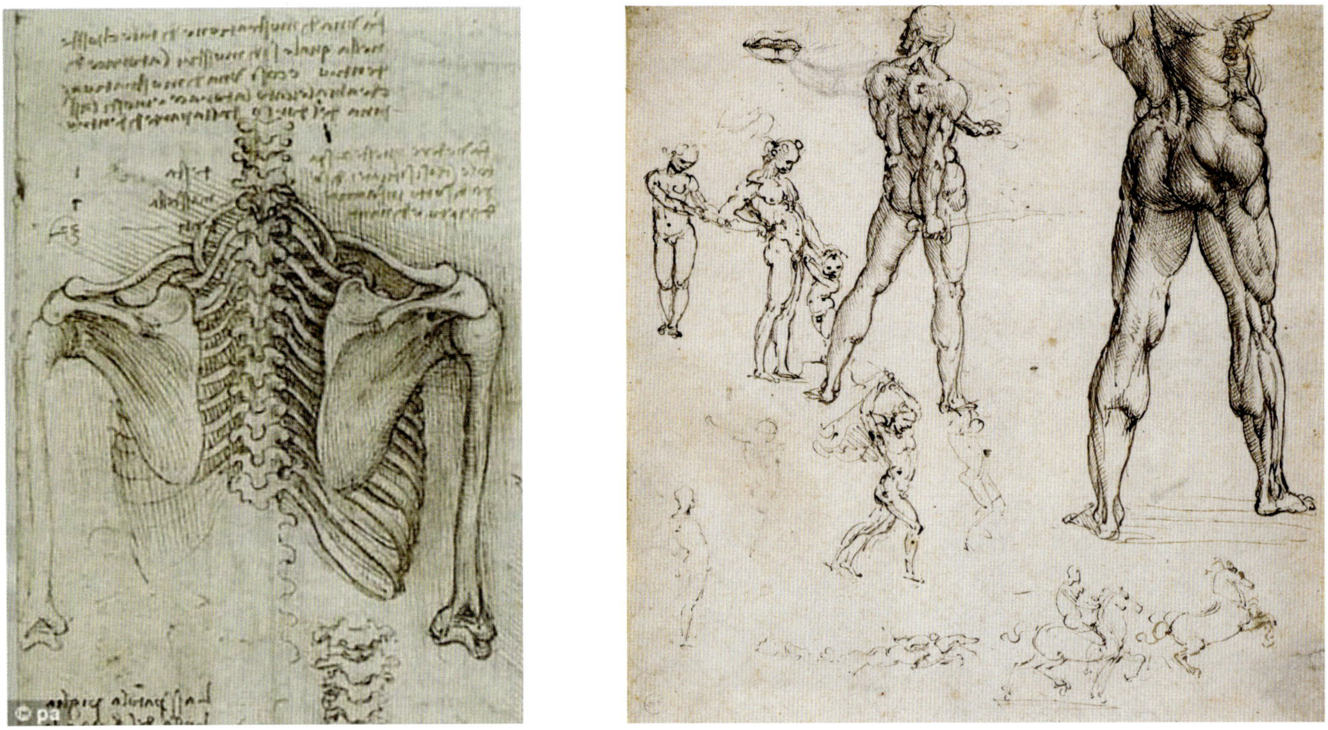

Figure 44: Leonardo produced many sketches focused on his direct observations of human gross anatomy and representations of biomechanics, including (left) the back and scapula and (right) how musculature of the lower limb is associated with movement.

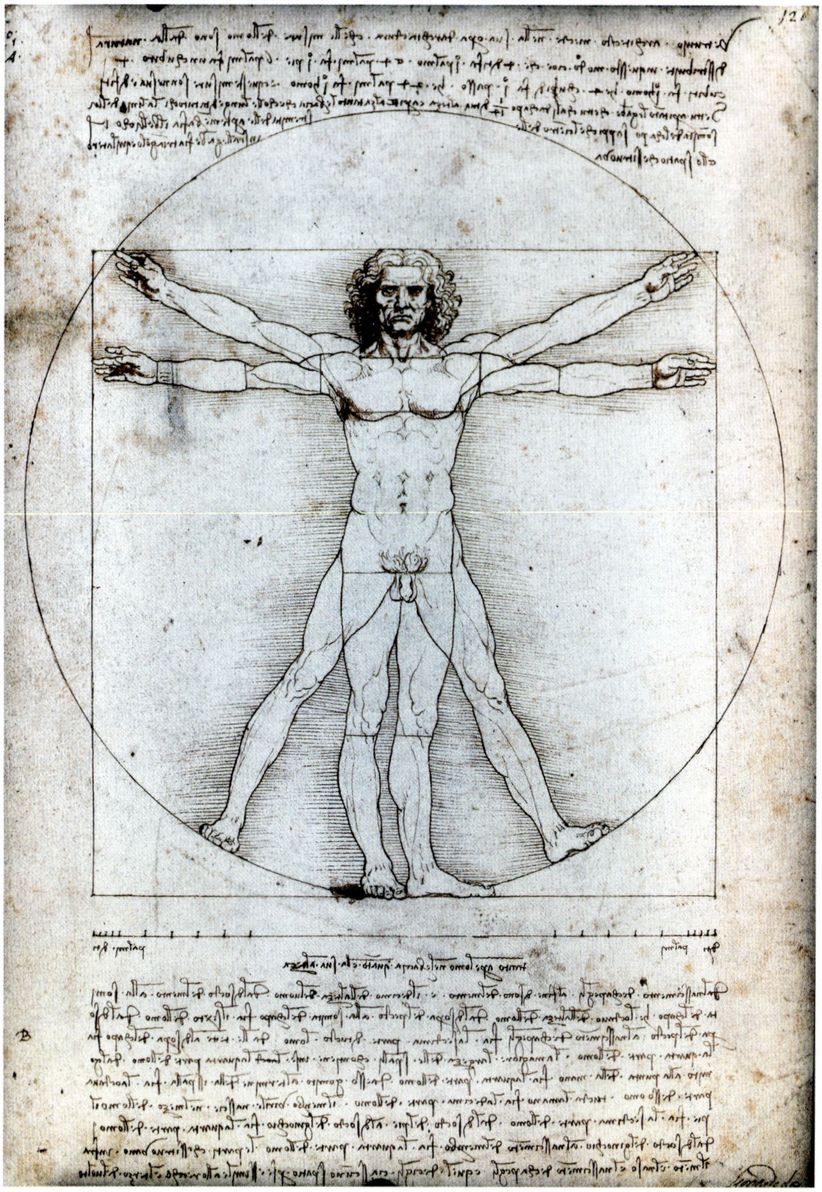

Figure 45: The world-famous Vitruvian Man drawing that Leonardo produced, likely in 1490, showing ideal proportions of the human body. This image is diagnostic of Leonardo's mastery of the interdisciplinary fields of anatomical dissection, mathematics, and art.

transmit such powerful emotion with his painted faces? (Fig. 51).

Humans recognize emotion through a complex and broad neurological pathway in the brain. There is general agreement that there are six "universal facial expressions" that people from all cultures recognize: joy, surprise, fear, anger, disgust, and sadness (Fig. 52). Humans, and some other mammals, are hard-wired to look at and process faces, even from infancy. We humans prefer to look at faces over any other object in a landscape. Much of our neuroanatomy, as well as that of some other animals, is specialized to recognize and process faces as well as their expressions. Many non-human animals also possess this ability and we know from empirical data that chimpanzees, dogs, sheep, and horses can discriminate faces of conspecifics and, in some cases, humans. While Leonardo likely did not know this neuroanatomy, he was an expert manipulator of facial expressions of emotion and knew how to transmit a range of emotions in a small physical space.

Faces move, or make expressions, by way of small muscles called "mimetic muscles", as shown here (Fig. 52). The black arrows point to mimetic muscles sketched by Leonardo on the left, and on the right, is an accounting of mimetic muscles from a more contemporary publication. These muscles are unusual because they don't

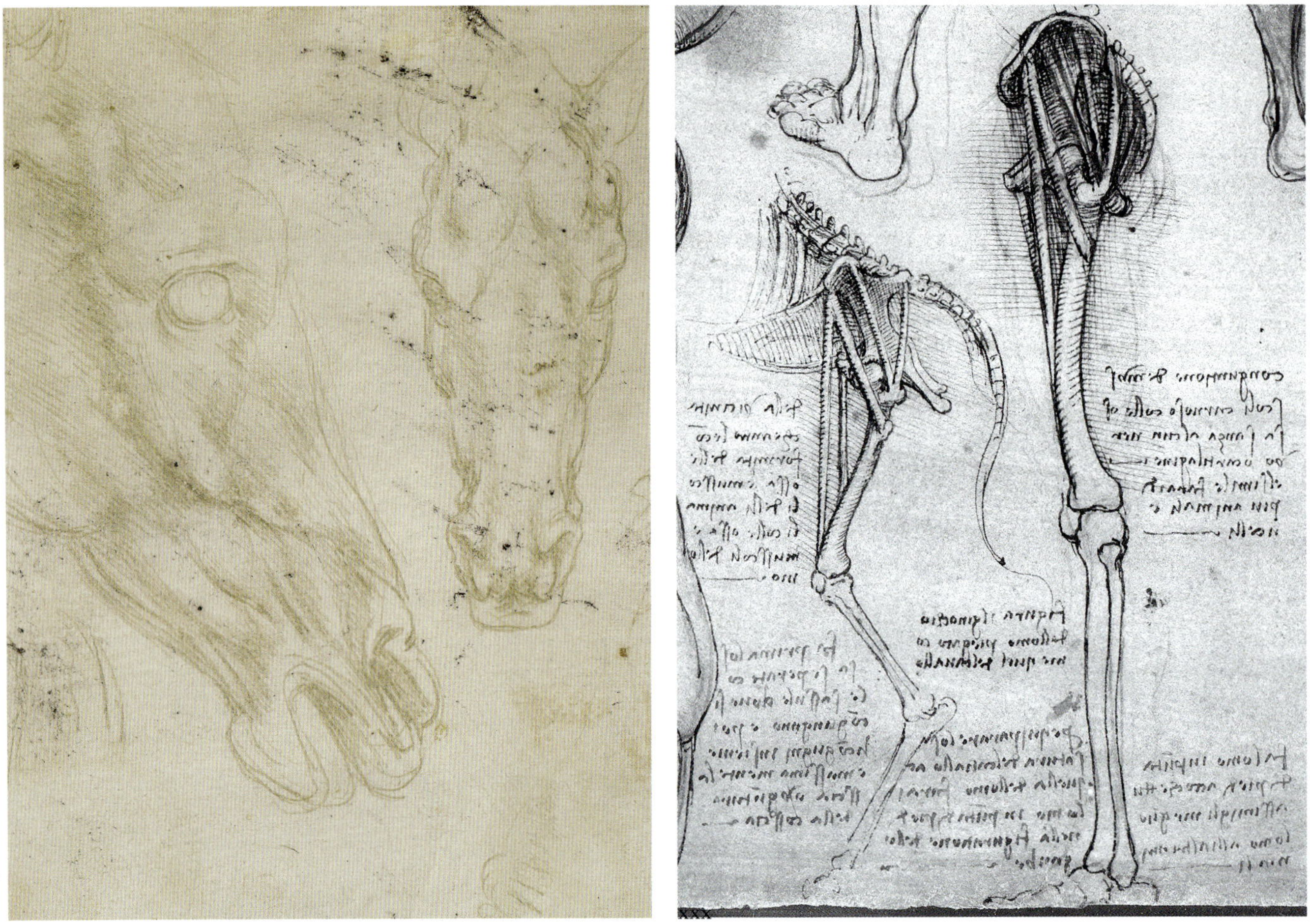

© Royal Collection / Royal Collection Trust © Her Majesty Queen Elizabeth II, 2021 / Bridgeman Images

Figure 46: Leonardo mastered human anatomy but he also spent time dissecting and studying the anatomy of animals. At left is one of his studies of horse facial anatomy, showing detailed and correct musculature. At right is one of his comparative studies of the leg of a human compared to the leg of a dog. One of Leonardo's strengths as an artist was his ability to make comparisons like this between anatomical structures and form between humans and other animals.

move bony joints, like most muscle does. Instead, these mimetic muscles attach into the skin of the face and deform the face into expressions of emotion. Mimetic muscles are also notable in that they are relatively small and thin, when compared to muscles of the limbs, and they can be easy tocut through and miss during dissection. That Leonardo was able to preserve and study these muscles in an unpreserved cadaver, is testament to his skill as an anatomist.

Leonardo liked to paint and draw animals as well. His knowledge of animal anatomy went deep and his representations of them in his works are well known. Many of these animal faces are also deeply emotive and lend to the mood of the work (Fig. 54). Like humans, animals also produce and recognize emotion and have defined facial expressions. These facial display repertoires have been codified for comparative purposes in many species, including the horse and the dog.

Perhaps Leonardo's most famous animal depiction is seen in Lady with Ermine (Fig. 55). The animal's face received keen attention and detail, no less than the face of the lady, both of them in Leonardo's favored ¾ view.

How do animal faces move? Well, Leonardo was the most important comparative anatomist of his day and we know that he dissected animals as well as humans. He sketched monkeys and their faces and while we have no direct evidence that he dissected monkeys, we know that

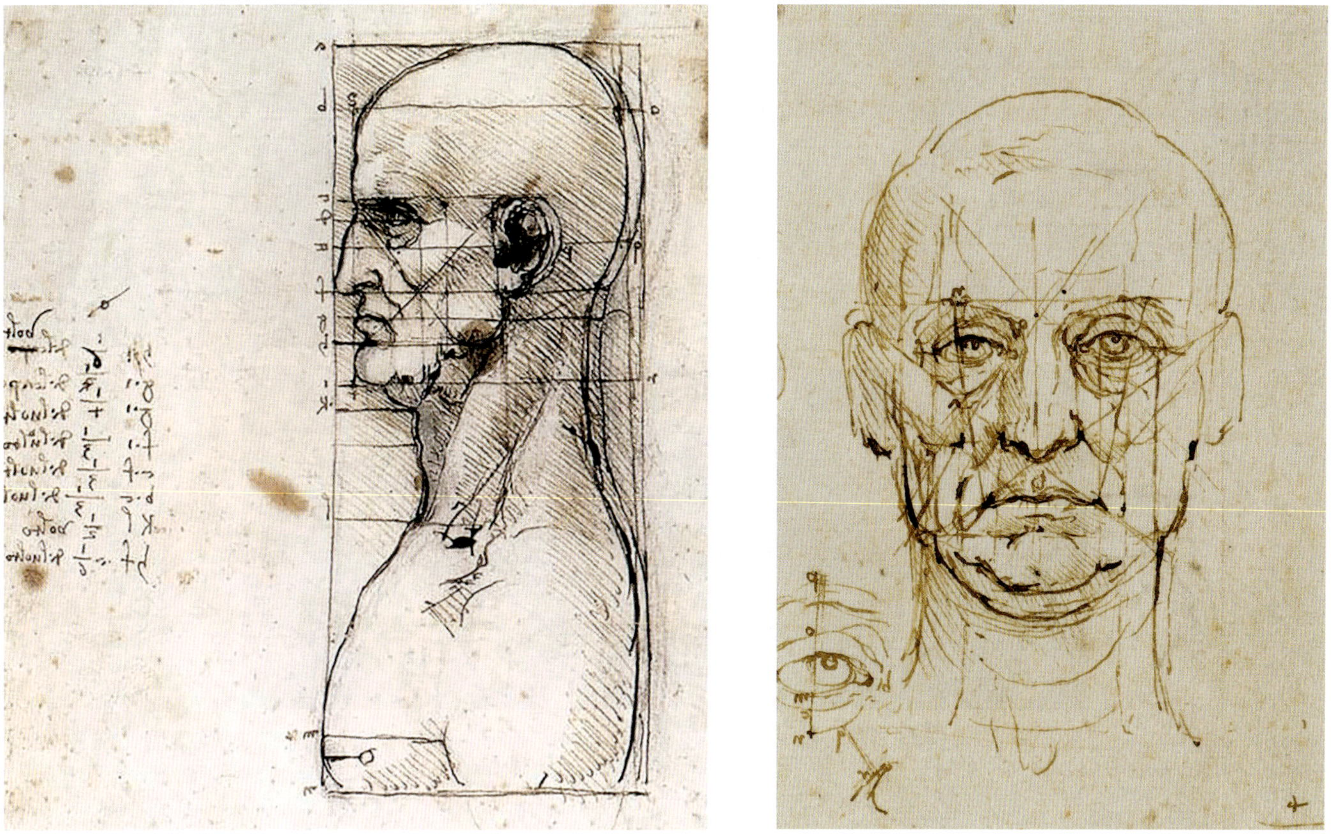

Figure 47: Leonardo was a careful student of proportions, whether he was attending to architecture, plants, or, in this case, the human face. These sketches from Leonardo reveal his careful, detailed attention to the ideal proportions found in the human face.

non-human primates also possess mimetic musculature, almost identical to what we humans have. Mimetic muscles in chimpanzees are virtually identical to ours and muscles in the rhesus macaque and the tiny marmoset are very close to our own (Fig. 56).

Leonardo sketched many cats in his lifetime and he recognized the importance of facial expression in manipulating our emotional reactions to them (Fig. 57). While cats don't have the same arrangement of mimetic muscles as humans and other primates, you can see here that there are a lot of muscles that move the ear. In fact, cats communicate quite commonly by way of movements of the ears and these sketches by Leonardo show that he recognized that as well.

Horses were one of Leonardo's favorite subjects and they figure prominently in many of his sketches. Horses have an arrangement of mimetic muscles that emphasize movement of the lips and ears. Leonardo's sketches in this right panel show that he was deeply familiar with horses and their facial expressions, and Leonardo used those facial expressions to highlight a mood.

What about the loyal, steadfast dog? Long the favorite animal of artists and many other people. We know that dogs evolved in part to recognize and manipulate human facial expressions. Looking at this sweet dog (Fig. 59) makes me feel happy and caring. A recent study that I worked on demonstrated that dogs, who evolved from wolves thousands of years ago, possess a muscle around the eye that wolves do not typically have. This muscle, shown on the left in the pink box, produces a movement around the eye that wolves do not show. This "eyebrow elevation" movement is important to people who are looking for a dog to adopt. Clearly, the relationship between dogs and humans is an important one.

As these images from Leonardo's sketches show, he treated composition of the dog face with the same attention to detail and ratio that he used in composing human faces.

While the muscles make the face move, what gives Leonardo's faces their distinct mobility and expression? Why do his faces grab us and entrance us like faces from no other artist? These faces typically make no overt

Figure 48: Renaissance painters that were active near the same time as Leonardo made extraordinary works that featured great detail and attention on the human face. Seen here are works from (left-right) Raphael, Antonella da Messina, and Michelangelo, some of the most well-known works of the Renaissance in art. These artists made the face and its various expressions part of the drama and stories told in their paintings. The audience takes in the faces portrayed in these paintings as part of the story.

Figure 49: Leonardo, arguably, had the highest control in using the human face to elicit a mood in the viewer. Not only was Leonardo intimately familiar with the gross anatomy of the face, but he understood how to use the face to generate a mood and desired emotions. Here we see a painting that many experts agree was from Leonardo, Salvator Mundi, estimated to have been painted around 1500, both in a full view and a close-up of the face. This painting focuses everything onto the face, not only with accurate, detailed depiction of the face but we see the subtlety in graded facial expression that characterizes Leonardo's faces.

Figure 50: The most famous painting in the world, Mona Lisa. Leonardo executed this work somewhere between 1503 and 1517. His depiction of the subject's face is something that viewers routinely get lost in, gazing at it for hours and returning to it repeatedly to try to extract the subject's thoughts. The subject of this painting has inspired detective work through the centuries to try to ascertain what the young lady's thoughts were at the time of sitting. Mona Lisa remains the most talked about painting in the world, due in great part to Leonardo's mastery of facial anatomy.

Figure 51: These two close ups of Mona Lisa's face show how Leonardo used his understanding of facial anatomy, as well as sfumato and his knowledge of optics, to portray subtle, graded facial expressions in his young subject. The subject's gaze is framed by Leonardo's expert representation of the face around the upper region while the smile is unmistakable, graded, and inviting.

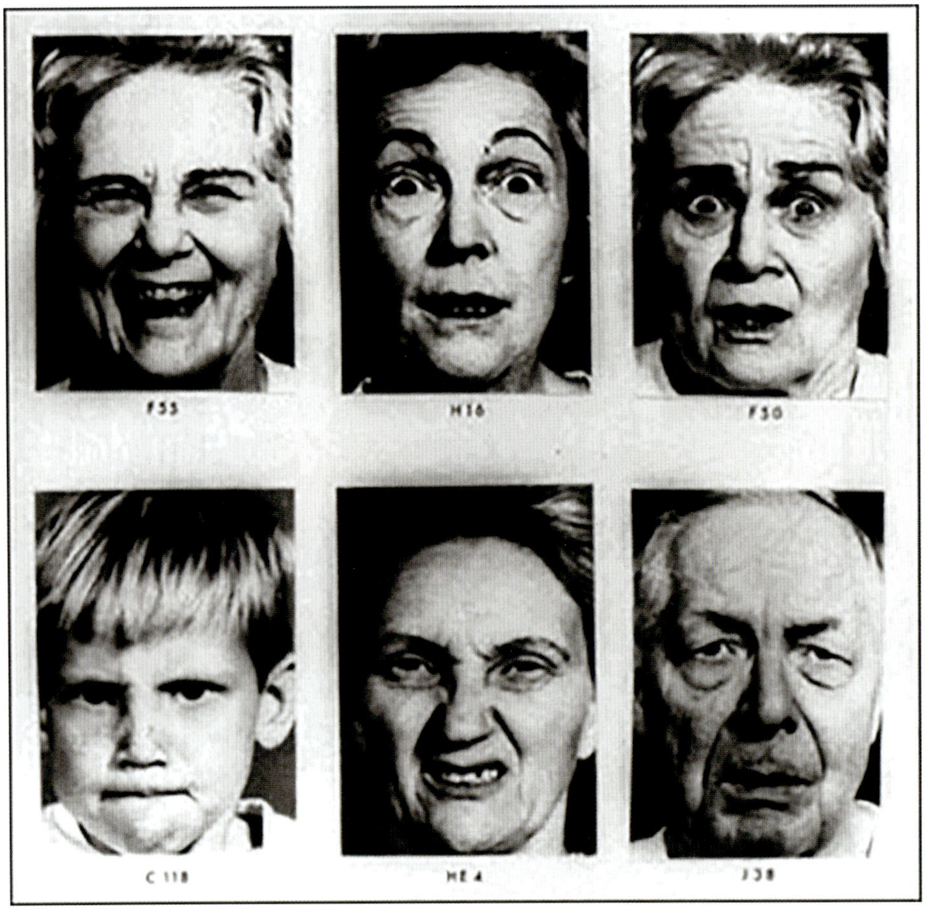

Figure 52: There is general agreement that humans, cross-culturally, recognize six basic facial expressions of emotions, demonstrated here, and referred to as "universal facial expressions of emotion". While Leonardo may not have known about these six universal expressions, his sketches and paintings reveal his deep understanding of how the face moves in these facial expressions.

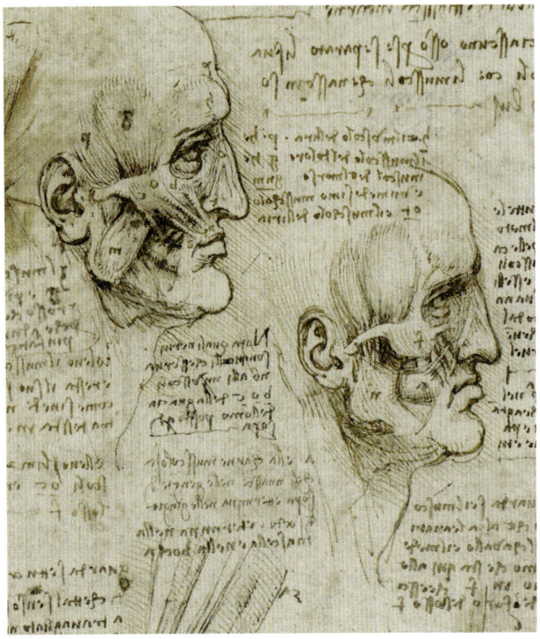

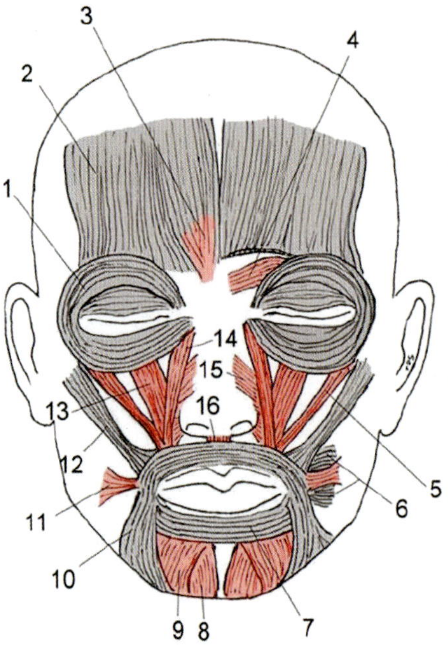

Figure 53: Leonardo dissected human faces, always in cadavers that were unpreserved and rapidly deteriorating. The facial muscles, referred to as the "mimetic musculature", are numerous and relatively small and notoriously difficult to dissect relative to muscles of the limbs.

On the left we see one of Leonardo's sketches of mimetic muscles that he dissected, some of those muscles being indicated by the arrows. These sketches are a testament to Leonardo's patience, attention to detail, and general skill as a dissector. On the right is an image from a more contemporary publication[1], demonstrating most of the human mimetic muscles. 1: orbicularis occuli muscle, 2: frontalis muscle, 3: procerus muscle, 4: corrugator supercili muscle, 5: zygomaticus minor muscle, 6: buccinator muscle, 7: orbicularis oris muscle, 8: mentalis muscle, 9: depressor labii inferioris muscle, 10: depressor anguli oris muscle, 11: risorius muscle, 12: zygomaticus major muscle, 13: levator labii superioris muscle, 14: levator labii superioris alaeque nasi muscle, 15: nasalis muscle, 16: depressor septi muscle.

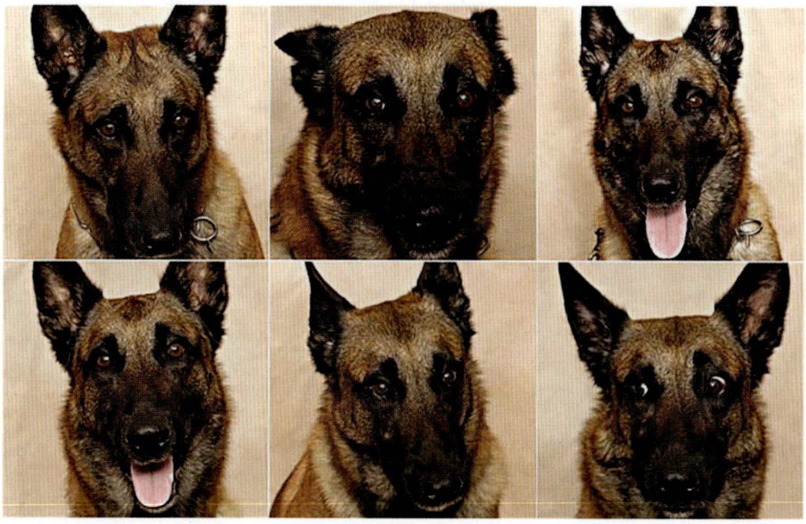

Figure 54 ***a*** *(left) and Figure 54* ***b*** *(right): Leonardo also included many depictions of animals in his sketches and paintings. Two of his favorite subjects are shown here. Horses and dogs were prominent parts of some of Leonardo's works. Numerous studies have demonstrated that both horses and dogs use facial expressions in interactions with others of their kind and with humans. Typical facial expressions are shown here in these panels.*

Figure 55: Leonardo's Lady with an Ermine from 1489-1490. Leonardo has created two faces here, one human and one weasel, with his characteristic attention to anatomy, movement, and emotion in the human face. The animal, however, is treated with equal attention and detail, something that we generally do not see in the works of his contemporaries. While we don't know if Leonardo ever dissected an ermine, we can clearly see that he paid attention to the proportions of the typical mustelid face, accurately depicting the length of the face relative to the size of the eyes and position of the ears. This is one of the best examples of Leonardo as comparative anatomist.

Figure 56: We know that mimetic musculature in non-human primates differs minimally from human mimetic musculature in many species, such as those shown here. On the left is a rhesus macaque (Macaca mulatta), in the middle is a chimpanzee (Pan troglodytes), and on the right is a common marmoset (Callithrix jacchus). Each is accompanied by a "reverse facial mask" showing select mimetic muscles. Mimetic muscles in all mammals attach to the skin and deform the facial mask into various expressions, change the size and shape of the openings for the eyes, nostrils, and mouth.

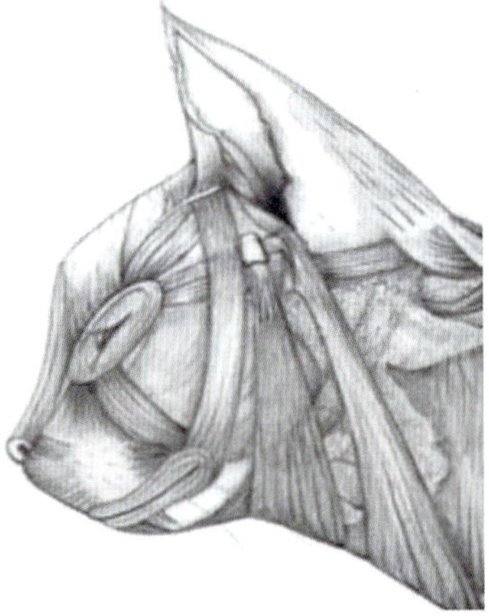

Figure 57: One of Leonardo's frequent subjects, especially in sketches, was the domestic cat (Felis catus). Shown at left is a depiction of the mimetic muscles of the cat[2] accompanied by the right panel, a set of Leonardo's sketches of cats in a variety of poses. While domestic cats have robust mimetic muscles, their range of facial expressions is relatively low[2], due perhaps to the presence of stiff whiskers, or vibrissae, implanted into the musculature around the oral and nasal regions. As Leonardo's sketches clearly demonstrate, cats are very expressive, however, using movements of the ears and position of the whiskers in many cases.

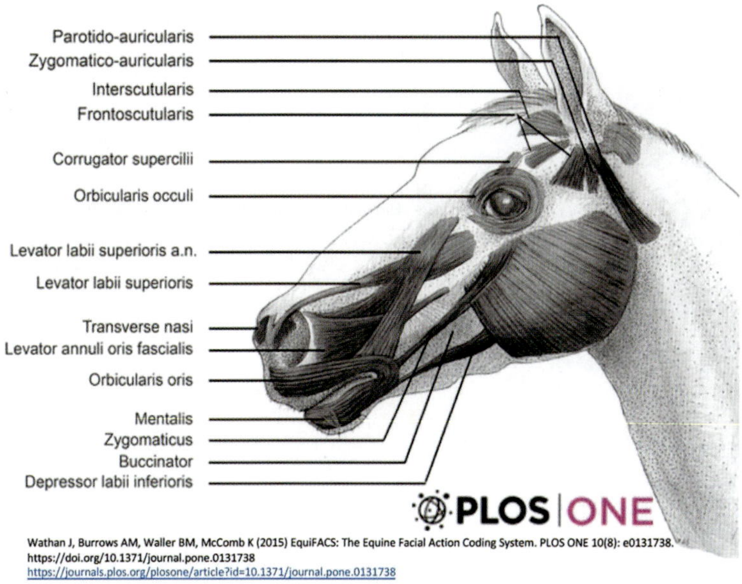

Figure 58: Leonardo frequently sketched horses (left) and imbued these sketches with a high amount of overt facial expression, quite different than the way he portrayed human faces. On the right is an image of the mimetic muscles in a horse (Equus caballus)[3]*. Leonardo produced sketches from his dissections of horses* (see Figure 7) *and came remarkably close to matching the number of mimetic muscles and their attachments that we find in modern, embalmed specimens.*

Figure 59: Artists throughout history and across cultures have focused on many different animals in their works, none more so than the domestic dog (Canis familiaris), an excellent example shown here. The faithful dog has been used as a symbol of loyalty, fidelity, protection, and love and Leonardo used these themes in his works.

Figure 60: The human/dog relationship includes a focus on each species accurately reading facial expressions produced by the other species. Previous studies have focused on which facial expressions produced by dogs seem to draw humans' attention the most[4]. The image at right illustrates an inner eyebrow region movement that humans statistically pay more attention to in some settings than any other movement[4]. The image at left shows the specific mimetic muscle, the "LAOM", in the dog that produces this movement. Note that the image on the left is split into one half that shows the condition in the dog and on the right side, the condition in the gray wolf (Canis lupus), the direct ancestor of domestic dogs. Note that the gray wolf lacks the "LAOM" muscle that produces the eye movement in the domestic dog.

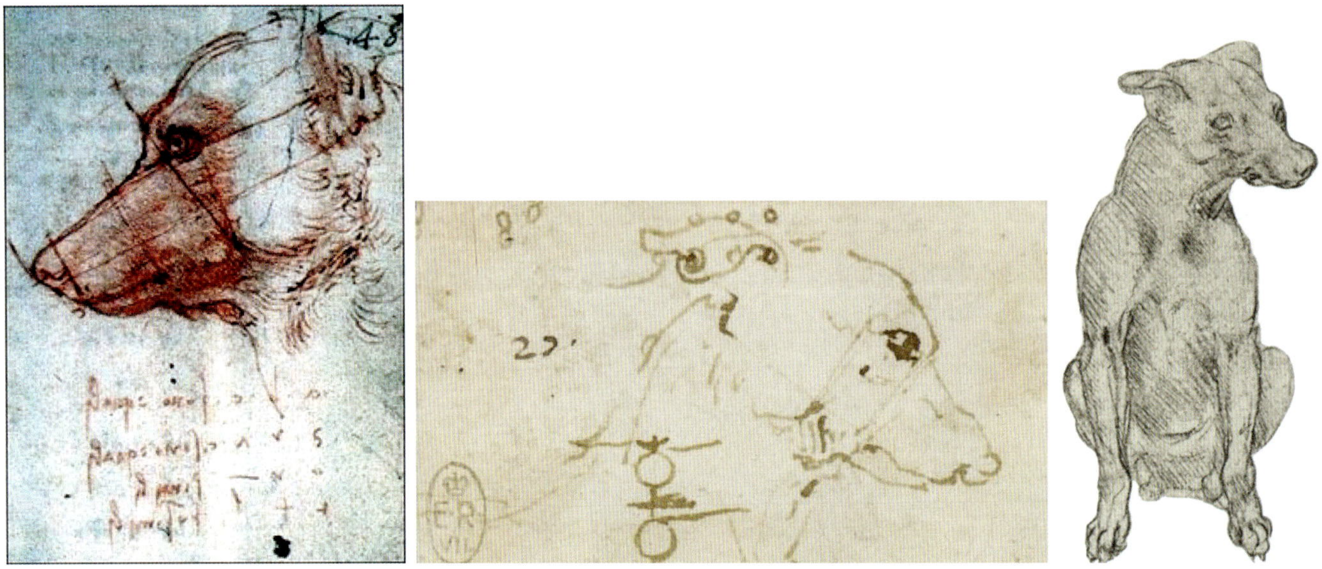

Figure 61: In these sketches from Leonardo's works, it is evident how keenly he observed dog faces, their postures, and he developed ideal proportions for drawing dog faces.

expression so what did Leonardo have that other artists didn't? What is the answer to the "riddle of Mona Lisa's smile"? Why does she have this enigmatic smile on her face?

Well part of the answer may lie in the physiology of mimetic muscles. Figure 62 is a microanatomical image of a particular mimetic muscle from a human. You can see the muscle fibers in cross section. Muscles contract when a

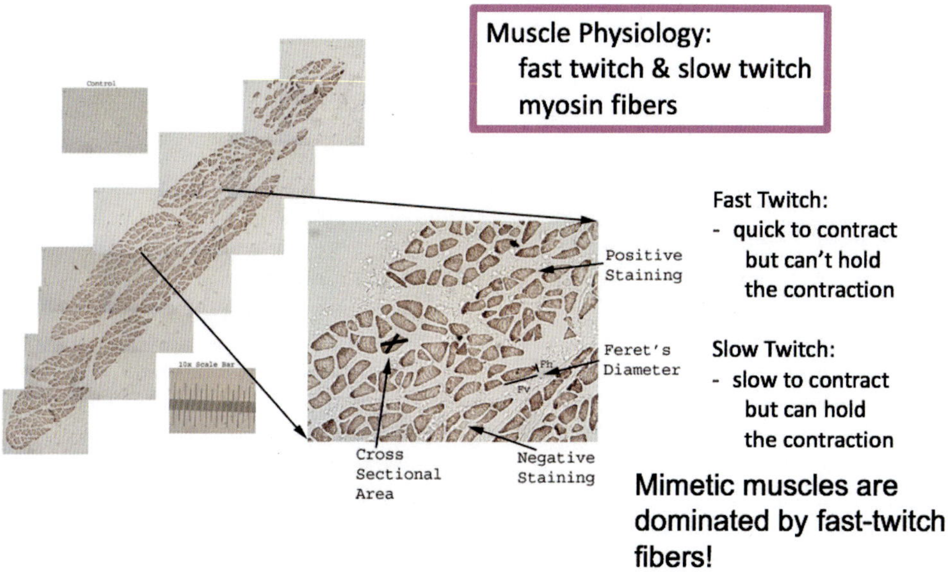

Figure 62: Leonardo was an expert at eliciting a deeply emotive, attractive face in his paintings, never more than in the Mona Lisa. What accounts for the "riddle of the Mona Lisa's smile"? A glimpse into mimetic muscle physiology may help us answer this riddle. All skeletal muscle is made up of type I (slow-twitch) fibers and type II (fast-twitch) fibers. Mimetic muscles, however, have a very large percentage of fast-twitch fibers, meaning that the muscle fibers contract quickly but they also fatigue quickly. Think of how tired your face gets when you try to hold a smile for family photos! Leonardo was well known for making his subjects sit while he labored away at details. The secret of the Mona Lisa's smile may simply be that our faces aren't physiologically designed to hold a smile for an exacting, perfectionist artist like Leonardo. The poor Mona Lisa may have just gotten facial fatigue!

particular protein found in muscle fibers, myosin, causes the muscle fiber to shorten. Myosin proteins come in different varieties. Slow-twitch muscle fibers take a bit of time to contract but they last, taking a long time to fatigue. Fast-twitch muscle fibers are able to contract quickly but also fatigue quickly. Muscles contain both types of myosin fibers but mimetic muscles are almost completely made of fast-twitch muscle fibers. That gives our faces the ability to move quickly, in response to a funny joke or a scary object, but we can't hold that contraction for long. Our faces get tired quickly when we're being asked to pose for a picture.

We know that Leonardo took a long time to finish this painting AND we know about Leonardo's exacting attention to detail. Given the quick fatigability of mimetic muscles, maybe the poor Mona Lisa just couldn't hold any other facial expression while Leonardo made her sit!

Thank you all for your kind attention and for coming to hear this talk. I also wish to thank Prof Henry de Lumley for his kind invitation to participate in this colloquium, as well as my many colleagues, all of who have made my work much better than it would otherwise be: Dr Jeffrey Cohn (University of Pittsburgh), Dr Catia Caiero (University of Portsmouth), Dr Emily Durham (Penn State University), Dr Juliane Kaminski (University of Portsmouth), Dr Lisa Parr (Emory University), Ms. Maddie Omstead (Duquesne University), Dr Bridget Waller (University of Portsmouth), and Dr Jenny Wathan (University of Portsmouth).

Références bibliographiques

CAEIRO C.C., BURROWS A.M., WALLER B.M. (2017) Development and application of CatFACS: Are human cat adopters influenced by cat facial expressions? *Applied Animal Behaviour Science*, 189, p. 66-78.

KAMINSKI J., WALLER B.M., DIOGO R., HARTSTONE-ROSE A., BURROWS A.M. (2019) Evolution of facial muscle anatomy in dogs. *Proceedings of the National Academy of Sciences*, 116 (29), p. 14677-14681.

WALLER B.N., CRAY J.J., BURROWS A.M. (2008) Selection for universal facial emotion. *Emotion*, 8, p. 435-439.

WALLER B.M., PEIRCE K., CAEIRO C.C., SCHEIDER L., BURROWS A.M., McCUNE S., KAMINSKI J. (2013) Paedomorphic facial expressions give dogs a selective advantage. *PLOS One*, 8 (12), e82686.

WATHAN J., BURROWS A.M., WALLER B.M., McCOMB K. (2015) EquiFACS: The Equine Facial Action Coding System. *PLOS One*, 10(8), e0131738.

Questions à Anne M. Burrows et réponses

Tracy Kivell: Je me demandais si d'autres mammifères sociaux, je pense notamment aux carnivores, aux hyènes, par exemple, qui vivent dans des sociétés coopératives, avaient ce même genre de muscles mimétiques qu'on retrouve chez le chimpanzé et chez les êtres humains.

Tracy Kivell: *I was curious if other social mammals – I'm thinking mainly of carnivores or hyenas – that live in social, sort of cooperative groups, have the same extra set of muscles in the face like you see in humans and chimpanzees?*

Anne Burrows : C'est une excellente question ! Nous n'avons pas encore de données. On travaille d'arrache-pied pour récupérer les données de plusieurs chiens, de plusieurs races, parce qu'en fonction des races, les muscles bougent différemment. Mais on pense que pour un mammifère hautement social, les muscles mimétiques vont nous donner peut-être toutes les réponses à ces questions et notamment sur le plan de la communication. Peut-être que dans cinq ans je vous apporterai la réponse.

Anne M. Burrows: *That's a great question. We don't have any data yet, we are working very hard to collect more dogs, and more breeds, because different breeds of dogs move their faces in different ways, but we would expect, reasonably, for a highly social mammal, to have facial muscles that complement their communication style. So maybe in 5 years, I will come knocking and answer that question for you.*

David Thaler : Les nourrissons et les jeunes enfants changent d'expression faciale très rapidement par rapport à des personnes un peu plus âgées. Est-ce que vous avez une interprétation musculaire ou neurologique pour ce phénomène ?

David Thaler: *Babies and very young kids change their expressions drastically, rapidly, compared to older people. Do you have a muscle interpretation, a neurological interpretation?*

Anne Burrows : Il y a énormément de données neurologiques concernant ce que vous venez de mentionner, et tout montre que les nourrissons naissent avec une sorte de programmation neurologique qui leur permet, tout de suite, de scanner les visages, de traiter ces informations, de reconnaître les êtres humains, les non-humains et de savoir quelle est la relation entre toutes ces choses. Cette programmation est la même avant la naissance, il y a toute une période clé d'apprentissage jusqu'à l'âge de 3 ans peut-être, lors de laquelle les nourrissons et les enfants en bas âge apprennent tout type d'expression faciale et savent ce qu'ils pourront tirer de ces expressions faciales d'autres personnes. Et pour revenir au chien, apparemment ils n'arrivent pas seulement à montrer des expressions faciales mais à traiter également ces expressions même quand ils sont tout jeunes chiots. Ce sont donc des compétences que l'on trouve chez les hommes mais également chez les chiens.

Anne M. Burrows: *There is a lot of neurological data on what you just said. There is evidence that human infants are born with the neurological hardwiring to scan faces immediately and begin processing faces both for human versus non-human, and who they are related to. So, that hardwiring seems to begin even before birth, but there's a period of critical learning also, up until about the age of 3, where human toddlers, human infants are learning what different facial expressions will get them from other people in their social group. And dogs seem to be able to not only make facial expressions, but process dog and human faces from the age of puppies. So, it's a very important skill in not only humans but dogs.*

Amalie Rotschild : Et les chats ?

Amalie Rothschild: *What about cats?*

Anne Burrows : Nous nous sommes penchés sur les expressions faciales des chats et nous nous sommes rendu compte que les chats ne bougent pas le visage aussi fréquemment que les primates ou que les chiens. Mais ils bougent beaucoup la moustache et leurs oreilles, donc ils sont très expressifs avec leur visage, mais n'ont pas le même genre d'expression faciale que celles qu'on trouve chez le chien ou chez les primates. Pour les amoureux des chats, ici, dans cette salle, il est évident que les chats sont très expressifs avec leur visage, mais ils s'expriment différemment des chiens et des êtres humains.

Anne M. Burrows: *That's very interesting. We did a study on cat facial musculature, and cat facial expression. And we found that cats just don't move their faces as often as primates or dogs, but they move their whiskers a lot and they move their ears a lot. So, they are expressive with their faces, but they don't have the same kind of facial expressions as dogs or primates. And for those of us who love cats and have them, it's clear that they are very expressive with their faces, but in different ways from dogs and humans.*

Amalie Rotschild: Et qu'en est-il des félins, des tigres, des lions ?

Amalie Rothschild: *What about lions, tigers and wild felines?*

Anne Burrows : Je ne connais pas beaucoup leurs mouvements faciaux mais leur musculature faciale est très similaire à celle du chat domestique. L'une des choses qui limite les mouvements faciaux des chats, qu'il s'agisse de chats domestiques ou de chats sauvages, ce sont leurs grandes moustaches qui ressortent. Il y a des tissus connecteurs dans ces moustaches, sur la lèvre supérieure, qui, apparemment, réduisent la mobilité de leur visage. Les chiens, eux, n'ont pas des moustaches aussi longues que les chats à cet endroit-là.

Anne M. Burrows *: I don't know a lot about their facial movements, but their facial musculature is very similar to the domestic cat. One of the things that limits the facial movement of cats, whether they're wild or domestic, are the huge whiskers that stick out of their muzzles. There's a very thick pad of connective tissue in the upper lip that anchors those whiskers, and that seems to reduce some of the mobility that they might otherwise have. Dogs don't have whiskers of that same size, or a big pad there.*

Art, science and the birth of biomechanics

Jason M. Organ*

I want to talk to you about da Vinci's approach to anatomy and how it represents an important developmental milestone in the field of biomechanics – the study of mechanical principles relating to the structure and movement of living organisms.

Anatomy was a largely static field between Galen's work in the 2nd century, and when da Vinci started working with human anatomical specimens in the 16th century. Da Vinci's perspectives in art and in engineering demonstrate his broad baseline understanding of anatomy, although his contributions to the field were largely unknown prior to the 19th century. Nevertheless, da Vinci's interdisciplinary perspective, rooted in art, science, and engineering, is really what was key. It allowed him to see the structure of the human body in a different way as it relates to the center of mass, balance, and performance. He modeled skeletal mechanics during standing, jumping, and walking by considering the dynamic effects of muscle contraction on the skeleton. The place that this is really the most evident is right here: the detail of the vertebral column (Fig. 63).

When viewed from the side, the human vertebral column has an S-shaped curvature. The S-shape of the vertebral column is a hallmark of human anatomy because it is a hallmark of human locomotion. We stand up on two legs, we walk around on two legs, and we have to have a curvature of our spine that allows us to keep our head above our pelvis. Da Vinci was able to figure out that the wedging shape of the vertebral bodies allows the spine to take this curved shape. This is an exquisite illustration. It is very detailed, and even though it's revolutionary, it's also anatomically incorrect. There's actually an extra spinous process, a process that sticks off the back of the vertebra, up in the cervical region, but I'm willing to give him pass, simply because the S-shaped curvature here is so important, and it's actually one of the things that separates us from our non-human primate relatives.

When we're born, we actually have a C-shaped curvature of our spine that developed during when we were in the fetal position. It's not until we start to hold our head up as a baby that we get a reversed curvature in the cervical (neck) region, and it's not until we start to walk and need to keep our torso above our pelvis that we start to develop a reversed curvature in the lumbar (lower back) region of our spine. The curvatures in the cervical and lumbar regions are called secondary curvatures of our spine because they develop after we are born, and directly relate to the mechanical forces we place on our spines as we grow. That's fundamentally what separates us in terms of spinal anatomy from our closest living relative, the chimpanzee. What is remarkable is that this particular anatomical adaptation is seen in the fossil record, including in the famous 3.5 million-year-old Lucy fossil that Professor Kivell (University of Kent) spoke about earlier. And this adaptation of the spine is crucial to allow us to walk around on only two legs – what we call obligate bipedalism.

Whereas the spine is the first place where da Vinci makes a hallmark discovery in terms of the mechanics of the skeleton, it is not the only place. Professor Kivell talked this morning about hands, and now we're going to talk about feet. What's remarkable about da Vinci's drawings of the feet is that the organization of tendons is perfect, or nearly perfect, and it reflects the same level of detailed anatomy as what you see in anatomical textbooks now: the long extensor tendons as they come down from the leg to top side of the toes, and da Vinci had it pretty close (Fig. 64).

Perhaps even more interesting is how da Vinci got the anatomy of the sole of the foot almost perfectly correct. In particular, he demonstrated, as Professor Kivell also pointed out in the hand, there are short flexor tendons of the toes that stay in the sole of the foot and have to split around the tendons of the long flexors that come down. Again, we have that same organization as in the hand, where you have a deeper muscle splitting through the tendon of a more superficial muscle to reach a more

* Department of Anatomy, Cell Biology & Physiology, Indiana University School of Medicine, USA.

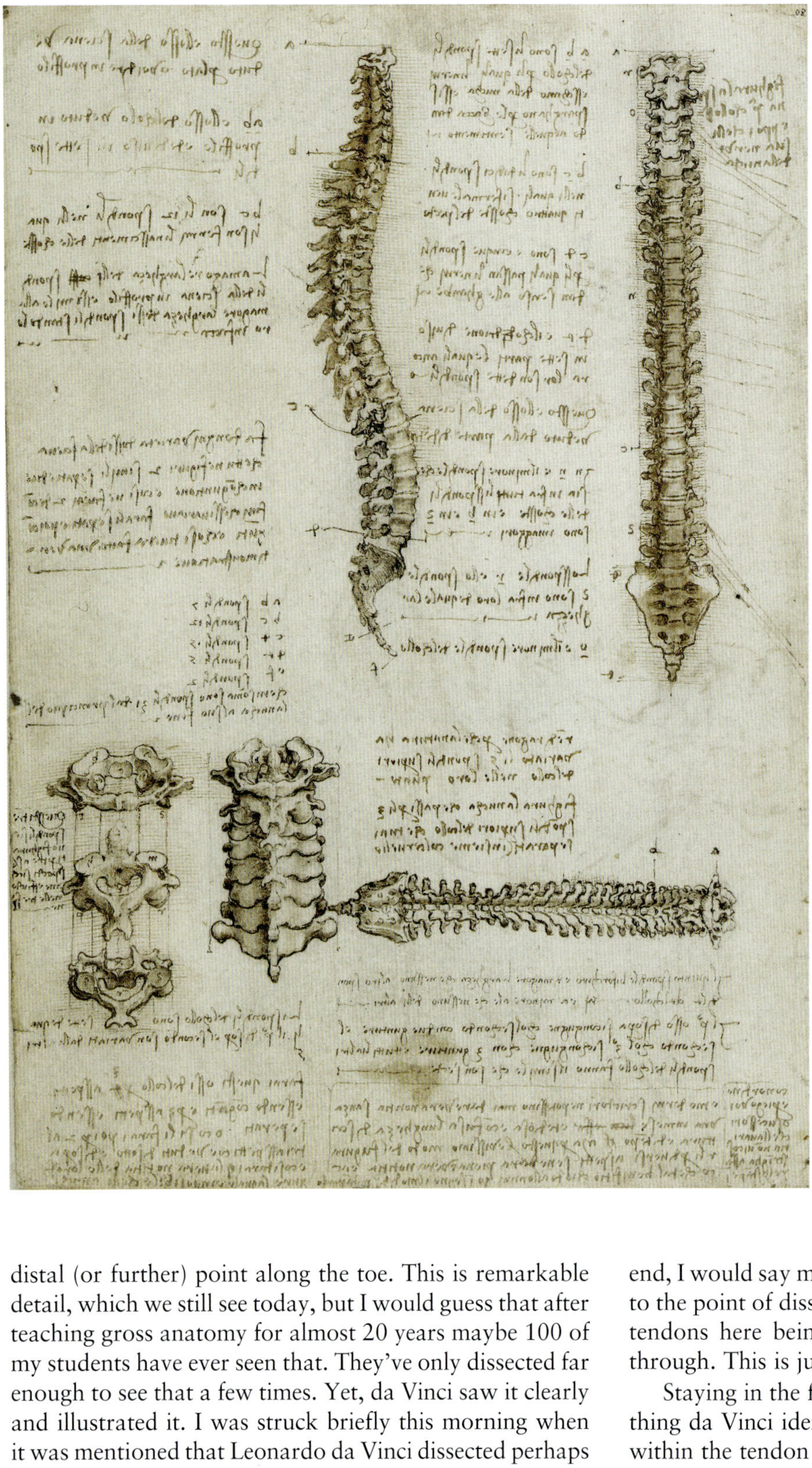

Figure 63: Vertebral column. Leonardo da Vinci, Anatomical Manuscript A, c. 1510-11. The Royal Collection, Windsor Castle.

distal (or further) point along the toe. This is remarkable detail, which we still see today, but I would guess that after teaching gross anatomy for almost 20 years maybe 100 of my students have ever seen that. They've only dissected far enough to see that a few times. Yet, da Vinci saw it clearly and illustrated it. I was struck briefly this morning when it was mentioned that Leonardo da Vinci dissected perhaps 30 cadavers in his lifetime. My first thought was, 30 cadavers? We dissect 30 cadavers in a single term! But, to that end, I would say maybe one of the cadavers ever gets down to the point of dissection where you can see the superficial tendons here being split by the deeper tendons that go through. This is just remarkable anatomy.

Staying in the foot, what is, to me, the most important thing da Vinci identified are the small bones that develop within the tendon of the flexor hallucis brevis muscle–the short flexor of the big toe. In the foot, we have seven tarsal (ankle) bones, five metatarsal (hand) bones, and then

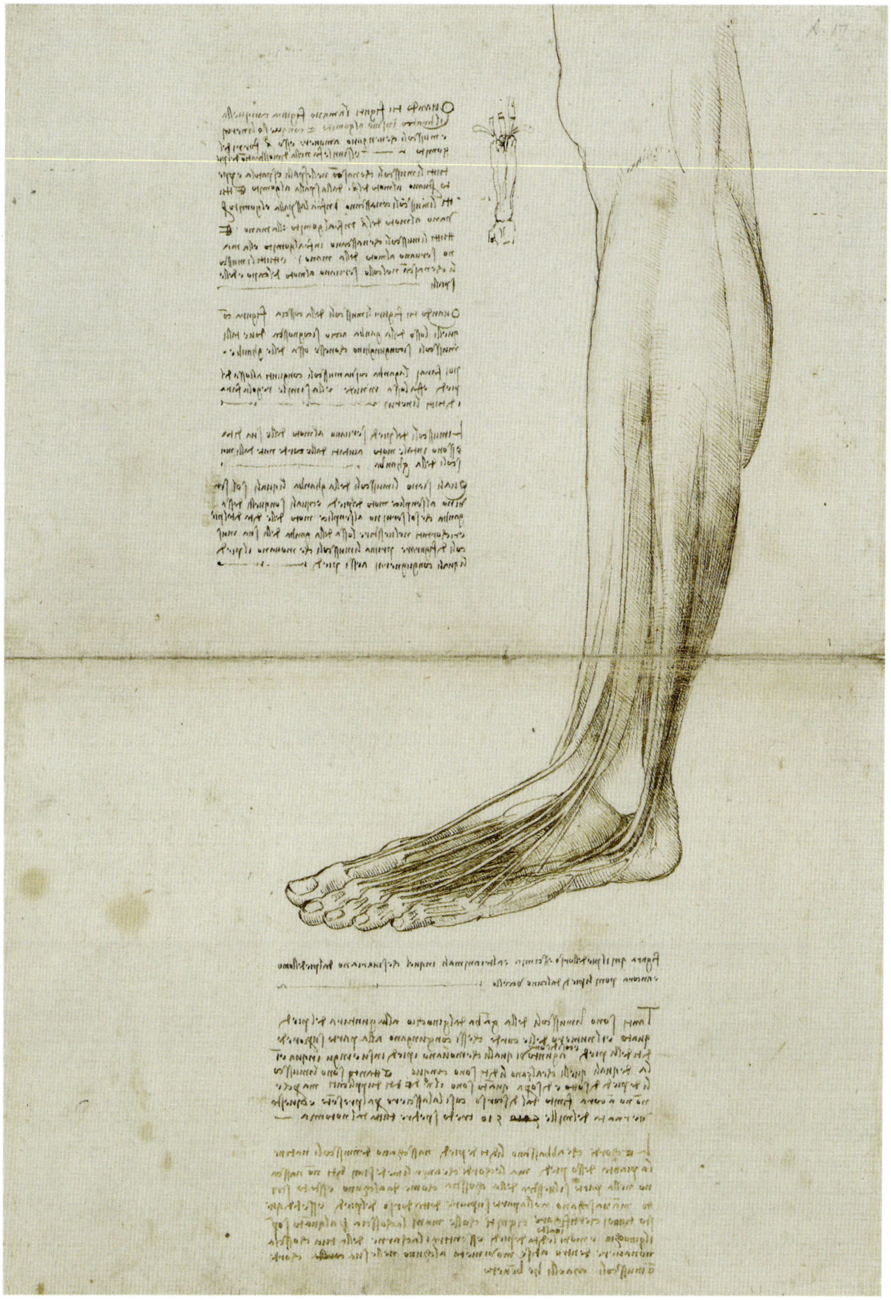

Figure 64: Tendons of the lower leg and foot. Leonardo da Vinci, Anatomical Manuscript A, c. 1510-11. The Royal Collection, Windsor Castle.

14 phalangeal (digit) bones: three phalanges on each of the lateral four toes and only two phalanges in the big toe, just like in the thumb. In addition to these bones, da Vinci identified two extra bones, called sesamoid bones, underneath the head of the metatarsal of the big toe. Sesamoid bones are bones that develop within the tendon of a muscle, and as mentioned above these bones develop within the tendon of the flexor hallucis brevis muscle. What is amazing about these bones, identified by da Vinci, is that they create a tunnel through which the tendon of the long flexor of the big toe (flexor hallucis longus) can travel. Kind of like those superficial muscle tendons splitting around deeper tendons, we have another situation here, where we have a long flexor tendon traveling between the split tendons of the short flexor muscle. But, instead of just splitting around the long flexor tendon, da Vinci noted the presence of these two sesamoid bones that develop within the tendons of the short flexor muscle. In total, da Vinci identified eight sesamoid bones in the human body: one in each knee (the patella, or kneecap);

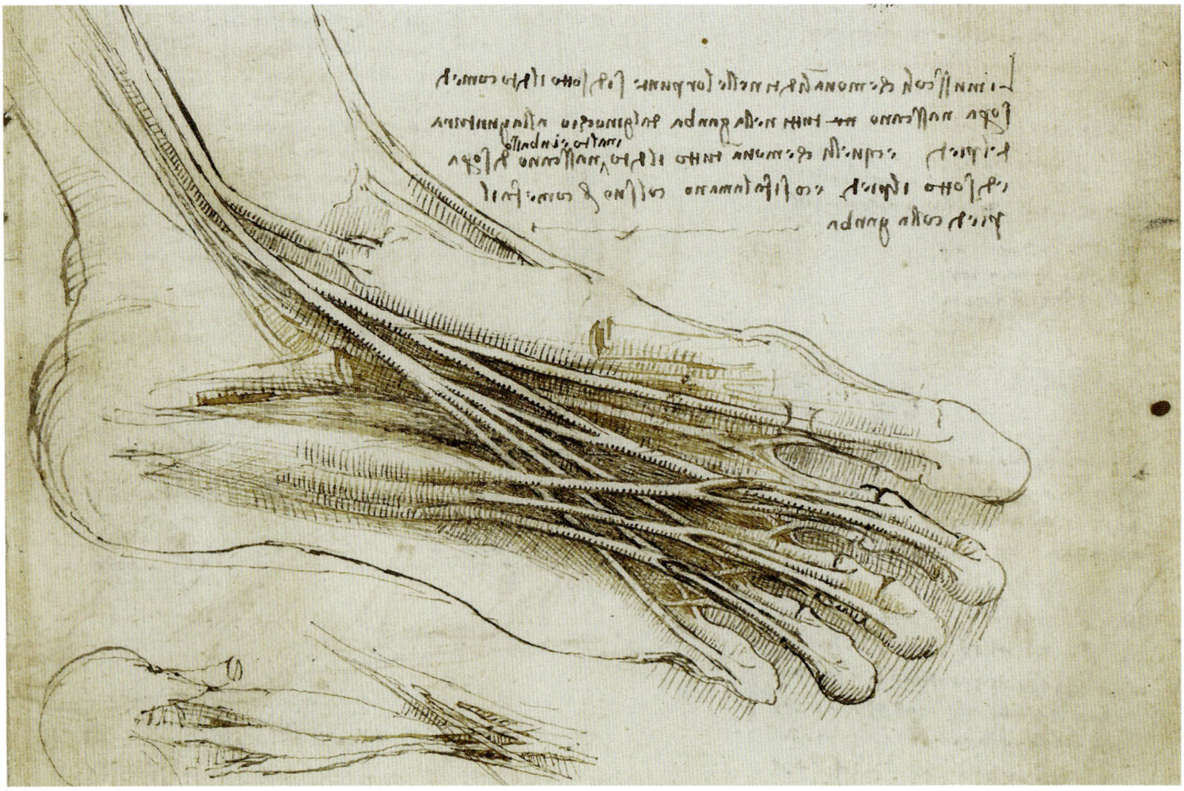

Figure 65: Muscles and tendons of the sole of the foot. Leonardo da Vinci, Anatomical Manuscript A, c. 1510-11. The Royal Collection, Windsor Castle.

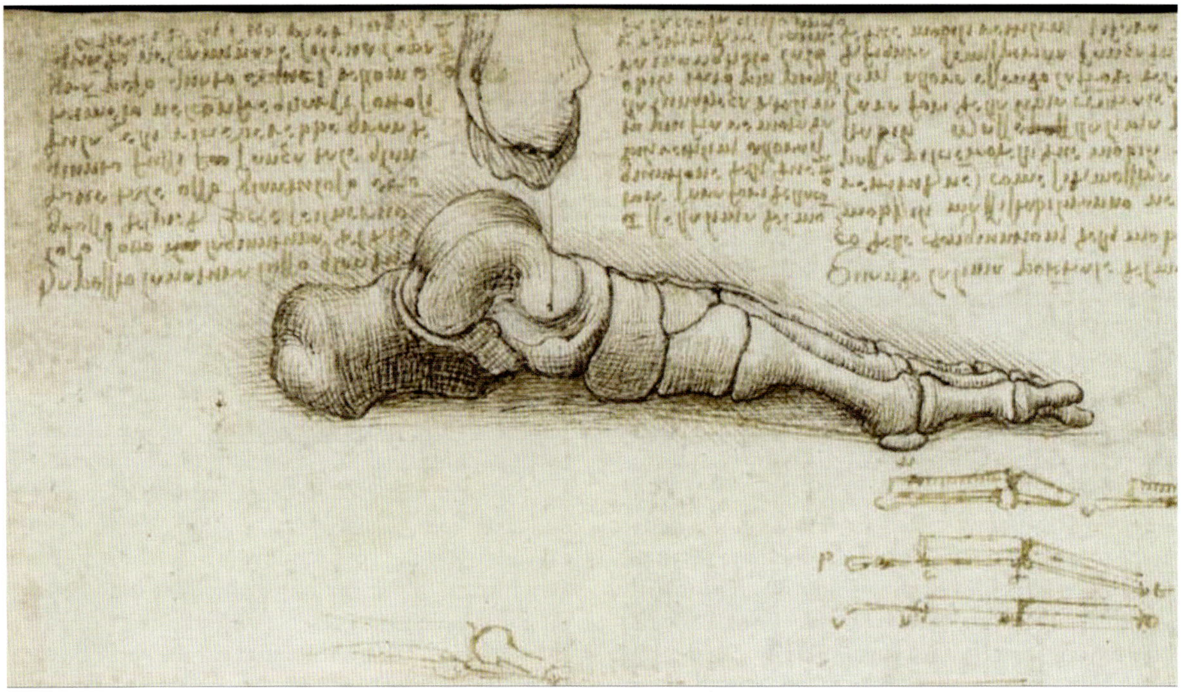

Figure 66: Bones of the foot. Leonardo da Vinci, Anatomical Manuscript A, c. 1510-11. The Royal Collection, Windsor Castle.

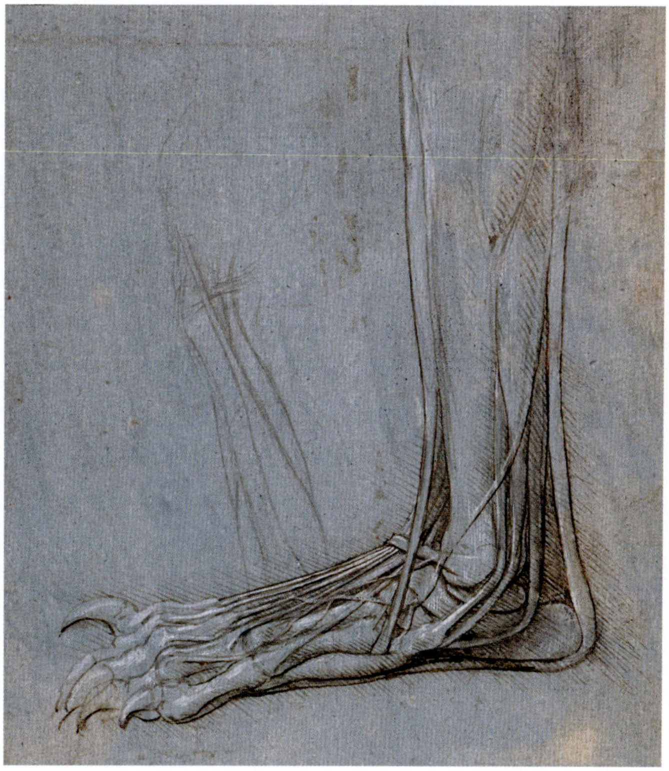

Figure 67: A bear's foot. Leonardo da Vinci, c. 1488-90. The Royal Collection, Windsor Castle.

two in each foot (the sesamoids described above); and one in each shoulder. It turns the sesamoid bones identified in the shoulder were simply unfused portions of the shoulder blade (scapula), so they were not sesamoid bones after all; but da Vinci did get the other ones correct.

Interestingly, there was a talk earlier this morning that mentioned da Vinci's illustration of a bear foot, and the detail in the bear foot illustrations is exquisite (fig 67). Yet, there is a glaring mistake: bears have a pair of sesamoid bones below each of their five metatarsals. What is uniquely human is the loss of all except this one right here. Da Vinci actually pointed this out. In the Royal Collection translation of his notes for the sesamoid bones of the human foot, da Vinci notes: "Nature has placed the glandular bone [which he called the sesamoid bone] under the joint of the great toe of the foot because if the tendon to which this sesamoid bone is joined were without the sesamoid it would receive great damage in the friction made under a great weight as that of a man walking. When at each step he raises himself on the ankles of his feet." So while his description of the sesamoids under the big toe isn't perfect, it does describe the tunnel that's created by the bones through which the long flexor tendon which attaches to the end of the toe can pass without getting pinched off when we push off with our feet.

In addition to the really interesting gross work that he did, he also started to look at sectional anatomy, in a way that hadn't been done before (Fig. 68), and a lot of anatomy observed by da Vinci in cross-section is now seen using modern imaging like magnetic resonance imaging (MRI, Fig. 69). You can see lots of the muscles present on this cross-section through the thigh. Da Vinci had it pretty close when he described the positions of muscles around the bone.

Professor Kivell also mentioned da Vinci was interested in the internal structure of bones, but he didn't quite get there. That's where I want to jump off now. I want to tell you what has happened in the field of biomechanics since the time of da Vinci, and there's been a lot. Looking at the MRI of the thigh, you can notice the femur bone in the center of the image (Fig. 69): and it is two-colored; a dark ring of cortical bone surrounding the bright white medullary (marrow) cavity of the bone. Biomechanists have taken to modeling the structure of a bone like that of an engineered beam for building structures like houses and bridges, and so on. So if one looks at the cross-section of a bone, one can measure the distribution of the outermost fibers of bone in the section bone relative to the center of the section. This distribution of bone predicts how strong the bone will be in bending, which is the way

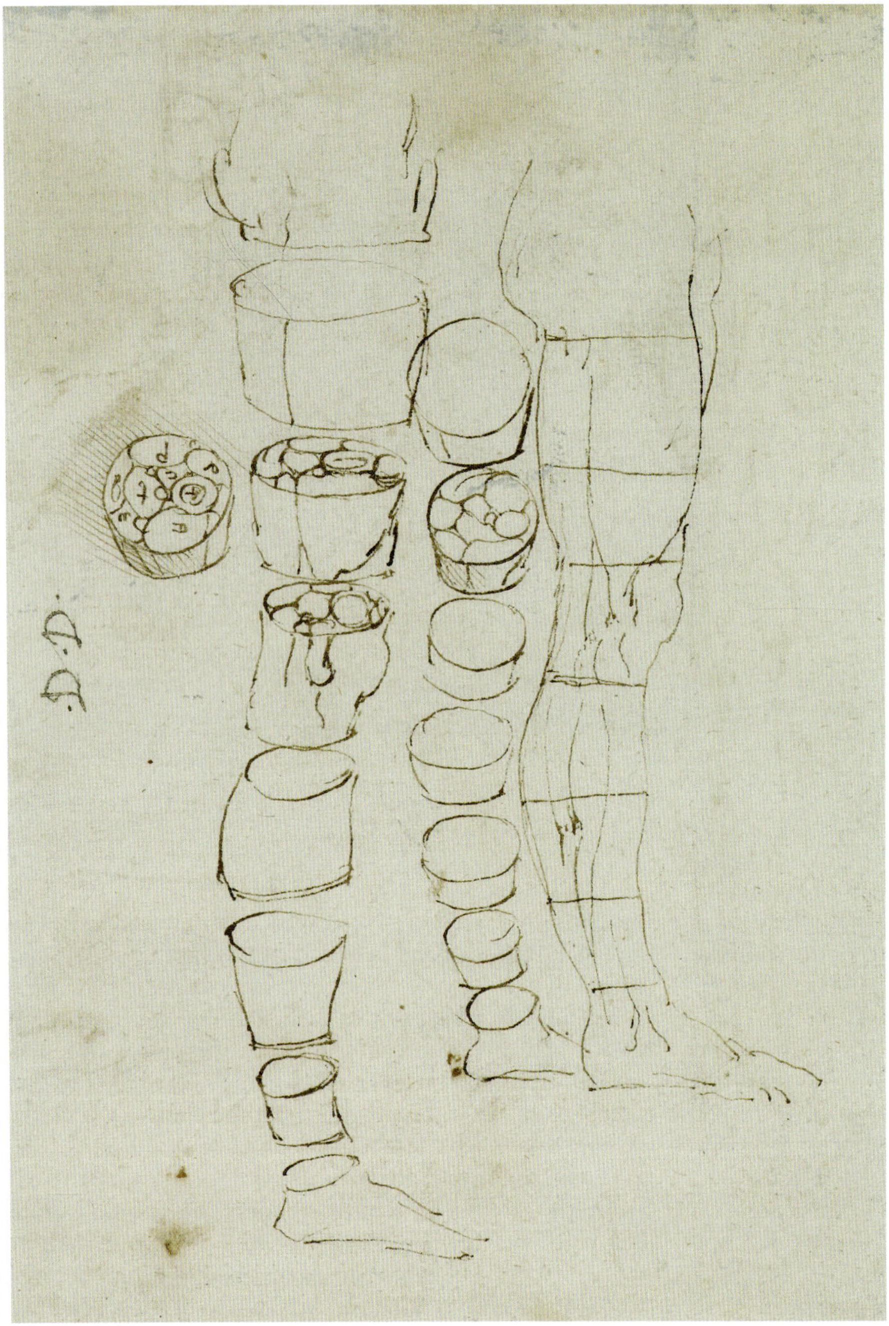

Figure 68: A sectioned leg, Leonardo da Vinci, c. 1485-90. The Royal Collection, Windsor Castle.

that the vertebrate skeleton is typically loaded. Furthermore, because bone is a highly dynamic tissue that's constantly repairing the microdamage that occurs with every movement, the distribution of bone in a cross-section also contains clues to the life history of the animal or person and can tell us how that individual moved around in life.

In the field of skeletal biomechanics, we talk about bone strength being the most important variable to predict the risk of fracture (breaking). And that's really what my work focuses on. I have done this in an evolutionary context in the past, but my more recent research is related to biomechanics in a biomedical context–how do we effectively treat disease states that affect bone strength. Bone strength is one variable we are heavily interested in because when people fracture their bones, especially as they age and they might develop osteoporosis, it's not always an easy fix. How can we make bone stronger, during life, so

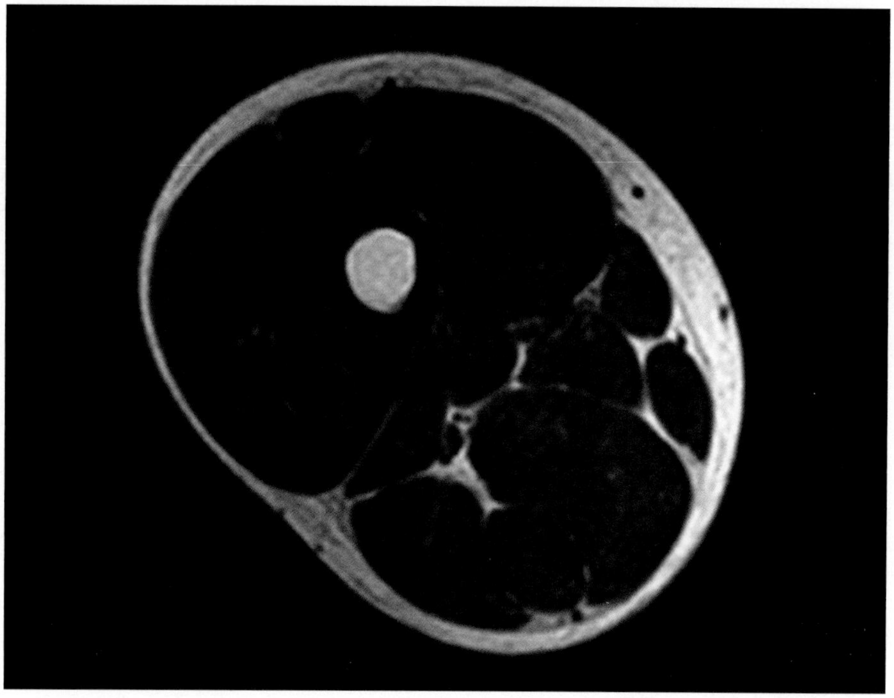

Figure 69: Axial T1 magnetic resonance image (MRI) of the thigh of a 25 year old male. Case courtesy of Dr Vincent Tatco, Radiopedia.org.

that they don't fracture as easily? To do that, we have to understand what contributes to bone strength.

Bone strength is related to the mass or the amount of bone that's in that section, and the architecture of that bone or how it is distributed relative to the center of that section. Mass and architecture are the two ways that we typically look at bone strength in the fossil record. These are the so-called structural properties of the bone, or how that bone is distributed in a structural manner. But structural properties are not the only factors that contribute to bone strength (Fig. 70). When we're dealing with living patients or animals that represent or model human conditions, we need to look at the intrinsic properties of the bone too, sometimes called the material properties. The material is the bone itself, which is made up of mineral and collagen, and as my colleagues at Indiana University David Burr and Matt Allen have shown, hydration or water content in bone plays an important role in its ability to resist a fracture.

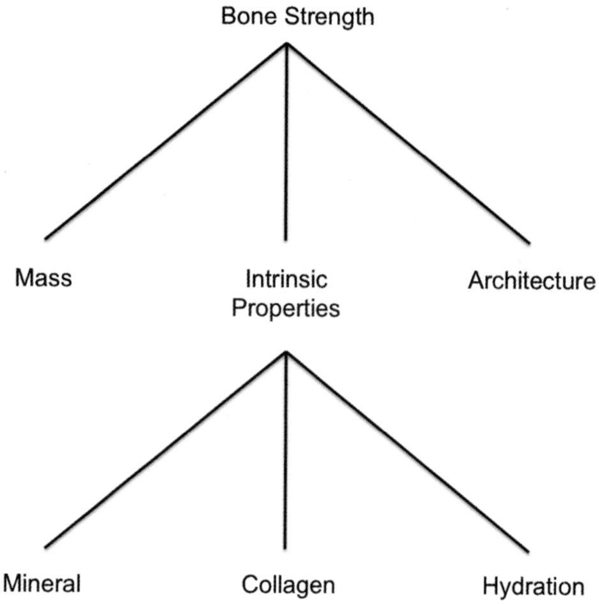

Figure 70: Bone strength is dependent on bone mass, bone architecture, and the intrinsic properties of the bone material itself: mineral, collagen, and hydration.

Since da Vinci's time, others have understood that the distribution of bone (*i.e.*, structural properties) plays into how well a bone is adapted to withstand fracture in particular planes–there are predictable places where bones will fracture, based on the mass and the architecture and the arrangement of that bone regardless of the material properties of that bone. But looking at structural properties alone doesn't allow us to understand the role of bone material properties in bone strength. The only way to answer this question for a long time, was to investigate this experimentally, in other words to take an animal, raise it in a particular way (with an exercise regimen or a drug treatment protocol, for example), and at the end of the experiment, sacrifice the animal, remove the bones, and mechanically break them to measure structural properties. Using standardized engineering equations, the material properties of bone can be estimated from size-adjusted structural properties. Newer methodologies now allow us to get direct measurements of bone material properties without sacrificing an animal and breaking its bones, so there is a clear clinical implication if the technology can be optimized and standardized. It is not clear what this path looks like currently, although the technology still seems promising. All of this is to say, that da Vinci's understanding of the mechanics, and the interplay between forces, laid the groundwork for this. Without his understanding of how the dynamics of muscle contraction affected the shapes of bones, we never would have gotten to the point of understanding how the structure of bone can be predicted, and then the strength of bone can be predicted based on the structure and the material properties of that bone.

Questions à Jason M. Organ et réponses

Tracy Kivell : il y a une synergie entre nos présentations. On ne l'avait pas prévu comme ça... Cet outil que vous avez, l'avez-vous juste testé sur des souris, ou est-ce que vous l'avez aussi testé sur d'autres animaux ? Est-ce que vous trouvez que les propriétés matérielles sont similaires entre les espèces, ou sont-elles différentes ?

***Tracy Kivell:** there was synergy between our talks, that was completely unplanned. I'm curious about that last bit of exciting equipment that you have, are you just testing mice, or are you doing other animals, and are you finding that the material properties are as similar as we think they are or are they different?*

Jason Organ : d'abord je vais dire non, et puis ensuite je vais dire oui, à toutes les parties de votre question. On a testé à la fois sur des souris, sur des rats et sur des chiens. Ce qui est très intéressant pour chacun de ces animaux, c'est que chaque animal a des os différents en termes de forme, chaque espèce a des os avec des propriétés matérielles différentes, mais dans une certaine mesure, ils sont conformes aux estimations qu'on avait faites en termes de propriétés matérielles. Dans notre laboratoire, on n'a fait que du travail préclinique, mais les entreprises qui fabriquent ces produits en ont fait un pour les humains. Voici un « Biodent », que nous appelons pour l'humain une ostéosonde. D'après ce qu'on me dit – je n'ai jamais fait l'expérience moi-même – ça ne fait pas mal. Ils ont mis au point l'ostéoprobe et les chercheurs le trouvent utile pour prédire les fractures chez les patients diabétiques, notamment pour savoir quel os risque de se fracturer. Le problème est que ça laisse un grand trou dans l'os. Peut-être que c'est à cause de ça que l'os se fracture finalement... Quand je dis que c'est gros, je parle de microns, mais c'est un peu plus que la petite indentation que nous nous faisons avec notre outil. Donc, c'est un outil pratique, qui sera éventuellement utile, mais je ne pense pas qu'il aura des applications cliniques prochainement.

***Jason Organ:** I'm going to first say no, and then I'm going to say yes to all parts of that. So we are testing it in, or we have tested it in more than just mice. We published on mice, on rats, on dogs. What's interesting about each of these animal models is that they each have a different form of bone that doesn't perfectly approximate human bone, and so each one of the species that we look at has a very different pattern of material properties, but they do somewhat match up to what we would expect based on the estimated properties that we've collected for decades. The next question was about only animals, right? And the answer to that is that in our lab, we have only done pre-clinical work. But the company that makes this product called a Biodent has made a product that's meant for humans as well, called an osteoprobe. Humans wouldn't tolerate the cyclic indentations. It doesn't hurt, from what I'm told, although I've never personally experienced it, but they've developed a tool that uses a single punch, called the osteoprobe. There are researchers who have shown it to be useful in predicting fracture in diabetic patients, so who's going to fracture next based on the material properties of their bone, but it leaves a huge hole in the bone, and so I'm not entirely sure if that's not related to why they fracture... That said, when I say huge, I'm still talking microns but much bigger than the little indentation that we do. I'm going to go out on a limb here, and say I don't think this is going to become anything special, I really don't. I think it's a really cool tool. I think it's potentially useful, but I don't see the clinical application coming to the floor anytime soon.*

David Thaler : En ce qui concerne l'exercice physique dont on a parlé précédemment... Da Vinci a beaucoup parlé des plantes... Les animaux, eux, se développent de façon très stéréotypée, contrairement à l'humain. Les plantes, elles, sont beaucoup plus souples. Les arbres, en fonction du vent ou de la lumière, se développent très différemment... Est-ce que da Vinci a étudié la flexibilité relative des plantes, comparé à la nature stéréotypée des espèces vivantes humaines et animales ?

***David Thaler:** Regarding the issue of exercise that we talked about before, and people training... but even in development... da Vinci talked also a lot about plants, and one of the things that seems true is that animals are much more stereotyped in the way that they develop. Either you can be very distorted, or more or less come out, but plants are vastly more flexible, many plants, most plants. The tree, depending on the wind, depending on the angle of sunlight and everything... Did da Vinci ever remark on the relative flexibility of plant form compared to the stereotype nature of animal form for each species?*

Jason Organ : C'est une très bonne question, mais je n'ai pas la moindre idée. Malheureusement, mes recherches ne portent pas sur les plantes.

***Jason Organ:** That's a great question, and I do not have the slightest idea. If it has a cell wall, I'm not interested, sadly, and so I didn't pay any attention to plants.*

Jesse Ausubel : Dans quelle mesure l'os humain évolue-t-il ? Est-ce qu'en 2019 l'os est le même qu'en 1519, ou il y a 2000 ou 5000 ans ? Si on trouvait un os de Léonard de Vinci, est-ce qu'il serait différent de ceux des hommes tels qu'ils sont actuellement ?

***Jesse Ausubel:** How much does human bone change or evolve? Is human bone in the year 2019 almost identical to bone in 1519 or from 2000 or 5000 years ago? And if we were* *to find a piece of bone that we believed was bone of Leonardo, how would we expect it to be different from the present time?*

Jason Organ : Excellente question. Mes connaissances en paléontologie sont limitées, mais d'après ce que je sais, la robustesse des os a évolué. Les os sont moins robustes maintenant. En raison de la sédentarité et de l'agriculture, le fait de diviser le travail, les tâches, on n'est plus en train de chasser, et donc les os sont devenus moins robustes. Et depuis la révolution industrielle, le squelette a également évolué, et si on regarde les animaux par rapport aux humains… chez les humains, il n'y a pas tellement de changement par rapport aux non-humains. Est-ce que j'ai répondu à votre question ?

Jason Organ: *That's a great question. My paleontology knowledge is limited, but from what I do know, bone robusticity has changed quite a bit. Human bone used to be more robust than it is now, and that's related to the advent of agriculture and sedentarism We're staying in one place more, we're not moving around as much, we are dividing labor and we're not constantly out hunting and gathering. So bone has become less robust. I think there's also been a sort of second uptake and maybe someone can correct me if I'm wrong, but since the industrial revolution as well, there's been a further gracilization of the human skeleton. But when you look at another animal compared to humans – if you look at the human lineage, there's not that much change compared to what the difference is between all these human lineages and other non humans. Did I answer your question?*

Jesse Ausubel : On peut parler de l'alimentation, l'alimentation est certainement différente du temps de Leonardo…

Jesse Ausubel: *Is there something to say about the diet? So about the diet that Leonardo might have enjoyed versus today, and how that might affect bone?*

Jason Organ : La structure osseuse de Leonardo par rapport à la nôtre vis-à-vis de l'alimentation, je ne suis pas sûr qu'elle soit fondamentalement différente. Mais je ne suis pas historien de la Renaissance, et donc je ne sais pas vraiment quelle était la composition des repas à ce moment-là, quelle était son alimentation. Il faudrait faire une analyse isotopique. On peut regarder les différents isotopes de différents aliments, et voir comment ça se reflète sur les os. Il faudrait avoir un échantillon d'os, regarder les isotopes présents, et là, on pourrait en dire davantage sur l'alimentation. Dr Tattersall connaît bien la structure des os modernes.

Jason Organ: *If you're getting at what was Leonardo's bone structure like, compared to us as it relates to diet, I'm not sure it would have been vastly different, but I also don't know much about what he ate, frankly. I'm not historian of the Renaissance, and so I'm not familiar with diet in the Renaissance enough to say whether we'd be able to pick that up as a signal in bone without doing some kind of isotope analysis. That said, you can look at isotopes of various different foods, and see signatures in bone. So one way to get at that question, is to get a sample of bone and look at the various isotopes that are present there, and that might actually tell you a little bit about what that diet was. Really who you want to ask about modern bone structure is Dr Tattersall.*

Marie-Antoinette de Lumley : Dans la caune de l'Arago, il y a 500 000 ans, les os du squelette humain de l'homme de Tautavel étaient très épais au niveau de la corticale, et la cavité du canal médullaire est très étroite. Donc la robustesse était beaucoup plus importante il y a 500 000 ans.

Marie-Antoinette de Lumley: *500,000 years ago, Tautavel human bones were very thick in the cortical region whereas in the medullar cavity was much thinner than today. So, robusticity was much higher 500,000 years ago.*

Jason Organ : Oui, les os humains étaient plus robustes il y a 500000 ans que maintenant, notamment parce que le cortex s'est aminci. Les os sont plus fins, certainement parce que la qualité des os est différente et que les propriétés matérielles ont évolué. Il y a une grande variation des propriétés matérielles dans les populations animales, dans les populations modernes telles que nous les connaissons. Il y a eu des changements qui ont pu affecter leur structure. Nous voyons une gracilisation du squelette dans le sens de l'amincissement du cortex et de l'élargissement de la cavité médullaire, mais ce n'est pas tout l'os qui s'est réduit, c'est simplement l'épaisseur de la corticale.

Jason Organ: *Exactly, it was more robust 500,000 years ago than it is today, and that's in part because the cortex has shrunk compared to the medullary cavity. So the center of the bone is larger, the thickness of the bone is thinner, and that's in part related to the fact that, I would presume, the quality of the bone is different, I'm referring to the material properties of the bone. There's enough variation in material properties among animal populations, among modern humans that we know about, that slight changes can actually affect strength in a different way, but when it comes to just structure of the bone, it's very clear that 500,000 years ago – I got a good date for that now- we have a gracilization of the skeleton in the sense that the cortex is thinner but the medullar cavity is wider, and it's not that the whole bone has gotten smaller, it's that the thickness of the bone cortex has gotten smaller.*

Léonard de Vinci : inventions et innovations en anatomie

Dominique Le Nen*

À la fois artiste et scientifique, Léonard de Vinci (1452-1519), « *uomo universale* », va loin dans l'étude et la représentation du corps humain. Contrairement à ses contemporains, qui ne cherchent qu'à parfaire leur art, il saisit le scalpel, dissèque tel un anatomiste à l'aide d'instruments de chirurgie, avec patience, méthode, refoulant le dégoût qui a empêché Michel-Ange de poursuivre un tel exercice. Il observe et, strate par strate, retranscrit dans ses carnets le fruit de ses découvertes, noircit de très nombreux feuillets de sa célèbre écriture inversée en langue vernaculaire, au fil des dissections, souvent de mémoire.

Léonard a tout étudié du corps humain, et bien qu'imprégné des connaissances anatomiques des Anciens, comme tout homme de son temps, en particulier de l'emprise du galénisme qui a pris pour référentiel l'animal, il est aussi l'un des premiers à s'affranchir des erreurs du passé en utilisant l'observation directe et l'expérimentation.

Le corpus anatomique de Léonard de Vinci se compose de plus de deux cents planches à contenu souvent hétérogène, mêlant notations et dessins, dessins et croquis, structures animales et humaines, organes et mécanismes divers ou éléments d'architecture. Ces planches sont depuis 1690 la propriété de la Royal Library de Windsor et aujourd'hui de Sa Majesté la reine Élisabeth II.

Hormis ses travaux sur les viscères, le cerveau et le crâne, sa vision du corps est celle de l'ingénieur, qui considère l'Homme comme une structure mécanique dont chaque pièce pourrait devenir modélisable afin de mieux en étudier la situation par rapport aux autres, les mécanismes et les interactions.

Comme tout homme de son époque, Léonard idéalise le corps humain, l'élève au rang de créature divine aux proportions idéales. Il se passionne et étudie en particulier le squelette, les muscles et les articulations, en détermine la ou les fonctions ; il s'inspire des machines et autres mécanismes qui lui permettent de modéliser l'anatomie humaine. Il observe aussi l'arrangement respectif des structures et des organes, leur place dans les différentes parties du corps, essaie de trouver une explication aux phénomènes et éléments observés, joint l'expérimentation à l'observation pour tenter d'en comprendre le fonctionnement.

Voici en quelques mots la vision du corps humain de Léonard, qui sera toute sa vie perturbée, d'une part en raison de l'intégration de structures animales – il est tellement plus aisé d'en obtenir et de les disséquer – et d'autre part en raison de l'absence parfois d'explications cohérentes aux phénomènes observés – c'est le cas de son étude sur le cœur.

Techniques de dissection

Sa technique de dissection s'éloigne de celle des facultés où celui qui dissèque, le barbier, ne dit mot, ne fait qu'agir, la parole et les explications étant réservées au Maître, un médecin, qui du haut de sa chaire, lit Galien.

Les dissections se déroulent plutôt l'hiver, dans un local isolé, à l'abri des regards et au frais, le soir ou la nuit. Pour mieux s'éclairer et identifier les tissus disséqués, Léonard de Vinci travaille à la lumière de bougies, peut-être de lampes à huile ou de torches. Il met au point une lampe, dont le dessin figure dans une planche conservée à Windsor et datant de 1508 (RL 12282r). En analysant de près ce dessin, on constate que la lampe est composée de 8 faces en verre qui diffusent ainsi de façon radiaire la lumière d'une seule bougie disposée au centre.

Une note située en haut d'une planche (RL19102v) semble indiquer la participation d'un ou de plusieurs élèves aux travaux anatomiques, probablement pour l'aider à la préparation de la pièce anatomique, des instruments, du local, mais aussi dans l'acte de tenir, d'écarter, de

* Professeur des universités – Chirurgien des hôpitaux. Service de chirurgie orthopédique du membre supérieur – SOS mains, CHRU, Brest Chercheur associé. Centre François Viète, EA 116, Universités de Brest/Nantes.

récliner les structures disséquées, soulevées, retournées par le maître. Ils apportent de l'eau, des tissus pour emballer les pièces, pour nettoyer la table, le sang, des seaux pour récolter les fragments de peau, de muscles, de viscères extirpés. Entre deux séances de dissection, ses élèves enveloppent soigneusement dans des linges humides les pièces étudiées pour les préserver d'une détérioration rapide.

La séance de dissection est animée, on partage, les questions fusent, Léonard explique à ses élèves qui doivent surmonter le dégoût, l'écoutent bouche bée ; ailleurs, c'est Léonard qui assiste un médecin, l'interroge, prend des notes, dessine rapidement ce que les mains expertes dévoilent, car pour lui *« il est nécessaire de figurer en même temps que d'écrire »*.

Lorsqu'il pratique la dissection, Léonard de Vinci a-t-il les mains sûres ? Ces mains qui détachent les organes, s'insinuent dans des interstices naturels, manient des instruments chirurgicaux, du plus grossier au plus fin. Est-il adroit, le geste précis ou tremblant d'émotion ? J'imagine ses mains fortes et puissantes, car Léonard est grand, mais agiles et douces dans la gestuelle, douées d'une grande précision. Le détail de ses dissections, les structures dévoilées par le scalpel et le respect des parties disséquées prouvent sa dextérité, alors qu'il surmonte la vue des humeurs ou du sang, l'odeur des viscères abdominaux livrés à la putréfaction.

Un corps est-il prêt pour la dissection que Léonard se fait prévenir, qu'il essaie de mettre entre parenthèses, pour un ou quelques jours, ses activités en cours. Les pièces anatomiques étant rares, Léonard tente d'en extraire le plus d'informations possibles, tant qu'elles sont disséquables. Ailleurs, les pièces anatomiques sont tellement dénaturées que la dissection ne peut avoir lieu ou qu'il doive l'interrompre. C'est la raison pour laquelle le recours à l'animal frais, facile à renouveler, est privilégié, pour compléter une étude en cours qui doit être interrompue par faute de temps, de lumière, de pièce anatomique humaine ; cela pourrait expliquer l'association d'organes ou de structures humaines et animales, voire uniquement animales, dans de nombreuses planches.

Il est possible d'imaginer Léonard, le scalpel à la main, s'affairant d'un côté sur une pièce anatomique qu'il dissèque avec un, voire deux élèves en face de lui, et de l'autre, dessinant à partir d'un croquis de base, où lignes, pointillés, l'aident à préparer la figuration finale. Carlo Vecce, philologue et spécialiste de Léonard de Vinci à Naples, fournit quelques précisons concernant les supports employés pour la rédaction de ses notes et la réalisation de ses dessins : *« Son instrument de travail préféré pour cette recherche quotidienne (la singulière expression d'un visage, le mouvement d'un corps, une feuille, un arbre...) était un carnet de poche..., des carnets que Léonard confectionnait par ses propres moyens, coupant les feuilles, cousant les feuilles à la pliure, pour les disposer ensuite dans des portefeuilles de cuir fermés par des cordons »*. Léonard s'inspire de ses lectures et se retourne volontiers vers un texte anatomique, posé à même une table ou un lutrin. Ailleurs, Léonard est conduit à sacrifier l'exercice de retranscription immédiat à l'approfondissement de l'acte technique, repoussant à un autre moment de la journée, voire à une date ultérieure, la rédaction des notes et surtout la réalisation des dessins. Sa grande mémoire lui permet ce luxe, au prix de certains écarts entre ses représentations et ce qu'il a réellement observé.

La colonne vertébrale

Léonard offre la toute première description exacte de la colonne vertébrale. Il suffit d'observer les représentations du rachis et, de manière générale, des squelettes pour s'apercevoir qu'à la Renaissance, les anatomistes n'atteignent pas son niveau de perfection. À côté de l'empilement de vertèbres telles qu'elles se présentent dans la réalité de la dissection, il représente une colonne aux pièces vertébrales détachées, pour mieux apprécier la forme, le volume et la composition de chaque élément (Fig. 71). Le commentaire qui s'y attache s'inscrit dans un esprit d'étude en trois dimensions, comme si l'on tenait l'os dans la main et qu'on le faisait tourner entre les doigts. Il préconise d'effectuer trois représentations des os, d'abord réunis puis séparés, avant de les dessiner vus de dessus et de dessous. Cela permettrait, selon Léonard, d'en avoir une représentation complète et juste ce qui n'était apparemment pas le cas des anciens ni des modernes. Il décrit avec exactitude les différentes courbures sagittales du rachis : lordose cervicale, cyphose dorsale, lordose lombaire. Léonard met un terme à la confusion dans le nombre des vertèbres, attribuant justement cinq pièces soudées au sacrum, qu'il représente le plus parfaitement, alors que Galien lui en attribuait trois. De même, son coccyx compte deux vertèbres, mais nous savons qu'il existe chez l'homme des variations.

L'homme en 3D

Léonard serait-il le précurseur de la résonance magnétique nucléaire (IRM) ou de la tomographie axiale transverse (scanner) ? Ses premières coupes sériées apparaissent très précocement dans son œuvre anatomique. Dès 1487, il dissèque une jambe avec un scalpel affuté, la sectionne avec une scie, en un endroit, puis en d'autres, prend de quoi

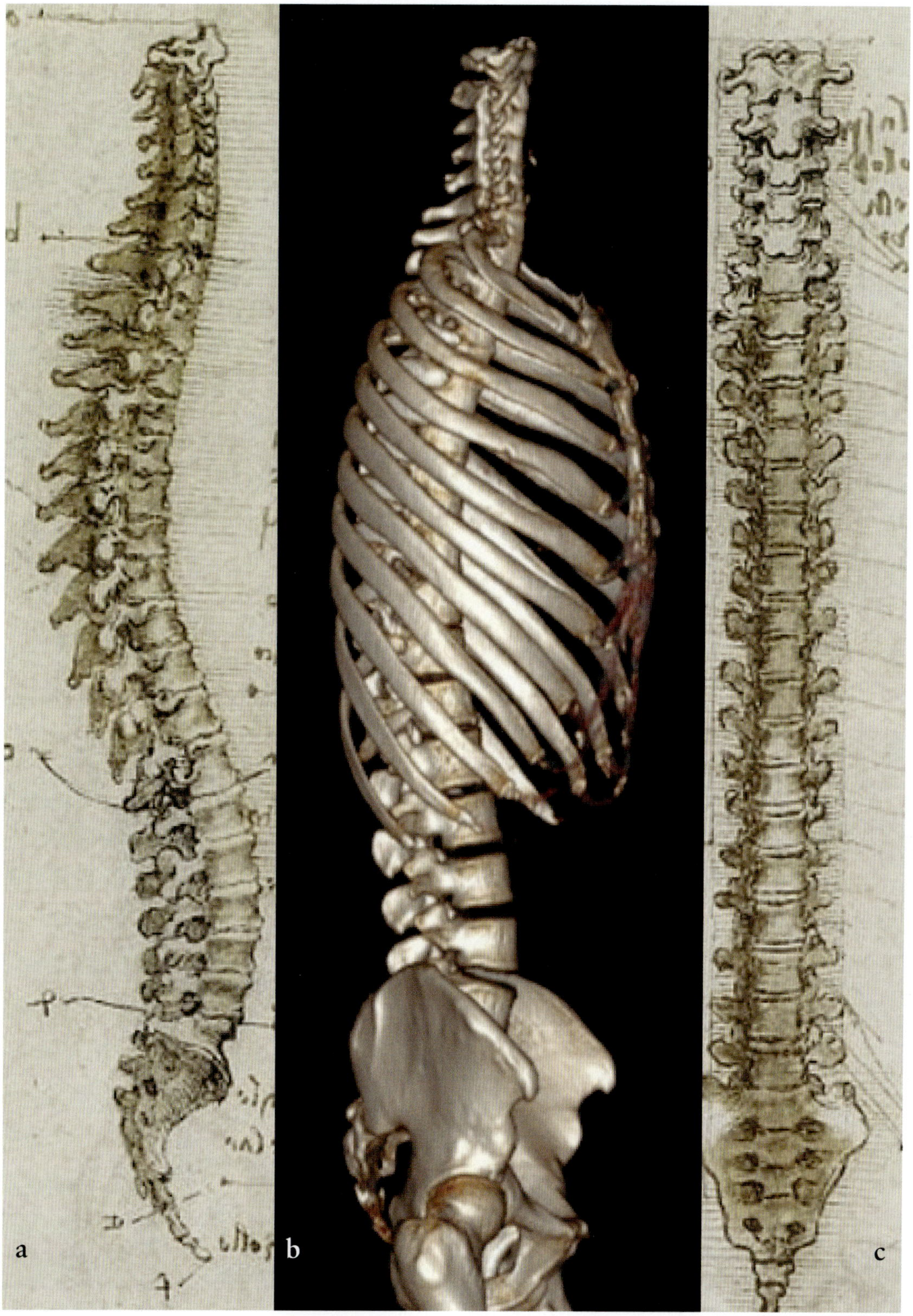

Figure 71 : La colonne vertébrale

a : Détail de la planche 19007v / 1510 / Royal Library, Windsor. Vue sagittale d'une colonne vertébrale.
b : Vue scanner de la colonne vertébrale, montrant à quel point le dessin de Léonard est pertinent et exact.
c : Détail de la planche 19007v / 1510 / Royal Library, Windsor. Vue coronale d'une colonne vertébrale.

dessiner et s'attache à montrer ce qu'il découvre dans une vue légèrement inclinée de la tranche de section. Il représente dans une première planche les sections successives d'un membre inférieur, en particulier le détail d'une coupe de la musculature d'une cuisse. Dans une autre, plus dense en dessins, il représente de même des coupes sériées d'un membre inférieur, ainsi qu'une section détaillée de la musculature d'une jambe (Fig. 72). Avec quelques siècles d'avance, il initie ce qui deviendra une révolution dans la lecture du corps humain, à la fin du XXe siècle, grâce au scanner et à l'IRM. La visualisation des muscles de cette manière bouscule les représentations classiques des corps d'écorchés. De toute évidence l'objectif de Léonard est de montrer et d'enseigner l'anatomie musculaire dans un plan axial, afin d'y dévoiler les différentes loges, la place des muscles, leurs situations par rapport au squelette. Les

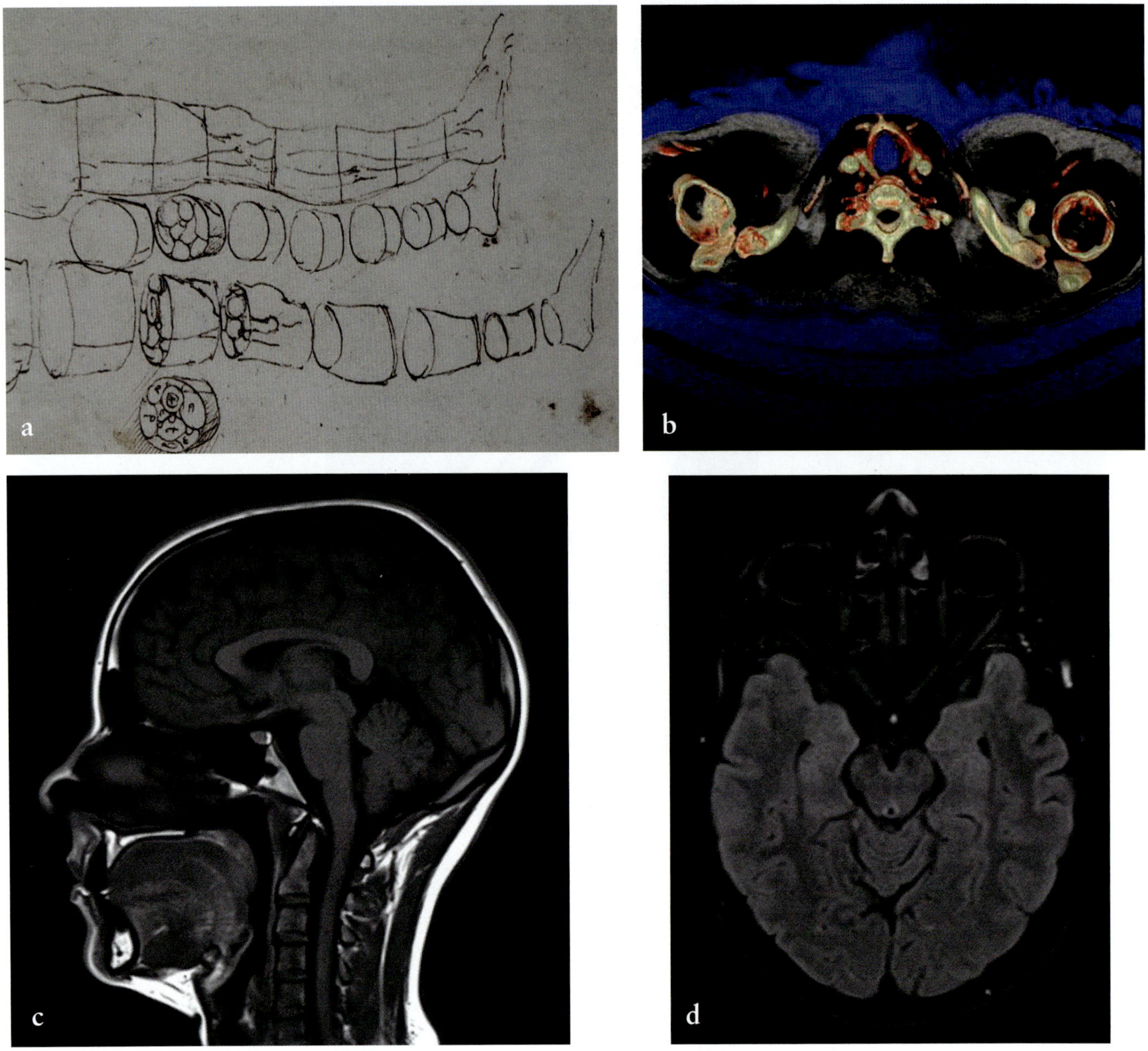

Figure 72 :

a : Planche 12617r / 1487. Royal library, Windsor. Coupes d'un membre inférieur.

b : Scanner : coupe axiale de l'abdomen.

c : IRM crânienne passant par le plan sagittal.

d : IRM crânienne passant par le plan axial.

coupes à différente hauteur de la cuisse et de la jambe invitent le lecteur à poursuivre la dissection pour étudier et connaître en totalité l'ensemble de la musculature d'un membre (Fig. 72a). Aucun dessin aussi précis utilisant cette approche de l'anatomie des muscles et des loges n'existe à la Renaissance. Anatomiste visionnaire, Léonard de Vinci étonne et fait office de précurseur incontesté.

L'imagerie moderne donne la possibilité aujourd'hui d'aller plus loin, de reconstruire les images dans différents plans de l'espace, sagittal et coronal, et aussi de pouvoir convertir ces images 2D en images 3D. C'est déjà ce que propose Léonard lorsqu'il représente par exemple un squelette dont le thorax fermé en avant par le sternum laisse apparaître le rachis ainsi que les arcs postérieurs et antérieurs des côtes, l'objectif étant de donner l'illusion du relief.

Multiplier les vues… pour une connaissance totale

Grâce à la multiplication des vues, Léonard de Vinci apporte au lecteur potentiel une vision dynamique du corps, une idée de l'anatomie générale de l'élément concerné. Une planche met en scène plusieurs figures d'un membre supérieur se succédant, pouvant se lire de gauche à droite, ou bien de droite à gauche ; elle fournit ainsi une vue intégrale de ce que l'œil aperçoit, dans le cadre d'une rotation à 90° du membre supérieur autour de lui-même, d'une vue antérieure à une vue de profil, comme si Léonard était armé d'une caméra. Léonard recommande pour connaître et illustrer l'anatomie du bras : « *Je transforme un bras en huit aspects, dont trois du côté externe, trois du côté interne, un de derrière et un de face. Et je le transforme en huit autres aspects, lorsque le radius et le cubitus se croisent [c'est-à-dire en pronation].* » Les musculatures du bras et de l'avant-bras sont très bien reproduites, en quatre dessins, en quatre vues différentes, procurant une idée assez fidèle du volume et de la direction des muscles représentés sur des membres qui, par ailleurs, sont tous en pronation, c'est-à-dire la position de repos. Les visages sont absents, ce qui est rare dans cette série de planches. Plus les figures s'éloignent de l'épaule, moins elles sont nettement détaillées, de sorte que les poignets et les mains apparaissent de manière schématique.

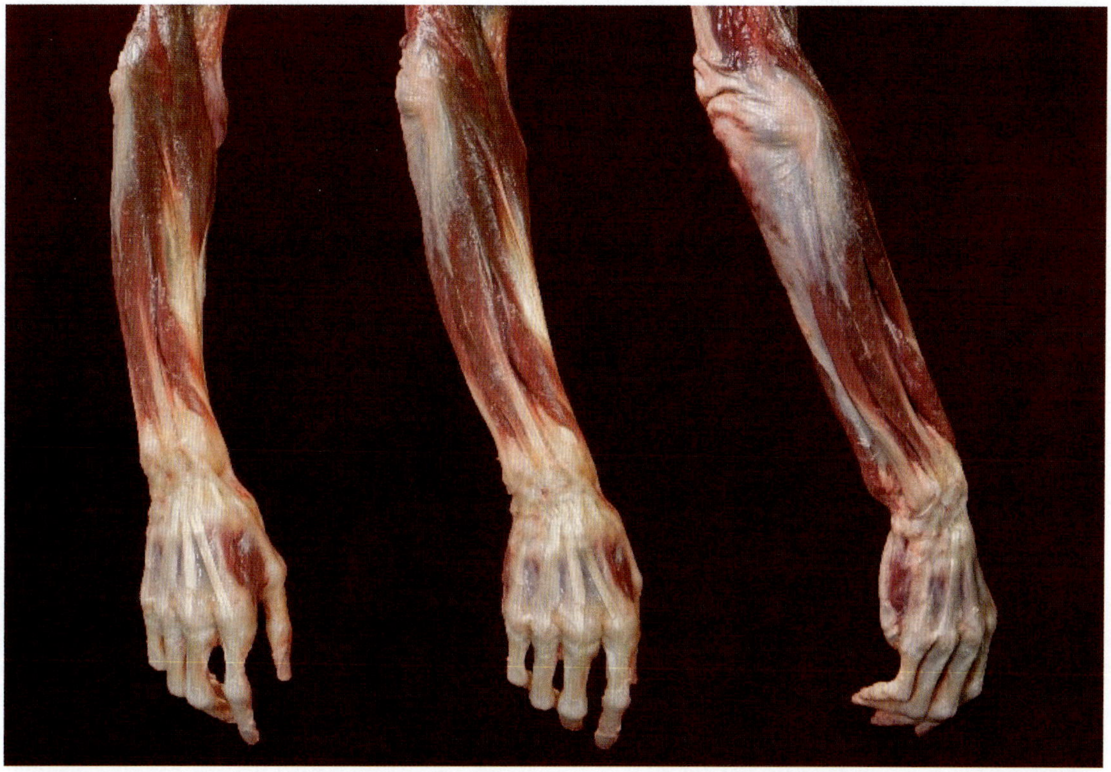

Figure 73 : Vue anatomique d'un membre supérieur vu sous trois angles différents, à la manière de Léonard de Vinci.

Le corps mécanique

Léonard est avant tout un ingénieur civil, concepteur talentueux de machines. Il use de cette vision « mécanique » pour étudier le corps humain, le dessiner et en restituer la fonctionnalité. Cette démarche l'amène sans aucun doute à puiser dans ses lectures certains éléments de son travail anatomique. La poulie, une invention du Grec Archytas de Tarente (IV-IIIe av. J.-C.) lui permet d'expliquer par exemple à la main le fonctionnement des tendons (Fig. 74). Des appareils de chantiers tels que des grues et des leviers, conçus par l'architecte et ingénieur romain Vitruve (Ier siècle av. J.-C.), semblent l'inspirer pour représenter l'action des muscles lors de la flexion du coude. Il écrit par exemple, à côté de schémas explicatifs : « *Plus les tendons qui fléchissent l'ulna sont proches de la main, plus la main peut soulever de poids, et c'est ce qui fait que le singe a proportionnellement plus de force dans ses bras que l'homme.* » Le principe du hauban ne lui échappe pas. Il l'applique aux muscles vertébro-costaux du cou ou encore au mécanisme de flexion/extension de la cheville, quand il compare le tibia à un mât de bateau formant l'axe d'une balance dont le fléau est constitué par le tarse antérieur d'un côté, sur lequel s'insèrent les tendons extenseurs de la cheville, et le tarse postérieur de l'autre côté, sur lequel s'insère le tendon achilléen.

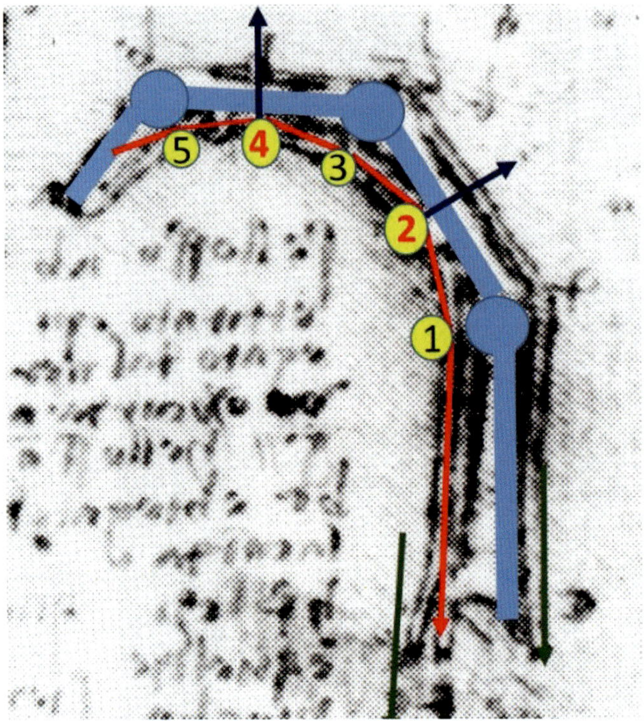

Figure 74 : Schéma représentant les poulies digitales sur le dessin de Léonard de Vinci. À partir de la planche 19009r / 1510-1511 / Royal Library, Windsor.

Le corps modélisé

Dans le but de recréer la réalité à la fois fonctionnelle et esthétique des organes et des différentes « pièces » du corps humain, il ne peut se satisfaire d'un dessin, plat et statique, en deux dimensions ; il use ou au moins propose d'user d'artifices en modélisant des éléments comme les muscles sous une forme simplifiée, en les illustrant par des « fils », soit deux traits parallèles, et propose de les modéliser en 3D avec des tiges de cuivre ou de laiton rougis au feu, fixées sur les pièces anatomiques, afin d'en expliquer la place respective, leurs interactions et leurs principes mécaniques fondamentaux : « *Avant de représenter les muscles, figure-les au moyen de fils qui serviront à indiquer leur emplacement ; leurs extrémités aboutiront au milieu de l'attache des muscles sur leurs os. Et ceci donnera une connaissance plus rapide quand tu voudras représenter tous les muscles, l'un au-dessus de l'autre. Quand tu auras représenté les os de la main et que tu voudras dessiner, par-dessus, les muscles qui s'unissent à ces os, dessine des fils à la place des muscles. Je dis des fils et non des lignes, afin que l'on reconnaisse quel muscle passant au-dessus ou au-dessous de l'autre, ce qui ne saurait être démontré au moyen de simples lignes ; après quoi tu feras une autre main à côté de celle-là, indiquant la véritable forme de ces muscles [...].* »

Il est possible que Léonard tire ces notions de Galien, qui, deux siècles après Jésus Christ., compare l'action des tendons au niveau des articulations aux ficelles qui mettent en mouvement les marionnettes. Michel-Ange emboîte le pas à Léonard, car lui aussi a modelé des muscles en cire et les a regroupés pour obtenir des démonstrations en trois dimensions.

Un des plus beaux exemples de corps modélisé concerne un dessin d'épaule. Les muscles, nombreux, sont parfaitement identifiables par leurs insertions et leurs trajets : le deltoïde, le trapèze, le triceps, le grand rond, le grand dorsal, l'infra-épineux, le petit rond ; leur représentation se simplifie à l'extrême, sous la forme d'une, de deux, voire de trois « cordes ». Ainsi, Léonard simplifie une anatomie complexe afin de la rendre plus compréhensible, probablement dans un but didactique. Dans plusieurs feuillets, par la décomposition d'une région musculaire en structures linéaires, il offre une véritable représentation simplifiée en 3D par le passage de « cordelettes » en avant ou en arrière les unes des autres, et ce, pour de nombreuses régions du corps.

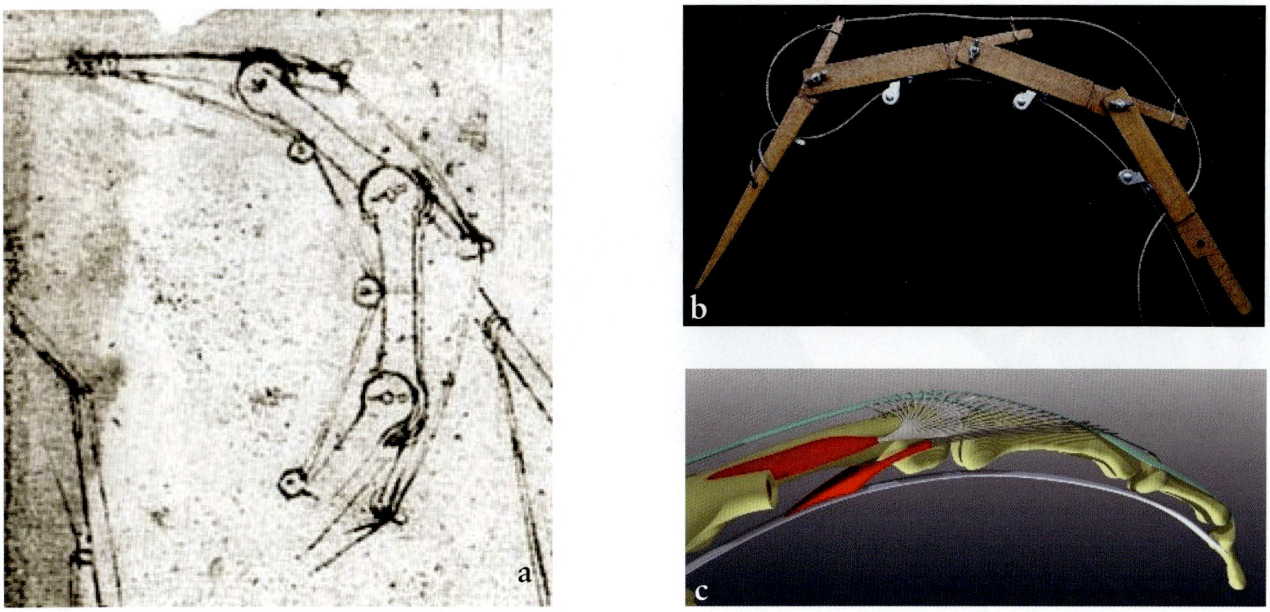

Figure 75 : De gauche à droite :

a : Détail de la planche du Codex Atlanticus, fol. 747r / 276 r-b, Milan, Biblioteca Ambrosiana, vers 1486-1490, poulies, articulations et câbles d'une machine volante.

b : Modèle articulé en bois avec poulies et câbles, à partir du dessin de Léonard de Vinci.

c : Modèle informatique d'un doigt humain (Joel Savéan, Christian Lefèvre, LATIM, Brest), dont les principes de fonctionnement rappellent étrangement l'aile mécanique de Léonard.

En modélisant le corps, son objectif est à l'évidence de représenter par le dessin, avec la plus grande finesse, les muscles et leurs attaches sur le squelette, et aussi de créer avec des tiges de cuivre disposées sur une maquette de squelette une vision en 3D de la région étudiée. De nos jours, certains chercheurs ingénieux, 500 ans après Léonard, procèdent de la même manière, par l'intermédiaire d'une modélisation informatique.

L'Homme, ce « mécano »

Léonard fait de l'Homme une machine faite de « pièces détachables » les unes des autres. Par exemple, sur un dessin de l'épaule, il « extrait » la clavicule pour mieux révéler l'anatomie sous-jacente ; des traits relient son extrémité latérale à sa position d'origine traduisant son intention de lever cet os sans en modifier la place. Sur un autre dessin, il représente une épaule au niveau de laquelle l'articulation entre la scapula et l'humérus est dévoilée uniquement par le jeu d'une traction imaginaire sur le bras. Cela lui permet aussi d'identifier les muscles de la coiffe des rotateurs. Léonard fait, là encore, preuve d'un don d'observation et d'un esprit didactique remarquables.

Ailleurs, il dessine une colonne cervicale dont les pièces vertébrales sont détachées, pour mieux en apprécier la forme, le volume et la composition, juste à côté de l'empilement de vertèbres d'un rachis entier, telles qu'elles sont observées dans la réalité de la dissection.

Le crâne… Objet de ses premières études

En 1489, Léonard de Vinci représente d'une manière très réaliste un crâne vu de face, scindé en deux parties par le milieu dans un plan sagittal (Fig. 78). Il se compose d'un hémicrâne gauche, intact, servant de référentiel, et d'un hémicrâne droit vu en coupe frontale, révélant pour la première fois les sinus, frontal et maxillaire, qu'il nomme « cavités », ainsi que les racines dentaires visibles sur le maxillaire et la mandibule, les dents supérieures numérotées, de gauche à droite, 6, 4, 2, 4. La coupe, dont le niveau et la direction sont parfaitement calculés, réunit toutes les cavités de la face : orbite, sinus frontal, fosse nasale, sinus maxillaire, cavité buccale. Sous le crâne, un texte décrit les différentes cavités

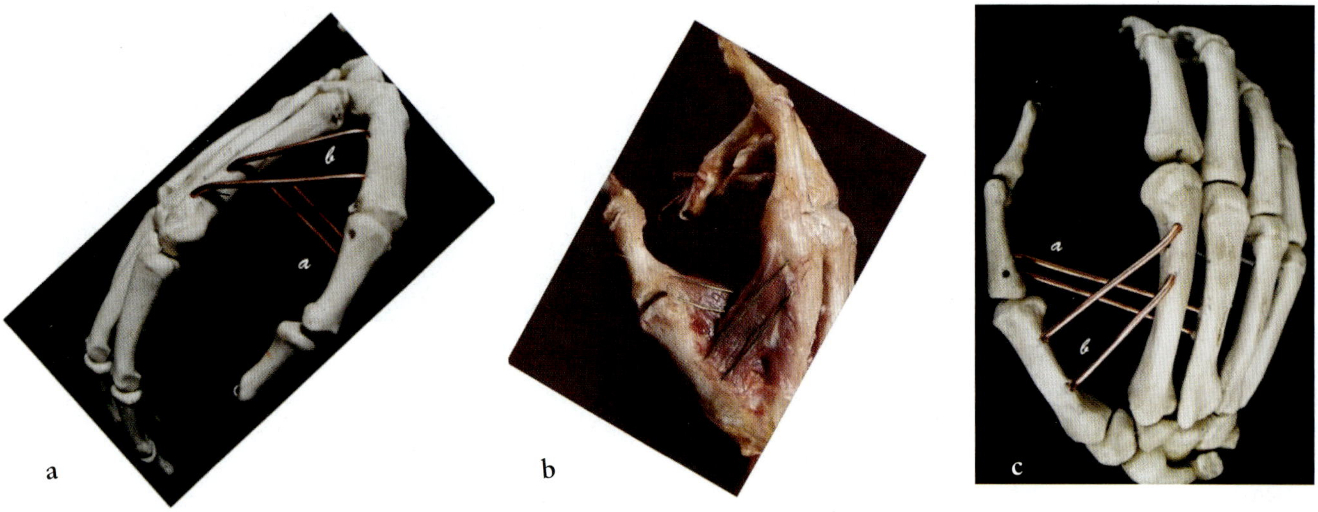

Figure 76 :

a : Maquette avec fils de cuivre représentant les muscles de la première commissure au niveau d'une main. a – muscle adducteur du pouce. b – muscle 1er interosseux dorsal.
b : Dissection d'un sujet anatomique.
c : Vue sous un autre angle de la maquette avec fils de cuivre. a – muscle adducteur du pouce. b – muscle 1er interosseux dorsal.

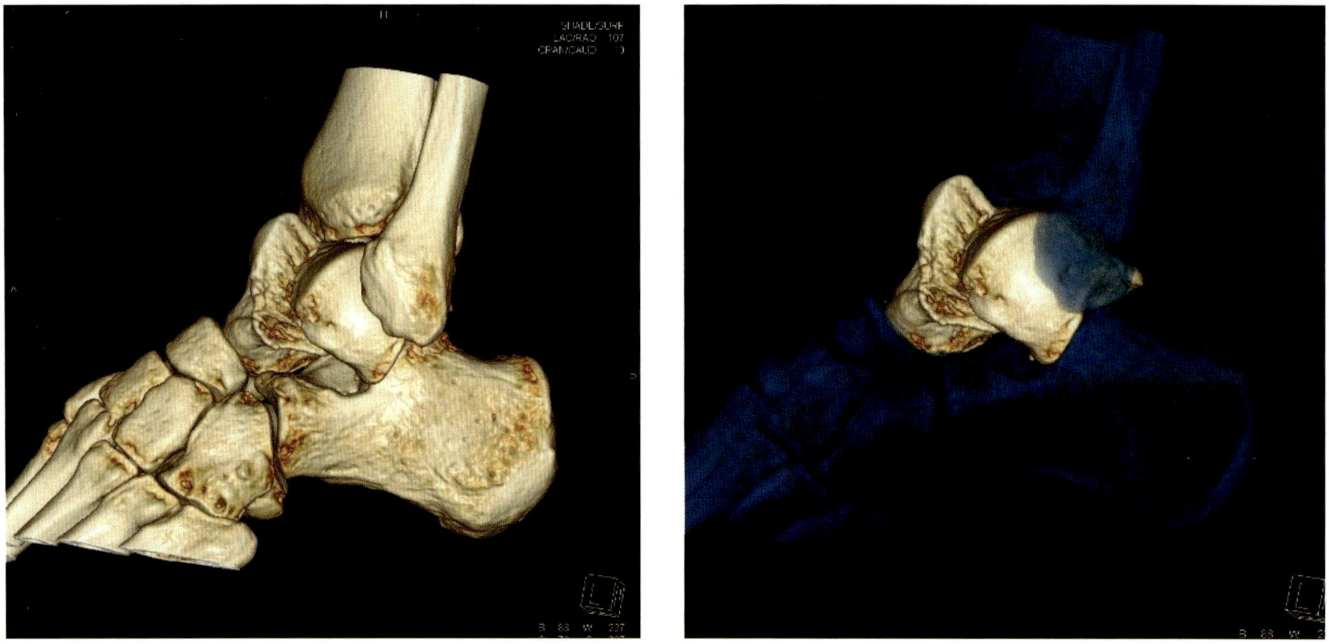

Figure 77 : Scanner 3D d'une cheville à la manière de Léonard qui enlève le tibia, la fibula, le calcanéus et les os du pied, par l'informatique, pour montrer uniquement le talus (anciennement astragale), objet de l'étude (bilan d'une fracture).

du crâne : « *La cavité de l'orbite de l'œil et la cavité de la pommette, et celle du nez et de la bouche sont d'égale profondeur et aboutissent au-dessous du siège du sens commun, selon une ligne perpendiculaire ; et chacune de ces cavités correspond au tiers du visage humain, lequel s'étend du menton aux cheveux.* » Avec une acuité d'esprit toujours affûtée, Léonard représente sur cette coupe l'orifice du canal lacrymo-nasal, au milieu du plancher de l'orbite, et la communication entre le foramen mentonnier, orifice de la mandibule, et le canal dentaire. À gauche du crâne, sont dessinées les dents du maxillaire au-dessus d'un long descriptif en marge à gauche. Léonard observe la denture, composée de six molaires supérieures munies de trois racines, les deux prémolaires avec leurs deux racines, les deux canines qu'il nomme maestre, mot inconnu, à racine unique, et devant se trouvent les quatre incisives qui ne possèdent qu'une racine. La mandibule se compose également de seize dents, mais ses molaires n'ont que deux racines ; les autres dents sont identiques à celles du maxillaire. Il en détaille à la fin du texte leurs fonctions. Chez l'animal, écrit-il, les dents qui sont deux saisissent la proie, les quatre autres la coupent, les six autres la broient. Ses dessins sont les premiers qui représentent d'une manière exacte les dents. Il faudra attendre le *Libellus de dentibus* ou « Petit Livre sur les dents ».

Conclusion

De sa main, nous savons que Léonard de Vinci souhaitait « mettre en ordre » ses notes et nourrissait le projet d'écrire un ouvrage d'anatomie, mais ce traité d'anatomie n'est demeuré qu'un rêve. S'il avait pu voir le jour, il serait composé d'une somme de dessins détaillés, de vues variées de régions anatomiques sous différents angles, de notes claires et concises, écrites de gauche à droite. Les planches anatomiques des années 1510-1511, d'une remarquable précision et parfaitement ordonnées, préfigurent ce qu'aurait pu être cet ouvrage. Aujourd'hui encore, elles impressionnent, tant par leur précision scientifique que par leur audace et leur exceptionnelle qualité graphique.

Certains passages de cet article sont extraits de l'ouvrage *Léonard de Vinci, l'aventure anatomique*. Dominique Le Nen, édité chez E/P/A Hachette, en 2019.

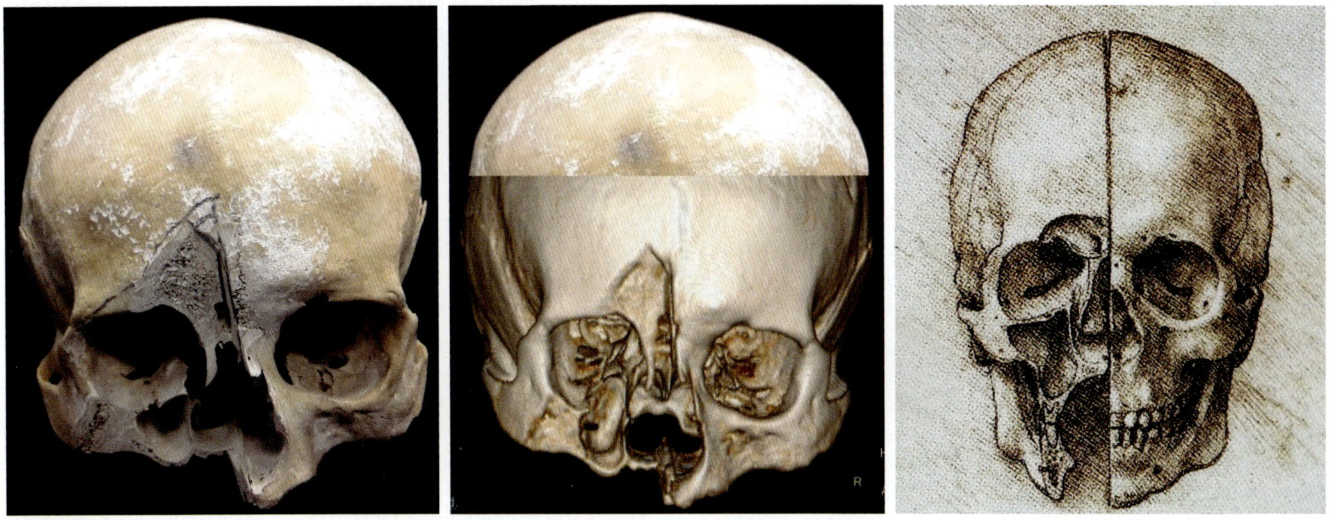

Figure 78 :
Détail de la planche 19058r / 1489 / Royal Library, château de Windsor, qui a servi de support à la préparation anatomique du crâne.
Fusion de l'image du crâne et d'un scanner 3D de la région.
De gauche à droite : Crâne préparé à la manière de Léonard, afin de visualiser les différentes cavités de la face.

Références bibliographiques

LE NEN D. (2019) *Léonard de Vinci, l'aventure anatomique*. Paris, E/P/A. Hachette.

LE NEN D., LAULAN J. (2010) *La main de Léonard de Vinci*. Cachan, Lavoisier.

MACCURDY E. (2000) *Léonard de Vinci. Les carnets T1*. Paris, Gallimard.

O'MALLEY C.D., SAUNDERS J.B. (1982) *Leonardo da Vinci on the human body*. New York, Gramercy Books.

VECCE C. (2008) *Léonard de Vinci*. Paris, Flammarion.

Questions à Dominique Le Nen et réponses

Giacomo Giacobini : Ce n'est pas une question mais seulement un commentaire. Vous avez souligné un aspect de l'œuvre de Léonard de Vinci qui est souvent oublié mais je crois très important, c'est-à-dire le fait que ses dessins sont très didactiques, de façon remarquablement moderne et très variée. Donc il a été un innovateur même au niveau de la communication scientifique.

Giacomo Giacobini: *I just have a comment, you underscored an aspect of the work of Leonardo da Vinci which is often forgotten, but I think it's very important. You mention the fact that his drawings are very didactical, they are remarkably modern and various, so Leonardo was a pioneer of scientific communication.*

David Thaler : Je sais que les tissus mous sont compliqués à étudier, j'aimerais savoir lesquels Léonard essayait de représenter. Du cerveau et des ventricules en particulier... A-t-il essayé de représenter les tissus cérébraux tels que nous les connaissons aujourd'hui ? A-t-il essayé de dessiner la surface des ventricules, dont nous savons qu'elle est la portion neurogénique chez les mammifères ?

David Thaler: *I know that soft tissues are hard to study... what of the brain did Leonardo try to depict, the brain itself, and in particular about the ventricles... did he ever try to depict the surface of the ventricles, that we now know to be the major neurogenic portion of the adult mammalian brain?*

Dominique Le Nen : Les dessins de Léonard de Vinci concernant le cerveau montrent – vous parlez des ventricules essentiellement – plusieurs périodes. Pendant la première période, il s'est attaché aux notions de l'Antiquité avec ces trois noyaux où sont localisées des facultés mentales, ces trois noyaux étant en enfilade dans le cerveau, sur une coupe de profil. On s'aperçoit qu'au fil de son expérience et du temps, il va remettre en cause cette notion : il se trompera d'abord en mettant le sens commun dans le ventricule antérieur et le ventricule moyen, et il va ensuite adopter une vision beaucoup plus réaliste, celle d'aujourd'hui, notamment lorsqu'il décide d'injecter de la cire dans les ventricules afin de voir l'anatomie en 3 dimensions. Sans doute a-t-il fait des coupes de cerveau. Il montre, notamment dans la planche de Weimar où il figure le cerveau, que les nerfs ne sont plus issus des noyaux mais de la base du crâne, et les il ne reprend plus la notion antique de faculté mentale dans les noyaux. Par contre, quand on analyse ses dessins de ventricules, sur un plan sagittal, montrent des structures qu'on pourrait penser être les 3e, 4e ventricules et ventricules latéraux. Mais il joue avec la réalité, puisque ces ventricules ne s'alignent pas. On peut les voir si on observe des plans différents. On voit cela assez souvent chez lui. Par exemple, sur le dessin de crâne ouvert, on voit les étages de la base du crâne, et on voit aussi les os de la face. Si on fait l'expérience, on s'aperçoit qu'on ne peut pas avoir la base du crâne et la face sur un même dessin. Il faut avoir deux coupes différentes. Léonard a joué, à mon avis, pour une raison didactique, de manière à montrer sur un même dessin deux structures qu'on ne peut pas voir en même temps. J'espère avoir répondu en partie à votre question.

Dominique Le Nen: *Drawings by Leonardo da Vinci concerning the brain -and you mentioned ventricles, mainly show several periods, actually. A first period when he was very much focused on Antiquity with three nuclei in a row inside the brain, where mental faculties are located. As time went by, Leonardo came back on this notion. He first made a mistake putting common sense in the lower ventricule and then he decided to inject wax inside the ventricules to see anatomy in 3D. He probably did sections of the brain, and the Weimar drawings actually show the brain, and the nerves no longer coming from the nuclei, but from the basis of the cranium. Mental faculties in the nuclei no longer follow the antique notion. He shows the ventricles then, but when you analyze the ventricular drawings, it's a flat drawing showing structures that could be the 3rd, 4th ventricle and the lateral ventricle, but he's playing with reality, because these ventricles are not aligned. They can be seen only under different angles. This is something that is recurrent. For instance, there is a drawing of an open skull where you see the different bones of the face, and you realize that when you do this experiment, it's impossible to see the base of the skull and the bones from the same angle. You need two cross-sections for that. He used to do that for didactic reasons: show two different structures on one drawing, which is something impossible in reality. I hope I answered your question.*

La main vue par Léonard de Vinci, de la fonction à l'anatomie

Jacky Laulan*

Non seulement l'anatomie de la main n'avait jamais été aussi bien représentée auparavant mais, même avec cinq siècles de recul, les dessins de Léonard de Vinci sur la main restent d'actualité. Ses planches sur l'anatomie de la main sont une bonne illustration à la fois :

– de son approche fonctionnelle de l'anatomie

– ainsi que de la rigueur de sa démarche qui repose sur une méthode expérimentale d'observation qu'il a déjà éprouvée dans de nombreux domaines au moment où il s'intéresse à la main.

J'ai été entraîné il y a une dizaine d'années, par l'enthousiasme de Dominique Le Nen, à travailler avec lui sur l'étude de l'anatomie de la main réalisée par Léonard de Vinci. Son idée était de reprendre les illustrations des dissections de Léonard et de faire une étude comparative entre ses dessins et nos observations, en sachant que nous sommes tous les deux spécialisés en chirurgie de la main. Je n'étais pas spécialement un fanatique de Léonard et j'ai eu initialement quelques réticences, mais je dois reconnaître qu'après avoir regardé ses dessins sur la main, j'ai été rapidement conquis par la qualité, à la fois graphique et scientifique, de ses planches anatomiques. D'emblée, j'ai aussi été frappé par son approche « fonctionnelle » de cette anatomie.

Pourquoi ses travaux d'anatomie, au moins sur la main, ont largement surpassé ceux de ses contemporains ? Comment cet individu, sans lien direct avec le milieu médical, a si bien su décrire et représenter l'anatomie de la main ? Trois points me paraissent importants :

– d'une part, il apportait un regard à la fois différent et performant sur l'anatomie,

– d'autre part, son étude de la main intervenait tardivement dans son parcours d'anatomiste,

– et enfin, c'est à la fois en ingénieur et en artiste qu'il a étudié et représenté cette anatomie.

* Chirurgien de la main, Centre Hospitalier Régional Universitaire de Tours.

Pourquoi peut-on parler d'un regard à la fois différent et performant ? Tout d'abord, Léonard de Vinci est un autodidacte. En effet, enfant illégitime, il n'a pas eu accès à l'université et il est probable, au moins au début, qu'il ait été animé par un désir de reconnaissance comme en atteste des propos plus tardifs : « Moi homme sans lettres. (...) Ils diront que pour ne pas avoir eu de lettres, je ne pourrai pas bien parler de ce que je veux traiter. Or, ils ne savent pas que mes idées ont plus de valeur parce qu'elles naissent de l'expérience et non de la parole d'autrui (...) ». Mais au fil des années il est manifestement de plus en plus motivé par le désir de **comprendre le monde qui l'entoure.** Et sa curiosité insatiable l'amène à consacrer de plus en plus de temps à étudier de nombreux domaines.

Pour avoir accès aux connaissances de son époque, il va étudier le latin, les mathématiques et va se constituer au fil des années une bibliothèque conséquente, essentiellement scientifique. Mais, il accorde surtout une **place importante à l'expérience** et, pour lui : « **l'expérience est mère de toutes les certitudes** ». Ainsi, par ses recherches personnelles, grâce à sa **ténacité** et un **sens de l'observation hors normes**, il va approfondir les connaissances de l'époque dans de nombreux domaines : technologie, hydrologie, biologie, botanique, géologie... Et, son étude de l'anatomie relève des mêmes motivations et de la même qualité d'approche que celle sur le vol des oiseaux ou les déplacements de l'eau. L'autre élément important, déjà souligné par Paul Valéry, est que cette curiosité universelle lui permet une **vision globale débarrassée des frontières** entre arts, science et technique.

Cette curiosité, associée à son sens de l'observation et à sa ténacité, appliquée à l'anatomie de la main, lui a permis de décrire certaines structures méconnues jusqu'alors. Ainsi, son désir de comprendre la sensibilité l'amène à parfaitement analyser que deux nerfs participent à l'innervation des doigts et même que chaque hémi-pulpe a une innervation propre, ce dont il fait une représentation exacte jusqu'au bout des doigts ! On voit, dans ses propos, qu'il connaît le rôle du nerf et les conséquences de sa section : « c'est le nerf qui donne la sensation... s'il était coupé, le doigt ne sentirait plus, même mis dans le feu... ». Regardez, sur la figure 79, la qualité de sa représentation des structures vasculo-nerveuses et, sur la figure 80, la systématisation strictement exacte des nerfs médian et ulnaire, ainsi que leurs ramifications jusqu'au niveau de la pulpe digitale.

Les dessins sur la main datent essentiellement de 1510 alors qu'il étudie l'anatomie depuis la fin des années 1480, et il a donc acquis de l'expérience dans la pratique de la dissection. Alors qu'au début, ses connaissances sont essentiellement livresques, à partir du début des années

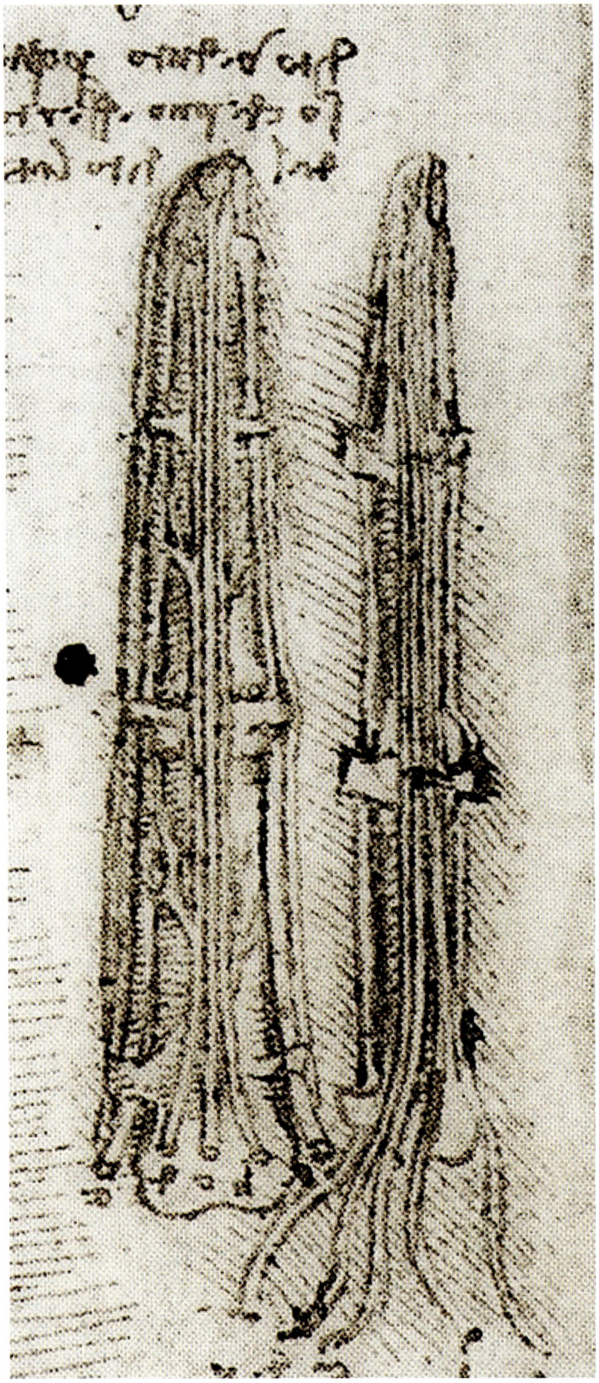

Figure 79 : Représentation des structures vasculo-nerveuses au niveau digital.

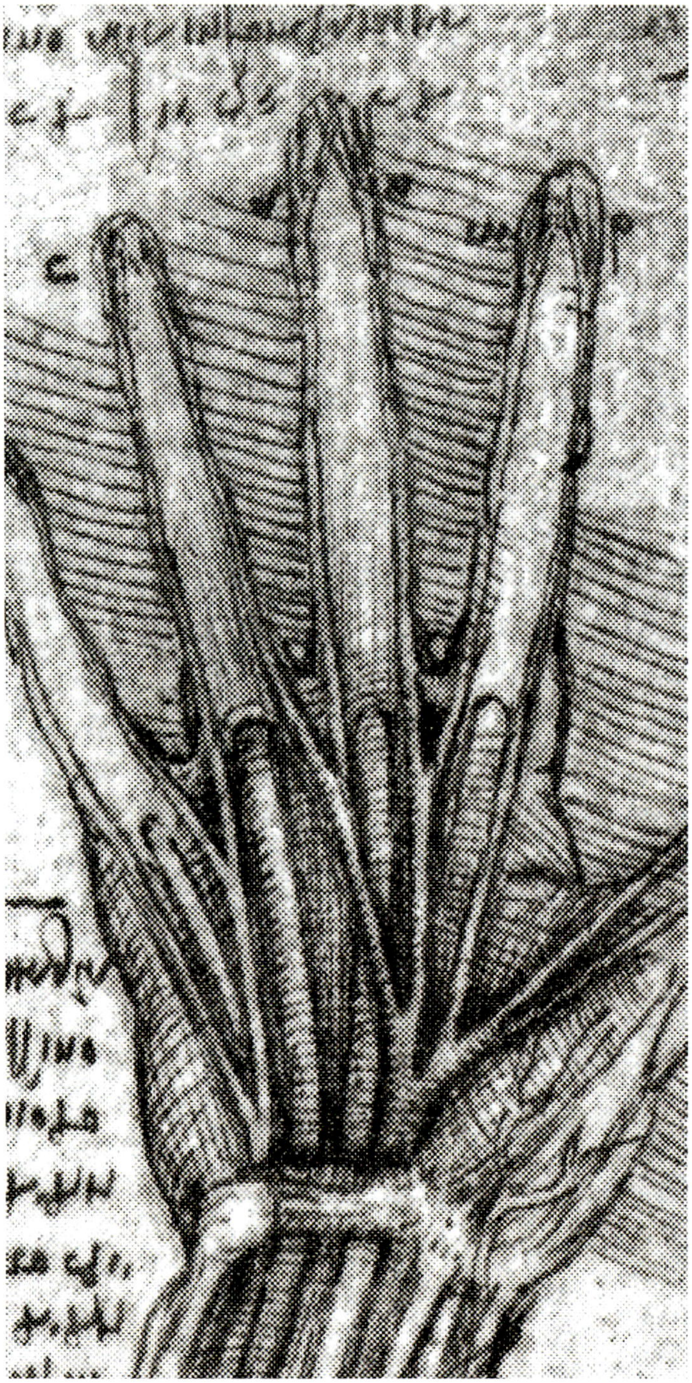

Figure 80 : Représentation des nerfs médian et ulnaire et de leurs branches de division.

1500, sa production anatomique est essentiellement basée sur sa propre expérience et ses connaissances personnelles, lui permettant de se détacher au moins en partie des influences des autres auteurs et de privilégier les résultats de ses propres observations. Son étude de la main s'inscrit dans une période où il se consacre uniquement à une anatomie à visée scientifique. Il faut signaler qu'à cette époque, il a déjà perfectionné ou conçu de nombreuses machines et a travaillé sur les poulies ; il a donc un bagage conséquent d'ingénieur.

De plus, avec l'expérience, il a acquis une démarche rigoureuse dans son approche de l'anatomie. En effet, il préconise une représentation plan par plan et il différencie dix plans successifs pour l'anatomie de la main, dont six ont été dessinés par lui, ou au moins nous sont parvenus :

> « *Quand tu figures la main en commençant de l'intérieur, sépare d'abord légèrement tous les os les uns des autres, pour pouvoir reconnaître rapidement la véritable forme de chacun d'après la paume de la main et aussi leur vrai nombre et leur position respective, et (…). Après quoi, rajuste-les comme ils étaient dans la réalité, et représente la main entière grande ouverte, vue de dedans. Puis, inscris les figures complètes des premiers ligaments osseux. La démonstration suivante sera consacrée aux muscles qui relient le poignet au reste de la main. La cinquième représentera les tendons qui actionnent les premières jointures des doigts ; la sixième, les tendons moteurs des secondes jointures ; la septième, ceux qui font mouvoir les troisièmes jointures de ces doigts. La huitième reproduira les nerfs qui créent le sens tactile ; la neuvième, les veines et les artères. La dixième montrera la main complète avec son épiderme et ses dimensions, et il te faudra aussi prendre les mesures des os* ».

Il est intéressant de noter que certains plans sont pensés essentiellement d'un point de vue fonctionnel, par exemple :

– selon l'articulation mobilisée par tel muscle ou tel tendon,

– de même le plan des nerfs qui sont responsables du sens tactile, puis le plan des vaisseaux.

Ce n'est pas ce type de découpage que l'on fait de nos jours, la systématisation actuelle reposant sur des bases essentiellement topographiques et non pas fonctionnelles.

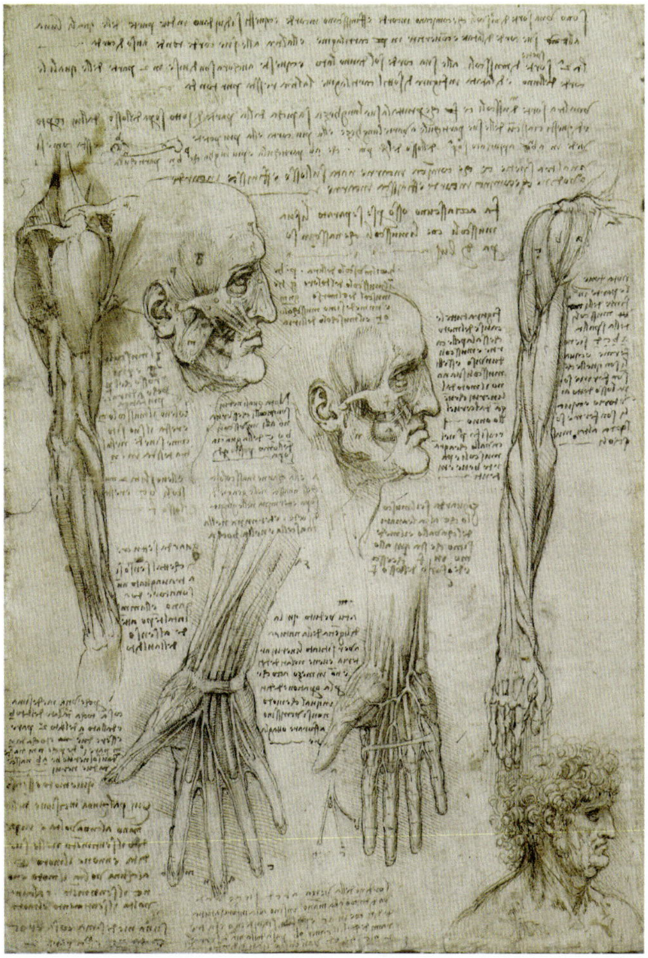

Figure 81 : Planche 19012 v/FA 13 v/c.

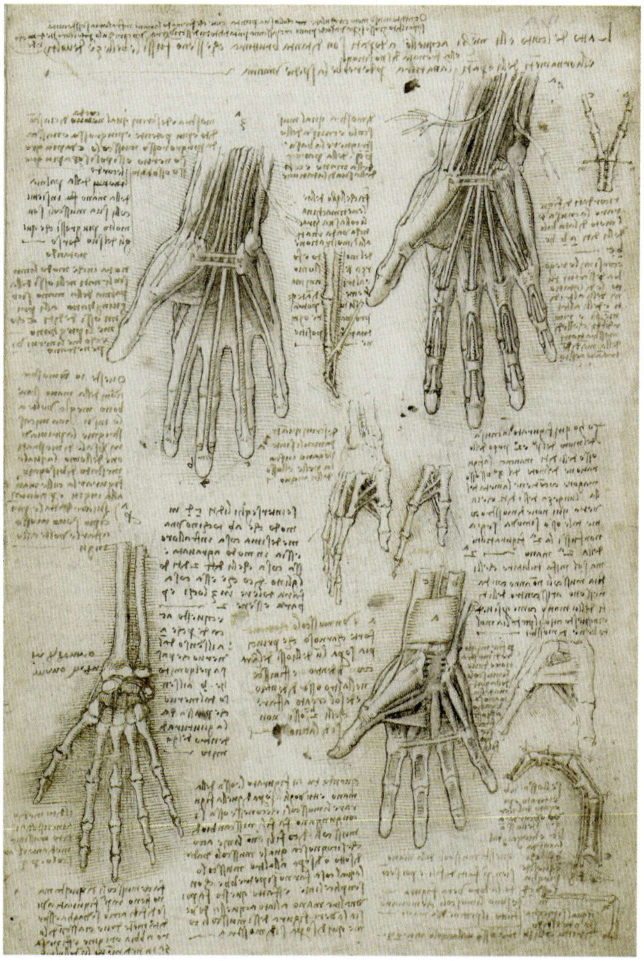

Figure 82 : Planche 19009 r/FA 10 r/c.

© Royal Collection / Royal Collection Trust © Her Majesty Queen Elizabeth II, 2021 / Bridgeman Images

En pratique, trois planches nous sont parvenues : une (Fig. 81), où sont représentés le plan des nerfs et celui des vaisseaux, ainsi que la seule représentation de la face dorsale de la main, et deux autres planches entièrement consacrées à la main :

– sur la première (Fig. 82) figurent essentiellement quatre plans successifs de la superficie à la profondeur, ainsi que différents dessins de taille plus réduite sur lesquels nous reviendrons

– l'autre planche est exclusivement consacrée au squelette à l'exception d'un doigt en haut à droite représentant les structures vasculo-nerveuses que nous avons déjà vues précédemment (Fig. 83).

Ainsi, concernant le versant palmaire de la main, six plans différents sont représentés sur les dix plans qu'il propose dans ses écrits.

Voici en comparaison les dessins de Léonard de Vinci et les dissections que nous avons faites avec Dominique Le Nen en respectant les mêmes plans que ceux représentés par Léonard de Vinci (Fig. 84). Cela vous permet de juger d'une part de l'exactitude des données anatomiques et d'autre part de la qualité de la représentation qu'il en a faite… C'est réellement impressionnant !

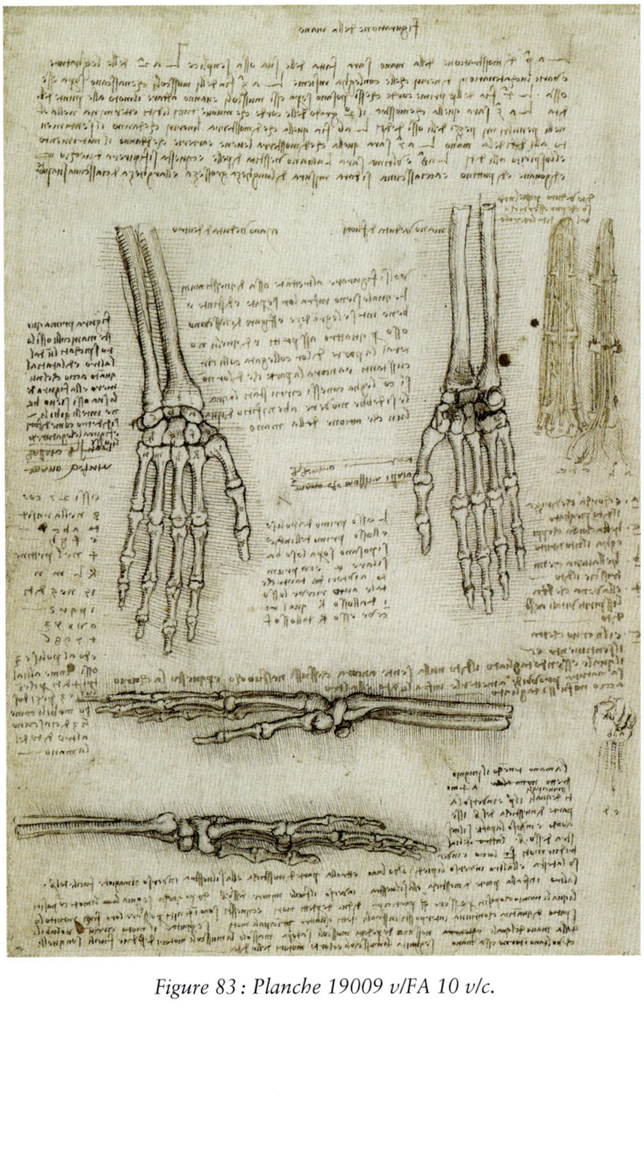

Figure 83 : Planche 19009 v/FA 10 v/c.

Une planche entière, datée de 1510, est donc consacrée au squelette qui est représenté sous différents aspects : vue palmaire, vue dorsale et les deux versants, comme en technologie pour étudier une structure mécanique ! Le nombre de dessins consacrés au squelette et sa représentation systématisée trahissent l'ingénieur préoccupé par la charpente de la machine sur laquelle vont s'appuyer les moteurs et les systèmes de transmission qui vont la faire fonctionner.

Et ces moteurs sont avant tout pensés en fonction de leur action. Ainsi il considère les muscles qui fléchissent et étendent le poignet, sans que les doigts bougent, puis ceux qui mobilisent les doigts dans différentes directions : *« Représente ensuite dans le bras [avant-bras] seulement les muscles qui meuvent la main de haut en bas, d'un côté et de l'autre, sans en agiter les doigts ; figure ensuite les muscles qui actionnent les doigts serrés, étendus, écartés ou rapprochés (…). »* (Feuillet A 16 v.).

Les muscles ne sont pas pensés, au moins dans un premier temps, selon des critères morphologiques : les muscles sont d'abord pensés comme des moteurs qui tirent sur des cordes qui vont mobiliser le poignet et les doigts, c'est-à-dire qui vont faire fonctionner la machine !

En effet, un point me paraît fondamental quant à son étude de l'anatomie de la main : c'est que son approche est à maints égards celle d'un ingénieur. Et, c'est en ingénieur qu'il s'est intéressé à l'anatomie de l'appareil moteur, pour comprendre les principes mécaniques qui gouvernent la machine humaine. En effet, que voit-il quand il aborde l'anatomie de la main ? Des poulies, des cordes, des bras de levier … Et cela paraît assez évident quand on regarde certains de ses dessins (Fig. 85 et 86).

Il aborde l'anatomie de la main comme les machines qu'il a perfectionnées ou imaginées : d'abord comprendre les principes mécaniques qui la gouvernent puis montrer la composition analytique de ses organes.

Quand il étudie l'anatomie de la main, il a déjà conçu des machines volantes et fait une étude poussée des poulies (codices de Madrid). D'une part, cela peut expliquer qu'en tant qu'ingénieur, il assimile les tendons à des cordes et qu'il utilise des fils pour matérialiser le trajet et l'action des muscles. D'autre part, il avait déjà pensé le rôle des cordes et des poulies pour pouvoir mobiliser les ailes de ses machines volantes (planche de 1486-1490) avec des poulies positionnées au milieu de chaque segment de l'aile de sa machine (Fig. 87).

Et le doigt, tel qu'il le représente sur le dessin en bas et à droite de la Planche 19009 r/FA 10 r/c, n'est pas sans rappeler les ailes de cette machine volante :

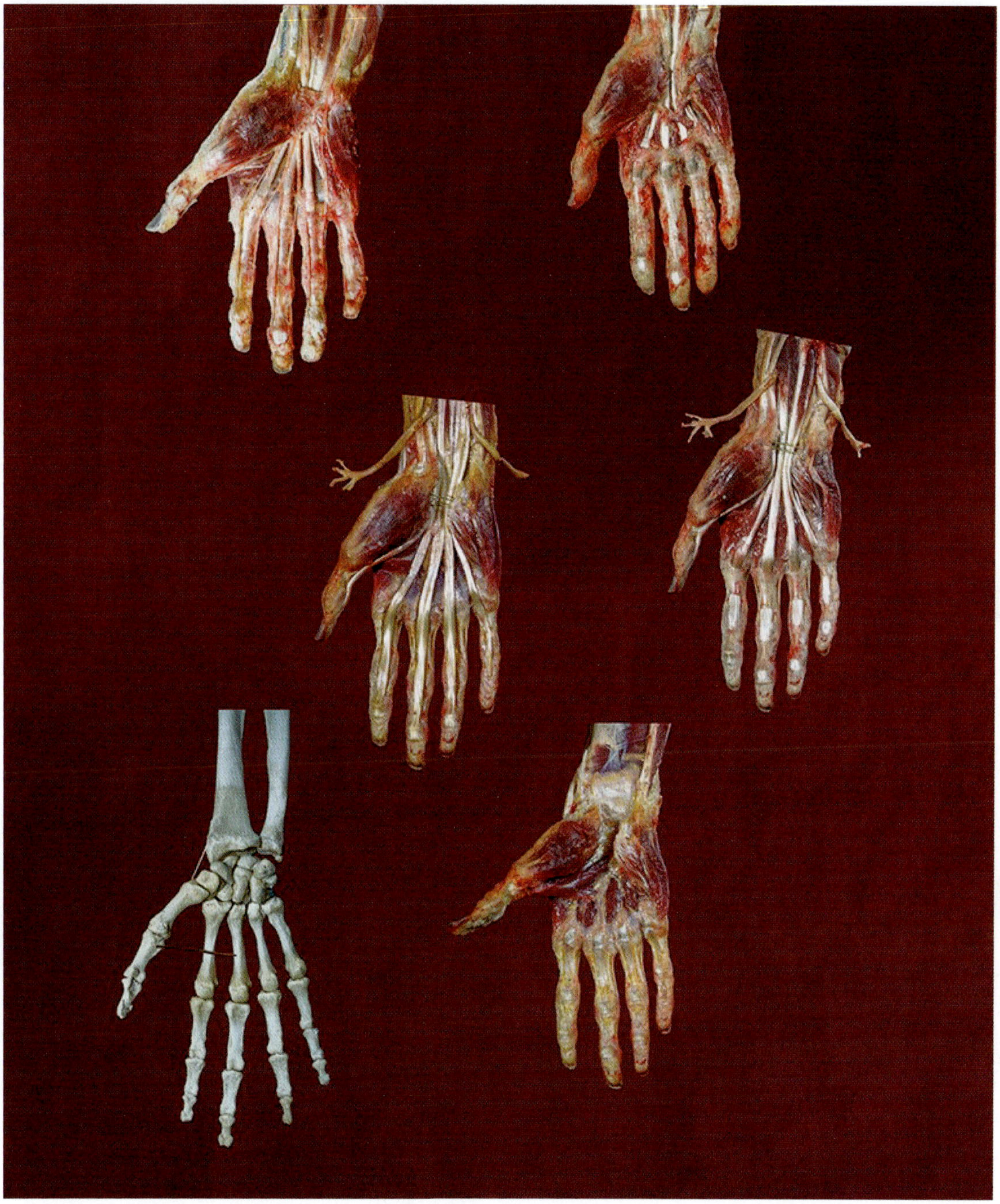

Figure 84 : Photographies des dissections réalisées à partir des dessins de Léonard de Vinci.

Il est probable que ses réflexions d'ingénieur et son approche mécaniste lui ont permis de voir les structures méconnues jusqu'alors, que sont les poulies digitales.

On voit clairement sur le dessin de Léonard de Vinci les poulies A2 et A4 qui siègent en regard des diaphyses des phalanges proximale et intermédiaire, considérées comme les deux principales poulies parmi les six décrites actuellement. Ces structures permettent de maintenir les tendons fléchisseurs au contact du squelette et, en évitant un effet de corde d'arc, ils assurent une transmission efficace des forces pour fléchir les articulations digitales. Un ingénieur ne pouvait pas passer à côté de ces structures, surtout s'il avait déjà mené au cours de ses recherches une réflexion sur ce type de problème.

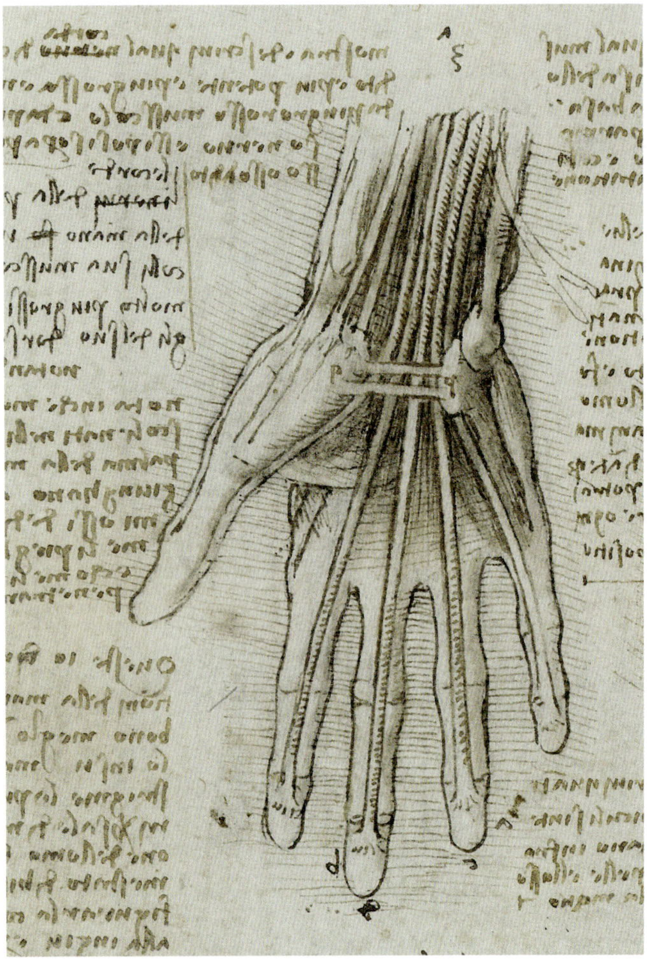

Figure 85 : Dessin de la planche 19009 r/FA 10 r/c représentant les tendons fléchisseurs profonds.

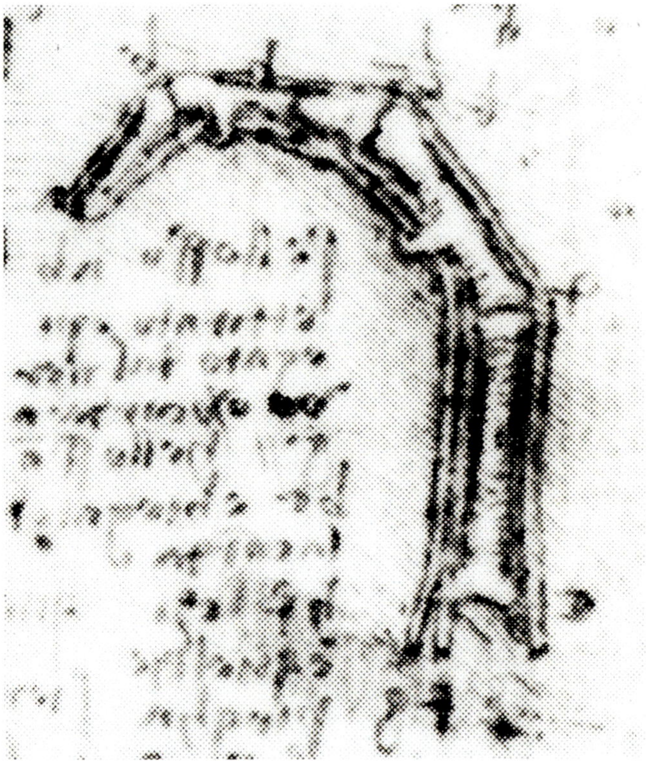

Figure 86 : Doigt de profil montrant les tendons et les poulies digitales (planche 19009 r/FA 10 r/c).

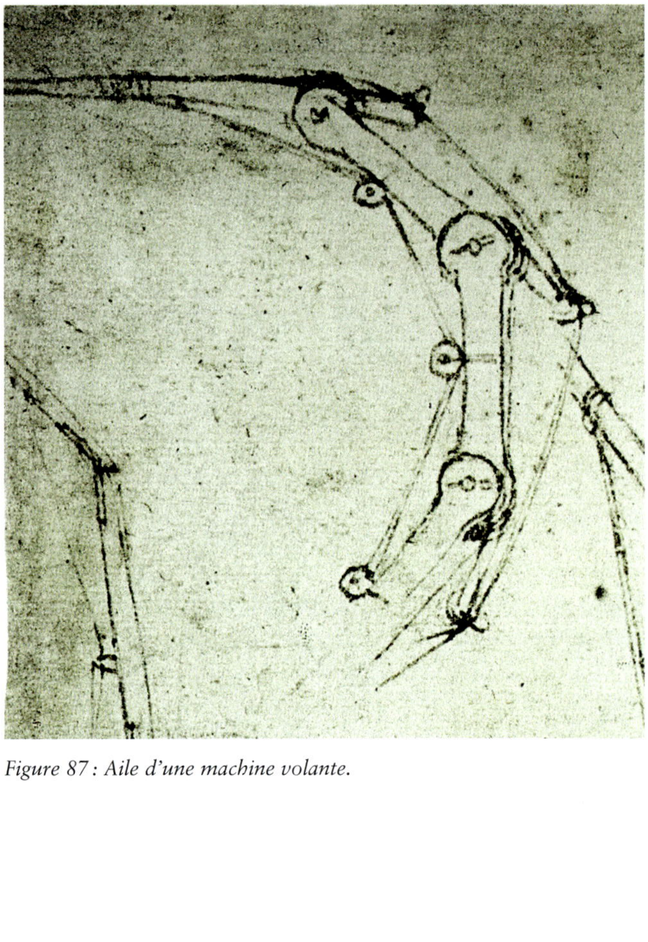

Figure 87 : Aile d'une machine volante.

C'est aussi en ingénieur qu'il analyse l'insertion des tendons fléchisseurs, matérialisés par des « cordes », et la perforation du tendon du fléchisseur superficiel par le fléchisseur profond ainsi que leur action mécanique sur la mobilité digitale.

Il montre sur son schéma (Fig. 88) :

– d'une part que le tendon du fléchisseur profond traverse celui du fléchisseur superficiel ;

– et que son rôle est de fléchir la 3e phalange, *i.e.* l'articulation interphalangienne distale.

C'est un dessin essentiellement didactique car, en l'absence de poulie, la traction sur les tendons ne fléchit que l'articulation interphalangienne proximale (Fig. 89).

Par comparaison, avec la dissection que nous avions faite avec Dominique Le Nen, regardez la qualité et la justesse du dessin de Léonard de Vinci sur lequel figurent les tendons fléchisseurs et les poulies digitales que nous dénommons aujourd'hui A2 et A4 (Fig. 90, a et b).

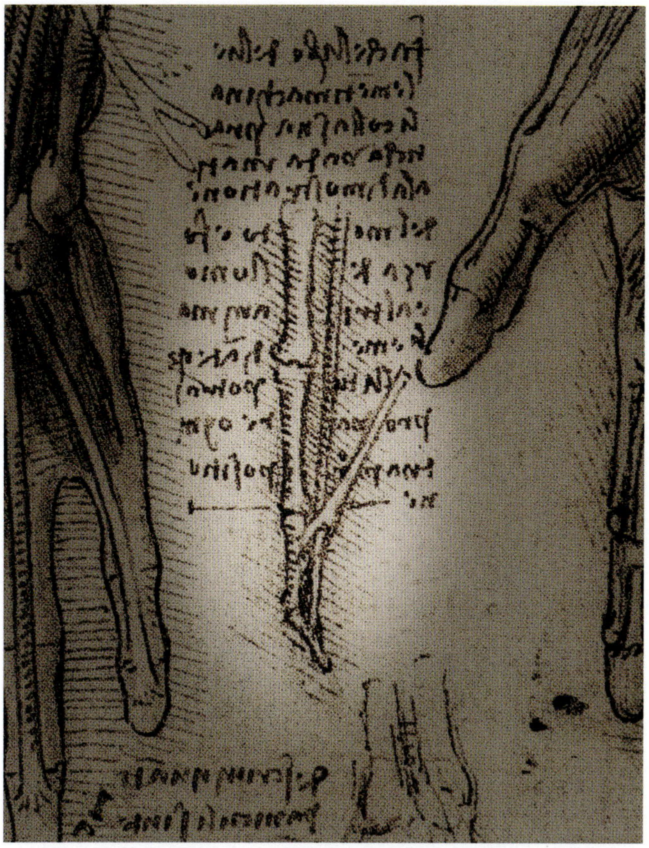

Figure 88 : Dessin des tendons fléchisseurs (planche 19009 r/FA 10 r/c).

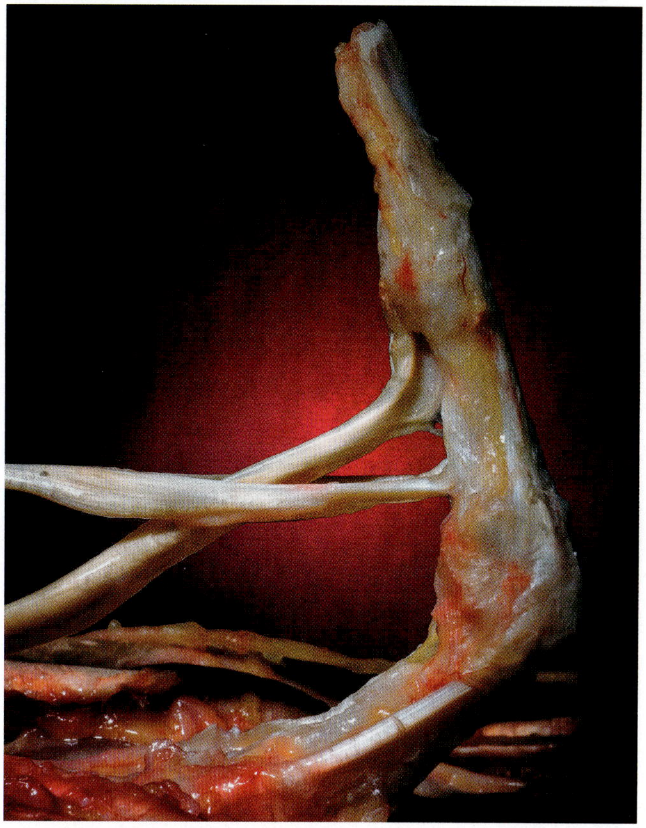

Figure 89 : Dissection d'un doigt montrant les tendons fléchisseurs et leur action après suppression des poulies digitales.

Notez aussi la valeur didactique de ses dessins qui ne sont pas une simple représentation de ce qu'il a observé : ici par exemple, on différencie clairement les 2 tendons fléchisseurs allant vers chaque doigt ainsi que la perforation du tendon du fléchisseur superficiel par celui du fléchisseur profond, ce qui n'est pas aussi évident sur la dissection anatomique à droite.

En fait, ses dessins sont un remarquable compromis entre exactitude et valeur didactique : ils sont faits pour transmettre de l'information à valeur scientifique.

Il a écrit dans le Codex Atlanticus (CA 99 v. a) sur le mouvement des doigts que « Outre les mouvements précités (flexion – extension), il en est quatre autres principaux, dont deux vers le haut et vers le bas et les deux autres latéraux, chacun d'eux régi par un tendon unique ».

Mais manifestement, il s'interroge toujours sur les structures qui servent à écarter et à rapprocher les doigts mais aussi à fléchir la métacarpophalangienne et étendre les interphalangiennes.

Ces positions apparaissent sur deux petits dessins de la planche entièrement consacrée à la main (Fig. 91, a et b).

C'est, encore une fois, à partir de la fonction qu'il raisonne et avec le support du dessin.

Il décrit en fait le rôle des muscles interosseux sans toutefois les nommer et peut-être sans avoir compris qu'ils étaient responsables de ces actions. Ainsi, il semblerait qu'il ait méconnu les écrits de Galien sur le rôle des muscles interosseux et l'anatomie de la latéralité.

Manifestement, il s'intéresse plus au trajet et aux insertions des muscles, et donc à leur rôle fonctionnel, qu'à leur description anatomique précise. En permanence, cette préoccupation fonctionnelle transparaît. Par exemple, dans la planche entièrement consacrée à la main, il a représenté sur le squelette des fils matérialisant le trajet du long abducteur du pouce et de l'adducteur du pouce, muscles agissant sur le premier métacarpien et de rôle opposé, l'un servant à écarter le pouce et l'autre servant à le rapprocher de la main (Fig. 92). Dès ce plan, on voit qu'il commence à penser les éléments qui vont permettre de mobiliser la structure de base, ici en l'occurrence le squelette du pouce.

De même, il a représenté les muscles de la première commissure sous forme de cordages parallèles disposés selon la direction de ces muscles (Fig. 93). Cette représentation a une grande valeur didactique :

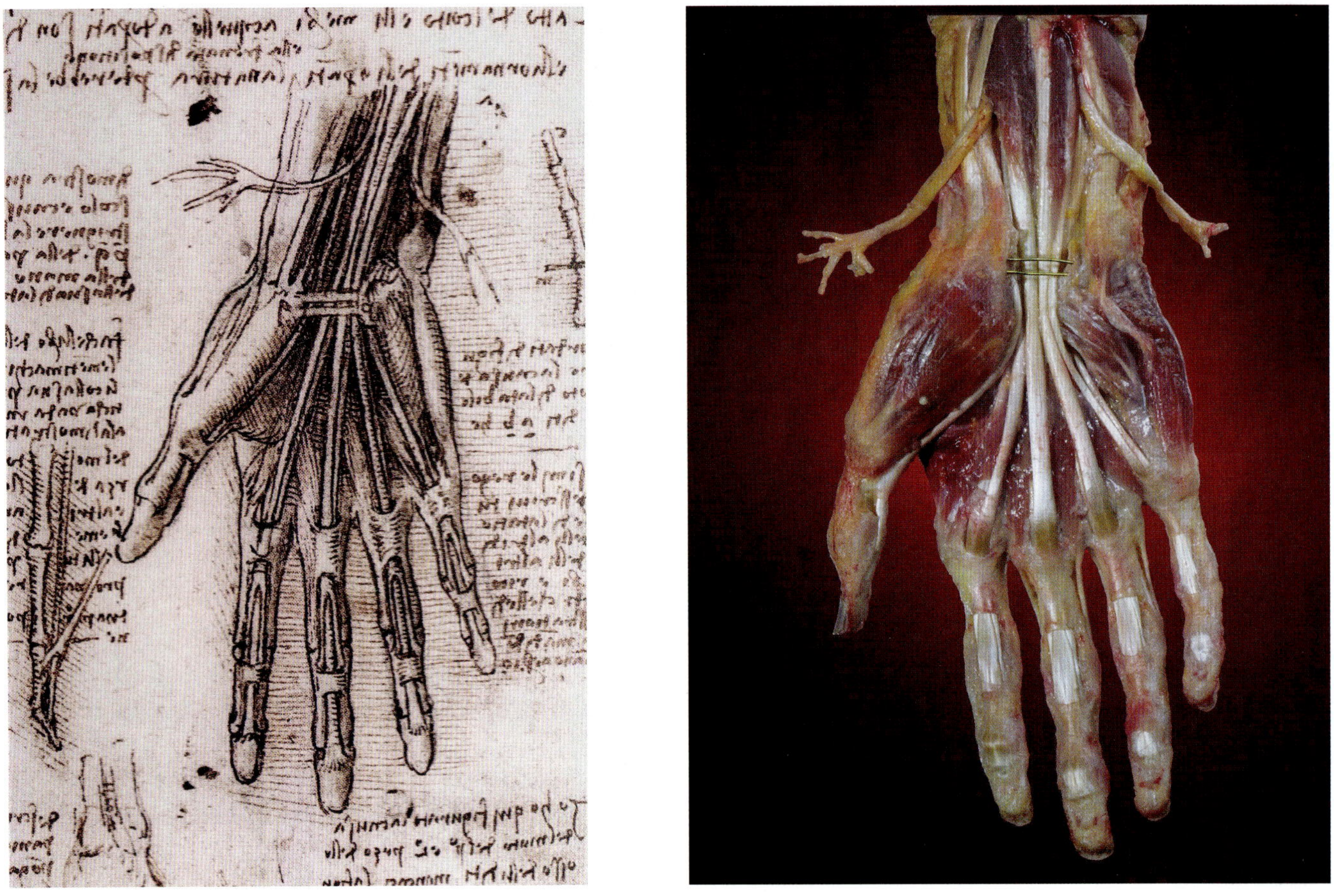

Figure 90 a et b : Anatomie des tendons fléchisseurs et des poulies digitales :
a : Dessin de Léonard de Vinci ; b : Dissection anatomique correspondante.

– non seulement elle permet de mieux matérialiser leur trajet et leurs insertions… on voit même par transparence que l'adducteur du pouce va s'insérer aussi sur le troisième métacarpien ;

– mais cette représentation permet aussi de comprendre leur fonction au premier coup d'œil.

Parmi les dessins manquants, il faut signaler l'aponévrose palmaire moyenne. Cette structure superficielle, sous-cutanée, a été représentée par d'autres auteurs de l'époque. Elle fait pourtant partie des plans superficiels de la main palmaire et aurait dû figurer sur les planches conservées. Elle ne figure pas non plus dans les dix plans qu'il décrit. Léonard de Vinci ne peut pas l'avoir méconnue mais il est possible qu'il n'ait pas jugé utile de représenter cette structure dont le rôle fonctionnel est négligeable.

Par contre, l'absence de dessins concernant la face dorsale de la main et les tendons extenseurs est plus surprenante. La représentation de la face dorsale n'apparaît, dans ces planches, que sur un seul dessin représentant l'ensemble du membre supérieur (Fig. 94).

Mais cette ébauche de représentation des tendons extenseurs, bien que sommaire, est plus proche de la réalité que celle de Vésale… comme vous pouvez le voir par comparaison avec la dissection anatomique sur la figure 95. Cependant, on ne peut exclure que les tendons extenseurs aient été représentés sur une planche perdue ou que Léonard de Vinci, encore une fois, n'ait été intéressé que par le côté fonctionnel de la main dont le principal rôle est la préhension.

Bien que Léonard de Vinci soit un artiste, son étude de l'anatomie va bien au-delà de la simple recherche à but artistique, *i.e.* dont l'objectif serait une représentation plus fidèle des reliefs et des modifications extérieures liées aux mouvements.

Il a conduit son étude de l'anatomie comme celle des engrenages et de l'hydraulique, en essayant d'aller jusqu'au bout des choses… il a réalisé une véritable démarche scientifique.

De plus, cette démarche est soutenue par le dessin dont la valeur intellectuelle était reconnue au quattrocento : le

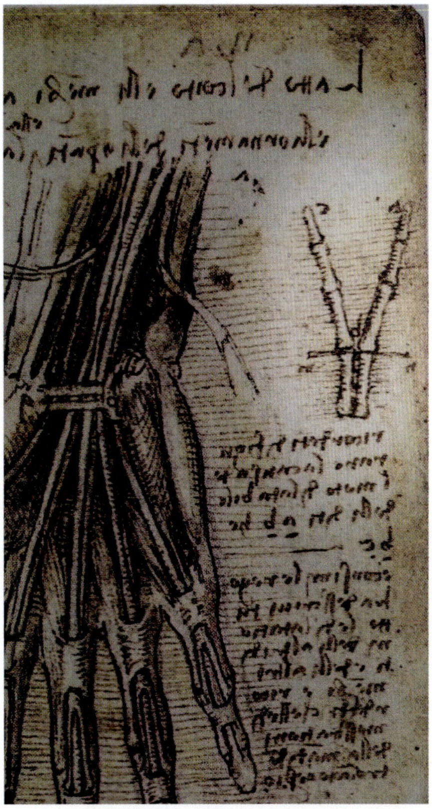

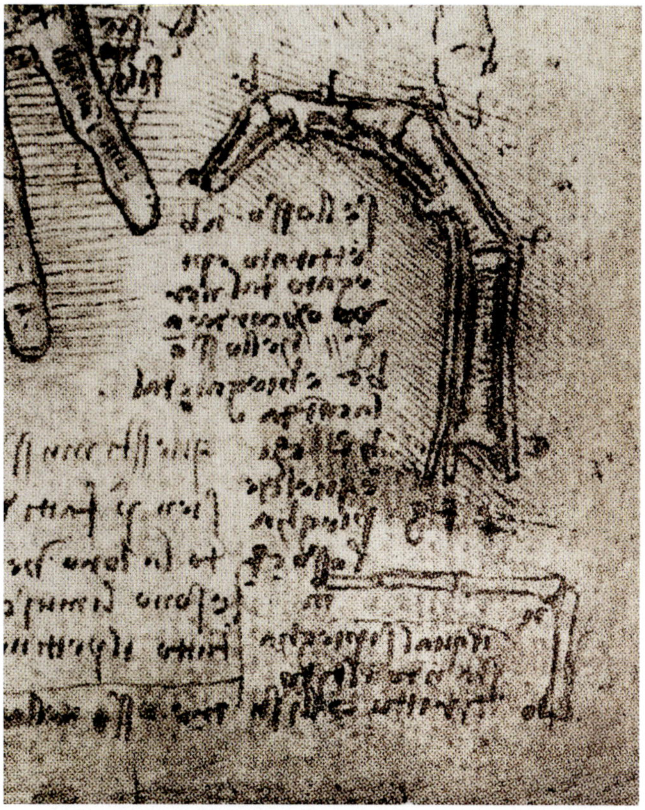

Figure 91 : Positions résultant de l'action des muscles interosseux :

À gauche, dessin montrant deux doigts écartés ;
À droite, dessin, d'un doigt en position intrinsèque, articulation métacarpophalangienne fléchie et interphalangienne en extension.

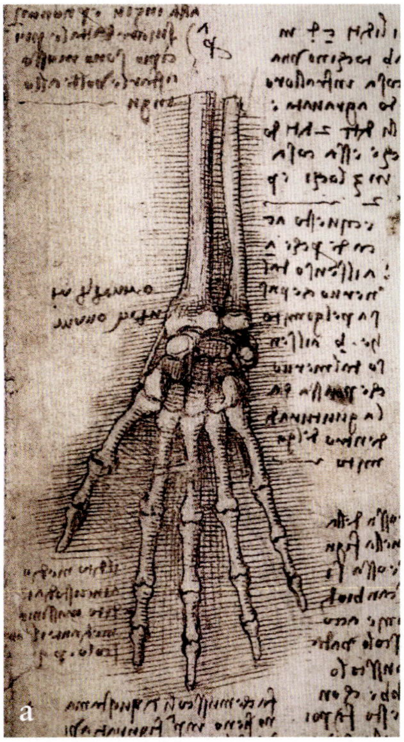

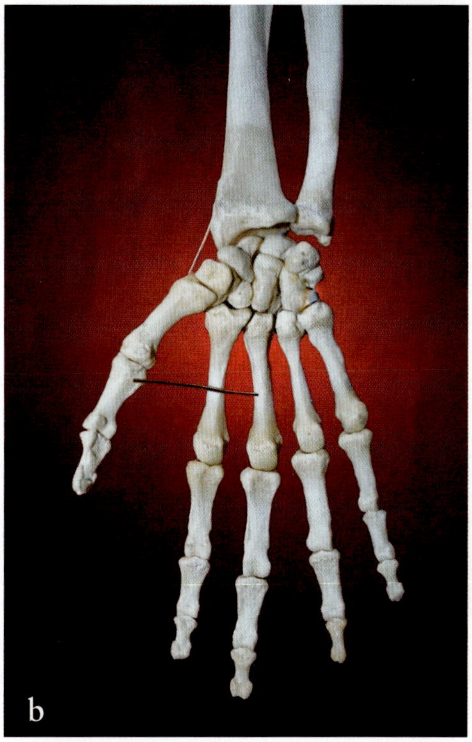

*Figure 92 a et **b** : Dessin du squelette (**a**) et photographie (**b**) montrant la matérialisation des tendons du long abducteur et de l'adducteur du pouce.*

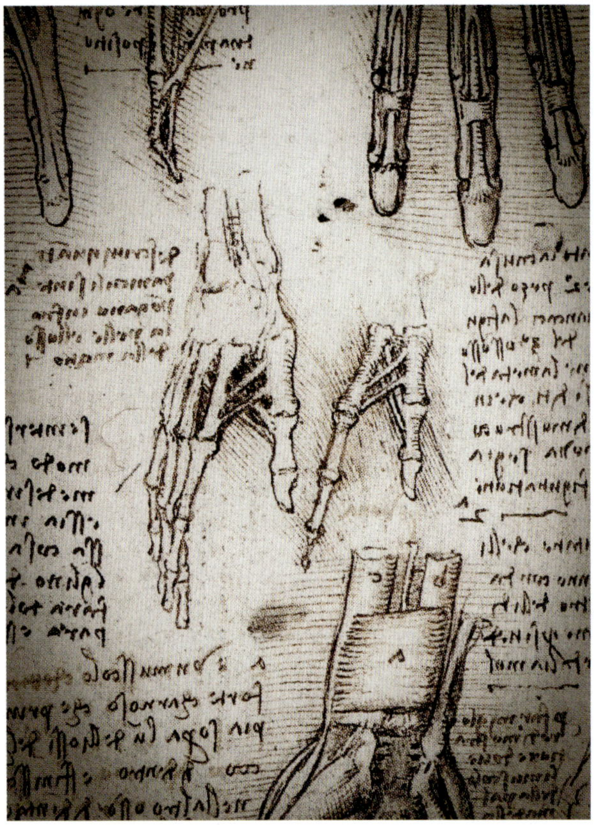

Figure 93 : Deux dessins montrant les muscles de la première commissure sous forme de cordages (planche 19009 r/FA 10 r/c).

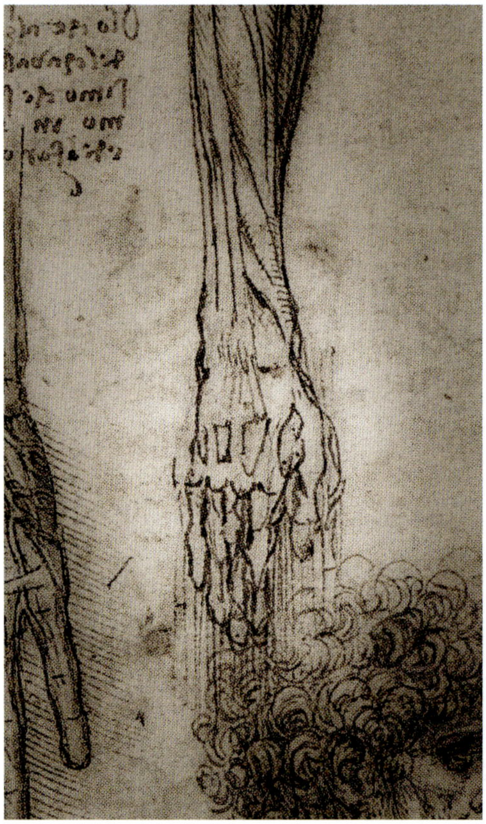

Figure 94 : Représentation de la face dorsale de la main sur laquelle les tendons extenseurs ont été esquissés.

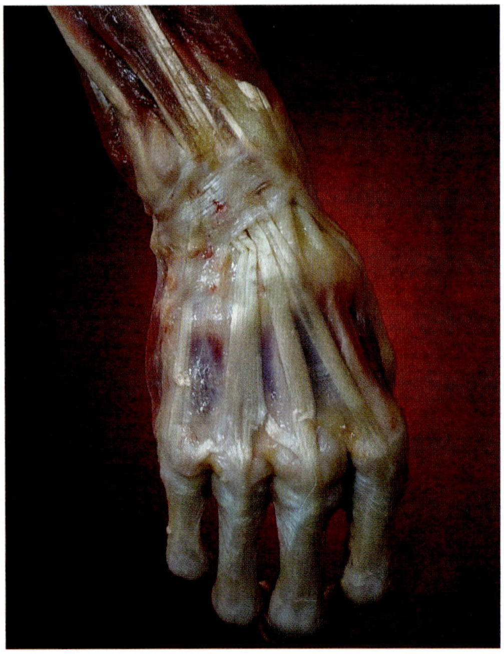

Figure 95 : Dissection de la face dorsale de la main montrant les tendons extenseurs.

dessin est avant tout une activité intellectuelle, et c'est la principale forme d'expression de Léonard de Vinci. En effet, pour lui la représentation graphique est prédominante sur l'écrit comme en attestent aussi ses propos : « *Je te conseille de ne pas t'encombrer de mots à moins que tu ne parles à des aveugles (...) dans cette entreprise tu serais surpassé de loin par l'œuvre du peintre.* »

Sa pensée est graphique et toute observation peut et doit être objectivée par un dessin. Cette forme de va-et-vient réalise un enrichissement réciproque entre la pensée et le dessin.

C'est sa rigueur et cette nécessité ressentie de devoir représenter les choses au plus juste qui lui ont probablement permis de faire la première description de l'arcade palmaire superficielle, ainsi que des artères et des nerfs jusqu'à la pulpe. Regardez la beauté et l'exactitude de sa représentation de l'arcade palmaire superficielle ainsi que de ses branches de division... (Fig. 96).

À son époque, les dessins d'anatomie sont grossiers et les représentations donnent lieu à des mises en scène assez pathétiques avec une faible valeur didactique. De plus, les anatomistes faisaient appel à des artistes pour dessiner

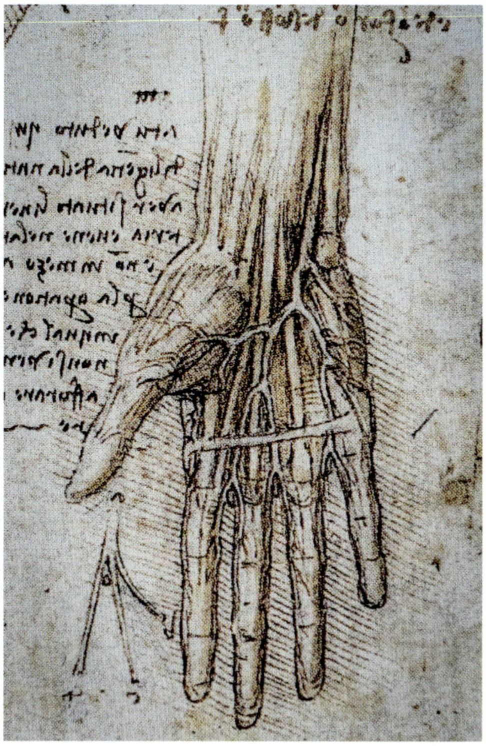

Figure 96 : Représentation de l'anatomie du plan vasculaire montrant l'arcade palmaire superficielle et ses branches de division.

leurs dissections ce qui constitue une source importante d'erreurs. Nous serions bien incapables de comprendre l'anatomie des fléchisseurs sur un dessin de ce type (Fig. 97) sans les écrits associés de Vésale.

Léonard de Vinci n'a pas utilisé de mises en scène de ses représentations anatomiques : ses objectifs étaient l'exactitude et la valeur didactique de ses dessins. Sa démarche reposant sur une représentation graphique rigoureuse, le texte devient inutile.

Enfin, point fondamental, Léonard de Vinci était à la fois celui qui disséquait et celui qui représentait ses dissections ce qui limitait le risque d'erreurs. Ce risque est d'ailleurs toujours présent de nos jours du fait de la dissociation entre anatomiste et dessinateur.

Ainsi, et contrairement à ses contemporains, Léonard de Vinci a produit une iconographie rigoureuse dont l'objectif était essentiellement scientifique. Une des rares exceptions concerne ce dessin montrant une main serrant une barre cylindrique qui combine une vision artistique et fonctionnelle de l'anatomie (Fig. 98a). Cependant cette position ne représente pas une position gratuite, purement esthétisante, comme l'ont fait ses contemporains, mais illustre parfaitement la fonction de préhension dans une attitude « physiologique ».

Il s'agit bien sûr, de la part de Léonard de Vinci, d'une interprétation car il n'est pas possible avec un cadavre de reproduire la même position (Fig. 98b) sans attacher les doigts… ce que nous avons dû faire pour réaliser la photo du haut (les fils ayant ensuite été supprimés par un logiciel).

En conclusion, pour utiliser une terminologie à la mode, je ne pense pas qu'on puisse dire que Léonard de Vinci était vraiment un savant disruptif. En effet, nombre des machines qu'il a dessinées et de travaux qu'il a réalisés avaient déjà été pensés mais, par sa curiosité universelle, il a poussé ses recherches dans beaucoup de domaines avec rigueur et détermination, et est allé au-delà des connaissances de l'époque. Le « non finito » qu'il lui est souvent accolé est très réducteur car ce qu'il a réalisé est une œuvre en perpétuelle évolution à la recherche de la réalité des choses.

L'anatomie de la main est une parfaite illustration de son désir de comprendre le monde, de sa ténacité, de sa vision transdisciplinaire et de ses qualités d'artiste. Cela lui a permis de représenter des structures qu'il est le premier à avoir décrit et de laisser sur la main une œuvre anatomique hors du commun et toujours d'actualité cinq cents ans après. Et on ne peut que regretter que cette œuvre soit restée longtemps méconnue !

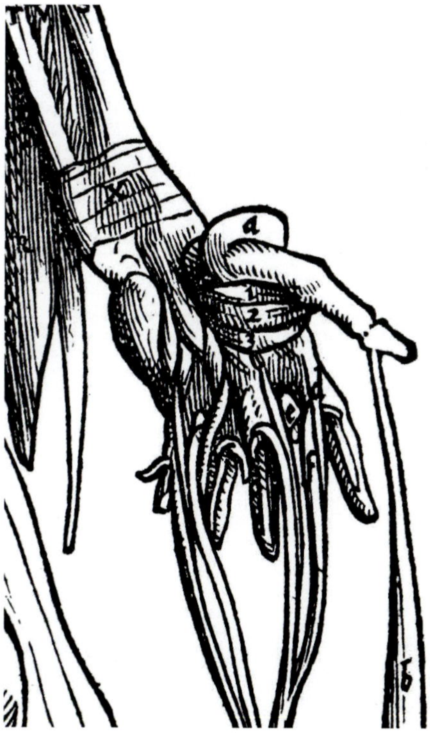

Figure 97 : Dessin extrait du traité d'anatomie d'André Vésale.

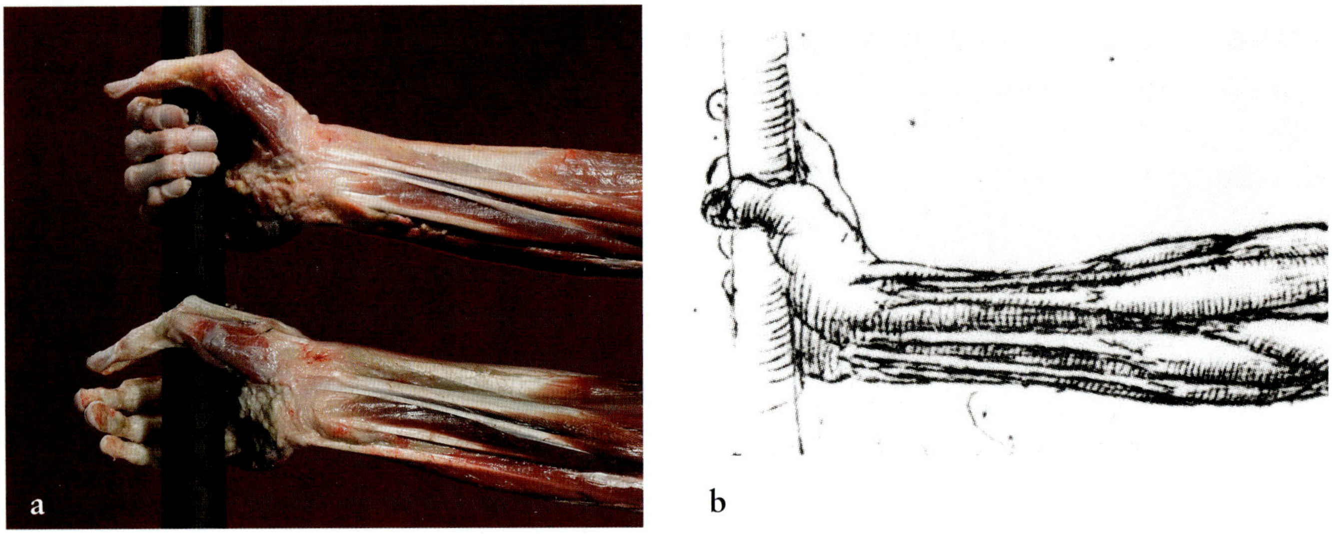

*Figure 98 **a** et **b**. Main tenant une barre cylindrique :*

a : Représentation de Léonard ;
b : Dissection anatomique (position spontanée en bas, doigts attachés en haut).

Pour finir, je vous propose cet aphorisme de Léonard de Vinci qui montre bien l'importance qu'il accordait à la connaissance : « L'acquisition d'une connaissance, quelle qu'elle soit, est toujours profitable à l'intellect, parce qu'elle lui permet de bannir l'inutile et de conserver le bon. Car on ne saurait rien aimer ou haïr qui ne soit d'abord connu. » (Codex Atlanticus 226 v. b.)

Références bibliographiques

BRIOIST P. (2019) *Les audaces de Léonard de Vinci*. Paris, Stock.

LAURENZA D. (2017) *Léonard de Vinci, artiste et scientifique*. Paris, Belin.

LE NEN D., LAULAN J. (2009) *La main de Léonard de Vinci*. Berlin, Springer.

LE NEN D. (2019) *Léonard de Vinci, l'aventure anatomique*. Paris, Epa.

VALÉRY P. (1942) Préface. *Les Carnets de Léonard de Vinci*. Paris, Gallimard.

Questions à Jacky Laulan et réponses

David Thaler : Vous avez parlé de la relation de Leonardo entre structure et fonction… ce que l'on peut voir dans la biologie de l'évolution, c'est qu'il y a beaucoup de choses qui sont inutiles, qui n'ont pas de fonction dans l'anatomie. L'appendice, par exemple, les tétons chez les hommes, qui n'ont plus de fonction. Je me demande si Leonardo a déjà fait des commentaires sur l'absence de fonctionnalité de ce que l'on peut trouver dans la vie, dans la Nature. Souvent, on veut attribuer des fonctions, des raisons, on veut réaliser des travaux d'ingénieurs sur certaines choses, mais en fait ça ne fonctionne pas toujours de cette façon.

David Thaler: *You've said a lot of Leonardo's relation of structure and function of anatomy and engineering. One of the things that's appreciated in biology now, and evolutionary biology, is that a lot of what's manifest is useless, does not particularly have a function, like male nipples, the appendix or … it may be vestigial, maybe things that evolved, you know, like synonymous codon substitution, so I wonder if Leonardo ever remarked on the non-functionality of a lot of what is found in life or in Nature, even though there's an urge to give it a function and a reason and to make it engineering, and to bring everything together, and make a unity… in fact a lot of it doesn't work that way.*

Jacky Laulan : La démarche de Léonard est inverse, chaque fois qu'il observait quelque chose, il essayait d'en comprendre la finalité, l'utilité, le fonctionnement. D'abord, je ne suis pas tout à fait d'accord que les tétons chez les hommes ne sont pas utiles. Ça dépend, chacun a ses zones érogènes. Sur l'appendice, je n'ai pas d'idée.

Jacky Laulan: *Well, to my understanding, Leonardo's approach is the contrary. Every time he observed something, he tried to understand the purpose and the usefulness and the functioning. I don't agree that male nipples are not useful, they can be erogenous… About appendix, I have no idea.*

Public : Quand on dépeint quelque chose, est-ce qu'on représente ce que l'on voit, est-ce que l'on représente une idée de ce que l'on voit ? Il y a toujours cette question de jusqu'où on va quand on est un observateur, dans quelle mesure on affirme quelque chose ?

Public: *When you depict something, what are you representing? Are you representing just what you see, are you representing an idea of what you see? There's always going to be the question of how far an observer is making a statement as well, as I'm making an observation.*

Jacky Laulan : Justement, un des problèmes de beaucoup de gens c'est justement ça, c'est-à-dire de chercher ce qu'ils ont anticipé et ça a été l'erreur des anatomistes pendant longtemps, c'est-à-dire qu'ils cherchaient à reproduire les connaissances de Galien, et ça a été les erreurs de Léonard aussi au début son expérience. C'est ça qui est fondamental, c'est de savoir jeter un regard différent, sans a priori, et vraiment de représenter ce que l'on a observé sans influence autre que ses observations. C'est fondamental.

Jacky Laulan: *One of the issues that many people have, is that people are looking for what they anticipated. It was the big mistake made by anatomists for a long time, they tried to reproduce Galien's representations, and it was Leonardo's mistake in his early days. It's fundamental to be able to have a different view, and to represent what you observe without being influenced by anything but your own observations, that's fundamental.*

Un dessin en mouvement

Renaud Chabrier*

Introduction

Le dessin a connu une évolution décisive durant la Renaissance. Au cours des siècles précédents, les peintres et dessinateurs du monde occidental se trouvaient encore largement embarrassés par des problèmes de représentation de la profondeur sur une surface plane. Puis, en deux siècles, l'usage du trait s'est raffiné au point de pouvoir représenter n'importe quelle forme sous n'importe quel angle. Les dessins anatomiques de Léonard de Vinci reposent ainsi sur une capacité inédite à représenter des organisations spatiales insoupçonnées.

Pour développer cette vision étonnamment claire des structures anatomiques, il était nécessaire que son dessin puisse discerner de nombreux changements d'orientations dans les courbes des os, des muscles et des tissus en général. Par la suite, ce type de compétence a permis le développement du dessin scientifique, quoique Léonard de Vinci ne puisse pas être présenté comme l'unique fondateur de cette discipline, ses carnets ayant été largement oubliés après sa mort. L'intérêt de son travail dépasse en fait le cadre des causalités historiques : plus généralement, il nous offre des clefs pour comprendre comment le dessin contribue à rendre le monde plus accessible.

Le dessin connaît en effet une situation paradoxale, au moment même où les musées célèbrent les 500 ans de la naissance de Léonard de Vinci. On le plébiscite pour la créativité qu'il apporte, mais on le pratique de moins en moins sérieusement, surtout dans les filières scientifiques et techniques. De l'architecture à la biologie cellulaire, les pertes de compétence en termes de représentation, d'imagination et de conception spatiale commencent à être sensibles (Chabrier & Janke, 2017). Dans ce contexte, Léonard de Vinci peut apparaître à l'inverse comme un modèle de virtuosité inatteignable, ce qui est contre-productif pour les jeunes et les étudiants. Or, il est possible de présenter sa démarche d'une autre manière, en révélant le mouvement ou, plus généralement, les transformations qui se trouvent intégrés dans ses dessins. C'est cette dernière approche que je vais décliner dans cette communication.

Dans une première partie, je rendrai compte d'une production qui m'a conduit à animer un ensemble significatif de dessins de Léonard de Vinci, et qui reste apparemment à l'heure actuelle l'expérience la plus aboutie dans le domaine. J'introduirai à cette occasion quelques notions sur l'animation par métamorphose de dessins, aussi appelée « morphing », et je discernerai les principales catégories de transformation qu'il est possible de mettre en œuvre sur des dessins anciens.

Deux nouvelles expériences d'animation d'un bras seront présentées dans la seconde partie, dans le but de préciser le rôle du mouvement dans les dessins anatomiques de Léonard de Vinci. L'animation par métamorphose de dessins, couplé à un dispositif de diffusion d'images en relief, nous permettra de mieux distinguer le mouvement des corps représentés et le mouvement du regard du dessinateur.

Dans une troisième partie de discussion, nous aborderons le dialogue qui s'établit entre les deux types de mouvements au cours de la composition d'un dessin, tout particulièrement dans le dessin scientifique. J'évoquerai plus en détail les études de la pronation/supination par Léonard de Vinci, puis je les associerai à l'intérêt particulier qu'il portait aux mouvements en spirale. La « perspective de Léonard de Vinci », telle qu'il la décrit lui-même dans ses carnets, nous offrira alors une piste précieuse pour mieux comprendre la valeur spatiale du trait.

* Lix, CNRS, École polytechnique, Institut Polytechnique de Paris, France.

Partie 1 – Animer les dessins de Léonard : les besoins d'une exposition, les conclusions d'une réalisation

En 2012, une grande exposition temporaire intitulée « Léonard de Vinci, projet, dessins machines » a été organisée à la Cité des Sciences et de l'Industrie à Paris, avant d'être montrée dans plusieurs villes autour du monde. Cette exposition ne montrait pas d'œuvres originales. Elle reposait au contraire sur une large panoplie de maquettes, sur des reproductions de dessins en grandes dimensions et sur des dispositifs audiovisuels ou interactifs, sans oublier une importante scénographie (Fig. 99a). Certaines reconstitutions de machines, empruntées au musée de Milan et datant de la redécouverte de Léonard de Vinci au XIXe siècle, avaient déjà une valeur historique ; d'autres maquettes plus petites avaient été construites pour l'occasion, afin que les visiteurs puissent comprendre les dispositifs en les manipulant. Parfaitement cohérente avec l'état d'esprit des musées scientifiques modernes, cette présentation de Léonard et de son ingénierie faisait la part belle à l'action. Le commissaire Eric Lapie avait alors souhaité conclure le parcours de façon plus contemplative, grâce à une grande installation multi-écrans qui mettrait en évidence l'importance du mouvement dans le regard de Léonard en montrant des animations directement issues de ses dessins. Restait alors à trouver une équipe capable d'animer les dessins de Léonard sans les trahir.

Transformer les dessins, une opération délicate

Mettre en mouvement des dessins anciens implique de les transformer, d'une façon ou d'une autre. Parmi toutes les transformations possibles, il faut donc en trouver une qui ne dénaturera ni la matière de l'image, ni la représentation qu'elle évoque. Aujourd'hui, les dessins peuvent être manipulés de plusieurs façons, le plus souvent sous forme d'images numériques. Il est possible, par exemple, de plaquer la texture des dessins sur des surfaces tridimensionnelles bien choisies (par exemple, une forme de pot pour le dessin d'un pot). De tels objets virtuels peuvent alors être animés dans un logiciel d'images de synthèse standard. Séduisante au premier abord, cette méthode laisse en fait très vite sentir un volume exogène au dessin d'origine. Une autre méthode consiste à découper le dessin en plusieurs parties, qui seront articulées comme une marionnette de papier : ce procédé « bidimensionnel », très efficace dans certaines réalisations, produit toutefois des animations bien trop naïves pour la qualité spatiale des dessins de Léonard. Une troisième alternative aurait simplement consisté à dessiner tous les intervalles du mouvement, selon les méthodes traditionnelles d'animation image par image. Outre le fait que les compétences et le budget pour une telle réalisation étaient introuvables, la demande ne justifiait pas un tel travail. En effet, il ne s'agissait pas de développer toute une histoire à partir des dessins de Léonard, mais plutôt de rendre visible leur potentiel de mouvement… et rien d'autre.

En 2011, je venais de terminer la mise au point d'une approche particulière de l'animation qui répondait à ce besoin, et qui me permit de gagner cet appel d'offres. Dix ans auparavant, j'avais remarqué que le « warping » et le « morphing », deux algorithmes de transformation d'image apparus à la fin des années 80, étaient restés très sous-utilisés en animation : ils avaient rencontré un bref succès populaire, en tant qu'effets spéciaux permettant de visualiser des déformations et des métamorphoses spectaculaires, puis étaient repassés dans l'ombre. J'ai alors entrepris de contrôler les déformations de l'image de façon plus fine grâce à une panoplie d'outils que n'utilisent pas les infographistes en général : des croquis préparatoires sur papier, des connaissances en danse et en anatomie fonctionnelles, quelques considérations géométriques sur les rotations dans l'espace, et enfin des logiciels à l'ergonomie plus appropriée. De cette façon, j'avais progressivement pu animer de façon convaincante mes propres dessins anatomiques, aussi bien que des peintures rupestres ou des fresques de Pompéi dans le cadre de différents documentaires scientifiques. Cette démarche permettait à la fois de préserver la texture de l'image d'origine et de gérer des mouvements dans la profondeur. Animer les dessins de Léonard de Vinci, avec tout ce qu'ils impliquent de richesse et de subtilité dans la représentation spatiale, représentait donc une étape décisive pour valider cette démarche et en tirer des enseignements.

Six minutes d'animation, trois grands types de transformation

Huit ans plus tard, la majeure partie de cette expérience d'animation se trouve rassemblée dans un court métrage, plus facile à apprécier hors du contexte de l'exposition initiale (Fig. 99b). Pour chaque dessin, l'animation se limite à développer un mouvement suggéré et rendu possible par le dessin lui-même, c'est-à-dire sa propension à se transformer. Je n'en dirai pas plus sur l'aspect poétique de ce travail, une vision du film en ligne étant bien plus appropriée qu'un texte pour cela. Ici, en introduisant quelques notions techniques indispensables, je vais en priorité développer la question qui se trouve à l'origine de chaque animation : « Comment ce dessin peut-il se transformer ? ».

Chaque type d'objet représenté (corps, machine, élément naturel...) suggère évidemment des réponses différentes, en référence à notre connaissance intuitive du monde physique et biologique. Cependant, il est possible de placer la discussion sur un plan plus général, en se préoccupant avant tout des opérations de transformation que nous pouvons mener sur le dessin, indépendamment de ce qu'il représente en particulier.

Une première opération, préliminaire et commune à toutes les animations, consiste à détacher différents plans (fond, torse, bras, tête...) de façon à gérer plus facilement les recouvrements. Les « parties cachées » qui vont être découvertes au cours du mouvement, et qui n'ont pas été dessinées par Vinci, sont alors complétées dans chaque plan de l'image. De nombreux logiciels de traitement d'image, d'animation et de compositing sont conçus sur la base d'un tel travail en « calques » ou en « couches », dont l'importance est souvent sous-estimée. En effet, à partir du moment où une image est composée de plusieurs couches, il ne s'agit plus d'une image « en deux dimensions ». Contrairement à ce que pourrait suggérer le terme « animation 2D » souvent utilisé, un potentiel de mouvement en profondeur est donc intégré dans la préparation des images, avant toute mise en mouvement.

Figure 99 : Animer les dessins de Léonard de Vinci dans un contexte d'exposition.

a : Vues générales de l'exposition « Léonard de Vinci, projet, dessins, machine » montrée à la Cité des Sciences à Paris en 2012, puis à Munich, Sao Paulo et Londres (Scénographie et photo : Franck Fortecoëf).

b : Le court-métrage « Léonard de Vinci, le mouvement » montré durant la Biennale d'Art Contemporain du Grand Taïpei à Taïwan en 2016.

a

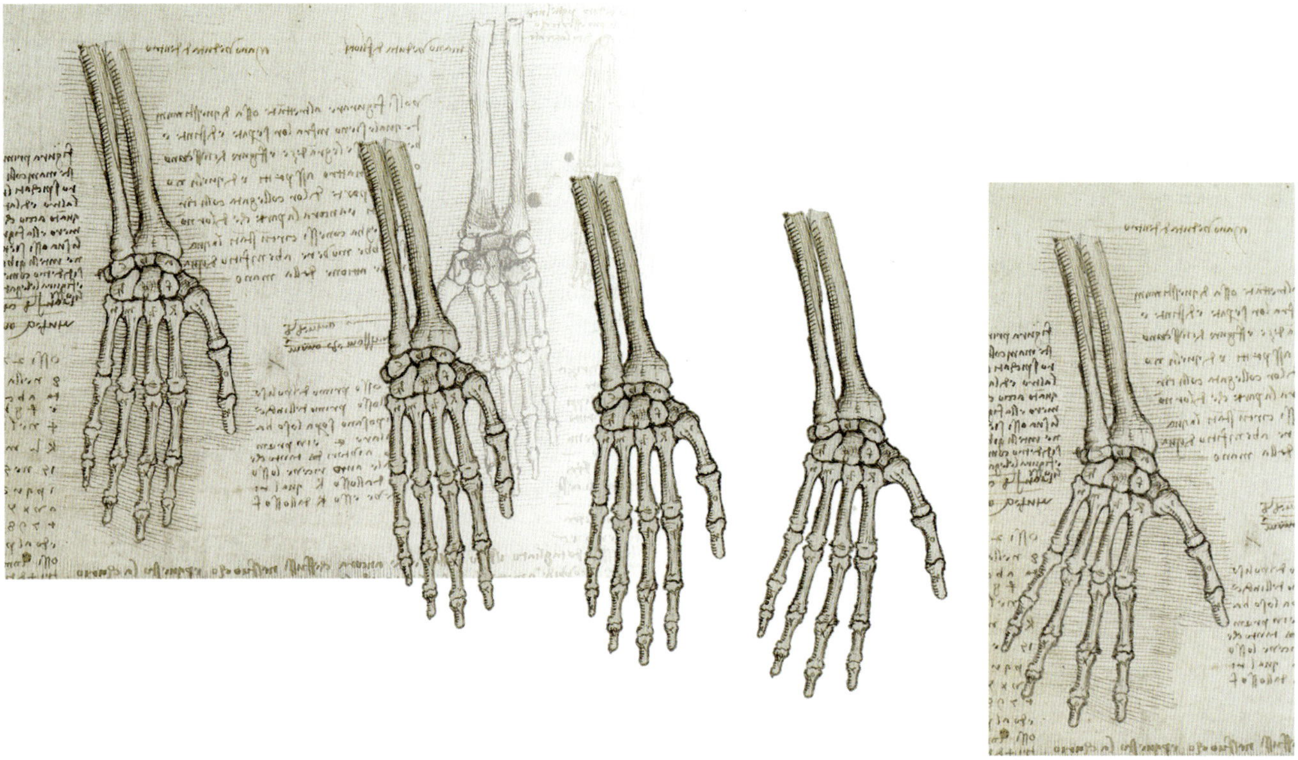

b

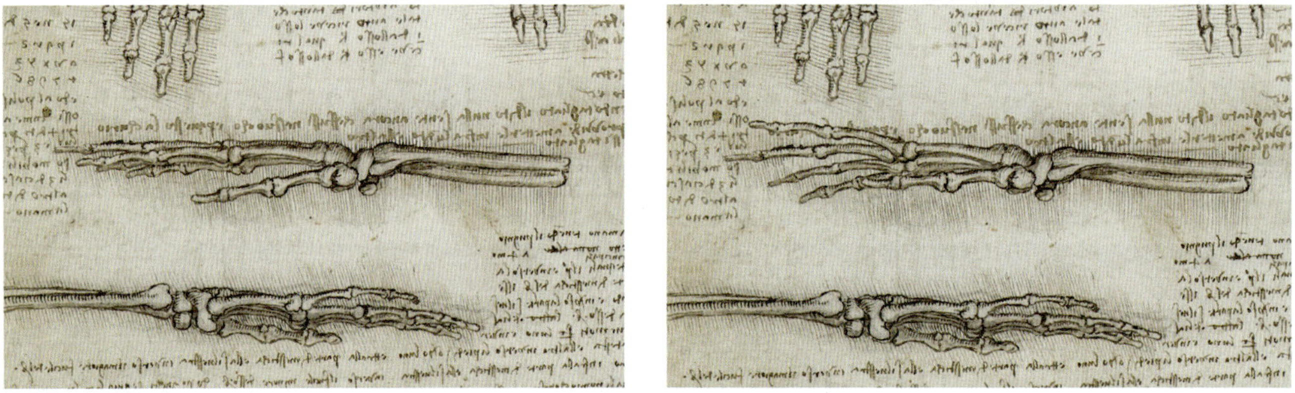

Figure 100 : Préparation des images et animations simples en plusieurs couches.

a : La main du dessin original (à gauche) est séparée du fond. Les os peuvent être articulés dans le plan de l'image pour créer un mouvement d'extension. Cette animation peut alors être ramenée sur le fond, dont on a complété les parties cachées dans le dessin d'origine.
b : Le même principe permet d'animer plusieurs couches afin d'évoquer la profondeur, comme dans le mouvement de cette main vue de côté.
Ici, l'animation de chaque couche reste simple : elle ne repose que sur le déplacement et la rotation de formes bi-dimensionnelles rigides, dans le plan de l'image.

La suite du processus dépend alors de ce que Léonard a souhaité montrer.

1 – Dans certains cas, l'animation se ramène à la déformation (ou « Warping ») d'un dessin unique, par exemple lors de l'extension d'une main (Fig. 100a) ou lorsqu'un personnage s'étire (Fig. 101a). Le dessin d'origine n'est pas nécessairement un point de départ : il peut s'avérer préférable d'en faire une arrivée, ou un passage dans le cours du mouvement.

2 – Dans d'autres cas, Léonard a dessiné plusieurs étapes d'une action, et il est naturel d'en profiter pour les enchaîner de façon continue (Fig. 101c). La déformation des images s'accompagne donc cette fois d'un changement de texture, afin de passer d'un dessin à un autre. C'est ce type de transformation, plus radical que le précédent, que l'on nomme « Morphing en deux dimensions », et que j'appellerai de préférence ici « métamorphose de dessins ».

3 – Enfin, certaines images peuvent être animées de façon cyclique, sans passer par une succession d'étapes demandant des dessins différents : certaines machines à roue, d'écoulements ou de nuages en spirale offrent cette possibilité (Fig. 106a et Fig. 106b). Il s'agit alors d'un cas particulier de transformation par morphing, au cours de laquelle la texture du dessin original s'enchaîne avec elle-même.

Figure 101 : Animation par déformation et métamorphose

a : La déformation (ou warping) d'une image permet d'animer des mouvements complexes, tels que les mouvements organiques. Dans cet exemple, l'image d'origine est à droite.

b : Courbes utilisées pour déformer l'image : on peut observer un point d'articulation affiché au niveau de l'épaule (Logiciel utilisé : plugin ReFlex de RE : Vision intégré au logiciel de compositing Combustion 4 de Discreet/Autodesk).

c : La métamorphose (ou morphing) entre deux images est obtenue en ajoutant un fondu enchaîné à la déformation. Cette méthode permet d'animer (à droite) une transition entre les deux étapes d'un mouvement dessinées par Léonard de Vinci (à gauche). Les deux dessins originaux ont été séparés, préparés en plusieurs couches (bras, jambes, torses…). Ces couches ont été métamorphosées séparément les unes des autres puis recomposées.

Apparemment, ces trois cas suffisent à couvrir tout ce qu'il est possible de faire en animant des dessins anciens ou contemporains. Seule l'étude d'un corpus relativement complet et varié (plus de 20 dessins ou feuilles de carnet) pouvait offrir cette vision globale de la question.

Il s'avère alors que l'anatomie joue un grand rôle dans le contrôle de ces transformations. Bien entendu, elle est sous-jacente dans la plupart des animations de corps vivants. Elle s'y manifeste cependant d'une façon très abstraite en apparence, et en tout cas très différente de ce que l'on voit dans les livres d'anatomie médicale. Cette dimension anatomique se joue notamment sur le choix des points à partir desquels les contraintes de déformation imposées à l'image vont s'articuler entre elles (Fig. 101b). Il s'agira, par exemple, de spécifier un ensemble de centres de rotations correspondant à l'épaule ou au coude. Ces centres ne sont le plus souvent marqués par rien de particulier dans l'image. Seul le mouvement permet de les faire sentir, avec une sensibilité étonnante. La moindre erreur se traduit en effet très vite par une sensation de distorsion ou de désarticulation.

Cette exigence dans le contrôle des transformations, tout particulièrement lorsqu'elles s'appliquent à un mouvement organique, permet d'expliquer les très bons résultats obtenus par l'animation par morphing lorsque les moyens nécessaires ont pu être investis. Par exemple, mon atelier a pu animer différentes peintures rupestres de la grotte Chauvet, ainsi que la fresque « Les effets du bon gouvernement » d'Ambrogio Lorenzetti à Sienne. Un projet comparable pourrait-il être mené en se focalisant sur les dessins anatomiques ? J'ai mené une étude préliminaire, afin d'estimer quel pourrait être le sens d'un tel travail.

Partie 2 – Application à l'anatomie

À travers ses dessins anatomiques, Léonard de Vinci s'impose comme un précurseur de l'anatomie fonctionnelle et de la biomécanique. Curieusement, cette partie de son œuvre est considérablement moins connue que son travail d'ingénierie ou de peinture : afin de la rendre accessible au grand public, la production d'un long-métrage ou d'une grande exposition serait donc tout à fait justifiée. Consacrée à l'anatomie de de Vinci, ou à l'anatomie en général, une telle réalisation permettrait de revaloriser cette discipline dont l'importance reste méconnue. Dès lors, à titre exploratoire, il est important de se demander comment l'animation pourrait contribuer à un tel projet.

L'anatomie de Léonard de Vinci : un regard en mouvement

Si l'anatomie de Léonard de Vinci retient avec raison l'attention des médecins, des chercheurs et parfois des ingénieurs, elle ne correspond pas à ce que l'on appelle le plus souvent « anatomie artistique ». Dans cette dernière discipline, développée notamment par Michel-Ange à la même époque, l'artiste s'intéresse surtout aux muscles superficiels. Leur étude permet au dessinateur de modeler les corps de façon plus sculpturale, tandis que des connaissances générales sur l'architecture du squelette l'aident à construire des personnages qui « tiennent debout ».

L'approche de Léonard de Vinci n'est pas guidée par les mêmes enjeux. Tout d'abord il s'engage beaucoup plus loin dans la description anatomique, menant lui-même les dissections. Il s'intéresse alors à des muscles profonds ou à des organes apparemment sans aucune influence sur l'apparence extérieure des corps. Pourtant, cette plongée dans le fonctionnement interne du corps ne l'empêche pas de maintenir une attention permanente aux forces et aux mouvements qui se trouvent mis en jeu dans le contexte d'un corps vivant. Même si leur formulation scientifique est encore floue à l'époque, ces « forces » dont il cherche l'origine et la logique ont vocation à se déployer dans le monde externe, si bien que le mouvement, porté par le trait, affleure dans tous ses dessins. C'est pourquoi il est quasiment naturel de voir bouger une main dessinée par Vinci... même si elle se trouve à l'état de squelette (Fig. 100a et 100b).

Cette sensibilité de Vinci pour le mouvement, telle qu'elle se présente dans ses études anatomiques, est cependant de deux ordres. D'une part, elle concerne le mouvement potentiellement généré par les os, les muscles et les divers autres organes concernés. Par exemple, le squelette d'un bras pourrait s'articuler, à supposer qu'on lui raccorde son biceps (Fig. 102a). D'autre part, cette sensibilité concerne aussi le mouvement de de Vinci lui-même. En effet, une dissection n'est pas un spectacle dans lequel le spectateur reste assis à sa place. Il est nécessaire de se déplacer, de changer d'angle de vue, et de manipuler autant que possible les structures étudiées pour mieux les appréhender. Léonard a ainsi éprouvé le besoin de dessiner un même bras, replié en position de pronation, sous deux angles différents correspondant presque à une « vue de face » et une « vue de côté » (Fig. 103a).

La propension au mouvement, dans les dessins anatomiques de Vinci, réveille donc dans notre regard deux sortes d'anticipation : ce qui se passerait si l'objet dessiné se mettait à bouger de lui-même, et ce qui se passerait si en tant qu'observateur je me mettais à bouger autour de cet objet. Dans les deux cas, le dessin se transformerait, et la plupart du temps ces deux transformations ne seraient pas les mêmes. À vrai dire, cette alternative est universellement présente dans les représentations spatiales, mais de Vinci la rend particulièrement évidente dans ses dessins anatomiques, et tout particulièrement dans sa célèbre étude de l'épaule et du bras en quatre étapes (Fig. 104a).

Première expérience d'animation : contracter un biceps

Un travail d'animation sur ces dessins consiste donc à prolonger soit l'une, soit l'autre possibilité de transformation, afin d'induire un mouvement du corps ou un mouvement du regard, ou encore les deux à la fois. Commençons par le cas le plus familier, celui où le corps dessiné bouge de lui-même. De Vinci a dessiné un squelette de bras doté d'un biceps, en coupant le tendon de ce

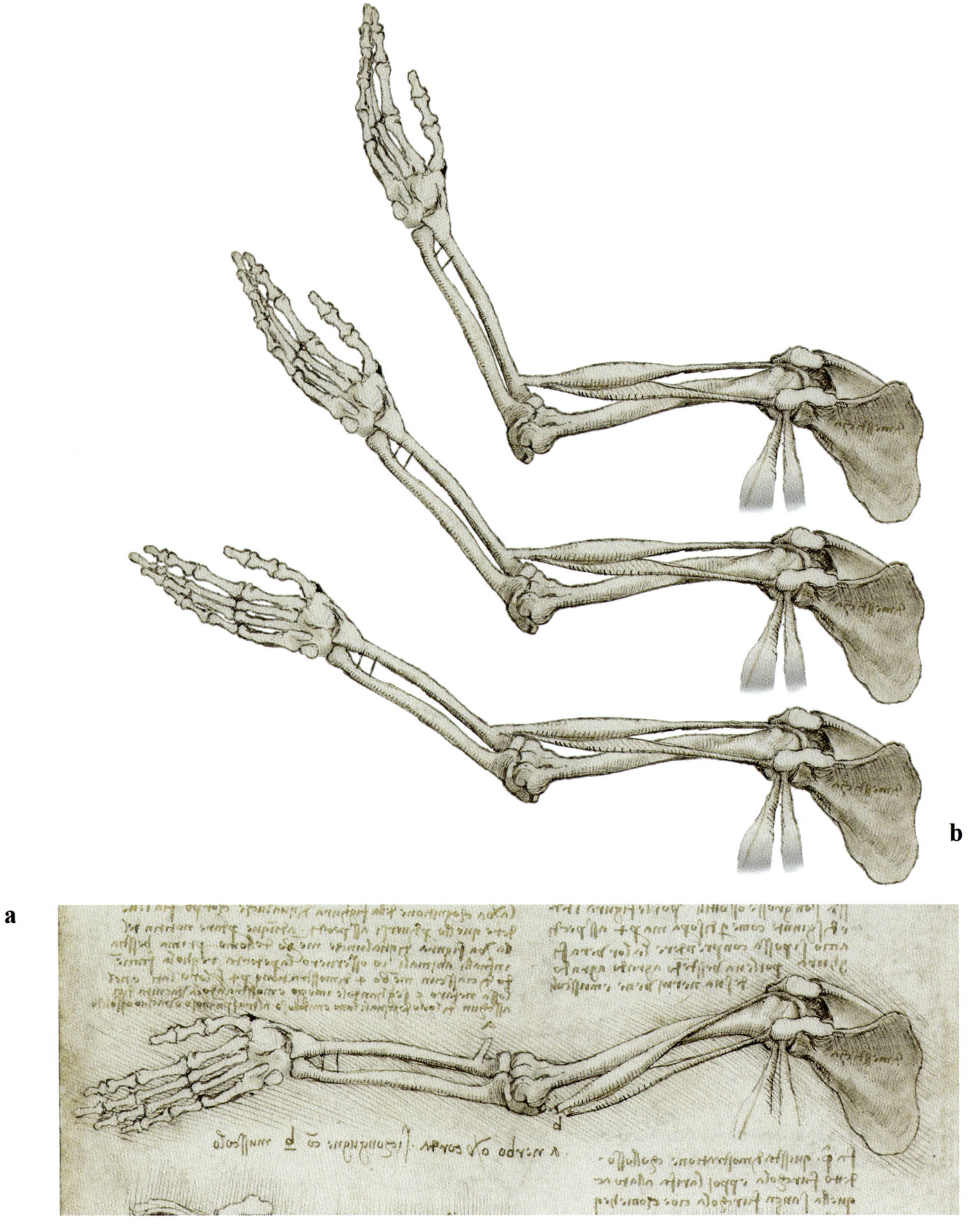

Figure 102 : Animation de la flexion du bras avec biceps.

a : Sur le dessin original de Léonard de Vinci, le tendon du biceps est coupé pour mieux faire apparaître l'articulation du coude.
b : En « réparant » le tendon, la flexion du bras peut être animée. Elle impose de combiner l'articulation de formes rigides (squelette) avec une transformation plus élastique (muscle). (L'animation générée compte 450 images.)

dernier au niveau de l'avant-bras (Fig. 102a). Ce dessin est intéressant à animer pour des raisons de narration scientifique : dans l'introduction d'un film ou d'une exposition, cette animation permettrait de poser les bases du jeu des os, des muscles et des tendons sur un cas simple.

J'ai donc choisi de « réparer » le tendon pour animer la flexion du bras, avant de montrer éventuellement ce qui se passe si l'on coupe le tendon. Il ne s'agit pas d'un mouvement très complexe, mais il pose tout de même quelques enjeux fondamentaux pour l'animation de dessins anatomiques : les os doivent être relativement rigides, et s'articuler à partir de centres de rotation, tandis qu'au contraire les muscles ne doivent pas conserver leur forme, puisqu'ils se contractent et se détendent. L'animation doit donc pouvoir combiner ces deux types de transformations sans introduire de confusion, ce qui est plus difficile qu'il n'y paraît (il faut se rappeler que le logiciel utilisé est susceptible de transformer n'importe quelle partie de l'image de n'importe quelle manière : par défaut, il ne fait donc pas de différence entre les os et les muscles).

Sur la base d'une telle animation, il est possible grâce à elle d'isoler la contraction du biceps, l'un des très rares muscles connus de tous dans le grand public. Ceci ouvre un accès à la question du volume des muscles visibles de l'extérieur, et permet ainsi de faire le lien avec l'aspect plus « artistique » de l'anatomie. En parallèle, il est également possible d'approfondir le côté « scientifique » et de zoomer dans le muscle, afin de montrer des structures que de Vinci n'a pas pu observer, telles que l'organisation des fibres, ou même celle des fuseaux neuro-musculaires qui régulent la contraction, et qui jouent donc un rôle essentiel dans les arts du mouvement. Le dessin de de Vinci, à condition d'être animé convenablement, peut ainsi agir comme une toile de fond sur laquelle le spectateur/visiteur intègre un éventail d'informations venues de diverses disciplines (arts plastiques, biomécanique, neurobiologie, danse...).

Deuxième expérience d'animation : tourner autour d'un bras

Intéressons-nous maintenant à l'autre aspect du mouvement dans les dessins de de Vinci, celui qui se produit lorsque le regard du dessinateur (et du spectateur) tourne autour des objets. Ce comportement est très spontané lorsque nous essayons de mieux saisir une forme. De Vinci le traduit littéralement dans des dessins constitués de plusieurs vues. Par exemple, un squelette de bras fléchi et en pronation lui donne l'occasion de deux dessins séparés d'environ 70° (Fig. 103a). Il est alors possible de calculer une métamorphose (ou morphing) entre les deux vues. Le résultat montre un mouvement général de rotation dans l'espace (Fig. 103b).

Notre système visuel nous permet cependant d'évaluer la spatialité des formes sans nécessairement nous déplacer pour tourner autour. En effet, la distance entre nos deux yeux constitue souvent elle-même un déplacement suffisant pour percevoir le relief, à partir de vues écartées de seulement quelques degrés d'angle. À partir de deux dessins nettement plus écartés, tels que les deux vues du bras dessinées par de Vinci, la métamorphose d'image permet justement de calculer des images très proches les unes des autres. Deux images consécutives dans la série, présentées aux deux yeux, offrent alors au regard l'expérience à la fois nouvelle et évidente d'un « dessin en relief ».

Pour aller encore plus loin, il est possible de diffuser une partie de la séquence d'image dans un écran autostéréoscopique (Fig. 103c), tel que celui que je teste actuellement. Ces écrans développés par la société française Alioscopy permettent de diffuser des images en relief sans qu'il soit besoin de lunettes : à la place, un dispositif de micro-lentilles diffuse 5 images dans 5 secteurs angulaires successifs, de telle façon que les deux yeux ne voient pas les mêmes images. Cette diffusion d'images en relief autorise alors en plus un léger mouvement de la tête, si bien que la présence du dessin « en relief » est clairement ressentie comme un objet extérieur autour duquel il est possible de tourner.

Dans notre exemple, le dessin montre une configuration spatiale très particulière, dans laquelle le radius s'enroule en spirale autour de l'humérus. Avec la méthode de métamorphose de dessins et le dispositif de diffusion que je viens de proposer, la façon dont de Vinci s'est intéressé à cette spirale devient alors perceptible dans l'espace, sans utiliser d'autre information que celle qu'il nous a transmise avec ses dessins sur papier. Ce type de démarche offre donc un support concret pour mieux comprendre les enjeux de la représentation de l'espace à partir du trait.

Faire sentir le mouvement d'un regard

Pour mieux embrasser les formes, surtout lorsqu'elles ne bougent pas, le dessinateur peut donc faire appel au mouvement du regard. Chez Léonard de Vinci, le dessin du bras et de l'épaule en quatre étapes (Fig. 104a), qui prolonge une série de trois dessins analogues sur une autre feuille (Fig. 104b), est emblématique de cette mobilité. Toutes ces étapes peuvent être enchaînées grâce à la métamorphose de dessins, dont elles constituent à vrai dire une préfiguration surprenante.

En effet, d'après un schéma et une note en bas à droite (Fig. 104c), de Vinci s'était apparemment donné comme objectif de faire 8 dessins du bras séparés de 45° (Keele &

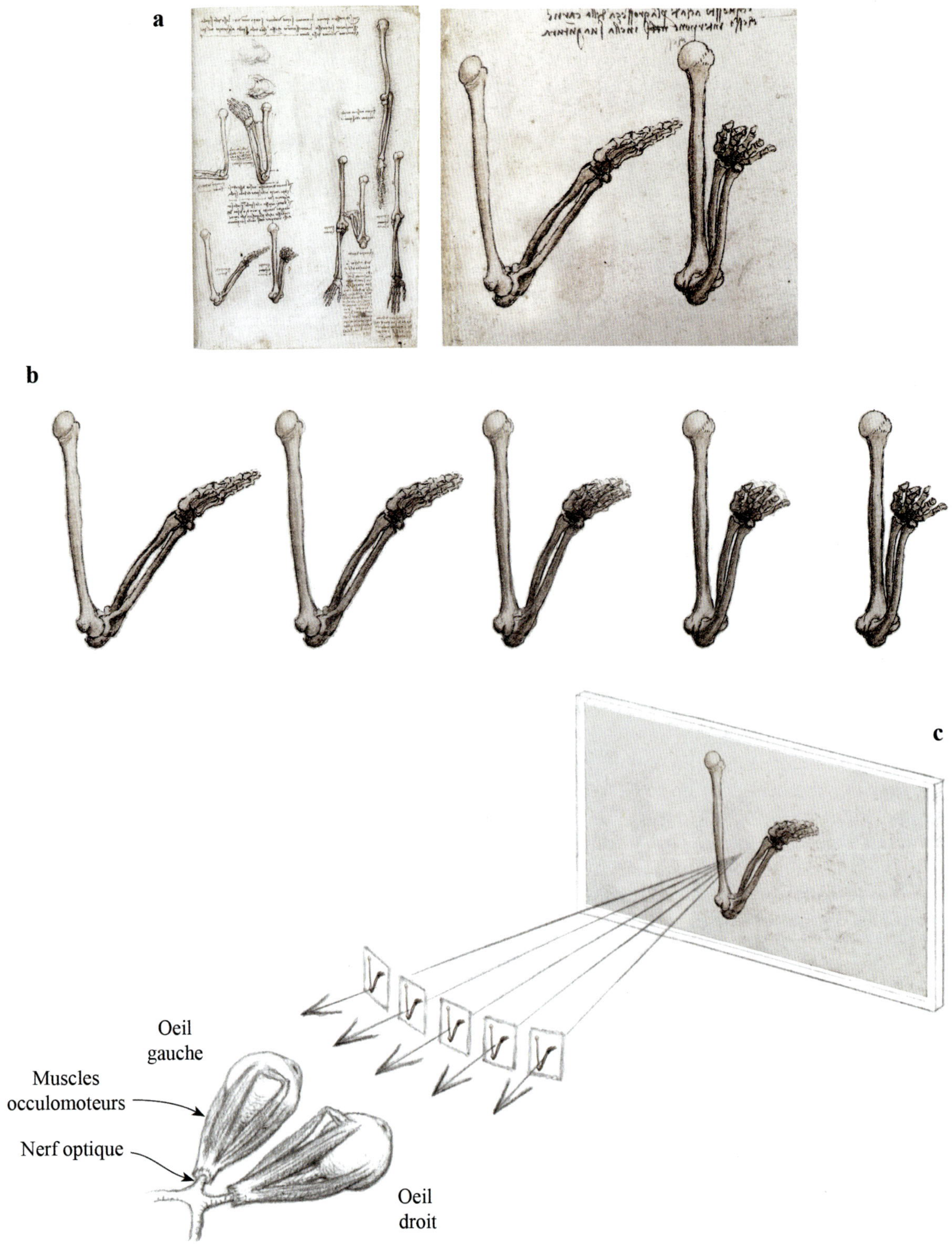

Figure 103 : Mouvement du regard et vision en relief.

a : Notes de Léonard de Vinci et détail du bras plié en position de pronation, vu sous deux angles écartés de 70° environ.
b : Métamorphose entre les deux vues du même bras (l'animation générée compte 50 images).
c : Affichage de 5 images consécutives de la série via un écran autostéréoscopique. Le procédé Alioscopy utilise des microlentilles qui permettent d'offrir aux yeux 5 images différentes. Les informations de la rétine et des muscles oculomoteurs permettent de percevoir le dessin en relief.

a

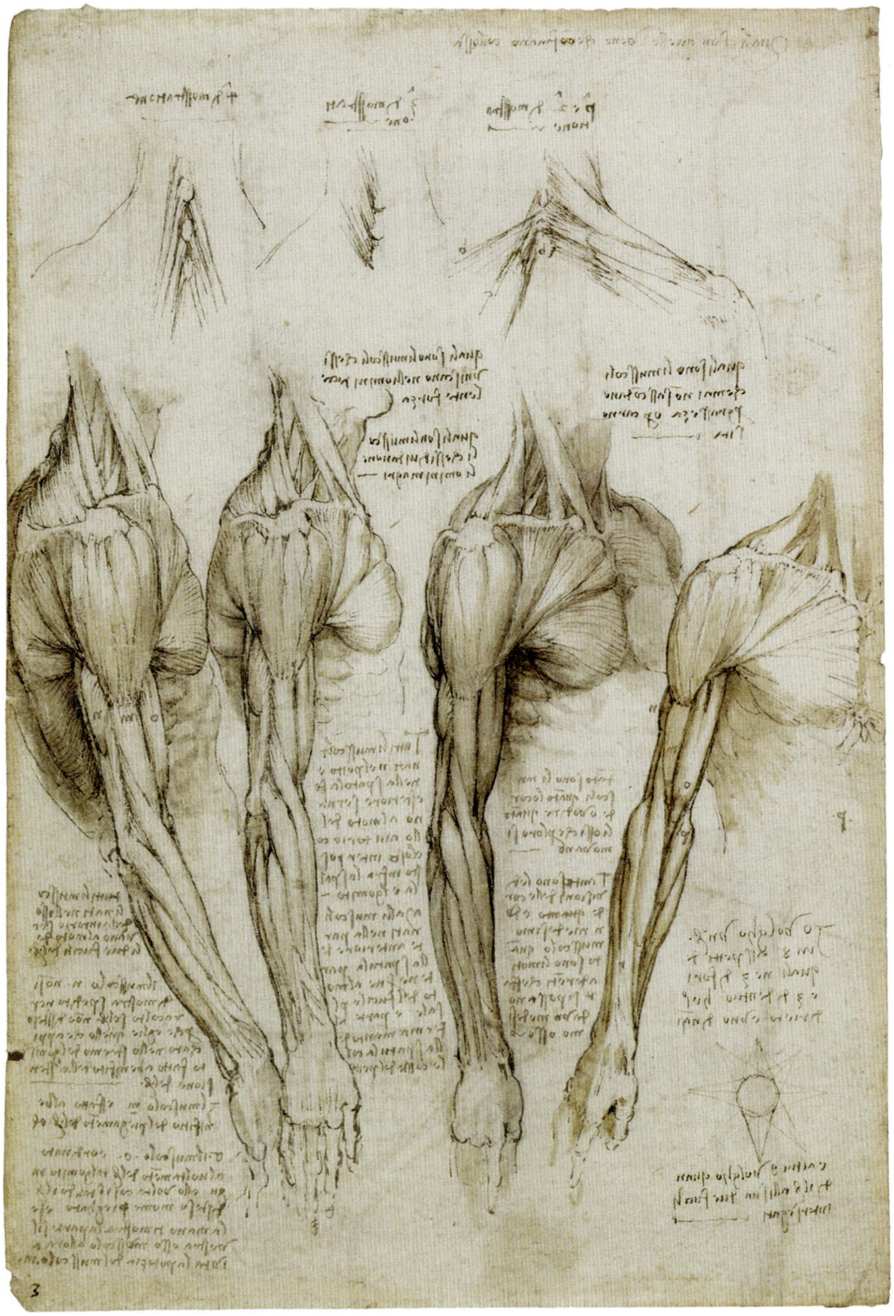

b

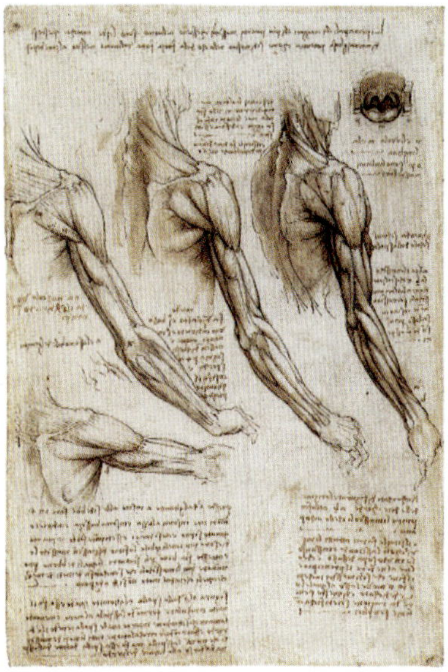

c

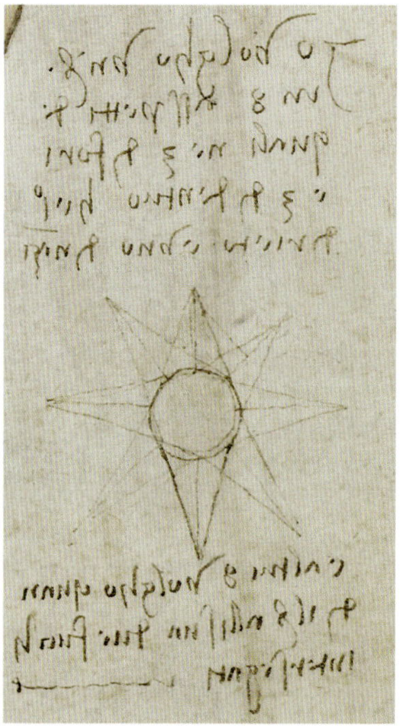

Figure 104 : Mouvement du regard autour du cou, de l'épaule et du bras.

a : Étude du cou, de l'épaule et du bras par Léonard de Vinci.

b : Autre étude de la même série.

c : Détail illustrant le projet de réaliser 8 vues autour de l'épaule et du bras, écartées d'environ 45°. Dans les images a et b, on peut remarquer la présence de vues intermédiaires par rapport à ce projet, l'écart entre les dessins consécutifs étant de l'ordre de 22°.

Roberts, 1984). Avec un tel écart angulaire, deux vues de la même forme sont en effet suffisamment différentes pour justifier deux dessins distincts, mais encore assez proches pour que l'on puisse facilement mettre en correspondance leurs traits. Cependant, en pratique, de Vinci est allé plus loin en ajoutant lui-même un dessin intermédiaire, si bien que les trois premiers dessins (en partant de la gauche) ne sont séparés que de 20 à 25°. De toute évidence, de Vinci cherche comment les formes légèrement différentes des muscles évoluent à l'occasion d'un léger changement d'angle de vue. Sachant que cette évolution se traduit directement par une évolution du trait, il s'agit sans doute autant d'une préoccupation de dessinateur que d'anatomiste.

Pour mettre cette étude en mouvement, j'ai utilisé le premier et le troisième dessin, qui correspondent bien à l'écart angulaire nécessaire pour ce type de métamorphose de dessins (Fig. 105a). L'animation, constituée de 50 images intermédiaires, offre plusieurs enseignements précieux. Tout d'abord, un tel travail éventuellement étendu aux autres dessins de la série trouverait de toute évidence sa place dans une exposition dédiée à l'anatomie de de Vinci. Le format standard des écrans 16/9e n'est manifestement pas adapté au format du dessin, mais un dispositif de projection pourrait facilement être mis en place pour obtenir un format d'image plus en hauteur. Cette installation particulière pourrait avoir un but « contemplatif », afin d'apprécier cet ensemble de dessins de de Vinci sous une nouvelle forme. Elle pourrait également avoir un but plus « explicatif », en ajoutant des informations éventuellement inspirées des notes de de Vinci lui-même.

Quoiqu'il en soit, dans un dispositif de diffusion classique (écran ou projection), la succession des images intermédiaires serait nécessaire pour faire sentir le mouvement de rotation (Fig. 105b). Comme nous l'avons vu plus haut, un écran autostéréoscopique de format vertical aurait l'avantage de montrer directement le dessin en relief sous 5 points de vues différents (Fig. 105c). D'après mes essais dans un format horizontal, il s'agit alors d'un relief assez doux, qui n'apparaît pas comme exogène au dessin, et qui s'accorde même avec la présence de la surface du papier à l'image. Encore une fois, ce dispositif pourrait donc être très intéressant dans le cadre d'une exposition suffisamment ambitieuse.

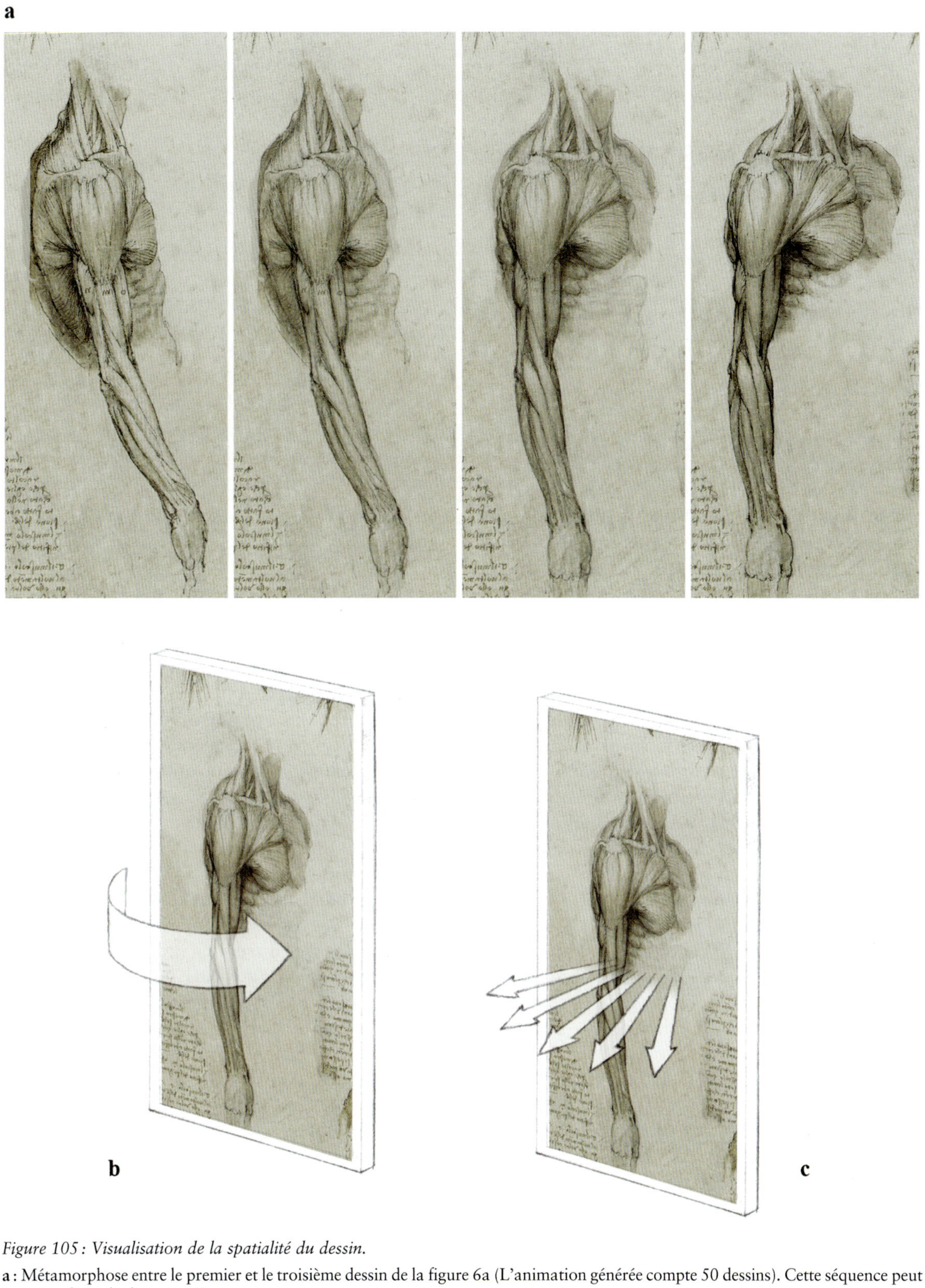

Figure 105 : Visualisation de la spatialité du dessin.

a : Métamorphose entre le premier et le troisième dessin de la figure 6a (L'animation générée compte 50 dessins). Cette séquence peut être visualisée de deux manières.

b : Un écran conventionnel permet de voir l'animation comme un mouvement tournant.

c : Un écran autostéréoscopique permet en outre de voir l'image en relief, grâce à une diffusion multi-vues.

Partie 3 – Discussion

Mouvement du corps, mouvement du regard : assumer l'ambiguïté du dessin

Après les deux exemples d'animation que j'ai présentés en accentuant leur écart (mouvement de l'objet lui-même *vs* mouvement du dessinateur autour de l'objet), nous pouvons nous interroger sur la porosité entre les deux types de mouvement. On peut ainsi remarquer que le mouvement du regard autour du bras (Fig. 104a) s'accompagne d'une légère pronation, comme si l'homme s'adaptait pour continuer à présenter le dessus de son avant-bras tandis que l'observateur lui tourne autour. De façon générale, dans un croquis, il est souvent fait abstraction du contexte qui permettrait de savoir sans ambiguïté quelles étaient les parties fixes ou mobiles du corps considéré, et qui, de l'observateur ou de l'objet, s'est déplacé.

Cette ambiguïté est particulièrement présente dans les planches anatomiques de Léonard de Vinci, qui multiplie les croquis à différentes échelles et sous différents angles de vues. À l'échelle de la feuille entière, il est impossible de dire que « cette scène a été vue depuis ce point de vue ». Par conséquent, l'espace ainsi composé ne répond pas aux lois déterministes de la perspective centrale. Au contraire, il offre plusieurs interprétations possibles. Loin de constituer un problème, cette ambiguïté du dessin est à la source de son efficacité pour la réflexion scientifique (Chabrier 2016).

L'animation de tels dessins peut alors s'orienter sur une voie sensiblement différente de celle qui est habituellement empruntée au cinéma. Dans ce dernier cas, les caméras (réelles ou virtuelles) produisent des images dans lesquelles l'existence d'un « point de vue » est en général sensible ; la narration doit donc en tenir compte. À l'inverse, dans la logique du dessin scientifique autant que dans celle de la métamorphose de dessins, il va être possible de faire abstraction de la notion de « point de vue extérieur » (tout en conservant la notion d'angle de vue). Cette dissolution de la relation classique entre observateur et observé permet de se concentrer sur les configurations spatiales *internes* au dessin, en évaluant les transformations qui permettront de passer de l'une à l'autre (Chabrier 2020-2). Dans le cas des dessins anatomiques qui nous intéressent ici, cette approche permet tout particulièrement de mettre en évidence des mouvements relatifs entre différentes parties du corps, notamment lorsqu'ils sont plus complexes qu'une simple flexion.

Vers une animation de la pronation/supination

Léonard de Vinci s'est particulièrement intéressé au mouvement de pronation-supination. Chez un humain en position debout qui tient la paume de sa main tournée vers le ciel, la pronation se produit lorsque la main se tourne vers la terre, tandis que la supination désigne le mouvement inverse. De la supination à la pronation, le radius tourne de 180° en passant par-dessus le cubitus, si bien qu'ils finissent dans une position croisée, rendue possible par la forme arquée du radius (Fig. 103a). Comme nous l'avons déjà vu, cet « enroulement » du radius autour du cubitus crée une spirale à l'intérieur de l'avant-bras. Combinée à d'autres mouvements, cette action peut avoir une grande efficacité mécanique. La spirale permet en effet de redistribuer les forces produites par des muscles courts et puissants dans les directions utiles pour agir à l'extérieur.

De façon générale, dans les dessins de Léonard de Vinci, la pronation/supination affleure dans chaque représentation du bras, même lorsque ce dernier semble « statique ». Comme je l'ai déjà indiqué, le mouvement de regard « autour du bras » animé précédemment (Fig. 105a) met en évidence une légère mais sensible pronation, lorsque les images se succèdent de la gauche vers la droite. De même, l'animation de la contraction du biceps (Fig. 102b) pourrait être améliorée en utilisant comme position de départ un avant-bras en légère pronation. La forme des os de l'avant-bras serait rendue plus facilement perceptible, tandis que l'action supinatrice du biceps, qui s'ajoute à l'action de flexion, serait mise en évidence. Sans avoir besoin de le dire explicitement, il existe donc un enchaînement très naturel entre la présentation de ces mouvements « simples » évoqués dans la partie précédente, et le développement d'un sujet plus complexe comme l'action de l'avant-bras.

Une narration scientifique riche et originale peut alors être initiée sur la base de ces images, en développant l'importance de la pronation-supination dans l'évolution des vertébrés terrestres ou plus spécifiquement des primates. Il est également possible de placer la pronation/supination dans le contexte des activités humaines. Le matériau laissé par Léonard de Vinci sur le sujet de la pronation-supination est si riche que de nombreuses animations seraient possibles. Elles offriraient ainsi une base sur laquelle l'imagination des spectateurs pourrait se stabiliser, ce qui justifierait donc un budget de production spécifique. Le développement de ce travail demanderait par ailleurs une réelle collaboration avec différents experts (anatomistes, biomécaniciens, chercheurs en zoologie et évolution, mais aussi artisans, pédagogues de la danse ou des arts martiaux...) afin de choisir plus en détail les animations pertinentes.

En attendant la mise en place d'une production de cette sorte, il est également possible de s'intéresser aux dessins anatomiques de Léonard de Vinci sous un aspect plus fondamental, celui des transformations applicables au dessin. L'étude de la pronation-supination peut alors être vue comme une occurrence particulièrement importante de la transformation en spirale, très présente dans l'art de Léonard de Vinci.

Les spirales et la « perspective de Léonard de Vinci »

Mathématiquement parlant, une spirale dans l'espace tridimensionnel est produite par la combinaison d'une translation et d'une rotation. Les dessins de Léonard de Vinci laissent deviner un intérêt indiscutable pour ce développement dans l'espace. Il est possible d'identifier des spirales aussi bien dans les vis sans fin qu'il affectionne, que dans ses études de fluide ou de déluges (Fig. 106a et 106b). La notion de spirale est également très présente en anatomie, du fait des nombreuses torsions inscrites dans la forme même des os. Aucune de ces structures ne peut être représentée strictement « à plat ». Quel que soit le sujet abordé, la capacité de dessiner des formes en spirales est donc intimement liée à celle de donner au trait une valeur spatiale, mais plus encore : il est nécessaire de savoir faire évoluer cette valeur, car la spirale remet sans cesse le trait en question.

Afin de pouvoir animer de tels dessins, il est donc nécessaire de comprendre sur quoi repose la valeur spatiale du trait. La représentation de l'espace a donné lieu à de nombreux traités, qui insistent en général sur la perspective centrale. Nous avons évoqué plus haut le fait que ce type de perspective ne correspondait pas à l'espace qui se déploie dans le dessin scientifique, et dans le dessin de Léonard de Vinci tout particulièrement. De façon générale, plusieurs perspectives ont en fait cohabité chez les maîtres de la Renaissance (Vinciguerra 2007). Léonard de Vinci a exprimé les principes de la sienne de façon très synthétique dans l'un de ses carnets :

> « Il est trois sortes de perspectives : la première relative aux causes de la diminution, ou, comme on l'appelle, à la perspective diminutive des objets à mesure qu'ils s'éloignent de l'œil. La seconde est la manière dont les couleurs se modifient en s'éloignant de l'œil. La troisième et dernière consiste à définir comment les objets doivent être achevés avec d'autant moins de minutie qu'ils sont plus éloignés » [1]

Si les deux premières perspectives citées par de Vinci sont relativement familières, la troisième que l'on pourrait appeler en langage moderne « perspective attentionnelle » ouvre à une pensée du trait beaucoup plus originale. Elle rend compte en effet de l'abstraction qui participe fortement à la spatialité des croquis, et qui prend un sens encore plus développé dans l'espace de l'imagination scientifique. Cette façon d'envisager la perspective peut être directement mise en rapport avec certains croquis de structures imaginaires, justement constituées de spirales, simples ou doubles, éventuellement enroulées sous la forme générale d'un tore (Fig. 106c). Comme le souligne Daniel Arasse (1997), l'un de ces corps est explicitement présenté par son auteur comme « né de la perspective de Léonard de Vinci ». De Vinci ajoute : « Que ce corps soit fait sans l'exemple d'aucun corps mais avec de simples lignes » [2]. Avec une grande simplicité, ces croquis à la plume donnent la mesure des transformations que le trait doit pouvoir assumer, selon de Vinci, afin d'accéder à la représentation de toutes formes, naturelles aussi bien qu'imaginaires.

Conclusion

Les dessins de Léonard de Vinci invitent au mouvement. En suivant simplement cette piste avec les moyens d'animation moderne, j'ai montré dans cette communication que Léonard de Vinci nous offrait un lien précieux et toujours actuel entre le monde organique et le monde géométrique. A travers le trait, la pronation/supination

1. Manuscrit 2038, Bibliotheque Nationale 18r. *In Les carnets de Léonard de Vinci*, Traduction de Louise Servicen, Reedition Gallimard (2000), 238.
2. Codex Atlanticus, folio 191 v-b, vers 1490-92, Milano. Traduction C. Pedretti, cité par D. Arasse.

a

b

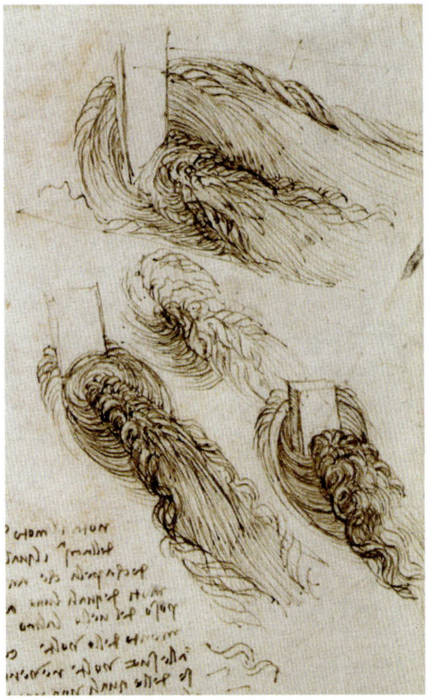

c

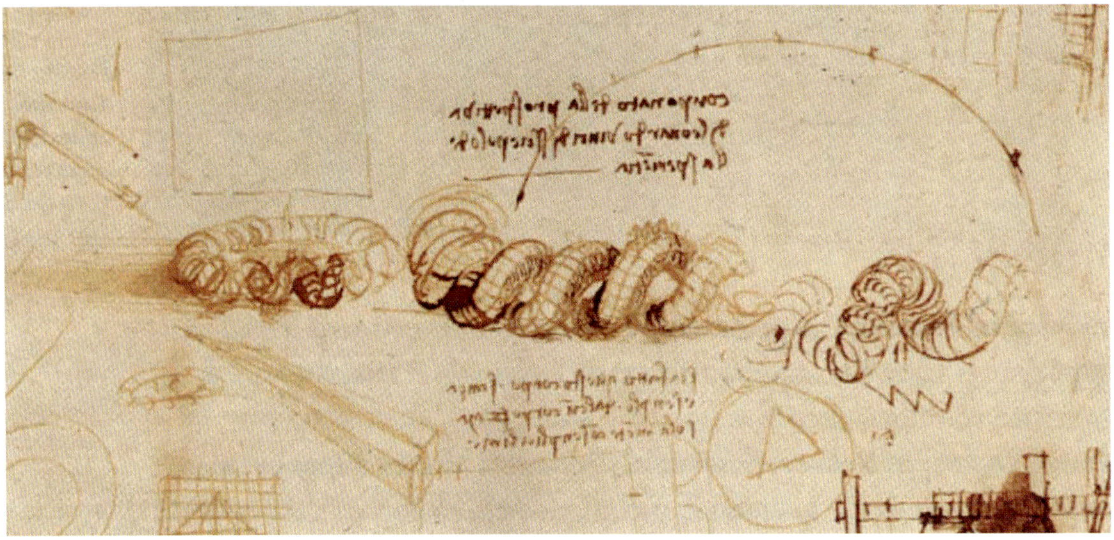

Figure 106: *Étude des spirales par Léonard de Vinci .*

a : Étude de déluge (détail).

b : Étude d'écoulement turbulent.

c : « Corps né de la perspective de Léonard de Vinci, disciple de l'expérience » (Trad. C. Pedretti).

d'un bras et une spirale abstraite peuvent se mettre en rapport, sans que cette opération ne se fasse au prix d'une réduction de complexité qui dénature l'une ou l'autre.

Nous pouvons voir dans cette démarche un « minimum de dessin » qui, sans chercher la virtuosité, se préoccuperait simplement d'accéder au monde, selon les termes proposés par le philosophe François Jullien (Jullien 2019, Chabrier 2020-1). Cette approche du dessin peut être complétée aujourd'hui par l'animation et par les narrations associées. Elle se déploie alors naturellement dans plusieurs directions. Elle permet d'augmenter la qualité des productions orientées vers le grand public, telles qu'une exposition ou un film documentaire, comme j'en ai évoqué la possibilité à propos de l'anatomie. Elle permet également de redéfinir la pédagogie du dessin, tout particulièrement à destination des élèves intéressés qui cherchent à mieux voir, mais ne se destinent pas pour autant à devenir artistes. Enfin, sur un plan plus fondamental, les recherches que je mène actuellement avec Marie-Paule Cani s'attachent à mieux comprendre la relation entre le trait et ses transformations possibles, de façon à renouer le dialogue, souvent rompu aujourd'hui, entre le dessin sur papier et les abstractions mathématiques.

Concrètement, un tel programme suppose de pouvoir coordonner les activités de production, de formation et de recherche dédiées au dessin, qui se trouvent actuellement très séparées. À un niveau plus global, des prises de conscience sont cependant en cours : elles concernent la nécessité d'apprendre à voir la diversité des formes de vie, aussi bien que l'importance d'utiliser les nouvelles technologies de façon plus humaine. Dans les décennies à venir, ce contexte pourrait nous permettre de relancer l'usage du dessin d'une façon que Léonard de Vinci n'aurait peut-être pas reniée.

Remerciements

This work received support from PSL Research University and from the grants ANR-11-LABX-0038 and ANR-10-IDEX-0001-02.

Merci à Clio Gavagni (préparation d'images), Thierry Bertomeu (conception sonore) et Mathilde Beaujean (Production audiovisuelle Universcience) et Aurélie Faure de Pebeyre (Expérimentations en stéréoscopie).

Merci à Universcience à l'entreprise Alioscopy, à l'équipe Junke de l'Institut Curie et à l'équipe Geovic du Laboratoire d'Informatique de l'École Polytechnique.

Référence de films en ligne

[1] Leonardo da Vinci – Motion Picture (2013): https://vimeo.com/84689530

[2] Cave art animation studies (2010-2016): https://vimeo.com/171478742

[3] Les effets du bon gouvernement (2016): https://vimeo.com/199151983

Références bibliographiques

ARASSE D. (1997) *Léonard de Vinci, le rythme du monde.* Paris, Hazan, réédition 2019.

CHABRIER R. (2016) Pouvoir de représentation contre-pouvoir absolu : le dessin scientifique confronté à la perspective. In : Mariannick G., Véfa L. (éds.) *Les images du pouvoir*, Lorient, Univ. Brest, HCTI/UBS.

CHABRIER R., JANKE C. (2017) The comeback of hand drawing in modern life sciences. *Nature Review Molecular Cell Biology,* 19, p. 137-138.

CHABRIER R. (2020-1) Lettre à François Jullien, sur l'Inouï à portée de crayon. In: *Arts et Concepts, Chantier Philosophique de François Jullien/Ateliers d'artistes*, ouvrage collectif, Paris, PUF.

CHABRIER R. (2020-2) From sketches to morphing: new geometric views on the epistemological role of drawing. In : Berthoz A., Flash T. (eds.), *Space-time Geometries for Motion and Perception in the Brain and in the Arts*, Springer, *Lecture Notes*, p. 11-183.

JULLIEN F. (2019) *L'inouï.* Paris, Grasset.

KEELE D., ROBERTS J. (eds.) (1984) *Leonardo da Vinci Anatomical Drawings From The Royal Library Windsor Castle.* Metropolitan Museum of Art New York, 98.

VINCIGUERRA L. (2007) *Archéologie de la perspective. Lignes d'art*, Paris, PUF.

Questions à Renaud Chabrier et réponses

David Thaler : J'aimerais savoir si vous avez une idée des mouvements les plus rapides qui ont été représentés par Léonard et quelle est leur échelle quantitative, par exemple le battement d'aile d'un oiseau ?

David Thaler: *Do you have a sense of the fastest motions that Leonardo depicted, and what their quantitative timescales might be? Like in the flapping of birds, or something like that, I've been trying to figure that out...*

Renaud Chabrier : Je pense que pour les oiseaux il y a également des études, aussi des études de flux avec de l'eau qui l'ont fasciné. C'est extrêmement difficile à voir. Il a réussi à saisir ces images, saisir une idée de régularité également dans un système instable comme celui-ci. D'un point de vue de dessinateur, si quelque chose se produit trop rapidement on peut peut-être s'attendre à ce que cette chose se reproduise et il était vraiment très bon pour ça.

Renaud Chabrier: *Regarding birds... there are also fascinating studies about water flow, it's extremely difficult to catch; these images catch an idea of regularity in an unstable system. From the point of view of the drawer, if something is too fast, it may be expected that this quick things happens again. He was really good at that.*

Jesse Aussubel : Pourriez-vous nous en dire plus sur la technique que vous avez utilisée pour faire ces animations. Est-ce que c'est un logiciel qu'on peut trouver ? Est-ce que vous avez produit votre propre logiciel ?

Jesse Ausubel: *Could you say just a little bit more about the technique you use to make the animations. Is this off-the-shelf software, or did you develop it? Is it custom of your own?*

Renaud Chabrier : Le « morphing » est une technique qui a été popularisée à la fin des années 90 et on considérait que c'était un effet spécial pour faire des choses assez impressionnantes mais ce n'était pas conçu pour faire des choses très subtiles. C'était une idée assez étrange d'utiliser le « morphing » pour un mouvement de rotation mais j'ai trouvé que c'était intéressant de travailler là-dessus. Je pense que j'ai été le premier à le faire. J'ai utilisé un logiciel appelé Combustion, malheureusement il y a eu une bataille entre les entreprises à l'époque et ce très bon logiciel a été racheté par Auto desk puis a été fermé. C'est pourquoi il est difficile pour moi de former des gens à cette technique parce que le logiciel que j'utilise n'est plus développé. J'essaye toujours de travailler avec des gens comme Marie-Paule Cani pour trouver des façons de retravailler sur le logiciel parce que je pense qu'il a un potentiel pédagogique et didactique énorme. Je l'ai beaucoup utilisé au Musée des Sciences parce que c'est un logiciel qui vous permet d'utiliser les dessins et d'introduire le mouvement dans le dessin, non pas à chaque fois, mais à des moments précis lorsque vous en avez besoin et d'introduire ce type de mouvement continu, il vous permet également même de faire coopérer les dessins les uns avec les autres. Le problème, c'est que ce n'est pas très efficace d'un point de vue pédagogique, parce qu'il y a trop de détails. Le dessin vous permet d'équilibrer l'abstraction et ce logiciel permet de le faire ; le « morphing » est une technique qui permet vraiment des choses fantastiques mais je pense que les gens n'ont pas encore vraiment compris ça dans le domaine du graphisme informatique.

Renaud Chabrier: *Yes, no problem, so... morphing has been popularized in the nighties, and it was considered as a special effect to do impressive things, but it was not considered as something to do simple things. And it was a strange idea to use morphing for a rotation movement, some kind of rigid transformation, but I found it interesting for drawing and I think I was the first to do that. I used the software which is called Combustion, and unfortunately, there was a fight between companies at the time, and this very good software was bought by Autodesk, and then removed from the market. This is why I have difficulties to train people to this technique, because the convenient software is no longer developed. And I'm always trying to engage a new collaboration with people from computer graphics, like Marie-Paule Cani, in order to find ways to develop that again, because I think it has a huge didactic potential, educational potential. I used it a lot at the Museums of Sciences, because it allows using drawing and introducing movement into drawings not all the time but at certain precise times when needed. Introducing this kind of continuous movement allows drawings cooperating one with each other. But the problem is that it is not very efficient from a pedagogic point of view because there are too many details. Drawing counterbalances that with abstraction, so morphing is really one fundamental technique that people have not understood yet, I think, in the computer graphics field.*

Brian Shearer : En tant qu'artiste, quel type de support pensez-vous que Léonard utiliserait aujourd'hui ?

Brian Shearer: *As an artist, what sort of medium do you think Leonardo would be using, if he were alive today?*

Renaud Chabrier : Je ne pense pas qu'il utiliserait uniquement l'informatique, c'est évident. Il était tellement bon dans l'utilisation d'outils et de leur matérialité, la qualité de ses dessins dépendait tellement de la qualité des plumes, du papier qu'il utilisait... Il y a plein de subtilités qu'on ne peut pas obtenir sans ces supports-là. Tous les nouveaux outils qui sont uniquement gérés par informatique n'ont pas ces propriétés. Vous pouvez passer une journée entière dans un ordinateur et à la fin vous vous retrouvez avec les mains engourdies ou plutôt vous ne ressentez rien dans les mains lorsque vous travaillez avec un ordinateur. Je pense que Leonardo, mais ça c'est mon idée, était tellement ancré dans la vie réelle qu'il aurait volontiers travaillé avec de nouveaux outils, mais pas à 100 %.

Renaud Chabrier: *I don't think he would be using only computer, that's clear. He was so good at using the materiality of tools, and the quality of his drawings is so much dependent on the quality of feathers and papers and preparation... there are plenty of subtleties that you cannot get without that, so all the new tools that are handled entirely by a computer lack this. You can spend your whole day with the computer, and get nothing in hand in the end. So, I think that Leonardo was somebody who was, this is my idea, so much embedded into real life that he would certainly work with new devices but not exclusively.*

Enrica Pagella : Je trouve les espaces dans le dessin fascinants et je me demande si c'est une liberté que l'artiste prend à cette époque-là. Ce qui arrive avec les dessins de Leonardo c'est un peu ce qu'on a déjà dans une forme primitive, chez Pisanello par exemple. Peut-être qu'on peut comparer, qu'on peut faire une histoire des vides dans les croquis des artistes.

Enrica Pagella: *I find the idea of space between bodies in drawing really interesting, and I wonder if this could be a sort of freedom that the artist had at the time. What happens with Leonardo's drawings is actually what we already have in a primitive form, if you wish, in Pisanello for instance. Maybe we can compare, maybe we could work on the history of space in artist's drawings and sketches.*

Renaud Chabrier : Tout à fait ! Je pense que ça vaudrait vraiment la peine de le faire. Je ne me suis pas encore trop intéressé à cette période dont vous parlez mais c'est intéressant d'avoir un concept d'espace qui finalement est assez indépendant de l'époque, c'est-à-dire que c'est une ressource qu'on peut découvrir ou redécouvrir à différentes époques indépendamment. J'ai pas mal travaillé aussi sur des peintures rupestres, on trouve une idée du même genre donc c'est plutôt lié au fonctionnement humain, mais c'est assez intéressant et l'histoire vue de cette façon-là reste à construire. Aussi, parce que ça s'appuie sur des concepts géométriques un peu récents.

Renaud Chabrier: *Yes, I think that would be really worth doing, I didn't focus on the period of time you mentioned yet, but it's interesting to have this concept of space, because in the end, it's quite independent of the time, it's a resource that can be discovered and rediscovered at different times. I worked a lot on different paintings, also on cave paintings, it's all linked to the way the human beings function, but it is quite interesting. And I think that history is still to be built on that, and especially since we are considering recent geometrical concepts now.*

Amalie Rothschild : Étant donné la créativité de Léonard de Vinci et à quel point il aimait expérimenter avec tout ce qu'il avait sous la main, je pense qu'aujourd'hui il serait probablement en train d'expérimenter toutes ces nouvelles technologies et il les utiliserait. Ce qui m'intéresse plus particulièrement c'est comment vous envisagez l'application de ce que vous faites aujourd'hui avec l'animation des dessins. Comment avez-vous été amené à commencer à travailler là-dessus ? Quel est votre objectif sur le long terme ? Est-ce que vous essayez de comprendre des aspects de Léonard de Vinci lui-même ou de ses dessins ou avez-vous d'autres objectifs scientifiques ?

Amalie Rothschild: *Given how creative and experimental Leonardo was, with whatever materials came to hand, and with the world around him, I think it's logical that if he were alive today, he would be way out there, and experimenting with the new technologies, and using it. But what I'm particularly interested in, is how you see the application of what you're doing here now, with the transformation in the animation of the drawings. How did you begin to do this work, and what is your long-term goal in using this, is it understanding aspects of Leonardo himself and his drawing or for some other aim, scientifically or otherwise, that you have in mind?*

Renaud Chabrier : Mon objectif sur le long terme, ou plutôt sur le moyen terme est de développer tout ce qui est nécessaire pour que les gens comprennent que cela vaut vraiment la peine d'apprendre à dessiner et faire en sorte que les jeunes soient encouragés à dessiner. Ce sera peut-être difficile, ce n'est peut-être pas la bonne époque pour le faire, mais il y a différentes étapes intermédiaires. Par exemple, comme je l'ai dit, faire un long métrage sur l'histoire du dessin fondée sur ce type d'images pourrait être une première étape et mettre au point une véritable approche fondamentale sur la spécialité du trait c'est autre chose. Je n'aime pas vraiment parler d'objets, mais le trait est quelque chose qui n'a pas vraiment été décrit scientifiquement, pas encore, parce que les lignes sont quelque chose qu'on peut décrire. Les lignes peuvent représenter des objets en 2D ou en 3D mais le trait est quelque chose d'un peu mystérieux, qui peut nous connecter à un concept qui se retrouve dans la peinture chinoise par exemple. C'est très intéressant parce qu'on peut essayer de comprendre le dessin comme une capacité fondamentale qu'ont les êtres humains. Pas forcément faire du dessin mais tout du moins arriver à l'apprécier. Il en va de même pour les langues. Il y a beaucoup plus d'ouvrages sur les langues que sur le dessin et c'est vraiment dommage parce que le dessin peut beaucoup aider à mieux concevoir nos bâtiments, avoir une ingénierie plus performante, il y a beaucoup d'autres possibles mais je ne veux pas être trop long.

Renaud Chabrier: *So, my long-term goal, or my middle term idea is to develop anything that can be useful in order to make people understand that it's worth learning to draw, and making young people learn to draw. It might be difficult, and maybe it's not the right time, but there are intermediate stages, for example doing, like I said, a very good feature film about the history of drawing, that can be based on this kind of images and idea, can be one step. Developing a real fundamental approach on the specialty of strokes is another, because this is an object, I don't like to speak about objects but "stroke" is something that has not been described scientifically yet, because lines are something that you* *can describe, it's a 2D or 3D object, as you want, but the stroke is something a bit mysterious, and it can connect us to a concept from Chinese paintings for example. That's very interesting, because in this way we can try to figure drawing as a fundamental capacity of humans, not necessarily making it, but appreciating them, as much as language. There are far more works on language, than on drawing, and it's a pity because drawing can help a lot, make better buildings, better engineering... As I said there was no short answer possible, so I don't want to go on more than that.*

Leonardo da Vinci's representation of the head and skull : a blending of scientific precision and the search for hidden truths

Jeffrey T. Laitman* et Christopher M. Smith**

A study of Leonardo's renderings of the head and its internal scaffold, the skull, reveal that he was at once an unmatched visualizer, a creative genius, and at the same time a man of his time with all its pre-conceptions and beliefs. His penchant for measurements and quest to find golden means and proportions led him to gain and employ the nuances of human form in a manner superior to almost all who preceded and followed him. His paintings and drawings of human heads and faces are amongst the most enduring ever produced. Yet with all his greatness his eyes did not see beyond his limitations, as evidenced by his quest to find the location of the soul rather than understand the true nature of anatomical features such as the ventricles. Even the greatest amongst us are but mere mortals with our limitations. So it was with the great Leonardo da Vinci.

Leonardo da Vinci is arguably one of, if not the, greatest polymath that has ever lived. Artist, architect, engineer, philosopher, observer and portrayer of animal and human form, anatomist, physiologist, social critic, his eye and skills still hold the world in awe 500 years after his death.

As Leonardo's search to understand both our corporeal form and spiritual nature led him to intense dissection, study, and interpretation, this gathering did the same for his work (we will use "Leonardo" rather than "da Vinci" in this paper as the first name is the more frequently used form for Renaissance artists and was, indeed, the only name he had at birth; see Esaak, 2018). Indeed, each region of the body was put under a microscope, so to speak, with each available depiction highly scrutinized. From hands to feet, backbones to posture, internal reproductive organs to external genitalia, the relationship of the brain to the skull, all was considered.

The focus of this assessment is Leonardo's portrayal of the head and underlying skull, the topic of the talk given by Jeffrey T. Laitman at the Colloquium. As with us all, Jeffrey T. Laitman viewed this through his own prism as a 21st century anatomist, not as an expert on styles of art, painting, architecture, the 15th century and its customs, and certainly not on the life and forces behind Leonardo. Christopher M. Smith, while an anatomist, is also a medical illustrator and fine artist whose eye thus has a different vantage point. We apologize in advance should our limitations not do aspects of understanding Leonardo's work justice.

What we have learned from our encounter with Leonardo's renderings of the head and its superstructure will not be a surprise to those more knowledgeable about him than we: he was undeniably an extraordinary visualizer and portrayer of form, yet one who demonstrated the mores and prejudices of his time. As with us all, what we see is guided in large part by what we expect will be there, and so it was with Leonardo. While he was an explorer of human form, his portrayals were often led by his search for underlying universal elements; what his work indicates was often a pre-occupation with the search for the divine essence of human truths. Indeed, two features seem to always march together in Leonardo's depiction of human and animal form, especially when it comes to renderings of the head and skull: his need to master proportionality and his quest to find the center and seat of the soul.

Proportionality: a key to understanding absolutes

One of the first things that strikes even a non-cognoscenti of Leonardo's portrayal of human form is his attention

* Ph. D., D. Med. Sc., Center for Anatomy and Functional Morphology, Icahn School of Medicine at Mount Sinai, New York, NY 100029-5674 USA.

** M.A., Center for Anatomy and Functional Morphology, Icahn School of Medicine at Mount Sinai, New York, NY 100029-5674 USA.

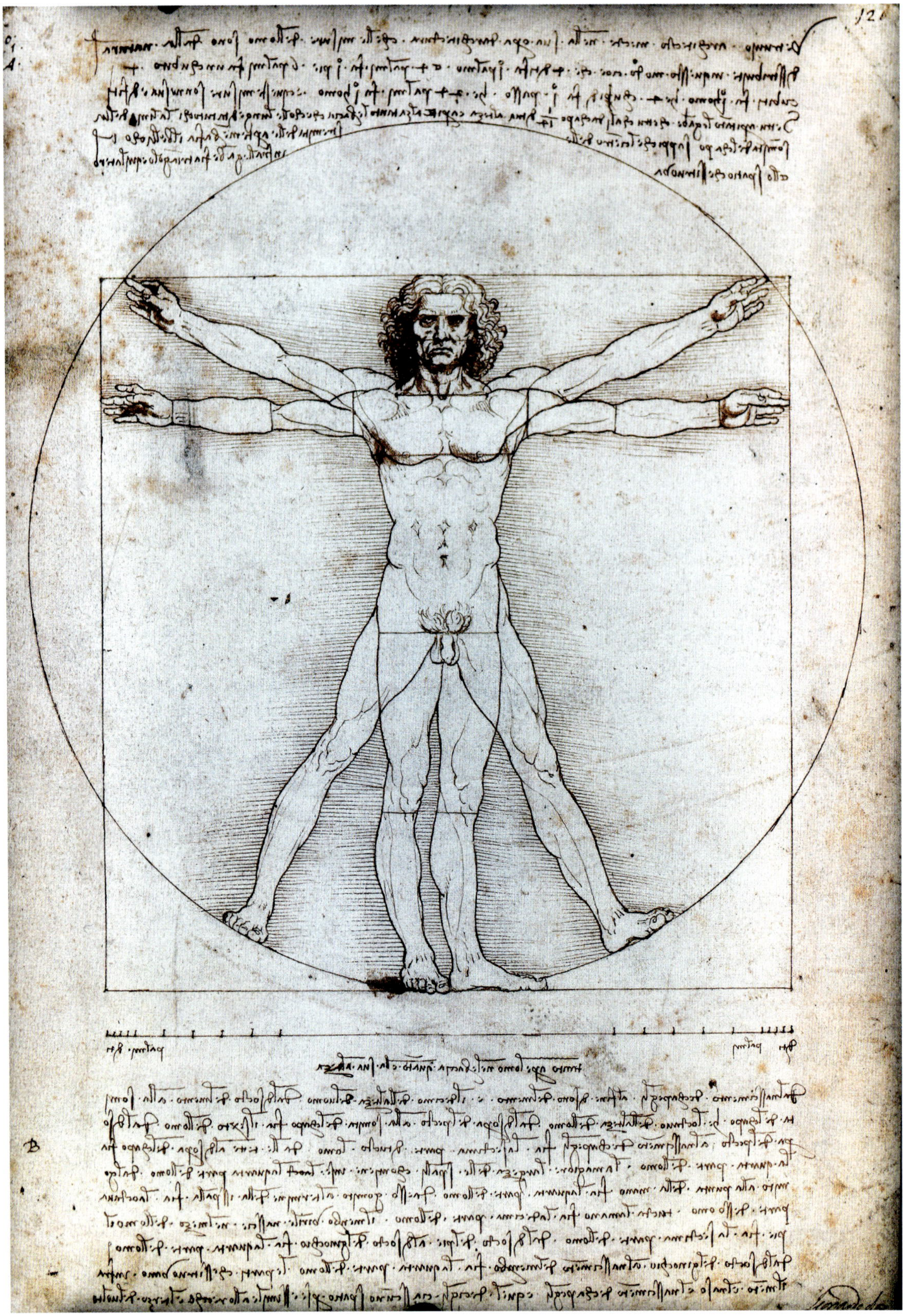

Figure 107: Vitruvian Man, c. 1490, Venice, Gallerie dell'Accademia.

to assessing proportions. Attention is probably the wrong word, as Leonardo seemed pre-occupied, even obsessed, with capturing the essence and meaning of the nature and geometry of perfect proportion, what has often been called "divine proportions". This fascination seems to be an integral part of Leonardo's psychology – if one can attempt to extract the psyche of a genius 500 years after his death – as it appears in so many of his architectural renderings and notes, as well as his incomparable paintings and drawings.

Exactly when Leonardo became enraptured with the allure of proportion is hard to pinpoint; most likely it was by accretion and was built upon his own psychological scaffold. From all accounts (see, e.g., Isaacson, 2017; also Freud, 1922), Leonardo was a perfectionist; he seems to have had an innate need to understand place and position in all he encountered, whether with relationships or renderings. When Leonardo was about 14, in 1468, he became an apprentice in the studio of Andrea del Verrocchio in Florence. It was there that Leonardo first began to appreciate much of artistic composition, indeed, likely learning a great deal about geometry and its inclusion.

Perhaps Leonardo's most notable statement on proportion is his famous 1492 drawing, "The properties of the human body according to Vitruvius," better known simply as "Vitruvian Man" (Fig. 107). Marcus Vitruvius Pollio was a master architect of ancient Rome, and Leonardo likely became familiar with his insights and thoughts while he was assisting in the drafting of plans for cathedrals in Milan and Pavia. Vitruvius' *De archetectura* (c. 3-15 BCE) is a masterful work that not only details engineering and architectural principles, but also goes into great depth on the nature of human geometry and form and how such influence structures. Through his own notes, Leonardo was most taken with Vitruvius' insights and thus honored him with a majestic and creative drawing (see Richman-Abdou, 2018; modeled after one Vitruvius also had in *De archetectura*).

Leonardo's involvement with assessing proportions and the perspective achieved through mastering, such is a theme that can be found throughout his life. Indeed, it appears that beginning around 1490 Leonardo – obviously influenced by Vitruvius' writings – began a detailed project studying and measuring external dimensions of at least a dozen young men in his Milan studio in Corte Vecchia (Isaacson, 2017; see also Richter, 1970). He detailed everything from proportions and distances of facial structures – width of nose, distance of nose to base of chin, eyelid parameters – as well as dimensions of arms, legs, genitals, and everything in between. This was obviously an extremely important and informative period for Leonardo as it started to solidify his knowledge of human proportions and point him on the path to understanding universal truths, what he called "universal misura del huomo" (see Richter, 1970). Leonardo's involvement with proportions went beyond its relationship to physical human structures, however, in the years that followed, as he became enmeshed with the nature of mathematical proportions including the "golden ratios" (see Meisner, 2018 for full discussion of golden ratios). Most notable in this vein was his illustrating (sometime around 1498) Luca Pacioli's *De divina proportione* (published in 1509), an extraordinary text exploring the relationship of God's universal elements as expressed in mathematics, geometry, and architecture. Leonardo not only brought Pacioli's thoughts to life as his illustrator, but he was also Pacioli's pupil learning from him the nature of mathematics and its role in deciphering divine mysteries (see Meisner 2014).

From the outside to the inside: The Outside

The major impact of Leonardo's pre-occupation with measurements, geometry, and the search for a universal understanding of proportions was, of course, how this informed him with his creation of art, be it paintings, drawings, or sculptures (Fig. 108 and 109). Empowered with a quiver full of geometrical proportions of the body – whether divinely inspired or not – Leonardo, arguably better than any who preceded him, was able to depict human form with exquisite refinement. Indeed, Leonardo's precision in his renderings, buttressed by his unmatched familiarity with proportions, allowed for such detailed, anatomically informed presentations that physicians of our time have even been able to interpret the state of health of Lisa Gherardini, the *Mona Lisa*, over a half century after Leonardo painted her in 1503-1506 (e.g., Mehra and Campbell, 2018; some of their findings suggest Gherardini may have had clinical hypothyroidism as evidenced by the slight yellow discoloration of the skin and the mild neck bulge that they see as suggestive of a goiter; they also suggest that her iconic smile may also indicate psychomotor retardation or motor weakness also related to serious hypothyroidism).

Humans were not the only group to fall under Leonardo's search to master proportions: animals were as well, particularly horses. While Leonardo seems to have had an interest in comparative anatomy – his drawings capture dogs, cats, pigs, birds, and even bears – his studies assessing proportions in horses were likely rooted in more pragmatic needs. In 1482 Leonardo was enlisted by Ludovico Sforza, the Duke of Milan, to create a great equestrian statue to honor his father. Leonardo's many sketches on the proportions of horses

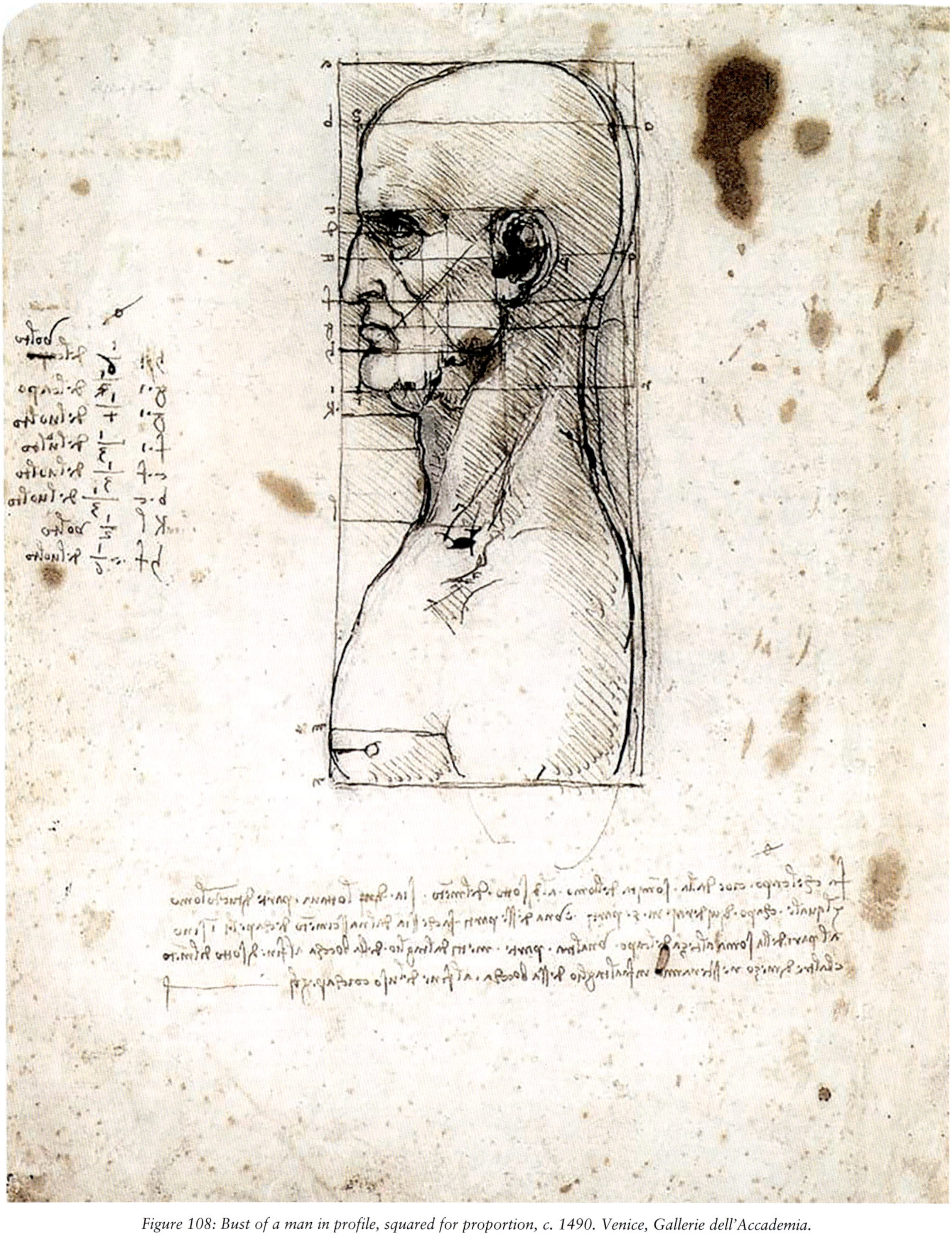

Figure 108: Bust of a man in profile, squared for proportion, c. 1490. Venice, Gallerie dell'Accademia.

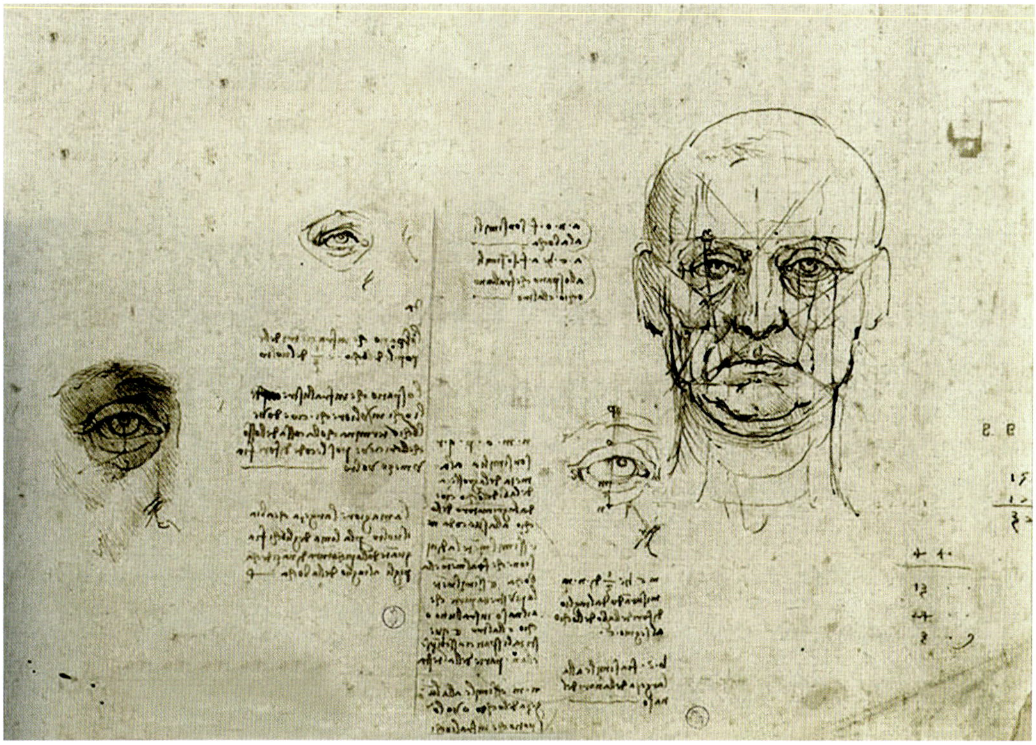

Figure 109a: Studies of the proportion of the face and eye, c. 1489-90

Biblioteca Reale di Torino, inv. 15574 D.C. r.

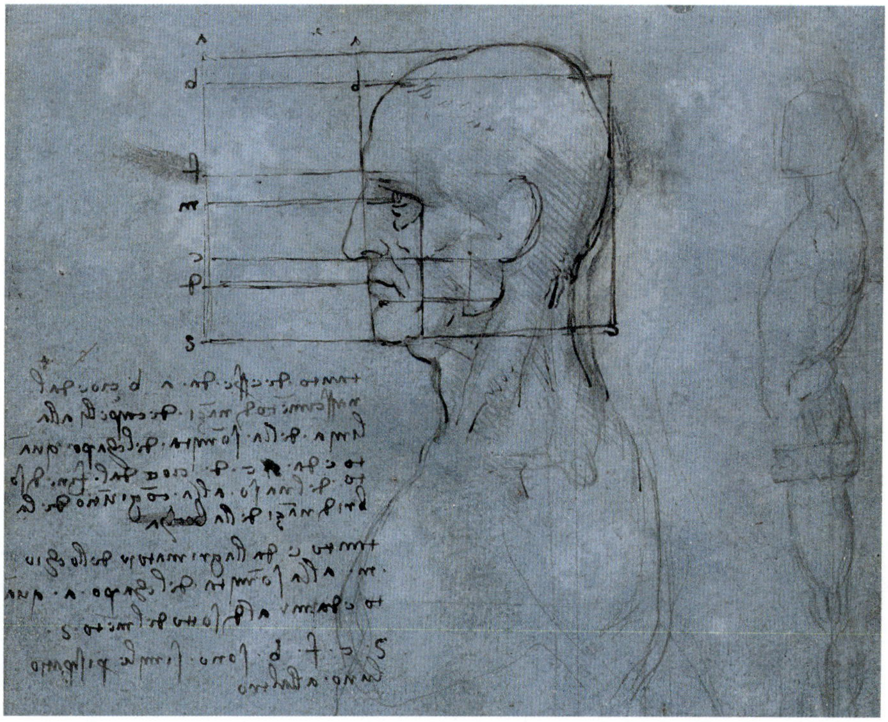

Figure 109b: Study of the proportion of the head and face, c. 1489-90.

Windsor Castle, Royal Library (RL 12601r).

Figure 110: Study of the proportions of a horse, c. 1479. Windsor Castle, Royal Library (RL 12318r).

(Fig. 110 and 111) were likely done at least in part over the next decade-plus in preparation of the great "il Cavallo dello Sforza". While a clay model was apparently created by Leonardo in 1483, the great horse never came to fruition due to war with Venice that used the bronze Leonardo needed. Interestingly, after Leonardo's notebooks were re-discovered in 1965, a modified version of his great horse was finally created in 1999. Leonardo's insight into equine form was also obviously put to good use in his magnificent depiction of the horses in the lost painting, "The Battle of Anghiari" (often called "The Lost Leonardo"), known through many extant preparatory studies of his and through a 1603 copy by Peter Paul Rubens in the Louvre.

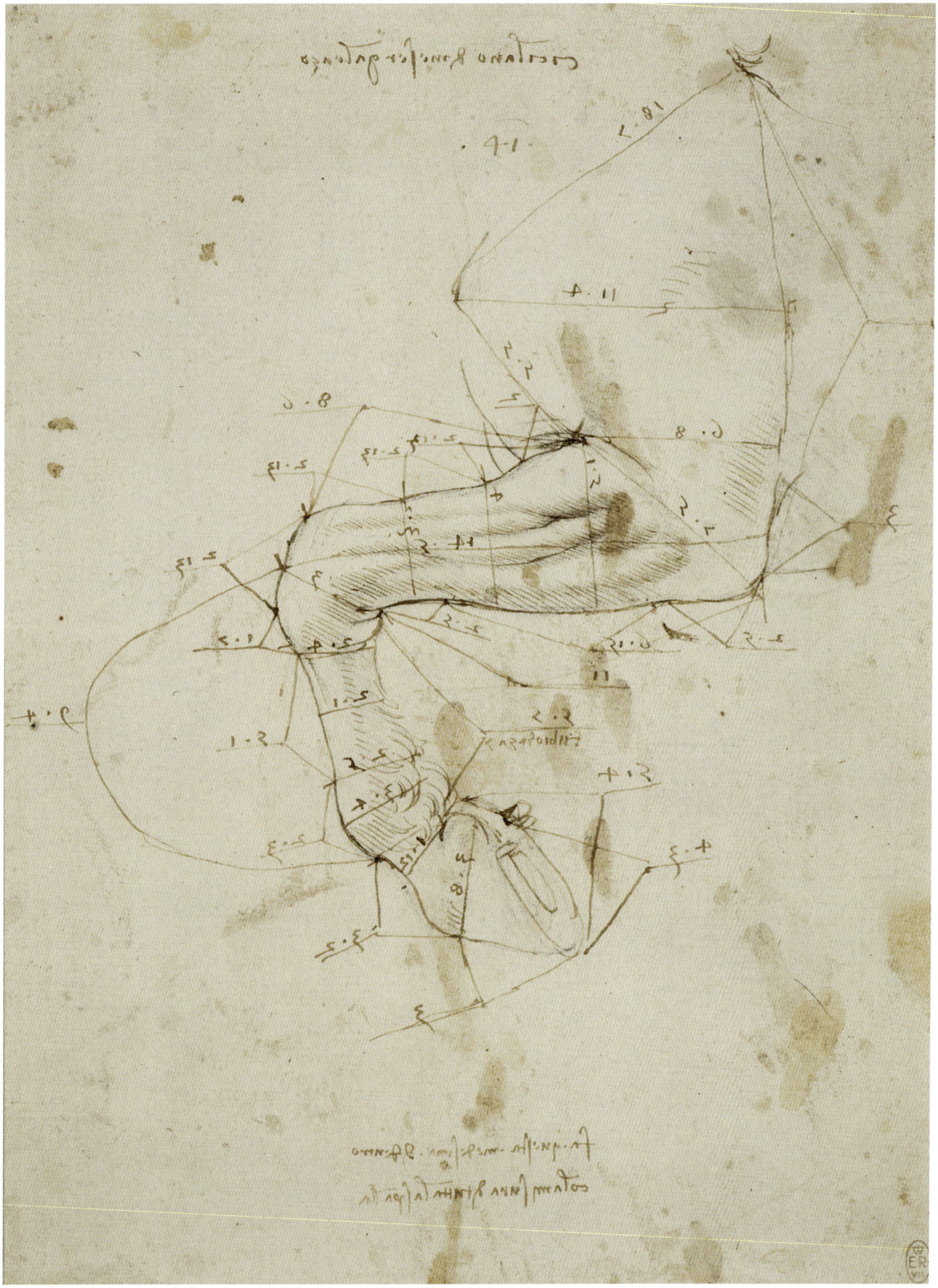

Figure 111: Study on the proportion of a horse's leg, c. 1485-1490.
Windsor Castle, Royal Library (RL 12294r).

While Leonardo's unmatched skills – including those of mastering proportionality – were able to convey great beauty he also used them to foster renderings on the other extreme. Leonardo could be, by all accounts, a sometimes-difficult genius; his personality could be prickly and his obvious artistic superiority by its very nature offended competitors. To say that he had detractors, even enemies, would be an understatement (see Isaacson, 2017; Freud, 1922). Leonardo's way of punishing those he deemed antagonists was to at times do renderings that morphed their normal visage into grotesque representations, sketches that have become known as the "grotesques" (Fig. 112). His unique knowledge of proportions allowed him to literally tweak aspects of one's normal anatomical dimensions to produce

Figure 112: Five grotesque heads, c. 1493. Windsor Castle, Royal Library (RL 12294r).

visages that were at once horrific and yet humanly conceivable. While the identities of many of the grotesques remain unknown – Leonardo is thought to have also portrayed individuals he would simply notice near his studio who demonstrated abnormal features – it is generally agreed that many of his detractors have been immortalized in ways most unflattering.

From the outside to the inside: the inside

In order to fully understand – and, indeed, approach – the rendering of human faces, Leonardo had to have a grasp on its scaffold, the skull. Leonardo's direct knowledge of the skull was obviously obtained through his many direct observations and dissections (he noted that he had personally dissected some 30 corpses) much of this occurring during his formative years in Florence. Sometime around 1489 Leonardo gained possession of a human head, possibly from an executioner (O'Malley and Saunders, 2003: 27) and obviously used this opportunity as an important learning tool regarding both the skull and internal aspects of the brain. Interestingly, relatively few drawings by Leonardo on the external aspects of the skull and bony face exist. The most impressive of these is the one of a frontal view of the skull showing an intact left side while the right side is shown in a coronal view. This view enables one to see at once the nasal conchae, the maxillary and frontal sinuses, the mandible, and root of teeth in section while they can be positioned in context with the external features of the skull (Fig. 113). This is an extraordinary, creative, visualization that correctly identifies the maxillary and frontal sinuses, including showing the important relationship of the large maxillary sinus to the upper teeth. In addition to these are two drawings of a lateral view of the skull, one with the skull intact and the second with a "window" showing the maxillary sinus (Fig. 114). A third notable external view shows intact skulls (apparently different skulls than those portrayed above as the dentition is very different) with external blood vessels in place (Fig. 115).

Leonardo's 1489 skulls, particularly the dual frontal views, are truly anatomical masterpieces, and amongst the first, if not *the* first, to portray accurately the important maxillary sinus and its relationship to the upper teeth (see Mavrodi and Paraskevas, 2013 for discussion.) Indeed, the great Andreas Vesalius, usually considered the "father of modern anatomy," did not describe or offer any comparable illustrations of the sinuses in his great treatise, *De humani corporis fabrica libri septum* (1543). It should be noted, however, that Vesalius did not illustrate his own works (the actual illustrator is unknown, although many attribute them to members of Titian's studio or directly to Titian's student, Johannes van Calcar, who had illustrated Vesalius' previous work.) Leonardo was so far ahead of his time with his sinusal visualizations that it would be another 150 years before the English physician Nathanial Highmore (1651) would offer similarly detailed drawings of the all-important maxillary sinus (now, with detailed assessments and treatment suggestions for diseases, although far from the aesthetically pleasing nature of Leonardo's renditions).

From the outside to the inside: the quest for Leonardo's "Holy Grail", the search for the location of the soul

The majority of Leonardo's illustrations of the skull interestingly do not detail external or even facial features, rather they focus upon detailed measures, dimensions, and assessments of internal landmarks and proportions. Why, is the question that even an unsophisticated observer would ask? Understanding aspects of the external terrain of the skull would be enormously important for an artist in capturing and accurately rendering one's facial and head features. How does knowing the internal proportions of the internal skull assist in this?

The answer is that Leonardo's fascination with internal cranial dimensions had nothing to do with artistic renderings. It had to do with his search to find the location of the *senso comune*, what many have equated roughly with the "soul". As noted at the outset of this essay, Leonardo's unmatched genius and his almost prescient knowledge of some anatomical "discoveries" (such as the structure of the maxillary sinuses) has led history to forget that he was, in the end, a man of the 15-16th centuries, complete with the embedded ideas of that era. While he was groundbreaking in many ways, he carried with him many deep-seeded beliefs from antiquity. The most central of these, and one that pre-occupied him throughout his days, was his acceptance of a soul and an attempt to pinpoint its exact location in the often-discussed *senso comune*.

The concept of a soul, what it meant to various cultures, at different periods in human history, and what it may have meant to Leonardo would be a treatise onto itself and much beyond the scope of this short essay. From Aristotle's *De anima* (c. 350 BC; 1986; and Plato and even Socrates before him) to modern Catholic Catechism (e.g., Mark 8:36, "What doth it profit a man to gain the whole world and lose his immortal soul"; see Schall, 2014) human minds have sought to articulate the nature of the amorphous essence. As Leonardo did not draft a treatise or essay on his views of the soul, we have been left to decode his thoughts from his drawings and marginal notes.

What can be extracted from Leonardo's work is that he: 1) accepted the existence of a human soul; 2) accepted the premise that mental and spiritual faculties – to use the broadest of terms – were located in the ventricles or nearby areas of the brain; 3) believed the "prime" sense was that of vision; and 4) held that the intersection of the visual sense and its communication with the other areas of the brain would lead him to the precise location for the glorious intersection, the oft-mentioned, *senso comune*, wherein the soul (whatever that was) would reside. It is interesting to note that Leonardo's dissections would alter his thoughts as to *which* ventricles would hold *which* pro-

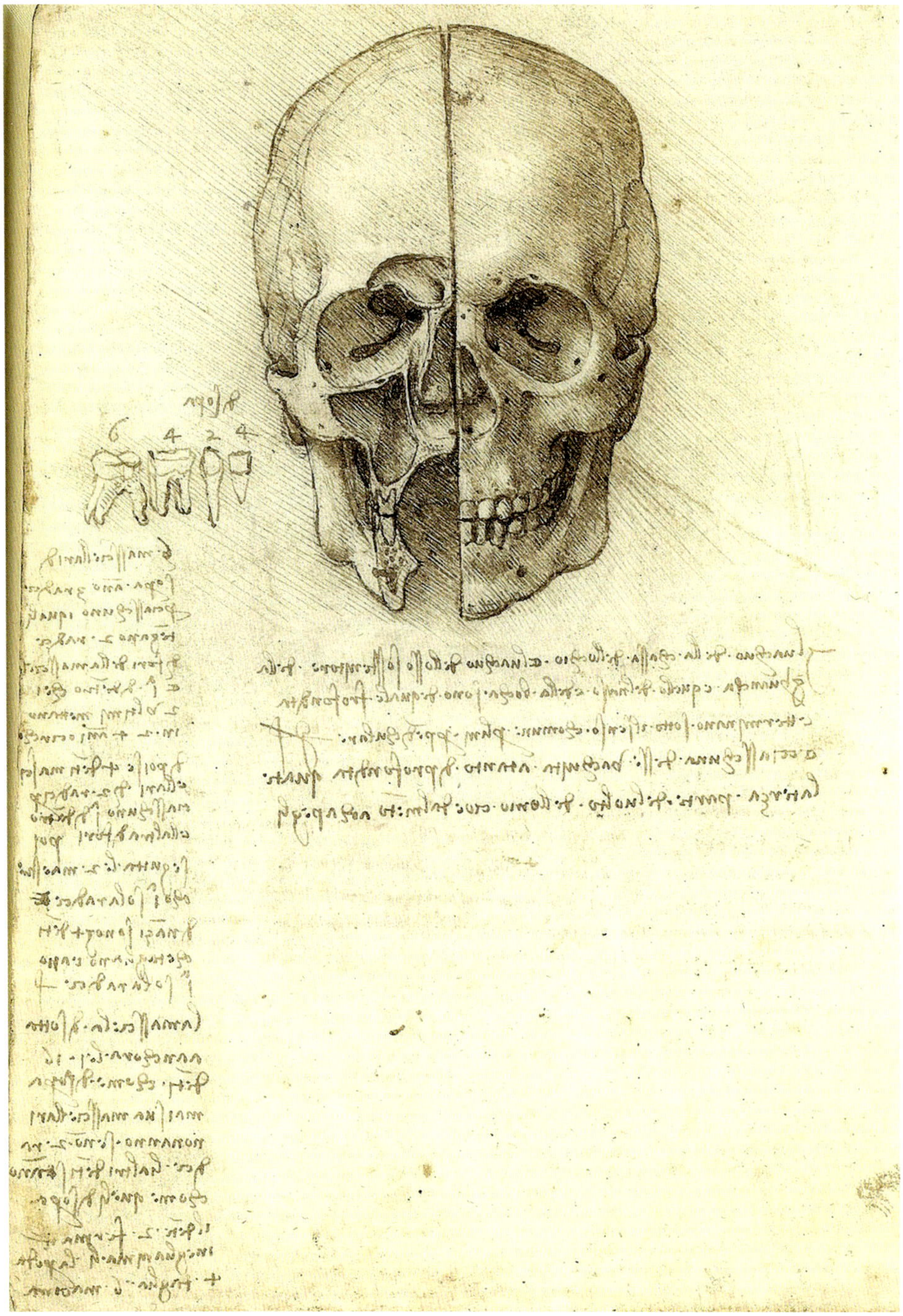

Figure 113: Anatomical study of the human skull in sagittal section, seen from the front, 1489.

Windsor Castle, Royal Library (RL 19058v).

perties (e.g., ancient and medieval scholars held that the first ventricle would be the seat for the soul and imagination; the middle ventricle housed will and movement, "*volonta*"; and the third or last ventricle "memoria") he never deviated from the ancient beliefs that these properties were housed in these spaces. This acceptance of the classic doctrines shows us the remnant "medieval" Leonardo. Arguably, unbeknownst to him, contemporaries – such as the Venetian physician Nicolo Massa in his *Liber introductorius anatomicae* (1536) – were describing fluid in the ventricles opening the doors to conceptualizing the cerebrospinal fluid's existence and its circulation (Massa is credited by many as the first to correctly describe cerebrospinal fluid; see discussion in Herbowski, 2013.) Thus, while some were beginning to think outside of classic doctrine as regards the ventricles, Leonardo was not.

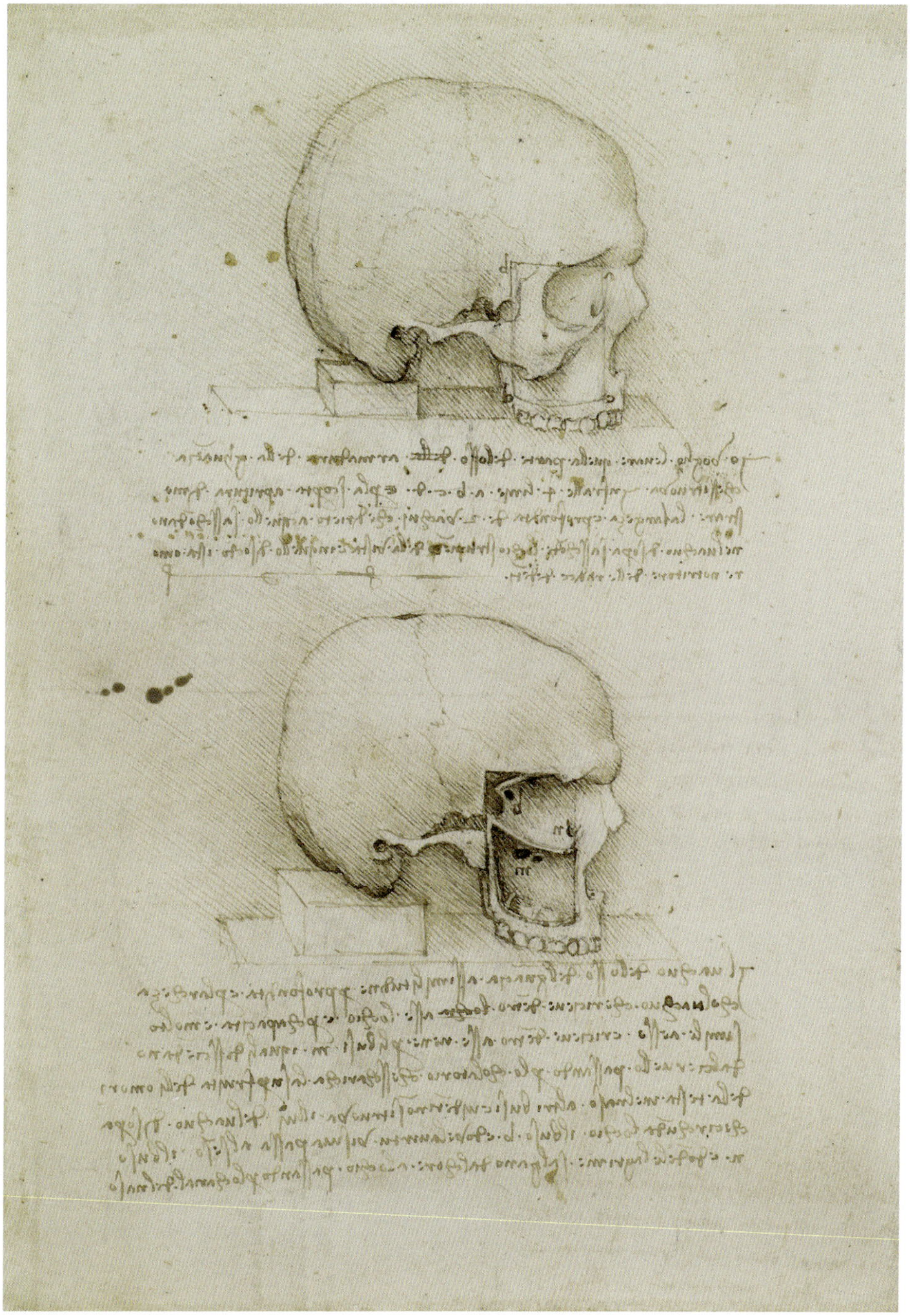

Figure 114: Anatomical study of the human skull in side view showing the eye sockets and maxillary sinus.

Windsor Castle, Royal Library (RL 19057v).

Although having his eyes closed to the real function of the ventricles, Leonardo did extensive dissections on the anatomy of the eyes, optic nerves, and ventricles in his quest to find the precise location of the *senso comune* and understand its relationship to the soul (Fig.s 116 and 117) (see excellent discussions in Del Maestro, 1998; Widmer, 2006.) His expertise and devotion to precision and measurement, long honed throughout his early training, intersected with his quest to discover the *senso comune* in his visualizations of the internal anatomy of the skull (Fig.s 118 and 119). Based upon Leonardo's drawings, his measurements and geometry showed intersections at the floor of the third ventricle just superior to the pituitary fossa. This was also the location where he

Figure 115: Anatomical study of the human skull with blood vessels (cranial and maxillary veins) 2 April 1489. Windsor Castle, Royal Library (RL 19059r).

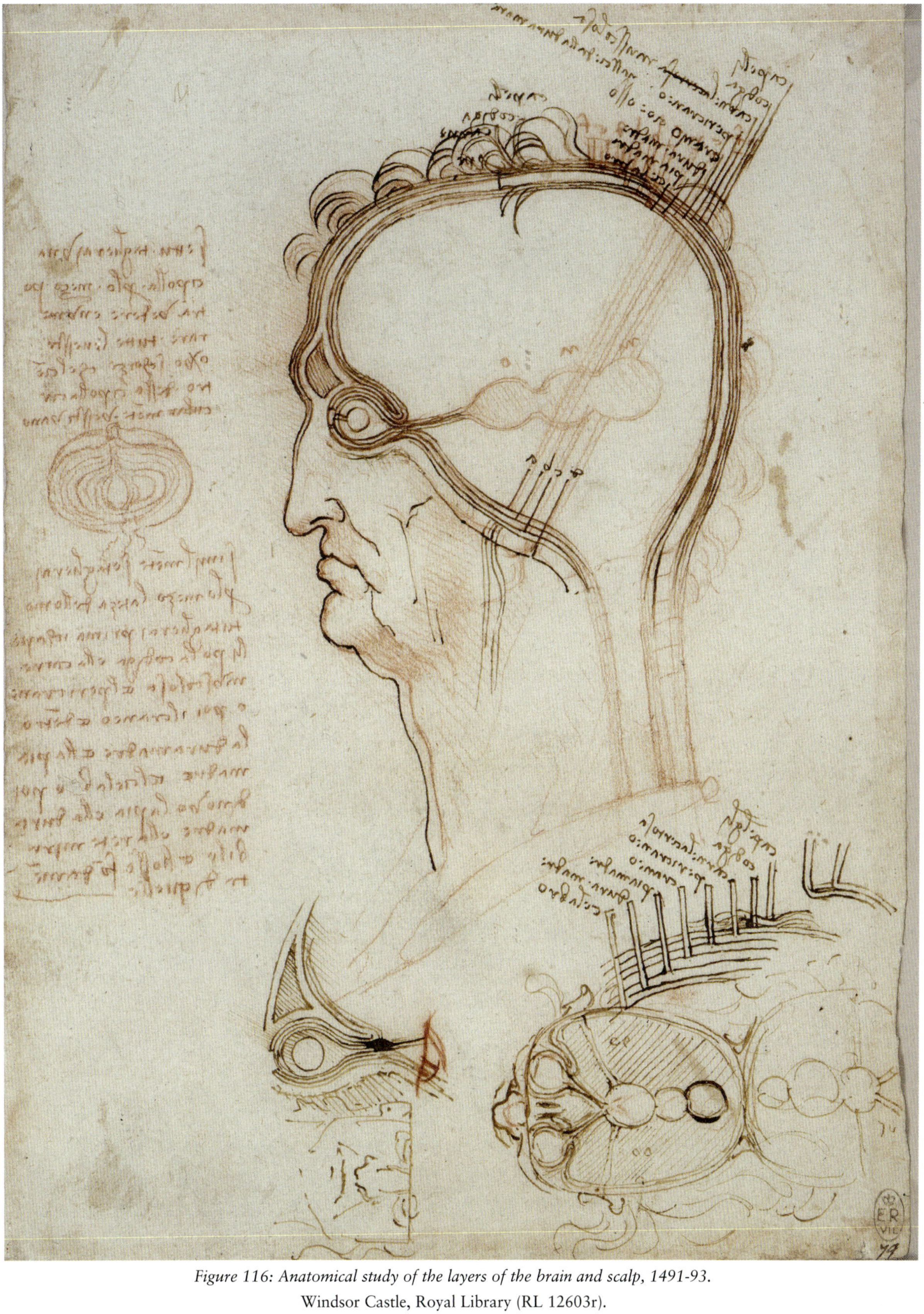

Figure 116: Anatomical study of the layers of the brain and scalp, 1491-93.
Windsor Castle, Royal Library (RL 12603r).

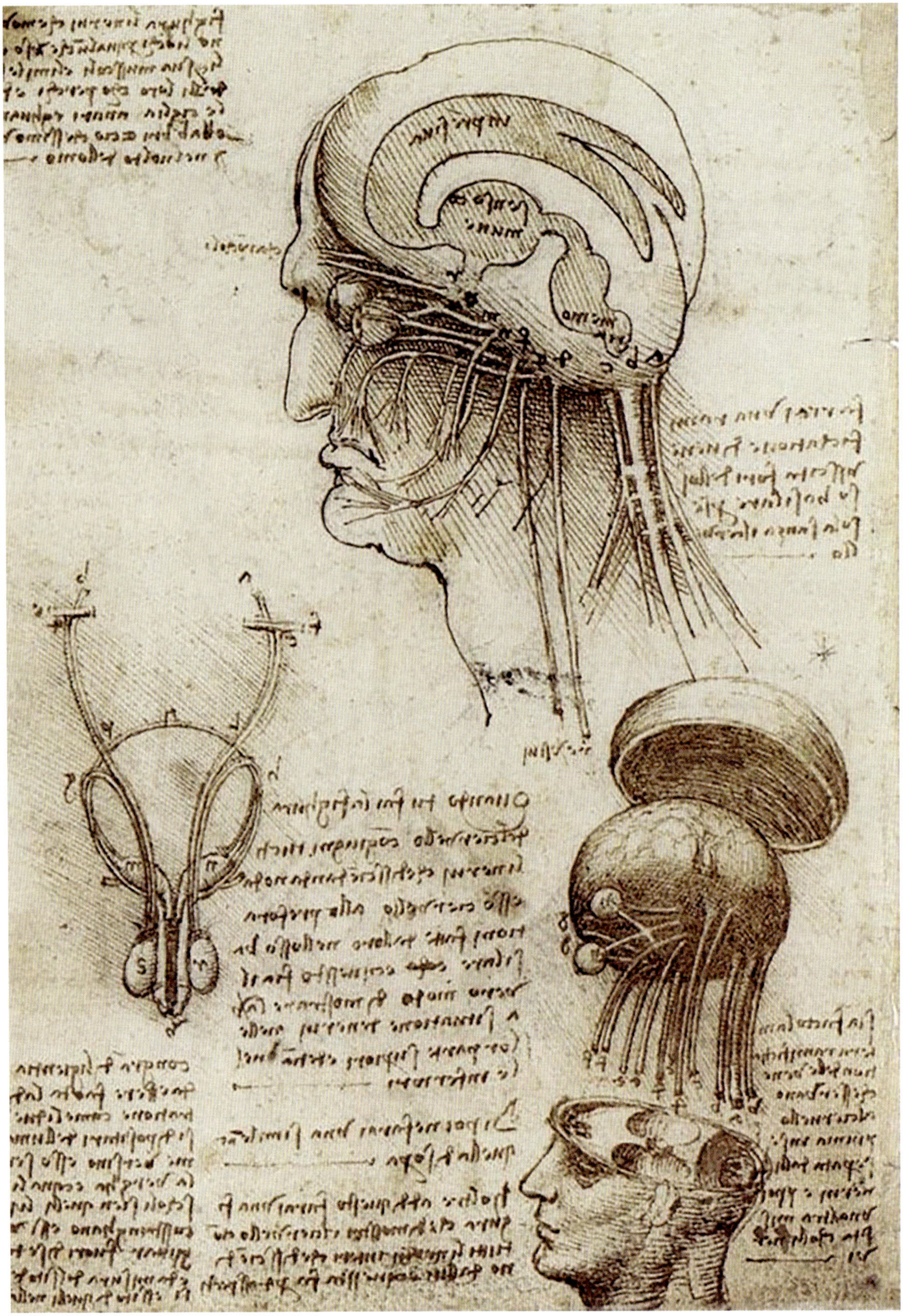

Figure 117: Study of the physiology of the brain, 1508.
Weimar, Schlossmuseum, inv. KK 6287v.

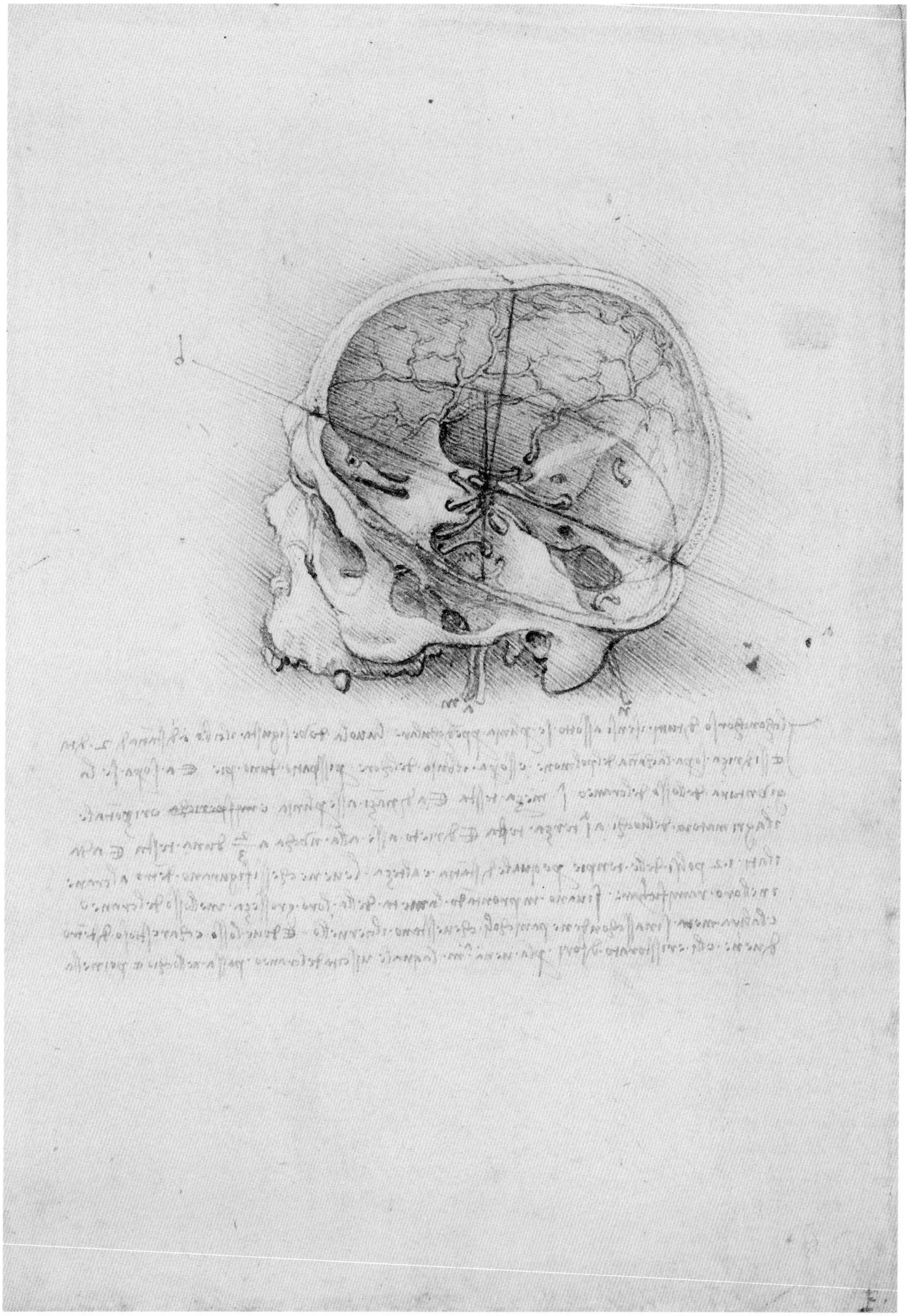

Figure 118: Side view of human skull in sagittal section, with cranial nerves, 1489.
Windsor Castle, Royal Library (RL 19058r).

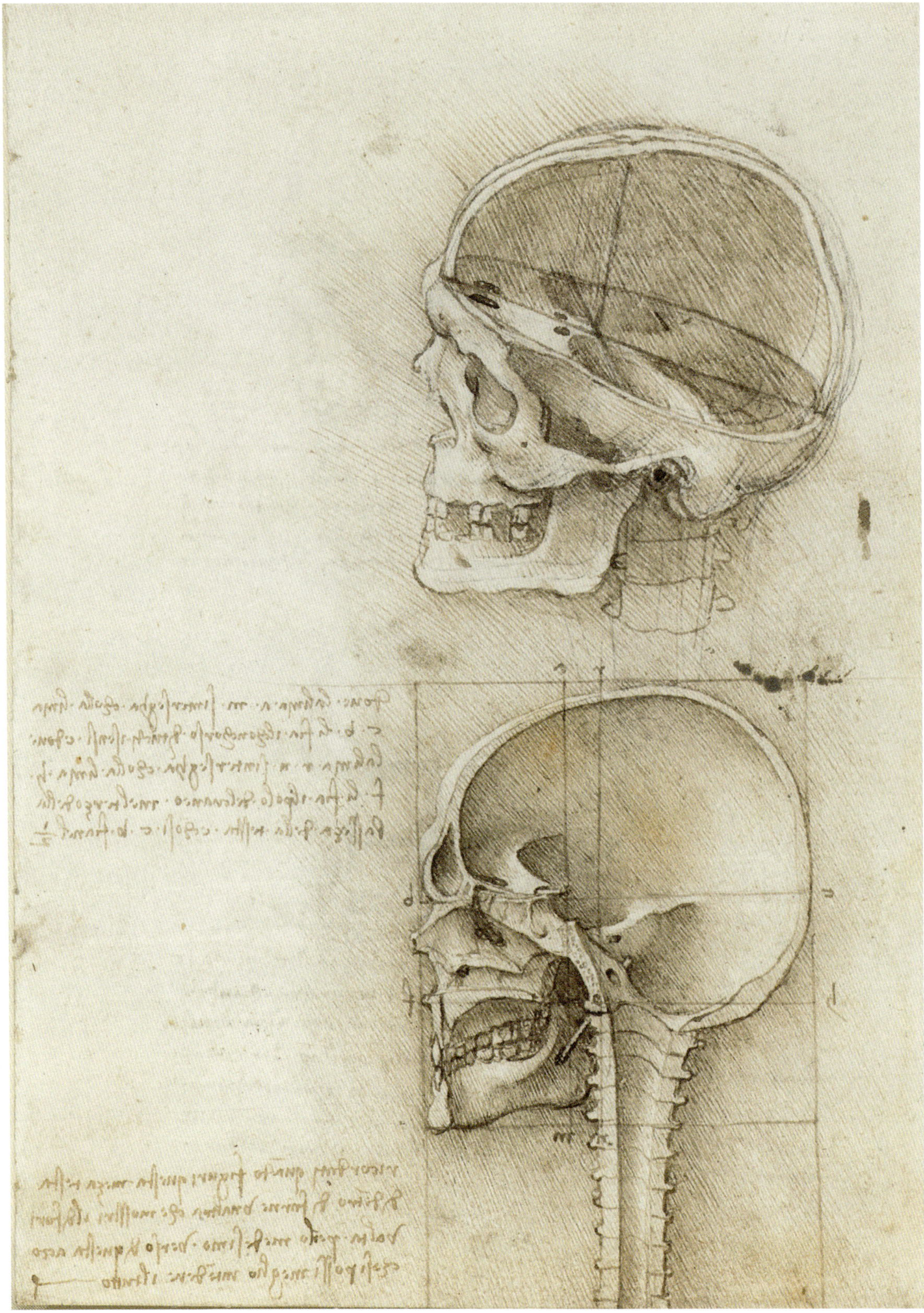

Figure 119: Anatomical Study of the human skull in sagittal section, seen from the side, 1489.
Windsor Castle, Royal Library (RL 19057r).

could see the optic nerves crossing. This confluence was noted by Leonardo: "Where line AM is intersected by line CB, there the meeting of the senses is made," (see O'Malley and Saunders, 1983, p. 50-54, 330-342 translations and their commentary; see also Widmer, 2006 for discussion). This is clearly the site that Leonardo felt was the *senso comune;* he had found the home of the human soul. There are few drawings subsequent to the above specifically focusing on the measurements, geometry, and proportions of the region. Apparently, Leonardo, not known for his modesty, may well have felt he had answered the age-old question and moved on.

As noted previously, Leonardo did many dissections of animals. He focused on horses, but also dogs, cats, cows, oxen, birds, and even bears. While there are a number of drawings of horse, cat and dog heads, it is somewhat perplexing that there are few renderings of their skulls, and none of their cranial interiors, even though these animal skulls were clearly available and even abundant. One would have thought that an individual with so deep an interest in comparative anatomy (he has been called by some the "father of comparative" anatomy) would have relished the opportunity to meticulously measure (he was an obsessive measurer!) and assess cranial geometry. As a comparative anatomist, for example, one would expect Leonardo to have been intrigued to use the measurements that he had established on the internal aspects of human skulls in his successful hunt to find our *senso comune* to the anatomy of animals. The absence of such is probably due to the fact that Leonardo, as many of the ancients, did not believe that animals had a soul at all or, at the least, in any way similar to humans. Aristotle, in his Book III of *De anima* detailed how animals lacked a mind or "rational" soul and were thus not comparable to humans. Simply put, Leonardo would have had no interest in exploring the inner geometry and proportions of animals as there was no imperative to find their *senso comune* as they likely did not have one; they had no souls. They had no souls and he thus had no interest in exploring their internal crania.

Acknowledgements

Jeffrey T. Laitman would like to acknowledge the organizers of this most special Colloquium, specifically Professor Henry de Lumley, for inviting him to participate and deliver a presentation on the topic of this essay. Also, Jeffrey T. Laitman would like to thank Dr Ian Tattersall of the American Museum of Natural History in New York for enlisting him into the project and for all his support. Jeffrey T. Laitman also gives thanks to Dr Gale Justin, Director of Instructional technology at the Icahn School of Medicine for assisting in checking on the attributions and locations of various drawings of Leonardo for the preparation of the presentation at the meeting in Amboise.

References

ARISTOTLE (1986) De anima (On the Soul). Trans, H. Lawson-Tancred. London, Penguin Books.

DEL MAESTRO R.F. (1998) Leonardo da Vinci: the search for the soul. *J Neurosurg*, 89, p. 874-887.

DI STEFANO N., GHILARDI G., MORINI S. (2019) The cerebral ventricles in Leonardo's anatomical drawings. *The Lancet*, 393, 1412.

ESAAK S (2019) What was Leonardo's name? ThoughtCo, thoughtco.com/what-was-leonardos-name-182985.

FREUD S. (1922) Leonardo da Vinci: A Psychosexual Study of an Infantile Reminiscence. London, Kegan Paul.

HIGHMORE N. (1651) Corporis humani disquisito anatomica. The Hague, Samuel Browne.

HERBOWSKI L. (2013) The maze of cerebrospinal fluid discovery. *Anatomy Research International*, http://dx.doi.org/10.1155/2013/596027

ISAACSON W. (2017) *Leonardo da Vinci*. New York, Simon and Schuster.

LIVIO M. (2002) *The Golden Ratio: The Story of Phi, the World's Most Astonishing Number*. New York, Broadway Books.

MASSA N. (1536) *Liber introductorius anatomicae*. Venice, Francesco Bindoni et Masseo Passini.

MAVRODI A., PARASKEVAS G. (2013) Evolution of the paranasal sinuses' anatomy through the ages. *Anat Cell Biol*, 46, p. 235-238.

MEHRA M.R. and CAMPBELL H.R. (2018) The Mona Lisa decrypted: Allure of an imperfect reality. *Mayo Clin Proc*, 93, p. 1325-1327.

MEISNER G. (2018) *The Golden Ratio: The Divine Beauty of Mathematics*. New York, Race Point Publishing.

MEISNER G. (2014) *da Vinci and the divine proportion in art composition*. https://www.goldennumber.net/leonardo-da-vinci-golden-ratio-art.

NATHAN J., ZOLLNER F. (2019) *Leonardo: The Complete Drawings*. Cologne, Taschen.

O'MALLEY C.D., SAUNDERS C.M. (2003) Leonardo da Vinci on the Human Body. New York, Gramercy Books.

PACIOLI L. (1509) *De Davina Proportione*. Venice, Paganino Paganini.

RICHMAN-ABDOU K. (2018) The significance of Leonardo da Vinci's famous "Vitruvian Man" drawing. https//mymodernmet.com/Leonardo-da-vinci-vitruvian-man/

RICHTER J.P. (1970) *The Notebooks of Leonardo da Vinci*. New York, Dover.

SCHALL J.V. (2014) On the human soul. The Catholic Thing, https://the catholicthing.org/2014/09/30/on-the-human-soul.

TUBBS R.I., GONZALES J., IWANAGA J., LOUKAS M., OSKOUIAN R.J., TUBBS R.S. (2018) The influence of ancient Greek thought on fifteenth century anatomy: Galenic influence and Leonardo da Vinci. *Childs Nerv Syst*, 34, p. 1095-1101.

VESALIUS A. (1543) De humani corporis fabrica lebri septum. J. Opporhinus, Basel.

VITRUVIUS M.P. (c 27 BCE) De Architectura. (English Translation Morgan, MH 1914 as Ten Books on Architecture, Cambridge, Harvard University Press).

WIDMER D. A.J. (2006) Neuroanatomy in art: Leonardo da Vinci's Senso Comune. *J Hist Neurosci*, 15(1), p. 17-20.

(All attributions, dates are from Nathan and Zollner (NZ), 2019, *Leonardo: The Complete Drawings*. Cologne, Taschen.)

Questions à Jeffrey Laitman et réponses

Jason Organ : Merci Monsieur Laitman, c'était vraiment très intéressant. Ma question concerne ce *senso comune*, ou sens commun. Je suis d'accord avec ce que vous dites, mais ce qui nous manque comme preuve c'est pourquoi da Vinci n'aurait pas disséqué des crânes d'animaux pour conclure qu'ils n'ont pas d'âme ?

***Jason Organ:** Thank you Dr Laitman, that was a great talk. I have a question about the senso comune, or common sense. So, I buy the argument, but what I find to be lacking here is not in your argument, but in the evidence... why would da Vinci not have dissected animal skulls to rule out things?*

Jeffrey Laitman : Une des erreurs qu'on pourrait faire serait de regarder la grandeur de da Vinci en tant que collègue du XXIe siècle. C'était un homme qui a traversé les siècles. Est-ce qu'il ne serait pas le plus grand génie qui ait jamais vécu ? Essayer de comprendre da Vinci, et j'ai fait de mon mieux, revient à essayer de comprendre Dieu. Il est extraordinaire, il est bien supérieur à nous tous en termes d'intelligence et d'intérêt, et nous autres mortels ne pouvons l'égaler. Je ne crois pas qu'il se serait vraiment intéressé au crâne des animaux, parce qu'il n'était pas forcément intéressé par le nerf optique, ou l'hypophyse ou les sinus... En fait, ce qui l'intéressait c'était vraiment les intersections, les lieux où se trouvait l'âme, le siège de l'âme. C'était une personne du Moyen Âge, de la Renaissance, il avait des pensées contradictoires, il ne s'agissait pas pour lui de regarder à l'intérieur du crâne pour regarder le *senso comune*. Ce qu'il cherchait, c'était son monde. Aujourd'hui, on ne chercherait plus ça. Je ne pense pas qu'il aurait voulu regarder le crâne d'un chat, d'un chien, ou d'un cheval. Pourquoi ferait-il cela ? Ils ne sont pas censés avoir d'âme, ce n'est pas quelque chose qu'il aurait fait.

***Jeffrey Laitman:** I think that one of the errors we make, is we look at da Vinci, because of his greatness, as a 21st century colleague. He was a man of many centuries, arguably the greatest genius that has ever lived. Trying to understand da Vinci, and I tried my best, is in some way, a little less than trying to understand God. He is inscrutable, extraordinary, and so far, above us in intellect and interests, that we mere mortals cannot come close. I don't think he looked at animal skulls, and he would have had access to tons, because of what he said. His interest in going inside were not to look for the optic nerve which was interesting, or to understand the sella turcica, or the hyperphysial foca, or the sphenoid sinus... he was going to find intersections in locations that could tell him where the seat of the soul may lie. He was still a person of the Middle Ages in the Renaissance. He had conflicting thoughts and ideas. You wouldn't look inside the skull to find a senso comune where the various senses could be interlocked... but da Vinci was part of one world, and part of another, so I don't think it would have occured to him to look at a dog or to look at a cat, or a horse. Why would he? They were not thought to have a soul. It would not be something he would do.*

David Thaler : En ce qui concerne l'avenir ou de meilleures applications des technologies, ce pourrait être les sinus ou l'oreille interne, da Vinci et sa recherche de l'âme... Il s'intéressait à l'œil, aux ventricules du cerveau... Est-ce que vous voyez de nouvelles applications ? Pour vous, quel est l'avenir en matière d'exploration du système de la vision et des ventricules ?

***David Thaler:** What is your sense for the future... the best application of recently available techniques... it might be the sinuses or the inner ear. Da Vinci, in his search for the soul was particularly interested in the eyes, the optical perception and the ventricles of the brain. So, do you see new applications, or where do you see the future and exploration of the eyes, the visual system and ventricles?*

Jeffrey Laitman : Je crois que c'est un système qu'on comprend déjà très bien, le système ventriculaire également, la circulation du fluide cérébro-spinal... Je crois que les travaux de pointe portent sur le fait qu'on voit tous différemment. Je vois les choses d'une certaine couleur, et vous certainement différemment. Ce sont des conclusions tout à fait récentes, les différences qui existent entre nos différentes visions. Quelqu'un comme da Vinci avait peut-être une autre façon de voir les couleurs. Les grands musiciens entendent des sons que nous n'entendons pas, les mathématiciens parlent leur propre langue aussi. Ce que j'ai appris tout au long de ma carrière, c'est que si je souhaite faire des recherches dans un domaine, il faut que je m'associe à la personne qui dispose de ces sens. Je n'ai pas un esprit mathématique, je n'ai pas une très bonne vision, une très bonne ouïe, en fait je n'ai rien de spécial, mais si je travaille avec quelqu'un qui peut voir les choses, alors c'est vraiment formidable. Je crois vraiment que les progrès porteront sur cela, c'est là que les nouvelles techniques et technologies ont un rôle à jouer, là où nous commençons à voir des aspects cachés du crâne. La prochaine fois que vous regarderez un crâne, regardez l'os du rocher, l'os le plus dur du crâne. Cet endroit contient le vestige de nos lignes latérales de poisson, les parties les plus anciennes liées à notre équilibre et nous ne savons toujours pas comment appréhender ni soigner nos problèmes d'équilibre comme dans le cas de la maladie de Ménière. On n'arrive pas à visualiser les structures. Je crois que c'est là la prochaine évolution du pouvoir de voir et d'étudier le crâne. Da Vinci a travaillé sur un niveau et sur un plan, pour ses raisons à lui, qui je pense, ne sont pas les mêmes que nos raisons à nous. Je pense que nous allons évoluer et découvrir d'incroyables domaines de développement, mythologiques, fossiles...

Jeffrey Laitman: *I think we understand visual systems very well. I think we have mapped out ventricular systems, cerebrospinal circulation fluids, aspects of eyes... I think where cutting edge work is being done is in recent knowledge that shows us that individuals don't see things the same way. So what you see is one color, I may see it differently. This is extraordinary new findings, that people can be so different. And this is particularly relevant to someone like da Vinci. If we all look at something, a majority of us may see one color, somebody with da Vinci's incredible mind may see a different array of colors. Great musicians hear things and sounds we cannot. Mathematicians speak their own languages. What I've learned in my career is that if I wish to do something and investigate something, I have to join with the person who may have those senses. I don't have a mathematical mind, I don't have a great visual eye, I don't have great ears, actually I don't have much of anything that's special, but if you work with somebody who can see things, it's very very great. So I think that's where progress is being made, where our new techniques and technologies are coming into play, we're starting to see the small hidden aspects of the skull. If one ever looks the next time you look at a skull, look at the part called the petrus bone, so the hardest bone of the skull – Peter, it means rock in Greek, like Saint Peter is the rock of the church – but it's not rock solid, and in there sits the remnants of our lateral lines from fish, the oldest parts, our balance systems, and we still do not know how to approach or how to cure balance disorders, Ménière's disease, for example, those who have vertigo. This is unknown how to cure these, because we can't visualize the structures, and I think that's the next evolution of the power of looking and studying the skulls. So, da Vinci was on one level and one plane, for his own reasons, which I don't think are the same as our reasons, and I think we're going to be moving forward on investigating incredible areas, in areas of development, mythology, and also the wonderful fossil record.*

Public : Merci pour cette intervention passionnante. Je viens d'Allemagne, de Munich. Je suis invité, je ne suis pas médecin, je travaille dans le domaine de la linguistique et de la recherche littéraire. Vous avez parlé, entre autres, de la phrénologie. Vous avez mentionné l'un des spécialistes les plus connus en Allemagne, Franz Joseph Gall et je voudrais mentionner ceci : un jour, il a rencontré Johan Wolfgang Goethe qu'il ne connaissait pas, il lui a touché le crâne, et à la toute fin de sa recherche, il indiqua qu'il devait s'agir d'un agriculteur, alors qu'il était un poète.

Public: *I'm a guest from Germany, Munich, not a medical doctor. But I am not a medical doctor, I'm a man of linguistics, and literary research. You mentioned among other things, the question of phrenology. One of the most famous phrenologists was Franz Josef Gall, you have mentioned... And I just wanted to mention an episode. He once met with Johan Wolfgang Goethe. He didn't know him, and Gall touched the skull of Mr. Goethe, and at the very end of his research he mentioned that he must be a farmer, but he was a poet.*

Jeffrey Laitman : Ah... il ne l'avait pas compris. Pour ceux d'entre vous qui ne connaissent pas Gall ou Spersheim, c'était des génies. La raison pour laquelle ils étaient si brillants est qu'ils ont parlé, peu de temps après Broca, de la possibilité de séparer les fonctions du cerveau. C'était hérétique, à ce moment-là, penser à diviser la divinité, séparer le cerveau en régions. Ils étaient vraiment créatifs dans leurs pensées. Ils allaient très loin dans leur réflexion, et c'est comme ça que la phrénologie est née. Leur génie reposait sur leur questionnement et vraiment je les admire grandement pour leur audace.

Jeffrey Laitman: *Ha... he didn't get it. For those of you that don't know the work of Gall or Spersheim, they were extraordinary geniuses. The reason they were so bright is they started to talk, not long after Broca, about the possibility of dividing up the functions of the brain, and really until that time it was heretical to think about dividing up divinity, so you couldn't think of isolated areas. They thought out of the box, and then they went very far out of the box, and that's how phrenology was born. But their genius was in the questioning, and that's what made them so very great. I admire them very much for their boldness.*

Leonardo and the visualization of anatomy

Brian Shearer*

My talk intends to convey Leonardo's role as both a scientist and an artist. I'm going to be exploring some of the principles of design used by da Vinci, his techniques for data visualization, and I'm going to discuss some major advances in anatomical science and visualization since his time.

I'm not an artist or designer, I'm a biological anthropologist, anatomist, and paleontologist by training, but I find some of the motifs that I see in da Vinci's work very interesting as a way to think about the good and bad things that we do to try to visualize anatomy for different purposes today, and more broadly how we communicate science to the public. I think it's really important to reexamine the way that we do things and assess if they are the optimal way currently available for us from time to time. And I'll talk today on some of the new ways that my colleagues and I are trying to visualize anatomy, for both the fields of comparative anatomy, and for medical education. I believe that the latter field is particularly important, because every year we have the opportunity to think creatively and improve on how we teach anatomy to a new generation of medical professionals, which requires a lot of visualization of anatomy, and that's where I believe Leonardo's legacy, and most important contribution to science lies, with his lessons on communication. His ability to present a concept both clearly and with sufficient depth, to draw the eye to the relevant structure or position, to elucidate a concept with a design choice rather than explicitly pointing it out, carries deep relevance for those of us tasked with relaying the findings of science to the public, and to educating our medical professionals.

As you well know by now, thanks to a series of very insightful talks, Leonardo was a pioneering artist at the Renaissance, often considered a century ahead of his time in his ability to visualize anatomy, though unfortunately his strict anatomical works were not published during his lifetime. We've heard of many of his anatomical achievements, so I won't bore you by listing them again, but I will say that da Vinci's detailed study of anatomy was critical to his ability to realistically replicate the human form in motion, which is, as we've heard, one of the reasons why his work is considered so excellent. His interest in anatomy as a scientific discipline, and his access to cadavers for dissection allowed his already extensive knowledge of surface anatomy to grow to know the underlying mechanisms, and he proceeded to produce several hundred striking anatomical drawings that are still considered remarkable today, despite some of the inaccuracies that we've discussed (Fig. 120).

At its core, science is a description of the natural world. One of the ways we do this is through visualizations. It's a word that I'm going to be using a lot today, visualization. Visualization to me implies an effective communication of an idea. It's more than just an image. The search for clarity and complexity of life needs to take the path through clear visualization. As scientists, we pride ourselves on our ability to make sense of difficult topics and distill the natural world into easily understood packages of information, which often means effective images, but the balance of accuracy and clarity is difficult to strike. We must make careful choices. Leonardo's multifaceted and detail-oriented approach to visualizing the natural world still serves as a high mark for science communication in many ways. Leonardo himself specified two components of a successful visualization. The first is to have mastery of a subject, so you can replicate it from memory, which emphasizes the depth of knowledge needed to effectively explain it. The second is the ability to reveal something's essence in a way that can be used to create new ideas, which emphasizes understanding that we can connect concepts through the intentionality of design choices of our images. This says that perfect replication shouldn't necessarily be the goal, but rather showing the underlying concept we're trying to convey with maximum clarity so the person receiving the image can more easily connect it to other concepts. He described the concept of knowing how to see, which speaks to having

* Center for Anatomy and Functional Morphology Icahn School of Medicine at Mount Sinai 1 Gustave L. Levy Place, New York, USA.

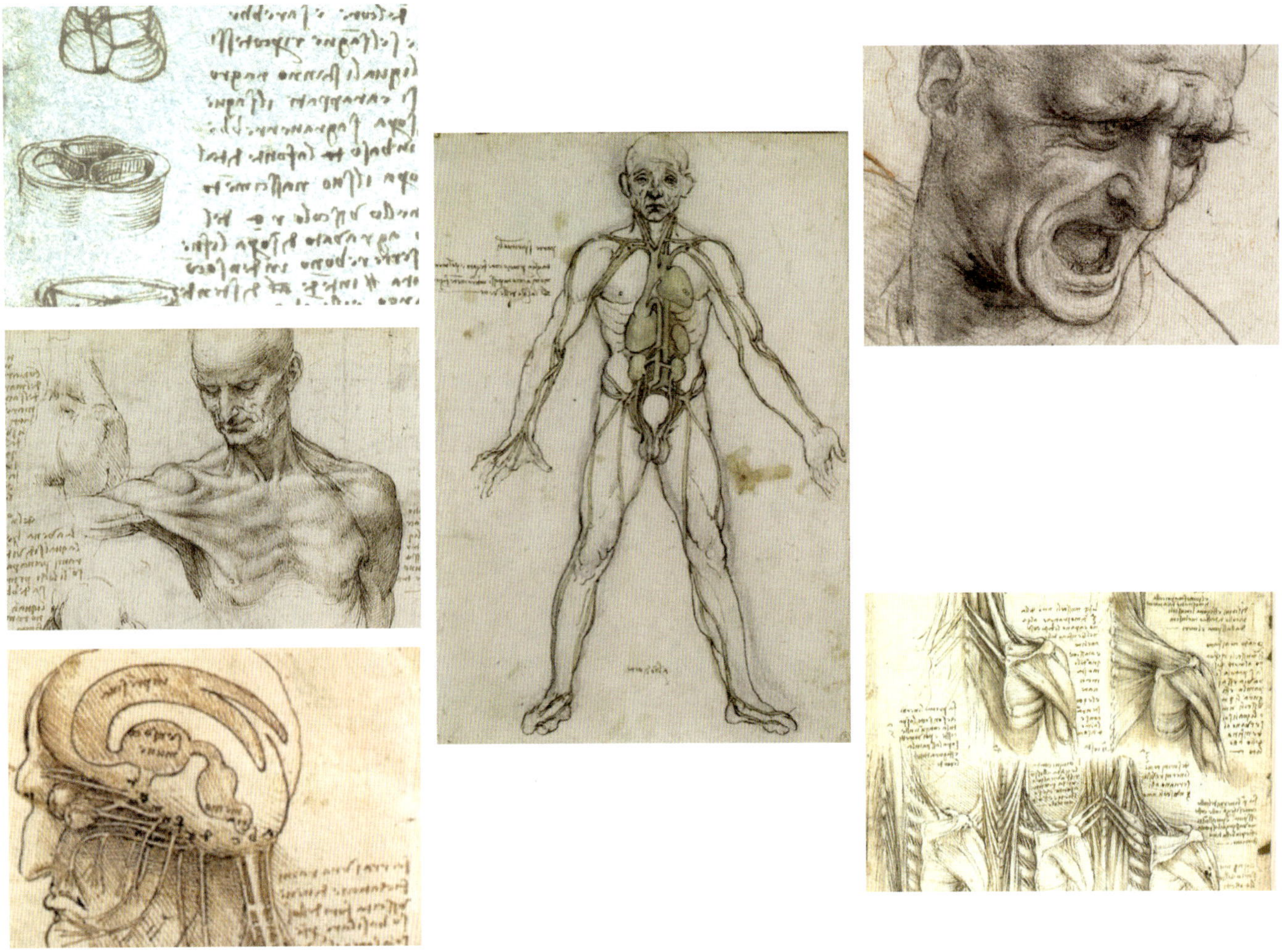

Figure 120: Leonardo: artist and scientist. Collection of da Vinci's anatomical illustrations.

intentionality in creation of a visualization and combining knowledge of different fields into a synthesis where you can direct the attention of the viewer to clearly understand your point. This can be very difficult to do, but intentionality and design can increase the visual literacy and understanding of the audience and allow the connection of other concepts in a way that bad design doesn't.

As an example, we can consider the classic Vitruvian man, which as Dr Laitman pointed out, is essentially an illustration about proportionality (Fig. 121). The illustration conveys layers of information, which is immediately noticeable because of the intentional design choices of da Vinci. We observe accurate surface anatomy of a man, but that's not the point of the illustration, which is made pretty clear by da Vinci's design choices, like their relative lack of shading and detail compared to some of his other work. The body's placement in a circle and square is very apparent, another thing we notice quickly, as are the marks at specific intervals on the body. These are all intentional design choices, because Leonardo was trying to convey a deeper meaning about the fundamental properties of man and our place in the universe. This is an effective visualization because it overlays several concepts that become apparent on inspection.

Probably the best example of his ability to combine science and art into a masterful demonstration is one of the most famous paintings in the world, the Mona Lisa. Leonardo relied heavily on his knowledge of human facial musculature, from his various dissections, and in fact you can faintly see, what many scholars think is the precursor to the famous Mona Lisa smile, on his page of anatomy notes, and the actions of facial muscles outlined in red (Fig. 122).

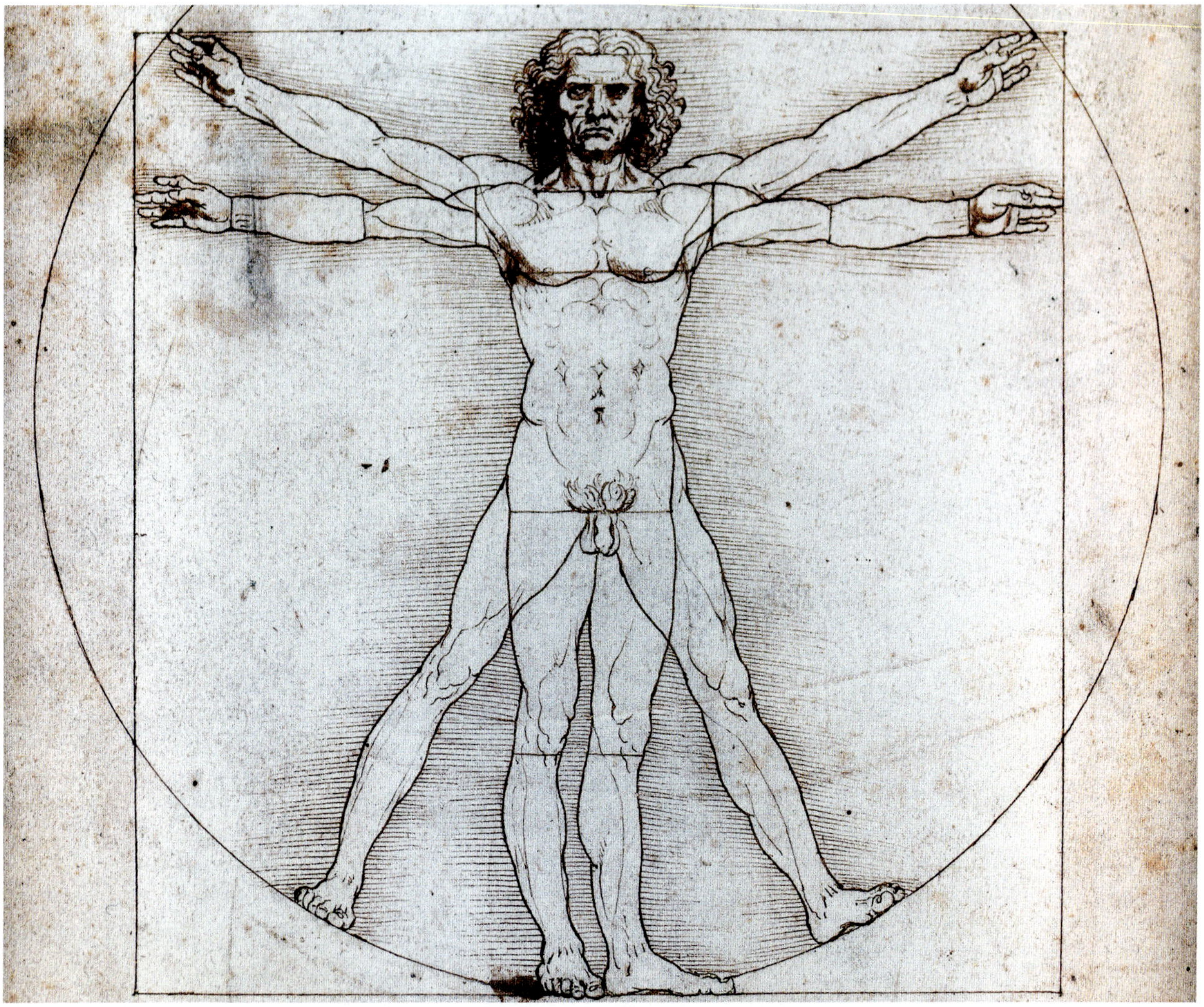

Figure 121: Saper vedere. Leonardo's Vitruvian Man.

If you combine this with his knowledge of optics to emphasize the effectiveness of his shading, understanding that from dissection and experimental work on the eye, that the central fovea excels at observation of fine details, while the peripheral areas are better at detecting shadow. When you look directly at the mouth, like many of Leonardo's portraits, the subject doesn't appear very emotive, but by intentionally applying both his knowledge of facial anatomy and his understanding of optics, Leonardo painted lips with shading in a way that the woman appears to be smiling when looking at areas other than the lips through a shadow that tricks that part of the eye less sensitive to fine detail. The eye is continually drawn to the smile, making it an intriguing image to inspect. The author Walter Isaacson calls this the first augmented reality piece in history, because of the varying layering techniques used to create depth, and the intentional design choices used to draw the viewer's attention and simultaneously tricking their perception into seeing the whole image as suddenly different, depending on where they look.

Since Leonardo's time, we've had the luxury of advances in technology that allows us to visualize both macro- and micro-anatomy in astonishing detail. In the 17th century, Leonardo's fellow countryman Marcelo Malpighi pioneered the field of histology allowing us to understand our microscopic anatomy. Purkinje pioneered the use of a microtome and a compound microscope in the 1800s and discovered several important structures that now bear his name.

In the 20th century, we of course have inspired artists like Netter who focused their talents not only on descrip-

Figure 122: Optics, anatomy, and the Mona Lisa. A collection of Leonardo's anatomical sketches (upper right, bottom left) and a study on optics (upper left) in relevance to the Mona Lisa.

tive anatomy, but on clinical anatomy for the medical profession. We've also witnessed the introduction of different imaging modalities like CT and MRI, which allow for the visualization of internal structures without destructive dissection. Imaging technologies have come a long way since Leonardo, but we're still drawn to his work for inspiration. Outside of the medical field, a specialized subset of artists-scientists, have taken the popular field of paleontology and paleo-anthropology to help visualize and understand worlds that no longer exist. Paleo-artist such as Charles R. Knight and his modern counterparts use their knowledge of osteology and anatomy in modern animals to recreate extinct times and places.

Much in the fashion of Leonardo, these artists are able to convey layers of information about the animals they illustrate by using anatomical expertise and knowledge of design elements, visualizing the ways in which dinosaurs, extinct mega-fauna, and our extinct relatives such as the Neanderthals may have looked and interacted with their world. I particularly like the images that depict the theorized behavior of fossil animals, which give depth to the lives of animals we can't observe in the wild. These are effective visualizations, because they convey layers of information.

Now I'm going to talk about some of the trends that we can observe today in the world of anatomy and discuss how I think lessons from Leonardo can help us make it better. The variety of ways to visualize anatomy has increased with technology, and the intentionality of it has changed to fit two main purposes beyond those I've already discussed. One is comparative anatomy, where there remains much to be discovered and described. The other is in medical education, where improvements to visualization of anatomy can always be made in an attempt to deepen the understanding of our medical professionals (Fig. 123). On the right, we can see a digitized plastination, one of the ways my colleagues and I are trying to assist in medical education through new kinds of interactive visualizations. On the left, we can see an image from a recent study that I published on comparative anatomy of the apes. These both convey very different pieces of information, but I believe they're both effective because of the layers of information that they impart.

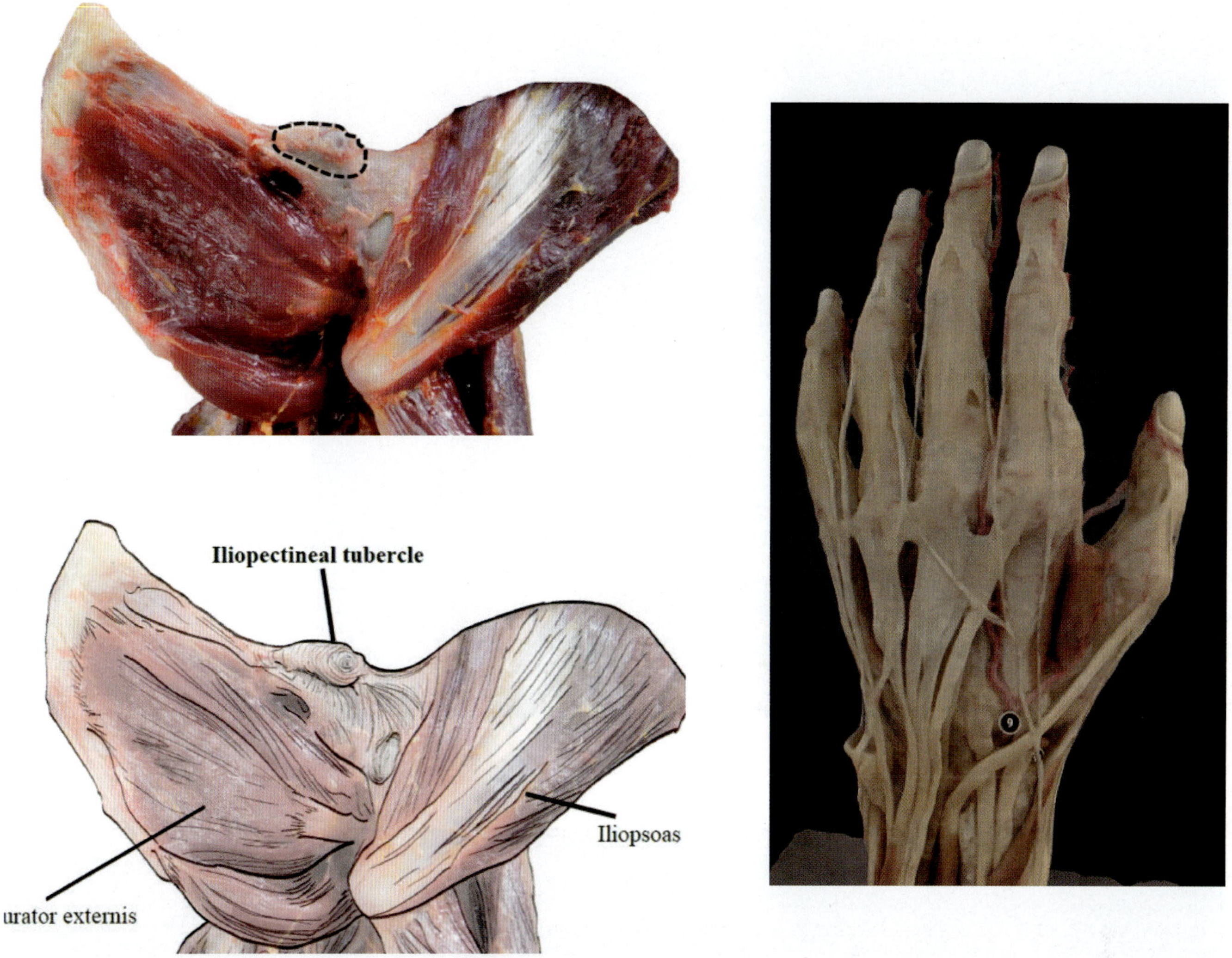

Figure 123: Trends in visualization. Left: orangutan pelvic musculature dissection from Shearer et al (2019) in comparative anatomical study. Right: plastinated human hand dissection digitized with photogrammetry for medical education.

The next few slides are from some of my own ongoing research in comparative anatomy, where my colleagues and I are using both new imaging modalities and more traditional methods, to understand primate anatomy and evolution. On figure 124 you can see the arterial anatomy of a galago, which is a small strepsirrhine primate, provided by Professor Burrows, rendered from an iodine-enhanced CT- scan by my colleague Haley O'Brien. The skull osteology is visually interesting but the clear emphasis is on the arterial distribution in the head. We're doing this because galagoes and some other primates can turn their heads around almost completely like owls do, and I was curious about how they don't just rip their carotid arteries, which we would do if we tried to do the same thing. This project is in the early stages, so we don't have much to show you other than this pretty picture, but this effectively visualizes at the area that we're interested in, by keeping things simple. Simplicity is the key to intentional design.

I will briefly discuss another project I'm working on, with some collaborators. For this project, we're interested in the bony anatomy of the orbit of squirrel monkeys, a particular type of South American monkey. Given our questions, we need to visualize our results in multiple ways. The first image (Fig. 125) shows a volume-rendered CT scan, with the extra-ocular muscles of the eye reconstructed, in their correct anatomical position in the orbit, which emphasizes the spatial anatomy in question.

Next we have an associated image, where the inter-orbital soft tissue anatomy of the squirrel monkey is

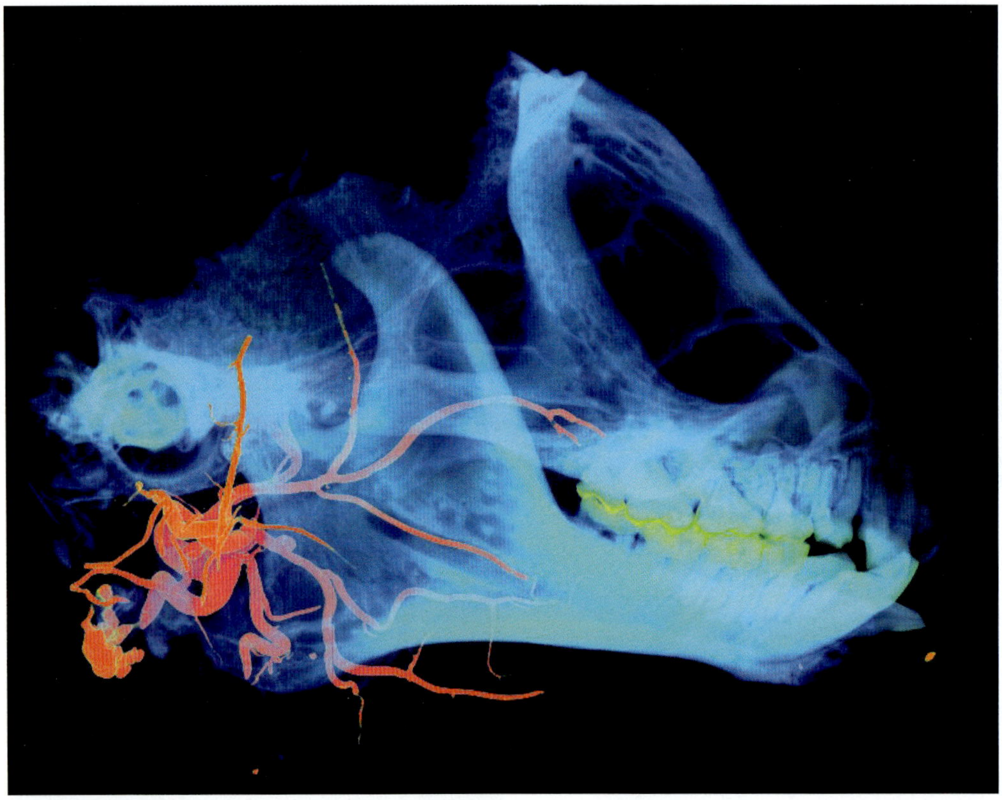

Figure 124: Iodine-enhanced computed tomography rendered angiogram of Galago sp. demonstrating internal path of arterial system. Image courtesy of Dr Haley O'Brien.

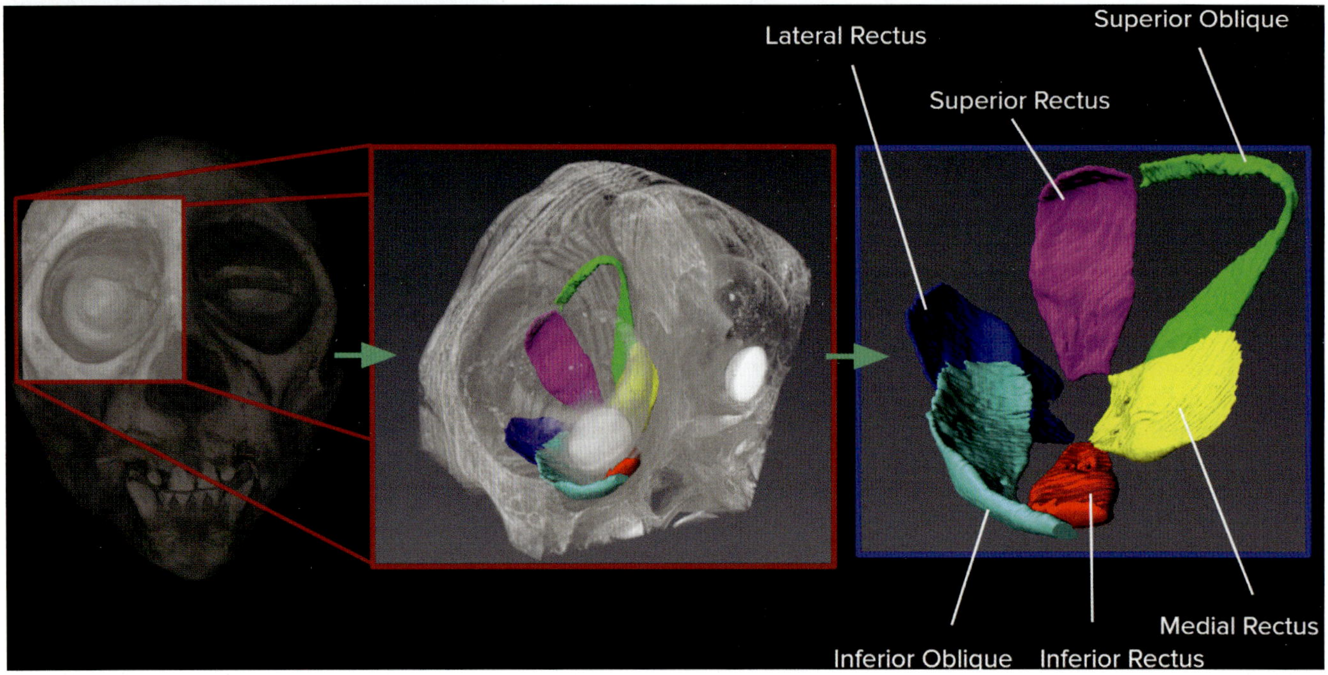

Figure 125: Iodine-enhanced computed tomography scan of Saimiri sp. Extra-ocular muscles. Left: Volume reconstruction of Saimiri head used for orbital image extraction. Middle: orbital bone extraction with in situ extra-ocular muscles rendered by color. Right: Isolated extraocular muscles. Faded Images rendered by C. Santiago and R. Akhlaq.

viewed in a cross section, from an iodine-enhanced CT-scan, where the bony element in question is emphasized. This image depicts an internal view of soft tissues not emphasized in the first reconstruction (Fig. 125).

Last, we have a more traditional description of the anatomy gained by dissection. The orbits of the scanned cranium were dissected by me and illustrated to show some of their anatomy which can convey details difficult to see by photograph, or some imaging modalities like CT. We believe that a multimodal approach, like shown here, can be an effective way to convey different levels of detail, and trying to follow Leonardo's example by picking a point of emphasis for each visualization (Fig. 126).

Finally, I want to focus on some of the work being done in the field of medical education, and how we're using some new imaging modalities to assist in student learning. I think none of this can replace the kind of dissection work that Leonardo found so valuable, because I don't think you can beat the real thing when it comes to trying to learn anatomy. Dissection is the reason that da Vinci was able to create the beautiful art, and it's the reason that surgeons can effectively do their jobs. It's an invaluable asset for medical education. But I will also say that there's a large gap between dissecting a cadaver and studying images from an anatomy book, which leaves a lot of room in the middle for working on something in between the two.

Several medical schools in the United States, including the one that I teach at, are exploring the effectiveness of things like virtual reality, augmented reality, virtual interactive anatomical atlases and various digitization methods, by which I mean creating an interactive digital version of a real-life specimen for medical education. As I mentioned, there's a huge gap between even the best illustration, and seeing an object in reality. The key feature in my mind is true depth. Even the best art uses tricks to replicate 3-dimensionality, like we saw in the Mona Lisa smile. Tricks based on the knowledge of our ability to perceive things. In order to solve this gap of realism and imaging, we're currently generating 3D virtual models from plastinations. These models are visually stunning, in parting the sense of real depth, rather than illusions from tricks of shadow, they allow the students to move them around in 3D space, and zoom in, or inspect individual structures, depending on how we've constructed the model. However,

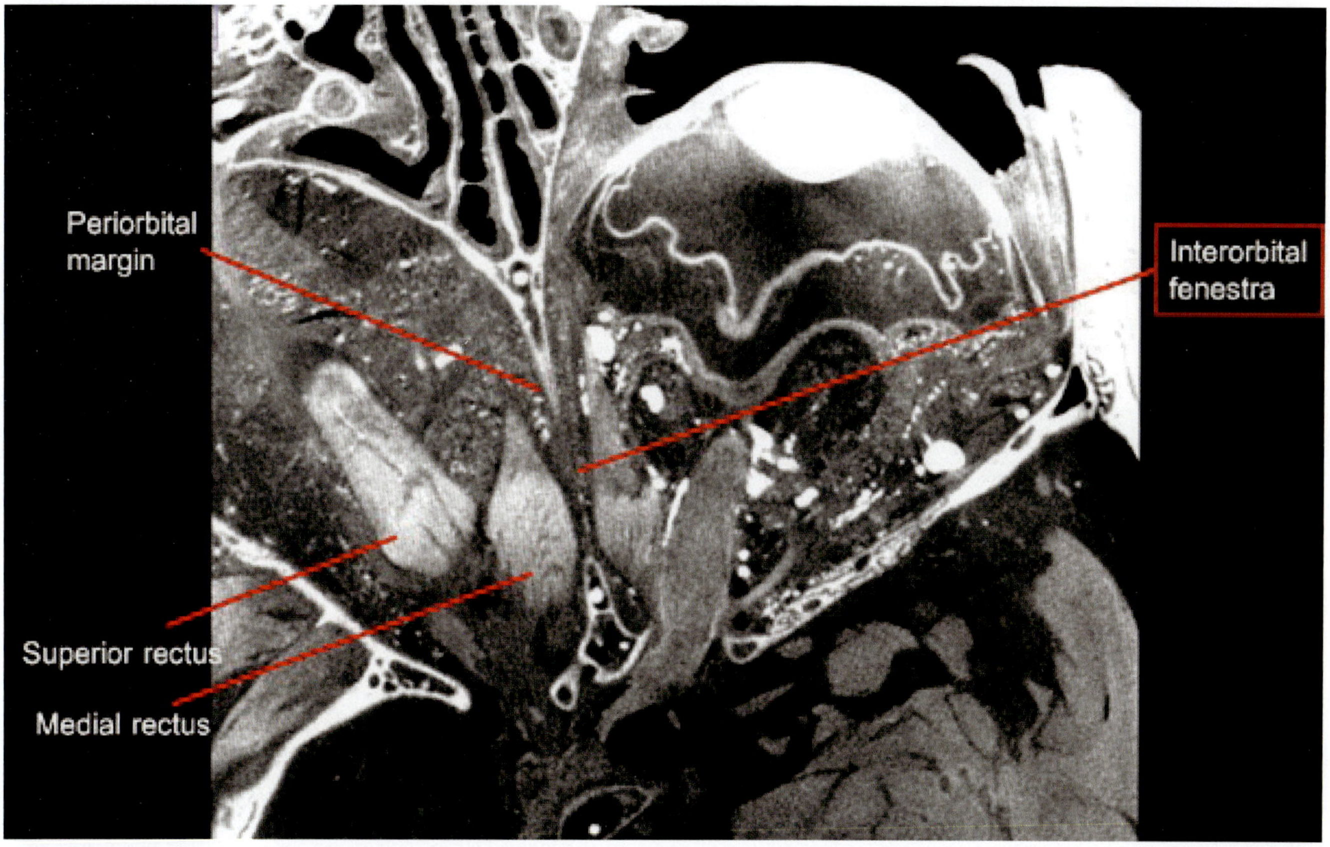

Figure 126: Iodine-enhanced computed tomography scan of Saimiri sp., transverse cross section through right orbit demonstrating extraocular muscles and intraorbital anatomy. From Halenar-Price et al. *(2019).*

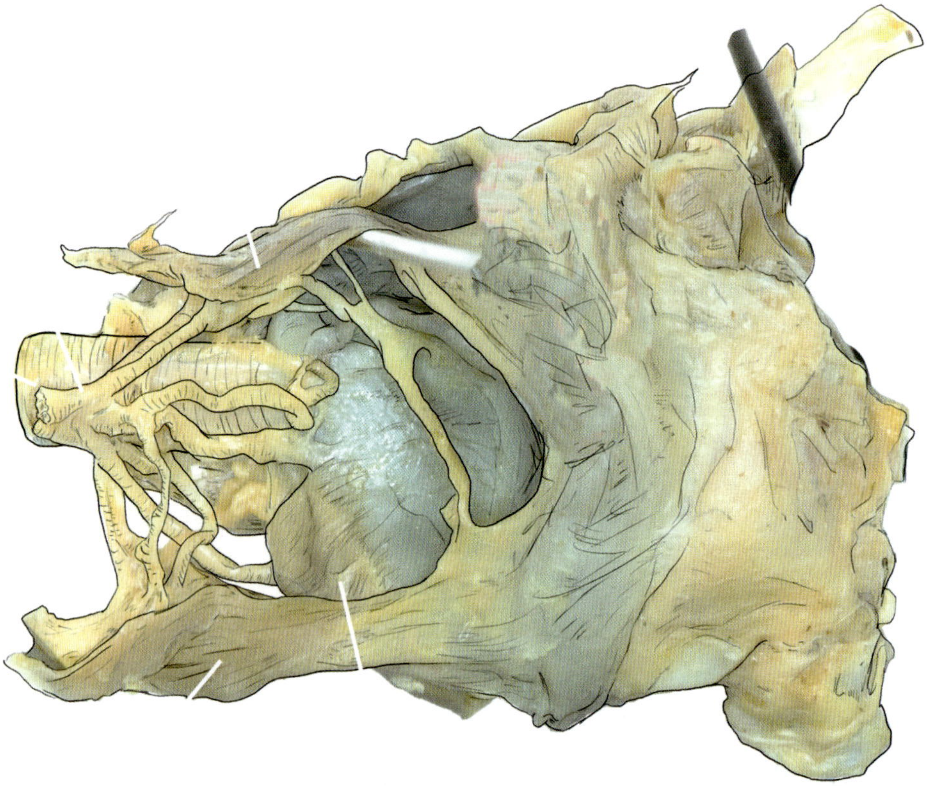

Figure 127: Illustration-enhanced photograph of Saimiri sp. right eye with extra-ocular muscles and nerves. Superior view.

like with anything new, these imaging modalities impart different design problems, that we think about and address with specific intent.

So, first we have to be using these images to solve a problem, which I believe they can, in increasing the ability of the student to understand 3-dimensional relationships. The problem that comes along with that is a problem of too much complexity. Without guidance, these can be overwhelming for a student. Too much detail is as bad as not enough. We can deal with this in the same way that people like Netter did, by putting information markers on specific muscles or nerves, or even better, place them on a structure and ask a student to think about what happens if you break this piece, what are the clinical effects if you cut a nerve, how would a lesion affect the motion of a muscle? This is no different from what can be done on a cadaver, or with a book, but exists as something of an intermediate stage between the two.

This brings us back to Leonardo and his concept of knowing how to see. Knowing how to create something that allows the viewer to connect an idea with new ideas, to form of a synthetic whole. Leonardo's key distinction from other Renaissance artists and scientists was his ability to synthesize information. This should serve as inspiration for those of us who today get to share our work with non-scientists, or the medical professionals that many of us educate. We wish our students to see the world as an integrated whole and make connections in an increasingly interconnected world. Where Leonardo's anatomical training was perhaps in part used to supplement his art, I argue that scientists who do not study art, to supplement their anatomical understandings, are at a serious deficit in their ability to visualize and convey their findings. As we progress into the realm of high tech imaging and 3D visualizations, we should not forget the lessons of Leonardo and should always strive to work synthetically with other fields to achieve the best possible outcome in our ability to communicate our work. We would do well in our pursuits, be they in education or pure scientific pursuit or both, to follow his lead. Simplicity is the ultimate sophistication, and I'll take questions after if you have time.

Questions à Brian Shearer et réponses

Domenico Laurenza : Qu'est-ce qui pour Leonardo est une illustration, une représentation idéale de l'anatomie ? Est-ce qu'il représente, dans la même image, différents systèmes ou parties anatomiques, simultanément, en montrant les relations réciproques, c'est-à-dire, pas seulement les muscles, mais aussi les nerfs, le système urinaire, etc. ? C'est la meilleure idée d'une illustration anatomique pour Leonardo, une représentation harmonieuse de la réalité, l'harmonie étant la relation entre les différentes parties d'un tout. Dans l'illustration anatomique moderne, est-ce que ça reste un problème, quelque chose d'important, que de transmettre les relations topographiques entre les différents systèmes anatomiques au sein d'une même image ? L'anatomie topographique, je crois...

Domenico Laurenza: *What for Leonardo is the ideal anatomical representation? Is it representing, in the same image, different anatomical systems and parts simultaneously, showing the reciprocal relationship, so not just muscles, but muscles, nerves, urinary systems and so on...? This was for Leonardo the best and the ideal anatomical representation. For him, this represented a harmonic representation because harmony was a relationship between different parts of a whole... so in modern anatomical illustration, is this still a problem or something important to convey the topographic relationship between different anatomical systems within the same image? Perhaps this is topographic anatomy...*

Brian Shearer : Oui je pense que c'est toujours le cas à des fins d'enseignement. La façon dont j'approche ce sujet, c'est d'avoir différentes couches, donc on peut décrire l'anatomie artérielle, et une fois qu'on comprend cela, on peut l'associer à la compréhension des nerfs, des muscles, pour créer un ensemble synthétique. Mais la théorie de l'éducation nous dit qu'on doit explorer différentes parties d'un tout, et permettre aux personnes de les synthétiser plus tard, au lieu de leur montrer trop d'informations à la fois, donc faire cela en strates, en couches, est probablement plus efficace.

Brian Shearer: *Sure, I of course think that that's still true for education purposes. The way that I started approaching it is by building it in layering levels, so you can describe the arterial anatomy, and then, when that's understood, it can be combined with the understanding of nerves or muscles and to create a synthetic whole, as you're talking, but education theory tells us that we should be explaining particular chunks of things, and allowing people to synthesize them later, rather than just shooting them an overwhelming amount of information to begin with. So, a layering is probably a more effective way of learning.*

Domenico Laurenza : C'est précieux, d'un point de vue épistémologique, cette relation entre les différentes parties d'un tout. Est-ce que ça a toujours cette grande valeur ? Est-ce que c'est toujours important ?

Domenico Laurenza: *And this something valuable, I mean from an epistemological point of view, this relationship between different parts of a whole, is it still valuable, important?*

Brian Shearer : Oui, bien sûr. Demandez au chirurgien. Il faut comprendre les relations entre les différentes structures en jeu, si l'on essaie de réparer quelque chose, donc il faut effectivement enseigner de façon synthétique.

Brian Shearer: *Of course, ask any surgeon. You need to be able to understand the relationships of all the different structures involved if you're trying to fix something, so we need to be effectively educating our medical professionals in a synthetic way like you're talking about.*

Domenico Laurenza : Bien sûr, il faut ajouter qu'après Leonardo, d'autres anatomistes comme le flamand Vésale, l'importance de la relation entre différentes parties est moindre. Si on regarde les planches anatomiques de Vésale, elles sont bien plus analytiques. Elles montrent les muscles séparés des os. Leonardo, lui, était plus synthétique. Après Leonardo, les anatomistes étaient plus analytiques.

Domenico Laurenza: *Of course, I have to add that after Leonardo for example in other anatomists such as Andrea Vesalius, the Flemish anatomist, this importance of the relationship between different parts, it's less important. If you look at the Vesalius anatomical plates, they are much more analytical. They show the muscles separate from the bones, and so on, so Leonardo was more synthetic. Later anatomists after Leonardo were more analytical.*

Brian Shearer : Oui, je crois que c'est une façon efficace d'apprendre, d'analyser quelque chose, il faut comprendre les différentes parties, et ensuite on peut les synthétiser.

Brian Shearer: *I think that's an effective way of learning about something, of analyzing it, you need to figure out the pieces first, and then you can add them together later.*

Jeffrey Laitman : Ce n'est pas une question, mais plutôt un commentaire que je souhaiterais apporter. Je pense que de nombreuses personnes, y compris moi-même, utilisent certains termes de façon incorrecte quand on parle de Leonardo. Il y a une personne qui a fait un commentaire précédemment à propos de Vésale et de da Vinci… Ce sont des personnes tout à fait différentes. Da Vinci, stricto sensu n'était pas un anatomiste. Il ne connaissait pas l'histoire, le passé. Il n'avait pas le contexte. Il ne disposait pas non plus d'un élément essentiel dont dispose un anatomiste, c'est le retour des étudiants. Lui, il représentait ce qu'il voyait, mais ce n'était pas sa vocation, d'être anatomiste. Il était dans un vide. C'était un génie incroyable. Il connaissait très bien l'anatomie, mais pas de façon systémique. Aujourd'hui, on ne pourrait pas dire de quelqu'un qu'il est chirurgien, s'il ne voyait pas le passé et l'avenir. Je crois qu'il faut faire attention quand on parle de da Vinci comme le fondateur de l'anatomie. Ce n'était pas le cas. C'était l'un des plus grands génies qui aient jamais vécu, avec une acuité visuelle incroyable. Dans mon association professionnelle, qui s'appelait the American association of Anatomy, et qui s'appelle maintenant American Association for Anatomists, les gens font de l'anatomie mais n'ont pas une formation en tant que telle. Il faut bien comprendre que ce grand génie n'était pas un anatomiste professionnel, ce qui lui permettait de ne pas être limité par la doctrine galénique. Il avait une compréhension très vaste, mais ça entrainait certaines limites aussi. L'anatomiste doit « répondre de ses actes » devant ses étudiants. Il doit répondre aux questions comme « pourquoi est-ce qu'il y a 5 doigts ? », « pourquoi deux reins ? » da Vinci, lui, petit à petit, on a vu par ses dessins qu'il a inventé certaines choses, et pour différentes raisons, il n'a jamais pu publier son travail anatomique. Donc ses travaux n'ont jamais été remis en question. Clairement, il a effectué un excellent travail d'anatomiste, mais il lui manquait des éléments importants pour être un anatomiste professionnel, et ça a affecté son travail. C'est pour ça aussi qu'on l'apprécie. Voilà le commentaire que je souhaitais ajouter pour qu'on y réfléchisse.

Jeffrey Laitman: *I don't have so much a question as I wanted to make a little comment because I think many of us, myself included, have possibly used terms a little incorrectly, when speaking about da Vinci. This person who just made a comment before, was talking about Vesalius, and talking about da Vinci… they're very different individuals. Da Vinci was not in the strict sense an anatomist, he did not know the past, he did not have it in context, and he was missing the one major component that a professional anatomist has, which is students, and feedback, so he drew, he reported what he saw, but we must remember, and I leave it to you to think about, this was his advocation this was not his vocation. He was in a vacuum, he was an incredible genius, and he knew about anatomy in incredible ways, but not in a systemic way. We wouldn't call somebody a surgeon, who didn't prepare and see the past as well as the future. And I think we have to understand and be a little careful when we speak about da Vinci as the founder of anatomy, he was not. He was one of the greatest geniuses that's ever lived, with unbelievable eyes, unbelievable visions. Interestingly my own professional association, which for years had been called the American Association of Anatomy, professionals trained in a discipline, has changed the name to the American Association for Anatomy, to be inclusive to those who do anatomy, but are not historically trained… so I would ask us all to think about and understand, that this great genius was not a professional anatomist, which gave him strengths: he was not limited by Galenic doctrine, by understanding limitations, as has been brought out, but also had enormous restrictions: the most telling thing I've had to have as an anatomist is I have to answer to my students. I say something and I'm questioned, immediately! Why are there 5 digits? Why are there 2 kidneys? I can never say things. Da Vinci made things up, all the time. We saw this in many of his drawings, because nobody challenged him, and of course, for whatever reason, he never published his anatomical works, so they were never challenged as well. So clearly, one of the greatest insights of all time, for seeing anatomy, but he was not, as we would define, an anatomist. He was lacking components, which affected his work, and how we appreciate it. I know it's a lengthy comment but I do that so we should think about it.*

Renaud Chabrier : Il y aurait vraiment beaucoup de choses à dire, c'était très intéressant de pointer l'intérêt éducatif de cette démarche. Je voulais juste demander si vous faisiez dessiner vos élèves.

Renaud Chabrier: *There are many, many things to say, it's very interesting to point out the educational interest of your approach, I just would like to ask if your students drew? Do you have them draw? And do they go on drawing afterwards?*

Brian Shearer : Oui, je les y encourage. Je crois que c'est l'une des meilleures façons d'apprendre. Essayer de recréer quelque chose, de visualiser quelque chose de façon plus efficace pour mieux la comprendre. C'est comme quand on enseigne quelque chose, c'est la meilleure façon de la comprendre finalement. Le dessin c'est une façon d'enseigner, et de montrer qu'on comprend un concept. Oui, je les encourage à dessiner, bien entendu. Est-ce qu'ils continuent à dessiner après, je l'espère. Je crois que c'est une façon très efficace de visualiser, d'apprendre le monde.

Brian Shearer: *I think that it's one of the best ways to learn, trying to recreate something or visualize it more effectively helps you understand it, in the same way that having to teach something, is the best way to understand it. Drawing is a way of teaching, and showing yourself that you understand the concept, so yes, I do encourage my students to draw, I think it's a very effective way to visualize and learn the world.*

Lenses, mirrors and artists' drawings: a view of ourselves through time

Timothy D. Smith*

In the 1970s psychologists developed a test to assess self-awareness, the "mirror test." In the mirror test, a mark (e.g., paint) is placed upon the body of a subject, and the subject's reaction is gauged in comparison to their prior reaction in the absence of this mark. Two species of toothed whales, all great apes, Asian elephants, and magpies are among the animals that have passed the mirror test, based on the reaction of at least some adults to the presence of a mark in their reflection. Some monkeys are candidates as well. Recently, several species of ants and a small fish species passed the mirror test (leaving many scratching their heads).

In essence, the test may need to be interpreted differently in different species. For example, dogs seem to know their own scent from others. They pass a sniff test, but don't pass the mirror test. It may be that in some of the most social of visual specialists (such as ourselves), self-recognition is critically important. The "mirror" stage for human infants is thought to be about 18 months of age. Humans go on to transcend the state of self-awareness in the creation of self-portraits. Portraits are sometimes discussed as "self presentations," that is, they are meant to convey meaning to the viewer.

Figure 128: Self-portraits by Frida Kahlo, Cindy Sherman and Rembrandt Van Rijn

* Professor, Slippery Rock University School of Physical Therapy Slippery Rock PA, 16057 USA.

Long after the time of humankind has come and gone, we will have left an undeniable record of self-recognition owing to drawn, painted, sculpted and photographed self-portraits. Today photographic self-portraits are ubiquitous; we are awash in selfies. As a form of artistic expression, the self-portrait genre has produced numerous iconic images (e.g., Frida Kahlo, Rembrandt, Cindy Sherman, Fig. 128).

One such iconic image is attributed to Leonardo da Vinci: The Turin drawing (*Portrait of a Man in Red Chalk*). This image is widely thought to be a self-portrait, though some have disagreed. The work is damaged (at left), mottled by marks related to moisture. Enhanced views (e.g., at right) emphasize fine lines in red chalk (Fig. 129). Leonardo considered drawing as a foundation for painting, a noble pursuit transcending even poetry. Yet, while his paintings include symbolic elements, his drawings are observational and often outward-looking.

If a self-portrait, the Turin drawing leaves some ambiguity in the pose, and the distant gaze. But to many the authenticity seems likely because: 1) of the image quality; 2) it appears to be drawn by the left hand (and Leonardo was reported to draw by his left hand). Nonetheless, debate sets even on Leonardo's handedness.

A brief historical context of self-portraiture may place Leonardo's drawings in context. Self-portraiture has a lengthy recorded history. Sculpted or painted self-portraits were mentioned in writings made during ancient Greek and Egyptian times, but only few have survived. We can speculate that older self-portraits surely existed. One example of such self-portrait is found on a shield attributed to Phidias, a Greek sculptor. The shield, associated with a statue of Athena, is said to depict Phidias and a Greek leader within a battle scene. That these representations are relatively cryptic within a larger scene may relate to the reverential purpose of the statue.

Cryptic self-portraits are common throughout history. Renaissance artists frequently included their likenesses in paintings. In some cases these were far removed from faithful life portraits, such as Michelangelo's portrayal

Figure 129: Self-portrait attributed to Leonardo da Vinci: Portrait of a Man in Red Chalk (the Turin drawing). Contrast-enhanced view (at right) emphasizes fine lines in red chalk.

of his own flayed skin in the painting *The Last Judgement.*

In some cases, the artist returns the viewer's gaze, as when Raphael peers at the viewer from within a crowded scene in *The School of Athens.* The School of Athens goes further, winking at the viewer by portraying many artists of the time. Included is a drawing of Leonardo as Plato.

While portraiture, and especially self-portraiture, was a means to an end in Renaissance painting, other mediums and techniques may have allowed artists to convey more about themselves. In the late 13th century, Albrecht Dürer did numerous drawings of himself (fig. 130, at about 20 years of age). In the 17th century, Rembrandt Van Rijn did nearly 100 self-portraits in his life-time, most of them paintings. However, over thirty etchings and fewer drawings are known, and these are arguably more dynamic than the paintings (Fig. 130, Rembrandt shown with his wife). The etchings and drawings experiment with attire and facial expressions. As an aside, there was a recent claim that Rembrandt used a system of mirrors to project his image like a lens, at the start of his paintings. If so, this is not at all a detriment to his reputation and ability in my view.)

Among artists before the 18th century, Dürer and Rembrandt were relatively unusual in their affinity toward self-portraits. In the last three centuries, artists have been more actively engaged in depicting the self. A common, but not universal feature emblematic of the modern self-portrait, is the gaze, which directly engages the viewer (Fig. 130, bottom row).

Figure 130:
At upper left, Rembrandt Van Rijn did over thirty self-portraits as etchings (shown here with his wife); fewer drawings are known.
At upper right, Albrecht Dürer, self-portrait at age 22, in Strasbourg (Le Louvre, Paris).
Lower row: a common, but not universal feature emblematic of the modern self-portrait is the gaze, which directly engages the viewer.
Here, self-portraits by, left to right, Gustave Courbet, Pablo Picasso, and David Hockney.

The returned gaze, of course, signifies the presence of a mirror. This is playfully made clear in the self-portraits of David Hockney. Hockney did over 300 self-portraits. Although he usually meets the gaze of the viewer, that is not always so. The addition of more mirrors allows the artist to depict themselves from any perspective. In Fig. 130, Hockney's gaze is directed slightly away, as in the Turin drawing.

What is the function of self-portraiture? Self-exploration? Are we simply living in a more narcissistic age? Or is it the convenience of an always available model? Drawings have been a means of communication for humans for tens of thousands of years, to tell stories, or express reverence.

Renaissance artists frequently used drawing to prepare for painting and sculpting. Such as Michelangelo's figure drawings which clearly are preparation for the Sistine chapel painting. Leonardo's drawings include many that serve the same function, such as the preparatory drawing of an apostle for *The Last Supper*. Some of these drawings are all we have to tell us of long-lost paintings by the master. Yet we celebrate Leonardo's drawings on their own merits, as explorations and observations of movement and form. Leonardo is regarded by many as a pioneer of the anatomical sciences (Fig. 131). Leonardo's drawing went far beyond preparation. His anatomical images are an exploration of the human body – drawing for the sake of pure observation.

Leonardo's drawing is an outward looking exploration of us and our world (e.g., artificial wings, presaging human flight). The Turin drawing (Portrait of a Man in Red Chalk) is stylistically consistent with Leonardo's many other drawings and his technical skill. The slightly off-center gaze may draw one's eyes more quickly to the artist's marks. This is a reflection of the immediacy of drawing. It suffices for human speech in a way that other artist's techniques cannot. Some have argued the portrayal is beyond Leonardo's living age, and yet surely he could have envisioned himself in many ways on any given day, and the outward looking gaze is rather just like his drawing.

Acknowledgements

My sincere thanks to Professor Henry de Lumley for organizing this timely meeting. I also thank Professor Jeff Laitman for suggesting my inclusion.

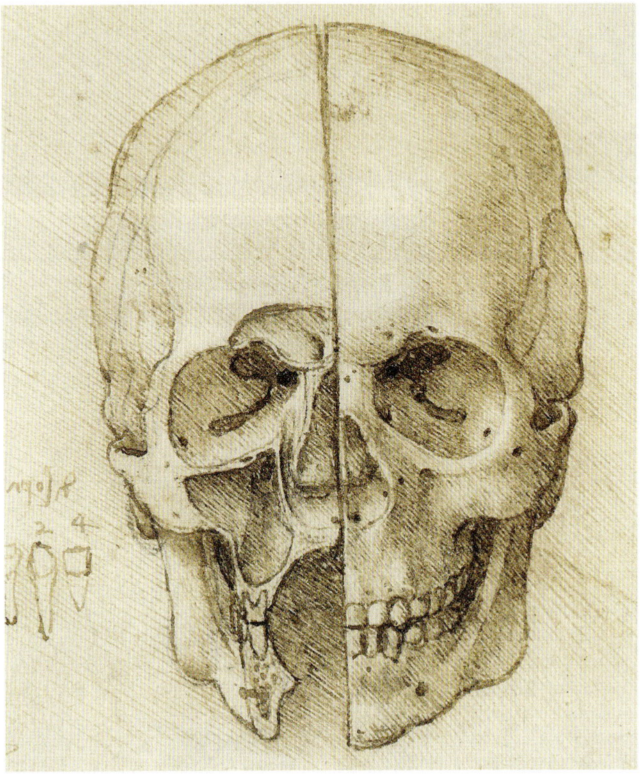

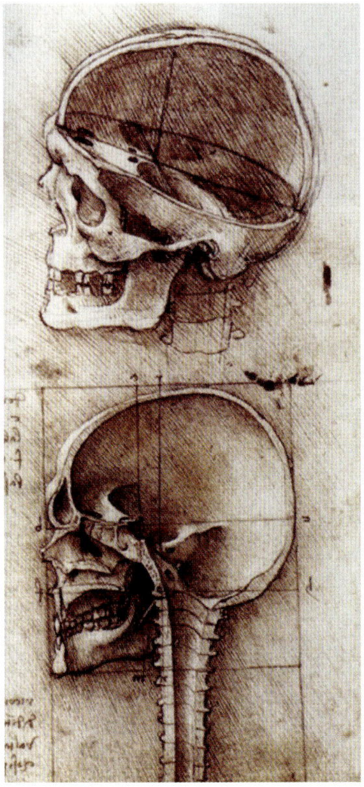

Figure 131: Leonardo's drawings went far beyond preparation for painting. Above are intricate drawings of the human skull, revealing its internal architecture in a manner none had explored.

Leonard de Vinci, premier scientifique mondial de la bionique

Joachim Graf von Finckenstein*

En 2014, nous avons tenu un congrès de chirurgie plastique au Clos Lucé. C'est là que pour la première fois, on a lié une science très nouvelle au Clos Lucé et à Léonard : la bionique. La bionique est un mot composé de biologie et de technique : comment est-ce que la biologie, comment est-ce que la nature se démène pour résoudre ses problèmes techniques ? En allemand, ça s'appelle bionique, en français aussi, mais le mot plus courant en France, c'est le biomimétisme, et en anglais, c'est encore différent, on appelle cela *biomimicry*. Dans biomimétisme, bio c'est le vivant, et mimétisme, c'est l'imitation. Dans le sens zoologique du mot, le mimétisme est la capacité qui est passée par l'évolution, d'imiter son entourage pour survivre, par exemple pour se cacher, comme le fait cet hibou devant le tronc d'arbre, ou bien ce papillon qui imite une feuille morte. Le biomimétisme, c'est la façon qu'a la nature d'imiter. J'ai créé il y a un peu plus de dix ans une association à but non-lucratif qui s'appelle la Biennale, avec comme but « *Learning from Nature* », apprendre de la nature. Et le premier bionicien, c'était Léonard. Pourquoi ? Parce qu'il disait à ses disciples, prenez vos leçons en observant la nature, c'est là qu'est notre futur. Et à mon avis, c'est une phrase plus importante que jamais à notre époque.

Je ne vais pas commencer avec les exemples les plus spectaculaires. Comme je sais que Léonard adorait être un ingénieur de guerre, il avait construit des mitraillettes 350 ans avant que ça existe, et bien il s'était inspiré de cet animal, une tortue avec une grosse carapace, pour en faire un char d'assaut… Vous voyez la ressemblance, c'est que l'extérieur est tout à fait protégé par une immense carapace, et à l'intérieur, l'anatomie et les soldats sont protégés. D'ailleurs, la carapace, en français, en anglais et en allemand veut dire aujourd'hui le char : *panzer*. Je vais passer maintenant à quelque chose de plus spectaculaire, un des rêves les plus intenses que Léonard a mis en évidence, parce que lui n'en a pas simplement rêvé, il a réalisé des choses tout à fait concrètes.

Léonard, dans ses inventions, a vraiment dessiné et réalisé son rêve. Beaucoup d'autres ont rêvé de cela, mais lui a vraiment réalisé trois appareils. Le premier, à l'aile de chauve-souris, le deuxième l'hélice à air, qui ressemble à l'hélicoptère, et le troisième son parachute, qui avait été imaginé par d'autres. Aucun de ceux qui l'avaient imaginé auparavant ont pu faire ce parachute en état de fonctionner. L'hélice à air, hélas, ne fonctionne pas. On a essayé, c'est la seule chose qui ne fonctionne pas réellement. Mais en préparant cette présentation, je me suis aperçu d'une autre image que je n'avais pas connue auparavant. Léonard avait mis deux branches en croix, avec des hélices aux quatre bouts. C'est l'ancêtre de nos drones. C'est incroyable, il a eu l'idée il y a 500 ans des drones que nous ne connaissons nous que depuis 10 ans.

L'anatomie de la chauve-souris a été copiée, inspirée de l'idée de Léonard, par une entreprise qui s'appelle Festo. Domiciliée non loin de Stuttgart, elle produit des automatisations technologiques avec des systèmes pneumatiques. Ils ont une équipe d'ingénieurs qui s'appelle *Bionic learning network*, qui construit tous les 2 ans un appareil bionique. Ils ont construit d'après Léonard la chauve-souris que vous allez voir maintenant. Voyez ce que les ingénieurs de Festo ont construit. Il faut dire que l'aile de la chauve-souris est beaucoup plus simple à reproduire que les plumes des animaux. Ils arrivent à la faire voler. Ça, c'est du Léonard pur, mais réalisable de nos jours, parce que bien sûr, il y a 500 ans, on n'avait pas la technique, on n'avait pas l'énergie. Ça marche simplement avec deux piles, c'est-à-dire que l'énergie consommée par cet objet volant est incroyablement faible, et d'ailleurs c'est un dénominateur commun de toute invention bionique : l'efficacité extrême au niveau de l'énergie. Voyez ici comment fonctionne le système mécanique, il n'y a pas besoin de beaucoup d'énergie pour cela.

* Chirurgien plastique et esthétique, Starnberg, Allemagne.

Je disais que le principe et dominateur commun c'est l'efficacité énergétique extrême. Le design optimal, par exemple pour les avions, a été copié plus ou moins de la façon dont les oiseaux s'élèvent dans les cieux. Un des exemples les plus impressionnants pour la bionique c'est Airbus, qui a construit un avion dont le design est le nom de la baleine Béluga. Cet avion Béluga a le design de cette baleine et il est immense, il a une grande surface et un grand volume. Pour de grands volumes comme ça, il faut une stabilité dans les airs et un aérodynamisme convenable. C'est pour ça qu'il a été construit de la sorte. Quand vous le voyez atterrir, on se croirait au fond des océans. C'est incroyable. Et c'est l'avion le plus grand du monde, il est capable de transporter deux grandes ailes d'avion à l'intérieur.

Quand vous voyez le nez de ce requin, il a été copié pour les navires, c'est l'étrave ronde des navires porte-conteneurs. En tranchant l'eau, l'énergie à consommer est moindre : 8 % d'économie de carburant, et en plus le bateau est un peu plus rapide. Autre chose, les charclettes au bout des ailes donnent beaucoup plus de stabilité, et permettent 6 % de consommation de carburant en moins. Ça a aussi été copié de la nature. Ce sont les formes avec ces plumes sur les côtés pour stabiliser le vol, être plus stables et mieux changer de direction tout en économisant de l'énergie. Parmi les ingénieurs de haute performance, Adrian Newey a construit des voitures de Formule 1. Il a dit « plus je regarde les oiseaux, plus j'ai d'idées sur la façon de mettre des ailerons pour stabiliser les voitures de course ». C'est un des ingénieurs de Formule 1 qui a le plus de succès dans ce sport.

On a parlé voiture, on a parlé avion, on a parlé bateau, on va maintenant parler train. Quand vous voyez l'avant du shinkansen, le fameux train rapide du Japon, vous voyez que le style a changé. Quand ce train passait par des tunnels, il devançait l'air, parce qu'il est rapide, de sorte que l'air était propulsé en avant vers le bout du tunnel. Cela provoquait des explosions. Or, la pollution sonore est un grand sujet au Japon, les gens y sont très sensibles, mais ils veulent aussi garder des trains rapides. Alors, les ingénieurs se sont demandé s'il n'existait pas un oiseau qui alliait vitesse et maîtrise de l'air. Ils se sont rendu compte que le martin-pêcheur était un oiseau capable de faire ça. Ils ont fait ressembler le design du train au bec du martin-pêcheur. Quand le martin-pêcheur plonge dans l'eau, l'éclaboussement est tellement moindre que le poisson s'en rend compte trop tard. Quand le martin-pêcheur arrive, l'éclaboussement est tellement faible que le poisson n'a pas le temps de réagir. Le mouvement de l'eau arrive trop tard, l'oiseau est déjà parti avec sa proie. Le shinkansen a maintenant le bec d'un martin-pêcheur et il n'y a plus d'explosion à la sortie du tunnel. C'est du biomimétisme pur. A mon avis, il n'y a pas mieux.

Revenons sur des éléments un peu plus contemplatifs. Le pissenlit. Pour Léonard, ce fut une idée pour son parachute. Un parachutiste très connu qui s'appelait Adrian Nicolas en anglais, qui avait fait plus de 3 500 sauts en parachute, a tenté le saut avec une reconstruction du parachute de Léonard de façon plus ou moins authentique. Ils sont montés dans les airs avec ce ballon, ils ont détaché le parachute, et c'est impressionnant, le parachute reste dans les airs, ça fonctionne. Ça a été testé en 2000. Bien sûr, Adrian Nicolas avait un parachute de secours sur son dos au cas où ça ne marcherait pas. Tous les donneurs de leçons disaient que c'est une petite construction trop simple, c'est sympa mais ça ne marchera jamais, voilà la preuve du contraire, Léonard était un génie déjà à l'époque.

Passons à l'architecture. Là aussi, tout architecte vous dira que les voûtes qu'il a construites sont beaucoup moins étroites que d'habitude, il laissait de l'air entre ces voûtes. Je ne crois pas qu'il ait copié vraiment la structure de l'os, parce que la structure de l'os est trabéculaire : il laisse du vide entre le matériel non utilisé et met beaucoup de matériel à l'endroit où il y a de la traction. C'est comme ça qu'on fait des économies de poids avec un maximum de solidité, parce que l'os comparé à l'acier pèse moins de deux fois moins. Il est beaucoup plus léger mais aussi solide que l'acier. Il y a des monuments historiques très connus qui sont construits de cette façon, la Sagrada Familia à Barcelone par exemple, où à l'intérieur on laisse de l'air pour que ça soit plus léger, et même la tour Eiffel a été construite selon ce principe. Au début du dernier siècle, on commençait à s'intéresser à la physiologie et on s'est rendu compte que l'os était un système trabéculaire. Eiffel lui-même a admis qu'il fallait laisser du vide dans la structure pour alléger le tout, ainsi si la tour Eiffel faisait 30 centimètres de haut, elle ne pèserait que 8 à 10 grammes.

Autre système architectural très solide, le squelette des animaux. Par exemple, ce poisson, qui a profondément inspiré le musée d'art moderne de Valence. De même, le World Trade Center qui a été reconstruit maintenant, ressemble à des arêtes de poisson qui donnent une stabilité extrême. Autre structure d'architecture tout à fait comparable et très solide, des cavités remplies d'air. Notre stade de football à Munich, qui s'appelle Allianz Arena, est construit de cette sorte. Ce sont des cavités aériennes, très solides mais très légères en même temps, et faciles à faire tenir.

Le dernier système que je vais présenter pour l'architecture, c'est la toile d'araignée. Les toiles d'araignée sont excessivement solides : pas besoin de mur, pas besoin de soutien, et quand vous voyez la volière de notre zoo, les volières des oiseaux sont construites de la même façon. Même le centre olympique de Munich a ce système de base, sans mur, juste parce que c'était quand même plus lourd, avec un poteau au milieu.

Comme le filament de l'araignée est archi-solide, Léonard s'en est occupé également. Plutôt pour faire des toiles que pour construire des choses qu'on peut construire de nos jours. Nous avons une startup près de Munich qui a réussi à reproduire du fil d'araignée. Ils appellent ça « acier bio » (bio-acier), parce que c'est plus solide que l'acier, c'est plus souple, et c'est bio. Une seule boite pour l'instant s'est intéressée à ça, mais beaucoup d'autres sont dans la file d'attente parce que c'est très nouveau. Adidas a fabriqué une chaussure de sport très souple, très solide, très légère, et ne me demandez pas pourquoi, elle ne sent pas mauvais quand il y a transpiration.

L'effet lotus. C'est lorsqu'une goutte d'eau ne s'éparpille pas, mais qu'elle perle. Même si on met de la colle, elle reste comme une perle dessus. C'est un système auto-nettoyant, dû à la structure microscopique de la surface. En Allemagne, le professeur Bartlet à Bonn a essayé de breveter cela et il a commis la faute de dire « j'ai copié ça de la fleur de lotus ». Les gens ont répondu que ce n'était donc pas son invention et son brevet a été refusé. Il a alors déposé le brevet ailleurs sans se référer à la fleur de lotus, et le brevet a été accepté. Je pense que c'est exactement ce que Léonard de Vinci avait dans sa philosophie, observer la nature.

La lumière froide a été copiée de la nature également, à l'exemple du ver luisant. On a essayé de voir la biochimie à l'œuvre dans sa queue, pour l'imiter cela et en faire des ampoules à énergie basse.

Le système du chardon, qui imite le velcro. Dans nos boîtes à outil, tous les jours, on voit que les pinces que nous avons, c'est vraiment une imitation pure de la pince de crabe. Les canards n'ont pas de plumes vertes, blanches ou marrons, la lumière qui traverse sa plume est éparpillée, fractionnée de telle sorte que ça donne l'illusion du vert, du marron ou du blanc. Alors que la plume-même, est toujours la même mais simplement au niveau électroscopique, microscopique, c'est la lumière qui donne cette impression. Cette technique est adaptée par des designers de haute couture pour donner des impressions de couleur pour leur robe alors qu'il n'y a pas de pigment, ou pour les ingénieurs d'écrans, pour les smartphones, pour les télévisions, pour créer une illusion de couleur. L'avantage c'est que ça consomme beaucoup moins d'énergie.

Le dernier chapitre, c'est les systèmes complexes. Les systèmes de structure, des structures d'organisation, les systèmes d'algorithme, et les systèmes de management. Ça, c'est très bionique aussi. Pour le lion par exemple, ne faites pas trop vous-même, laissez travailler les professionnels pour vous, et montrez de la force et de la fermeté quand il le faut. Comment se fait-il que dans les nuées de poissons et d'oiseaux, il n'y ait jamais d'accident ? Comment se fait-il que quand vous voyez un tas de fourmis, il n'y a jamais d'embouteillage ? On a essayé d'imiter mais on n'y arrive pas, parce que ces animaux ont une intelligence collective, et l'humain a une intelligence individuelle. Donc, ça ne sera jamais possible de transférer ça à l'humain, peut-être qu'avec l'électronique on y arrivera un jour. Mais ça aussi ce sont des systèmes biologiques, à mon avis, que Léonard de Vinci avait tout à fait dans son esprit. Ça aussi, le *recycling,* le déchet organique est un cercle énergétique, c'est-à-dire que le déchet humain est décomposé par des bactéries, par différents systèmes biologiques, biochimiques, pour redonner de la vie après. C'est un peu différent de ce que nous faisons avec nos systèmes soi-disant propres d'emballage.

Pour revenir à la source de toute vie, la photosynthèse est la base de toute énergie de vie. Les cellules solaires ne sont pas des copies directes de la photosynthèse. On travaille dessus, beaucoup de savants essaient d'imiter la photosynthèse. C'est une technologie qui nous permettra de fabriquer une énergie propre à partir des rayons du soleil.

Questions à Joachim Graf von Finckenstein et réponses

Paul Cassé : Bonjour, je suis jeune innovateur, qui monte aujourd'hui une start-up pour construire des voitures volantes. Des voitures volantes pour le transport des gens en ville, pour optimiser justement tous ces flux. Je m'inspire beaucoup des travaux de Léonard de Vinci. Et quand je regarde le design que Léonard de Vinci avait pu imaginer, notamment l'hélice qui ne fonctionne pas seule mais avec quatre points fixes, qui permet le vol du drone. Quel serait le conseil que vous imaginez que Léonard de Vinci donnerait aujourd'hui à un inventeur de notre époque pour imaginer la voiture volante la plus efficiente possible ? Parce que, comme vous l'avez indiqué, le vol stationnaire est très coûteux en énergie aujourd'hui, et c'est une problématique que j'essaie de résoudre.

Paul Cassé: *for CAPS company: I'm a young innovator, I'm setting up a start-up to design flying cars, I get a lot of my inspiration from the work of Leonardo da Vinci. Flying cars to move people in urban areas, and optimize flows. When I see Leonardo's designs, in particular the propeller that, with the four fixed ends, the ones that look like drones... What do you think Leonardo would say to a modern inventor in order to make an efficient flying car? As you say, stationary flying is very consuming, and that's a never-ending issue for us.*

Joachim von Finckenstein : Bien sûr, je suis beaucoup moins dans le sujet que vous. J'esquive un peu votre question, je dirais « observez la nature ». Mais je suis incapable de dire quel serait le chapitre de la nature à regarder. Tout ce qu'on sait, c'est que la libellule est un des seuls insectes capables d'imiter ce vol dont on aurait besoin pour la voiture, mais Festo a constaté que la consommation d'énergie pour les libellules est vraiment beaucoup plus haute que la consommation d'une chauve-souris qui ne peut pas planer, elle peut juste planer mais elle ne peut pas s'arrêter à cela. Donc observez la nature, essayez de trouver le bon exemple. Bien sûr, il y a aussi tous les autres insectes, les abeilles, les mouches, qui arrivent à voler à un niveau stable. Le battement du cœur de la libellule est, je ne sais pas, 240 fois par minute je crois, tandis que pour la chauve-souris, c'est 50. Donc, même la nature a besoin de beaucoup plus d'énergie pour arriver à ce vol stationnaire. Je ne suis pas suffisamment dans le sujet pour vous le dire, je peux simplement dire que Léonard pourrait peut-être donner une meilleure réponse parce qu'il a peut-être observé une abeille, une mouche mieux que je ne l'ai fait. Regardez les êtres vivants qui sont capables de rester sur place dans l'air, et voyez ce qu'ils font. Je crois que c'est chez Boeing qu'il y a une abeille qui est exposée qui dit que jamais ça pourra marcher mais elle y va quand même...

Joachim Graf von Finckenstein: *Well, sure, I don't know as much as you do, but he would say "observe nature". But I wouldn't be able to tell you where to look in nature. What we know is that dragonflies are of the only insects that fly similarly to what you need for your flying cars, and Festo realized that energy consumption is really a lot higher than that of a bat, because bats can't stop, can't fly in a stationary fashion, so try to look for the right example in nature. All insects, bees, flies, that can fly... but look at the heartbeat of a dragonfly, I think it's around 240 times per minute, whereas for bats it's 50 times, so even nature requires a lot more energy to fly in a stationary manner. I'm not an expert in the subject unfortunately... maybe Leonardo could give a more precise answer, maybe he observed flies or bees more than I did. Look at living beings that can fly in a stationary way and observe what they do. At Boeing offices, there is a bee exposed, and a caption saying it won't ever work, but it flies anyway.*

Renaud Chabrier : Peut-être peut-on juste signaler un aspect important dans ce genre de transposition d'un système biologique à une autre application, à une autre échelle, c'est justement l'existence des lois d'échelle. C'est quelque chose qui a été initié par Darcy Thompson au début du XXe siècle, et qui maintenant a été beaucoup développé par les physiciens en particulier en mécanique des fluides. Par exemple, dans les écoulements, des relations vont définir si on a un écoulement fluide linéaire ou turbulent, et ça va dépendre de la viscosité, de la taille à laquelle on se place, enfin, d'un certain nombre de choses. Mais ce sont des lois qui sont valables à l'échelle d'un paquebot, et à l'échelle d'une bactérie. Et ces lois d'échelle disent aussi, dans certaines conditions, que justement, on ne peut pas transposer les systèmes, à moins de déboucher sur des consommations d'énergie absolument impossibles. Dans la perspective de rester proche de ce que pouvait faire Léonard de Vinci, c'est aussi un aspect dont on n'a pas trop parlé en biomécanique. Il faisait avec l'état des connaissances en anatomie, mais aussi l'état des connaissances en physique. La physique n'était pas du tout unifiée à l'époque, et il y avait comme ça des interprétations qu'il ne pouvait vraiment pas avoir, mais qui s'éclairent vraiment énormément aujourd'hui, tout particulièrement dans le travail des turbulences. C'est quelque chose d'assez intéressant. Mais il faut poser quelques équations pour aller plus loin.

Renaud Chabrier: *Maybe we could highlight one important element in this kind of transposition, moving from a biological system to another application and that is the existence of scaling laws. D'Arcy Thompson talked about them at the beginning of the 20th century, and physicists have used them a lot in biomechanical laws. There are relationships to be studied in fluid mechanics, with different elements like viscosity, size... These rules are valid for bacteria as well as for vessels. They show the limits in transposing systems unless using a lot of energy. This is* *one of the aspects that we haven't really touched upon in biomechanics... when it comes to Leonardo's work, he used the knowledge of his time, in anatomy, in physics, and physics was not unified at the time, and there are things that he couldn't guess, but that make sense today, especially when we talk about turbulence. This is quite interesting but we need to solve a few equations to go further.*

Joachim von Finckenstein : Aujourd'hui, nous avons un grand avantage comparé à il y a 500 ans. Premièrement, nous avons l'énergie, l'électricité, les petits moteurs, pour mettre en œuvre ce à quoi Léonard avait pensé. Secundo, on a l'électronique, qui peut nous aider pour beaucoup de choses, à un niveau tout à fait différent qui n'a jamais existé auparavant, par exemple l'intelligence collective, ce sera quelque chose d'absolument incroyable. Quand le mur de Berlin s'est effondré, tous les TGV venaient à Berlin mais pour continuer en direction de Varsovie et des autres villes, il ne restait qu'une seule voie. Alors, une étude a été lancée pour voir comment font les fourmis. Les fourmis augmentent leur vitesse pour qu'il n'y ait pas d'embouteillage. La préfecture de police ne trouverait probablement pas une bonne idée d'augmenter la vitesse en cas d'embouteillage, mais c'était la solution et ce n'est possible qu'avec une intelligence collective, pas avec une intelligence individuelle que nous avons en tant qu'humain.

Joachim Graf von Finckenstein: *Yes, you're right, scale is very important. The only example where there's a difference between Nature and what people do is with the air chambers... it gives ideas, sometimes it doesn't work but it gives ideas. Today, we're looking for any kind of solution that could help us reduce energy consumption, waste and so on, but we need to be cautious. The great advantage that we have today is electricity, versus 500 years ago, and we have electronics as well. Electronics can help us do many things. This is something that didn't exist before. Collective intelligence, for instance. For electronics, this will be amazing. When the wall of Berlin collapsed, there was an issue... All the fast trains were coming and going to Berlin, but they could go to Warsaw and other cities using the only one track that was left. So, they studied ants and they saw that ants increased their speed to avoid creating traffic jams. I'm not sure that today the police would allow this, which is only possible if we have collective intelligence, and not individual intelligence.*

David Thaler : Leonardo a beaucoup écrit sur le vol des insectes. Est-ce qu'il y a de la littérature sur les façons de se mouvoir dans l'eau ? L'hélice, par exemple, convient à des milieux visqueux.

David Thaler: *Is there any literature on designing ways to move in water? For instance, the propeller is much more suitable to viscous medium than to air, where Newton's laws apply.*

Joachim von Finckenstein : Oui, il y a certainement de la littérature dans ce domaine, car il a travaillé sur les mouvements des hélices dans l'eau.

Joachim Graf von Finckenstein: *For sure there is literature on this, with all the engineering concerning propellers.*

Domenico Laurenza : Je suis spécialiste de Leonardo. Oui, tout à fait. Dans ses premiers dessins, il y a des bateaux avec des hélices, des moteurs à hélice. Il y a d'autres ingénieurs contemporains, comme Francesco Visorgio à Sienne, mais dans le codex Leicester, il y a des études intéressantes sur la nage humaine, comparée à celle d'autres animaux. Regardez dans le codex Leicester, vous trouverez des choses intéressantes. La comparaison dans la façon de se déplacer dans l'eau chez différents animaux.

Domenico Laurenza, *Leonardo specialist. Yes, there is some in his early drawings, so these are boats with propellers... not very original, I have to say, because you can find them also in other contemporary engineers from Siena, for example Francesco De Georgio, but there are interesting studies by Leonardo in the Codex Leicester dealing with man swimming, in comparison to other animals. So, look in the Codex Leicester, you will find something interesting like the way of comparing these different ways of moving in water for different animals.*

François Saint Bris : Pour compléter comment bouger dans l'eau... Léonard de Vinci a dessiné des étraves à bulbe, justement sur la base des nez de poisson. Ces étraves à bulbe sont arrivées dans la construction navale dans les années 45-50. Trois paquebots ont utilisé cette nouvelle technologie de façon à assurer une meilleure stabilité pour les navires. Il s'agissait du paquebot Leonardo da Vinci, lancé par les italiens dans les années 50, du Queen Elizabeth et du France. Donc, une idée initiale de Leonardo.

Francois de Saint Bris: *Just to add some elements about motion in water. Leonardo da Vinci drew a bulb based on fish nose, and this was used in naval manufacturing in the 40s and 50s, and three ships use this technology to provide better stability for ships, it was the Leonardo da Vinci vessel launched by the Italians in the 50s, the Queen Elizabeth, and France. So this was an idea by Leonardo.*

Leonardo's anatomical studies and drawings: origin and historical development

Domenico Laurenza*

Slightly before 1478, in Florence, on behalf of the Florentine doctor Lorenzo da Bisticci, a manuscript was produced containing a copy of the famous anatomical treatise by Mondino de Liuzzi and with an image at the end (Fig. 132).

In the 15th century the renewal of anatomy was in full swing. Nevertheless, the science of anatomy still lacked visual canons appropriate to its nature as a descriptive science. In this image, the human figure has a certain realism, but it is just a topographic schema for the notes of texts dealing with phlebotomy or the therapeutic cutting of the veins. The text even overlaps the figure, which says nothing about the anatomy of the veins.

In the same period, some Florentine artists interested in anatomy were highly advanced in the representation of human anatomy. Their aim was the realistic representation of the human body in art. For example, the floretine Antonio del Pollaiolo has already created his own visual canons of artistic anatomy, copied and studied by other artists.

Leonardo's early studies belong to this field of artistic anatomy, as is testified by the anatomy of the neck of a painting such as the Saint Jerome. However, Leonardo aims to renew anatomy as a science and he may have already started to do this in this very time in Florence as a famous drawing seems demonstrate (Fig. 133). In fact, various reasons led me to propose that we should date this drawing to this period and not, as is usually supposed, to the later years in Milan. [1]

* Institut et Musée d'Histoire de la Science, Le musée Galilée, Ville de Florence, capitale de la Toscane. Piazza dei Giudici 1, 50122 Firenze FI, Italie.

1. Keele K D, Pedretti C. *Leonardo da Vinci. Corpus degli studi anatomici nella collezione di Sua Maestà la regina Elisabetta II nel Castello di Windsor,* Florence 1980-85, n. 36r; Clayton M, Philo R. *Leonardo da Vinci Anatomist*, Royal Collection Publications, 2012, 32-33; Laurenza D. Alcune precisazioni sul foglio anatomico di Leonardo RL 12597r, *Raccolta Vinciana* 2005; XXXI: 131-137.

This drawing is based on traditional theories and therefore contains several anatomical errors. For example, the form of the liver is quite wrong, since it is similar in shape to the heart, which is perhaps a reflection of the famous medieval scholastic speculation concerning the much debated primacy of these two organs.

However, besides its content, the importance of this drawing lies in its language: it aims to visualize, in a convincing way, anatomical notions that contemporary doctors just expressed in texts or schematic images.

The drawing by Leonardo represents everything that the almost contemporary image in the manuscript of the doctor Lorenzo da Bisticci lacked: the pathways of veins, and even their organs of origin and physiological connection: the heart, liver and urinary system.

Although artistic anatomy was precociously surpassed by Leonardo, it did not disappear from his anatomical research, which can tentatively be divided into four phases. In an initial phase, which I tend to consider as fairly uniform and which spans Leonardo's late years in Florence and his early years in Milan (let's say between1480 and 1487) artistic anatomy is attested, on the one hand, by the painting of *Saint Jerome* and on the other by those studies, which are generally considered to be the first produced in Milan. [2] Mainly based on animal dissections they may have a direct link with contemporary paintings as suggested by the comparison between the study of the anatomical basis of the pronation and supination of the arm and hand in one of these early drawings (Windsor, RL 12613v) and the representation of the righth hand of the Madonna in the *Virgin of the Rocks*.

As time goes by in Milan (c. 1489-99), Leonardo abandons artistic anatomy in favor of more strictly scientific topics: craniology and connected philosophical issues,

2. E. g. Keele and Pedretti nrs. 1-7. See D. Laurenza, *Léonard de Vinci. Anatomies*, Paris, Gründ, 2010.

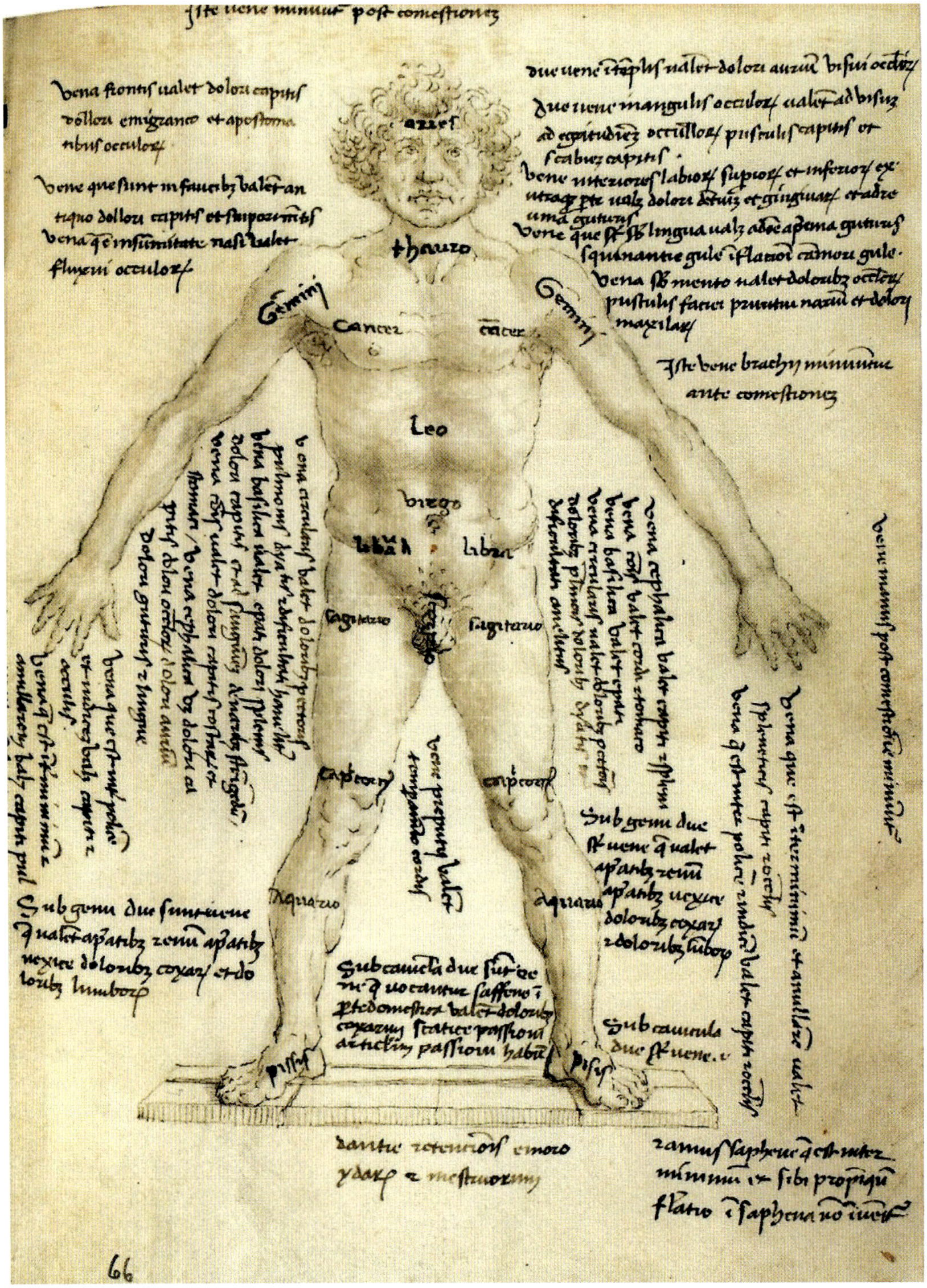

Figure 132: Anonymous (Florence, before 1478), Phlemotomic illustration in an anatomical manuscript, Firenze, Biblioteca Nazionale, ms. CSP.X.42, fol. 66r

research "de animalibus" (that is the Aristotelian research on the anatomy on animals) and human reproduction.

On his return to Florence, in 1500, not only does he study scientific topics in connection with the dissection of a centenarian, but he also takes his artistic-anatomical studies up again, in an almost Michelangelesque style and/or in postures appropriate for artistic use.

Back in Milan (c. 1509-12) and during the late years in Rome (c. 1513-16), his studies focused on scientific topics: embryology, the heart, muscles and bones. Muscles and

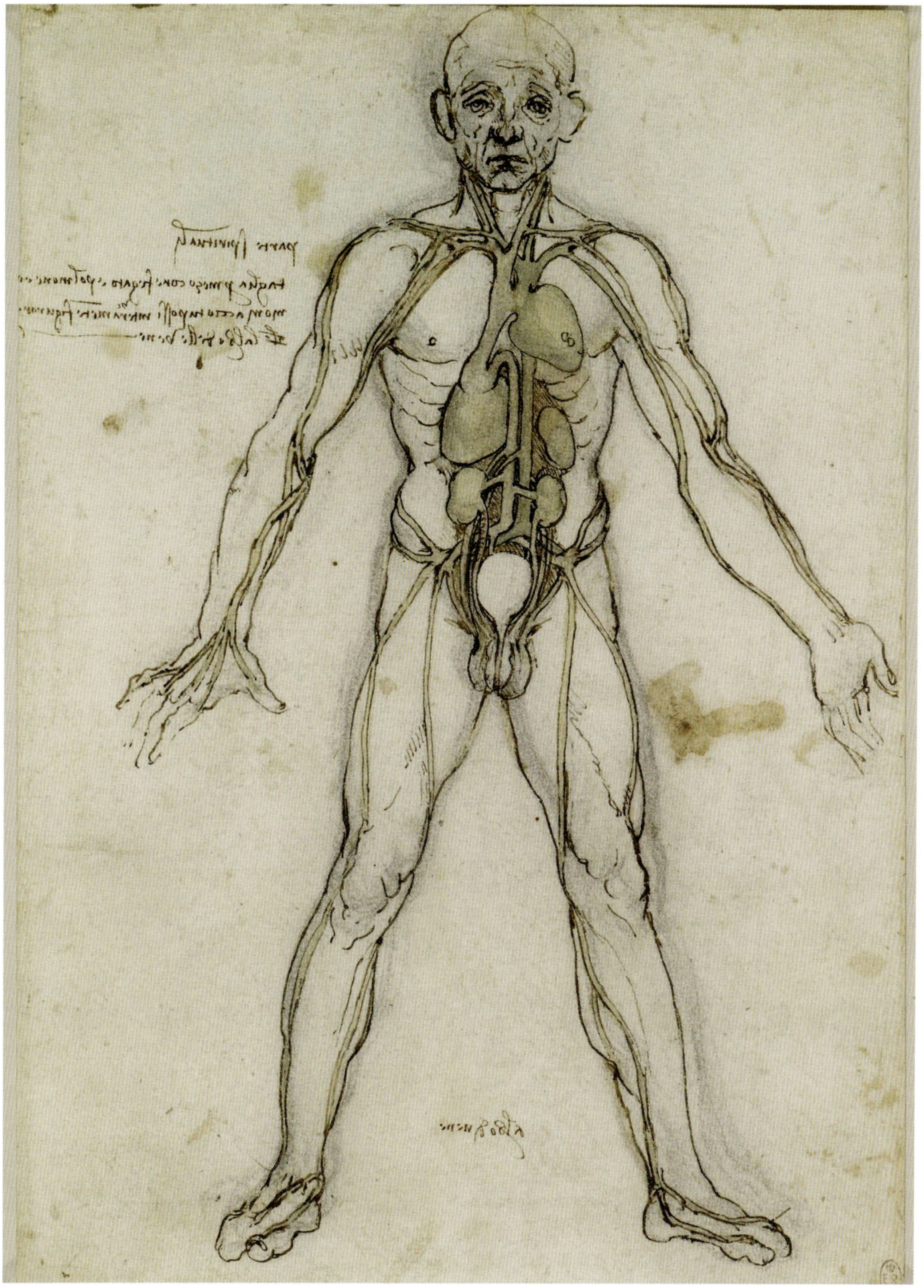

Figure 133: Leonardo da Vinci, The tree of vessels and other anatomical organs, Windsor, RL 12597r.

bones, which were apparently topics of artistic-anatomical interest, now have a predominantly scientific meaning: self-referential representations, whose postures have the sole aim of displaying the anatomy in the best possible way (Fig. 134).

In summary, as we can see, the Florentine context seems to stimulate more artistic-anatomical studies. Indeed, Florence will remain the center of artistic anatomy throughout the 16th century, while none of the great

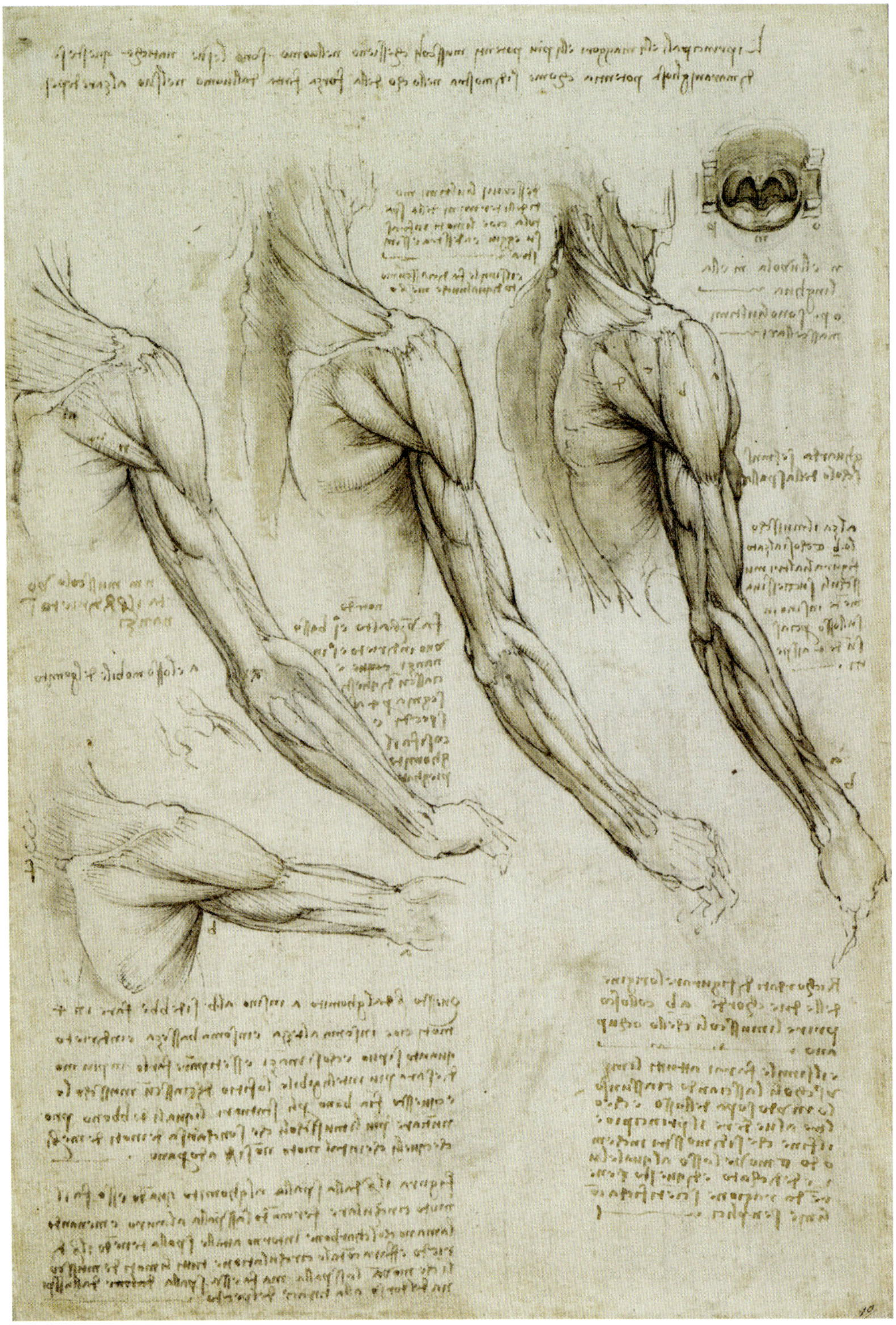

Figure 134: Leonardo da Vinci, Anatomy of the shoulder, Windsor, RL 19003v.

Renaissance illustrated anatomical treatises by scientists will be conceived or published there.

Thanks to his training as an artist, Leonardo created sophisticated illustrations, which have no equal in the history of anatomical illustration and which, also because they are so complex, were never published in print by their author. Dissective drawings, reconstructive/composite drawings, exploded visions and so on.We are faced with the unique case of an anatomist who was at the same time one of the greatest draftman of Western art.

It is important to emphasize that for Leonardo the ideal anatomical illustration was simultanous representation of various anatomical systems in the same image, in order to convey the harmony of their relantionship.

An analytical representation, such as the drawing representing the vessels of the leg in isolation, is according to Leonardo a "monstrous" drawing and in the note nearby he plans to prepare a more reconstructive or synthetical drawing, that is the one on the right, which according to Leonardo was the only way of conveying the main sense of anatomy: the harmonic relation between the various parts of the body. [3]

But let's now move to more scientific aspects of Leonardo's anatomical research. Leonardo not only studies all the anatomical organs, as well as the muscles and bones of artistic anatomy, but also considers philosophical topics as an integral part of anatomy.

For example in the skull studies dated 1489 he searches for the seat of the *soul.* [4] Anatomy in Leonardo's time was a branch of natural philosophy and the philosophical aspetcts of Leonardo's anatomy till recently has been rarely considered and even misunderstood by Leonardo scholars. The notion of organic soul is one of these philosophical sides of Leonardo's anatomical studies. From a psychological point of view he tends to present the so-called *common sense* as the intellective soul and, in the skull studies, he tries to locate its anatomical seat. According to the scholastic tradition, common sense was only a faculty of the sensitive soul, and many aspects of this sensitive soul were shared by man and animals. On the contrary, Leonardo tends to also identify human judgment or rationality with common sense.

He writes: "The soul appears to reside in the seat of judgment, and the judicial part appears to be in that place where all the senses come together, which is called the common sense" (Windor, RL 19057r).

This is only one example of Leonardo's tendency to emphasize aspects common to man and animals and to define man starting from below, from the animal world. As is well known, for centuries, the main trend in biology would be in the opposite direction, and in the 18th century Linnaeus would still classify animals starting from above, that is starting from human anatomy and characterizing other animals for what they lack in comparison to man. Leonardo, in his geological studies, understood that the earth of his time was not that created by God, but he did not understand that man also had a biological history of changes. Nevertheless, many aspects of his research certainly go in the direction of Darwin.

Through a radical interpretation of Aristotelian studies de animalibus (on animals), which also included zoological physiognomy, he undertook studies of comparative anatomy, such as a drawing in which he compared the leg of a man and a horse by putting the man on tip-toe (Fig. 135); a comparison between the heads of a man, of a horse and a lion all deformed by an expression of anger and fury (emotions were part of the sensitive soul); [5] physiognomic studies of the choleric human type, compared with the lion, portrayed on the man's shoulder. [6]

Book titled on the human figure (Libro titolato de figura umana) is noted on an anatomical sheet and is the title Leonardo gives at least in this case to his treatise on anatomy. [7] The meaning of the term *figura* (figure) in this title is that of the objective form of the human body as it appears directly to the eye, not the metonymic sense of image or representation with plates. And in this treatise *On the human figure* Leonardo intended to study, the underlying causes of the external shape or figure of the body: the anatomical organs, the various virtues of the soul and obviously also the physiognomy, explicitly mentioned in various projects for his anatomical treatise.

Leonardo phisiognomy, beside some satirical/ludic sides, [8] is also integral part of his anatomical and artistic research on the human figure. [9]

An example of these connections is the drawing which represents a head characterized by a powerful expression of strength and with a lion's head drawn in the lower right-hand corner (Windsor, RL 12502r).We are obviously in the context of a particular physiognomic method, the one which, as regards the pseudo-Aristotelian treatise written in the 3rd century b. C., can be defined as the zoological method. The presence in Leonardo's drawing of a leonine head makes the physiognomic analogy explicit, that is, the fact that there is an allusion between the human head and the lion.

This physiognomic drawing dates back to the years around 1505-8.

In the same period, Leonardo carried out anatomical studies on the heart.

3. Windsor, RL 19025r and 12624v.

4. In particular Windsor, RL 19057r.

5. Windsor, RL 12326r.

6. Windsor, RL 12502r.

7. Windsor RL 19059r.

8. M. W. Kwakkelstein, *Leonardo da Vinci as physiognomist. Theory and drawing practise*, Leiden, Primavera Pers, 1994.

9. D. Laurenza, *De figura umana. Fisiognomica, anatomia e arte in Leonardo*, Istituto e Museo di Storia della Scienza di Firenze, Biblioteca di Nuncius, Leo S. Olschki, Florence, 2001.

Figure 135: Leonardo da Vinci, Comparative anatomy of man and horse, Manuscript K, fol. 110r.

He understood that the heart was a muscle (Windsor, RL 19029r) and that therefore force, muscular strength, generated life.

For various reasons the physiology of the heart was connected with physiognomy. Among the signs of a healthy heart and a good complexion, doctors included the evaluation of the character (courageous or timid). All this research dates back to the same period in which Leonardo was working to the Battle of Anghiari in Palazzo Vecchio in Florence, a painting in which men, dominated by anger and ferocity, assume almost animalistic postures and expressions, echoing also the laws of physiognomy and according to Leonardo's conception of the war as "the most bestial madness".[10]

Physiognomy, dealing with the relationshiop between body ans soul, is a philosophical aspect of Leonardo's anatomy. Let's now consider another similar aspect. His late embryological studies also have philosophical implications.[11] In his embryological research Leonardo studies the origin of life. And, again, he moved from anatomy to the consideration of more philosophical topics and it was precisely this philosophical side, in my view, that caused the troubles he had conducting dissections in a Roman hospital. In a letter addressed to Giuliano de Medici, the pope's brother, Leonardo lets his patron know about these problems: a German technician working in the Vatican slanders Leonardo and tries to convince the pope to forbid Leonardo access to the hospital.[12] Now, Leonardo did not perform dissections in a secret place, but in a hospital, where the autopsies realized in order to discover the cause of a death were frequently occasions to get anatomical knowledge.

We can therefore suppose that the charges were not based on the dissections themselves, but on the philosophical side of his research. In exactly the same period as Leonardo was in Rome, Leo X's Papal Bull Apostolici regiminis was issued: the Church considers the rules to be followed by the natural philosophers (including the anatomists) when they touched topics such as nature and the origin of the soul and its relation with the body. Embryology, a study of the period in which the fetus grows and acquires life was a field which easily led anatomists to wonder about the problem of the soul. Leonardo is not an exception: while studying the relation between mother and fetus he considered problems such as if the fetus has its own soul and life or is under the tutelage of the mother's soul. He therefore considers philosophical problems, which at that time was very dangerous. This philosophical side of Leonardo's late anatomical study was maybe the cause of the calumnies against him.

We have seen Leonardo's study of comparative anatomy and zoological physiognomy. There is, in Leonardo's anatomy, an important line that moves towards an increasingly less anthropocentric dimension.

ikewise his more general studies of nature turn more and more in his late years from man towards the cosmos, from the body of man to that of the earth. And, his geological research on the body of the earth was profoundly influenced by his previous anatomical research.

What is the internal structure of our planet? Certainly Leonardo could not answer this question by dissecting the earth as he had done with the human and animal body. The deep structure of the earth was not directly visible. And the same was true for the history of the earth and its changes over time: all processes not directly observable. And here the anatomical knowledge of Leonardo, on the basis of the micro-macrocosmic analogy, was of great help.

In the same period in which, in the Codex Leicester, he studies geology and how water erodes and changes the course of the earth's rivers, Leonardo makes two famous dissections in the hospital of Santa Maria Nuova in Florence: the dissection of the body of an old centenary and that of a two-year-old child (c. 1507). During these dissections he discovers that the blood vessels in the old, due to accumulation of matter inside the walls, become occluded and tortuous.[13] In the veins of the human body seems to occure what happens to the veins of the earth o rivers: first straight, they become more and more winding over time.

However, beyond this particular study of rivers and vessels, it is the temporal dimension of Leonardo's anatomical research to exert a decisive influence on his study of the earth. The most relevant and new aspect of Leonardo's theory of the earth is its historical dimension: the present form of the earth had a birth (not divine), has a development, will have an end.

Likewise, Leonardo's anatomical research is also interested in understanding how the body was born and how anatomical shapes change over time. I mentioned the case of the comparative dissections of the body of an old man and a child.

Shortly afterwards, around 1509, still during the years of compilation of the Codex Leicester, mostly devoted to geology and the science of water, Leonardo began his embryological studies.

10. *Treatise on Painting* § 177. *Leonardo da Vinci: Libro di Pittura, Codice Urbinate lat. 1270 nella Biblioteca Apostolica Vaticana*, ed. C. Pedretti, transcribed by C. Vecce, 2 vols, Florence, 1995.

11. Windsor, RL 19102r, Codex Atlanticus fol. 313r and other sheets. See D. Laurenza, *Leonardo nella Roma di Leone X (c. 1513-16): gli studi anatomici, la vita, l'arte,* XLIII Lettura Vinciana, Florence, 2004.

12. Codex Atlanticus fol. 500r.

13. Windsor, RL 19027r.

I can't go into details. But there is a conceptual link between these studies on the development and emergence of the human body from fetal waters and his contemporary theory of the first origin of the continents from the water of the sea in the body of the earth, as represented in a schematic drawing of the earth in the Codex Leicester (fol. 36r).

After Leonardo, with Copernicus and Galileo the earth and therefore man will lose their centrality in the universe, while Darwin will definitely blow up the arrogant centrality and otherness of man with respect to the animal world.

By progressively expanding his artistic and scientific vision from man to the animal world and from the animal body to the body of the earth and to nature as a whole, Leonardo moves in this same direction. And perhaps in this, more than in the alleged anticipation of the airplane or the automobile, lies its true modernity.

References

CLAYTON M., PHILO R. (2012) *Leonardo da Vinci Anatomist.* Royal Collection Publications, p. 32-33.

KEELE and PEDRETTI nrs. 1-7.

KEELE K.D., PEDRETTI C. (1980-85) *Leonardo da Vinci. Corpus degli studi anatomici nella collezione di Sua Maestà la regina Elisabetta II nel Castello di Windsor,* Florence, n. 36r.

KWAKKELSTEIN M.W. (1994) *Leonardo da Vinci as physiognomist. Theory and drawing practise.* Leiden, Primavera Pers.

LAURENZA D. (2001) *De figura umana. Fisiognomica, anatomia e arte in Leonardo.* Istituto e Museo di Storia della Scienza di Firenze, Biblioteca di Nuncius, Leo S. Olschki, Florence.

LAURENZA D. (2005) Alcune precisazioni sul foglio anatomico di Leonardo RL 12597r, *Raccolta Vinci ana*; XXXI, p. 131-137.

Treatise on Painting § 177 *Leonardo da Vinci: Libro di Pittura, Codice Urbinate lat. 1270 nella Biblioteca Apostolica Vaticana,* ed. C. Pedretti, transcribed by C. Vecce, 2 vols, Florence, 1995.

Windsor, RL 19102r, Codex Atlanticus fol. 313r and other sheets. See D. Laurenza, *Leonardo nella Roma di Leone X (c. 1513-16) gli studi anatomici, la vita, l'arte,* XLIII Lettura Vinci ana, Florence, 2004.

Codex Atlanticus fol. 500r.

Windsor, RL 19025r and 12624v.

Windsor, RL 19057r.

Windsor, RL 12326r.

Windsor, RL 12502r.

Windsor RL 19059r.

Questions à Domenico Laurenza et réponses

Jeffrey Laitman : Merci beaucoup pour cette magnifique présentation au cours de laquelle j'ai vraiment beaucoup appris, et j'ai été fasciné par ce que vous avez dit. J'ai une question que l'on a déjà abordée, mais je n'ai pas la réponse à cette question. En tant qu'expert sur les dessins, vous pourrez peut-être y répondre. Alors j'ai lu des choses là-dessus, je n'ai pas eu de réponse claire. Pourquoi écrivait-il en écriture spéculaire ? J'ai lu beaucoup là-dessus, il y a eu beaucoup de raisons diverses et variées avancées, mais quelle est la vôtre ?

Jeffrey Laitman: *Thank you for that wonderful presentation. I learned a lot, I was riveted. I have a question, that has been touched upon, but I don't know the answer to, as an expert on the drawings, why did -I've read things on it, but not with clear answers- why did he write in the mirrored left image. I've heard many different reasons, explanations, but I want to hear yours.*

Domenico Laurenza : Il n'y a pas une réponse tranchée à cette question. Léonard était gaucher, nous le savons, et selon certains érudits il était plus facile pour lui d'écrire de la droite vers la gauche, puisqu'il était gaucher. Selon d'autres, il avait également un problème qui se rapprochait de la dyslexie, un problème de langage. Je n'ai pas vraiment de réponse, mais ce que je peux vous dire, c'est qu'il était assurément gaucher. Si vous regardez ses dessins, vous voyez qu'en général on part du bas à droite vers le haut à gauche.

Domenico Laurenza: *There is no definitive answer to that. Leonardo was left-handed. According to some scholars, it was easier for him to write from right to left, because he was left-handed. According to others, he had a problem close to dyslexia, a psychological disorder of language. Honestly, I have no answer. Certainly, he was left-handed, and if you look at his drawings, the etching goes from the bottom right to the upper left, which is really easier for a left-handed.*

Jeffrey Laitman : C'est l'écriture miroir, donc spéculaire.

Jeffrey Laitman: *It's the backwards mirror writing...*

Domenico Laurenza : Oui, de la droite vers la gauche, et bien entendu ce n'était pas pour garder ses secrets. Cette hypothèse est tout à fait fausse, parce que tous les manuscrits de Léonard étaient de toute façon consignés dans ses carnets privés, il n'avait aucune raison de garder ses secrets sous forme d'écriture spéculaire. D'autre part, il lui arrivait d'écrire de façon tout à fait normale, lorsqu'il devait par exemple montrer son travail à d'autres.

Domenico Laurenza: *Mirror, from right to left. Of course no secret, it was not to keep his discovery secret, this is not true, because all of Leonardo's manuscript are from private notebooks, basically, so no reason to keep secrets, private things, no secrecy. And I have to say that he also wrote in usual direction sometimes, when he had to show a drawing to a patron, to other people...*

Jeffrey Laitman : Donc il n'était pas très dyslexique...

Jeffrey Laitman: *So, he wasn't, probably, dyslexic, if he can do that.*

Domenico Laurenza : Non, en fait je ne pense pas, ce sont des hypothèses qui ont été émises, mais ce n'est pas la mienne en tout cas.

Domenico Laurenza: *I don't think so, these are just hypothesis, this is not my idea.*

David Thaler : Est-ce que Léonard considérait la terre, la géologie comme quelque chose de vivant, par analogie à Gaïa ?

David Thaler: *Did Leonardo consider the earth, the geology, alive, analogous to the way we talk of Gaia, today?*

Domenico Laurenza : Oui, bien sûr, Léonard avait une conception très animiste de la terre. La terre, tout comme les animaux est constituée de veines. Ses veines sont ses rivières. Il y a d'autres analogies également, pas uniquement celle-ci. La terre a une âme également, c'est vraiment le concept de Gaïa, oui, en effet.

Domenico Laurenza: *Gaïa? Yes, of course. Leonardo has a very animistic conception of the Earth. The earth, just like the animal body, not only had veins, the rivers, the rivers of the underground conduits of water are like the veins in the human body, not only these and other analogies, but also that the Earth has a soul, a vegetative soul, just like men, so definitely he has a sense of the contemporary conception of Gaïa, absolutely.*

Leonardo da Vinci's drawings of busts of old men and women with monstrous faces. Satire as moral criticism

Michael W. Kwakkelstein*

In the second edition of the *Lives of the most excellent painters, sculptors and architects,* published in Florence in 1568, Giorgio Vasari (1511-74) related in his biography of Leonardo da Vinci that the artist was always so delighted to see "certain bizarre heads" (*certe teste bizzarre*) that he would follow such a person for an entire day in order to fix his abnormal facial features in his mind. Once back at his house, as Vasari mentions, Leonardo would draw the man's face so lifelike, "as if the man had been present" [1]. Leonardo's earliest-known drawings that reflect his special interest in the expressive potential of the deformation of facial form can be dated to the late 1470s. Working on both sides of a large sheet of paper, he drew a total of twenty faces in profile. These studies appear to represent the fruits of his exploration of the changing expressiveness of a small number of facial types of various ages and beauty and of both sexes [2]. The striking similarity of the face of the old man on the verso of this sheet (Fig. 136) to the portrait of Emperor Galba and the similarity of the face of the young handsome man to that of Antinous, both as appearing on ancient coins, suggest that Leonardo compared these antique profiles to the faces of people he may have encountered in everyday life [3].

Leonardo's lifelong habit of drawing a limited number of stereotypical facial types of contrasting ages and beauty, had its roots in his apprenticeship with the Florentine sculptor Andrea del Verrocchio (1435-88), his admiration of ancient art and his fascination with the phenomenon of time and the ageing of the human face. Even Leonardo's earliest-known writings attest to his interest in the loss of beauty that accompanies ageing. On a sheet in the *Codex Atlanticus* (fol. 195r), that can be dated to c. 1480, he quoted the following lines from Ovid's *Metamorphoses*:

> "O Time, consumer of all things! O envious age! Thou dost destroy all things and devour all things with the relentless teeth of years, little by little in a slow death. Helen, when she looked in her mirror, seeing the withered wrinkles made in her face by old age, wept and wondered why she had twice been carried away" [4].

It is therefore tempting to connect Leonardo's interest in the transience of physical beauty to the drawings in which he confronted the profile of a toothless old man to that of the Antinous type (Fig. 137). Leonardo must have associated the youthful and beautiful face of Antinous with innocence and moral goodness for he used it for his depictions of saints to communicate their sanctity to the viewer [5]. Kenneth Clark has suggested that drawing profi-

* Directeur de l'Institut Universitaire Néerlandais de l'Histoire de l'Art, Florence, Italie.

1. Vasari/Milanesi 1879, IV, p. 26. English translation quoted from Goldscheider 1969, p. 15.
2. Clark and Pedretti 1968-69, I, p. 3-4 (inv. 12276r-v). Clayton in Edinburgh/London 2002-03, p. 16, no. 1: "it might appear that Leonardo was working here on three facial types – young man, young woman, old man – all the profiles are in fact variants of a form that was standard in his art." See also Kwakkelstein in Haarlem 2018, p. 35.
3. Kwakkelstein in Haarlem 2018, p. 36, figs. 5, 6.
4. Richter 1970, II, p. 242, § 1163. Leonardo was familiar with a translation of Ovid's *Metamorphoses*, see Vecce 2017, p. 155-156. A similar note on time as a destructive force is given in Richter 1970, II, p. 257, § 1217 (c. 1480). Around 1490, Leonardo again drew inspiration from poetry when he quoted Petrarch under a small sketch of the profile of a toothless old woman: "Cosa bella mortal passa e non dura." See Richter 1970, I, p. 367, § 651.
5. For a discussion of how Leonardo's contemporaries may have viewed the image of youfthful male beauty in religious painting (e.g., Leonardo's *Saint John the Baptist*, Musée du Louvre, Paris), see Corry 2013, p. 568-569.

Figure 136: Leonardo da Vinci, Heads in Profile to the right, c. 1478. Pen and ink, 405 × 209 mm. (inv. 12276 verso).

les of this kind must have been a form of playful recreation for Leonardo, while Arthur Popham held that Leonardo had cultivated at an early age "an almost unconscious habit" of drawing the profiles of "a stern warrior and ... a pretty youth" [6]. Throughout his life Leonardo undoubtedly derived great pleasure in drawing "heads of old men" whose facial features were distorted by old age [7]. Although he rejected the divinatory aspects and scientific validity of the pseudo-Aristotelian doctrine of physiognomy, his notes show that he subscribed to the then widely held view that man's temperament or character could be inferred from head shapes and facial characteristics. Ever since antiquity it had been a widespread assumption that physical beauty was a sign of virtue and high moral stature. Ugliness signified the opposite qualities. This belief is reflected not only in Leonardo's writings and painted works, but also in his drawings, especially those illustrating the head of a beautiful male youth in profile and the head of an irate old man, seen from various viewpoints and

6. Clark and Pedretti 1968-69, I, p. xlii: "the profiles are his expressive doodles". Popham 1994, p. 39.

7. In his *Trattato dell'arte della pittura, scoltura et archittetura* (Milan 1584), Giovan Paolo Lomazzo quoted from a now lost manuscript in which Leonardo claimed to have enjoyed modelling in clay: "teste di vecchi in buon numero." See Lomazzo/Ciardi 1973-74, II, p. 139 and Kwakkelstein 2014, p. 105-112. See also Lomazzo/Ciardi 1973-74, I, p. 153, where, in a fictive dialogue between Leonardo and the ancient Greek sculptor Phidias, Lomazzo has Leonardo explain to his interloctuor that "above all he enjoyed drawing old people": "Piacevami sopra ogni cosa il far vecchi, di modo che solamente in dissegno ne feci, e tutti mirabili, tra di lapisso e di inchiostro, cinque milla e novecento trenta quattro; et in scultura parecchi...".

Figure 137: Leonardo da Vinci, An Old and a Young Man in profile confronted, c. 1495. Red chalk, 208 × 150 mm. Gallerie degli Uffizi, Gabinetto dei Disegni e delle Stampe degli Uffizi, Florence (inv. 423 E).

whose face he sometimes varied by making it look more decrepit and wrinkled (Fig. 138). The fact that Leonardo often drew the head of the same old man, mostly with a fierce expression on his face, suggests that in these drawings, he explored the expressive potential of specific facial characteristics that he believed were indicative of a choleric temperament and that became more clearly marked in old age [8].

It was probably not until 1487 that Leonardo entered the service of Sforza and drew up a list of the material that had to be transported to the new location he had been assigned for his workshop. A large proportion of Leonardo's drawings have been lost, but thanks to this list, we can nonetheless gain an impression of his interests and working methods. Based on the descriptions he wrote of his works, we know that he had made many drawings of heads. These included portrait drawings and drawings made after living models in the workshop and elsewhere. The list also includes "many throats of old women", "many heads of old men", "a head of an old man with a long chin" and "a head of a gypsy" [9].

8. See Kwakkelstein in Haarlem 2018, p. 113-122, cat. nos 4-11. For Leonardo's practice of "aging a single figure up or down" and its dependence on Verrocchio's working methods, see Eisenberg 2019, p. 16-17.

9. Richter 1970, I, p. 387, § 680. This list of works has often been seen in relation to Leonardo's move from Florence to Milan in 1482. The Milanese spelling of some words suggests that Leonardo had already been living in Milan for a few years when he compiled the list. This would explain the description of several works, such as "una testa del Duca" and two portrait drawings of people whose names are indicative of their Milanese origins; see Syson in London 2011, p. 23-24. Schofield 1991, p. 114-115, argued,

Figure 138: Leonardo da Vinci, Head of an Irate Old Man, Three-Quarters to the Right. c. 1487-90. Pen and ink, wished with traces of white paint on browned paper, 112 × 75 mm. Gallerie dell'Accademia, Gabinetto Disegni e Stampe (inv. 234).

Several drawings that can be dated to the late 1480s show that Leonardo had begun to draw profiles of old men and women with grotesquely misshapen facial features. Most of these images are small and are scattered among his notes [10]. In a few cases, medical specialists would be able to recognise a specific medical condition. This would corroborate Vasari's assertion, mentioned above, that Leonardo's drawings of bizarre heads (*teste bizzarre*) were based on observation. We find further evidence for this practice in Leonardo's notebooks from the 1490s, in which he catalogued the names and whereabouts of people with a striking appearance [11].

Drawing misshapen faces in profile of old and decrepit people from life accords with Leonardo's precepts in which he urged the painter to imitate nature in all its variety, including facial ugliness. Though Leonardo was a keen observer of the appearance and manners of different kinds of people, as a painter and writer on painting, he ultimately attached the greatest importance to the power of imagination. According to Leonardo, painting is a "subtle invention" (*sotile invenzione*) because, as he explained, the painter's task is not to imitate nature slavishly but to re-create it in a manner that is true to life, based on scientific knowledge. He wrote: "If the painter wishes to see beauties that would enrapture him, he is master of their production, and if he wishes to see monstrous things which might terrify or which would be buffoonish and laughable or truly pitiful, he is their lord and god" [12].

The earliest-known drawings of old people with absurdly misshapen faces that attest to Leonardo's vivid imagination are contained in the *Codex Trivulzianus* (Biblioteca Trivulziana, Castello Sforzesco, Milan). The verso of the first page of this codex that can be dated to about 1487-90, displays seven rapidly sketched heads of men with misshapen facial features (Fig. 139). The fact that they are drawn as a group and that some display deformities that are exaggerated to an absurd degree – in one case depicting a mouth as a beak – suggests that Leonardo sought to emphasise the coarse, bestial side of human nature [13]. A note added to one of the sketches of grotesque faces in the *Codex Trivulzianus* may clarify the artist's purpose in drawing these figures. In it, Leonardo refers mockingly to Petrarch and his followers: "If Petrarch was so fond of laurel, it was because it has a good taste with sausages and roast thrush; I cannot set any store by their twaddle" [14]. Such a dismissive attitude towards poets calls to mind Leonardo's notes on the comparative merits of painting and poetry, in which he adduced arguments intended to prove the superiority of painting over poetry. The earliest notes on this subject are found in *Manuscript A* (Institut de France, Paris, c. 1490-92) and it is therefore

convincingly in my view, that Leonardo did not enter the service of Ludovico Sforza before 1487.

10. Later owners of Leonardo's manuscripts, including Leonardo's pupil, close friend and heir Francesco Melzi (c. 1491/93-1567), cut the profiles of misshapen heads out of sheets that frequently contained notes and other studies. For a reconstruction of some of these fragments, see Pedretti 1957.

11. Richter (1970), II, p. 351, § 1387; p. 352, § 1396 and § 1404. Pedretti 1977, II, p. 328-330, dated these notes to the period 1493-97.

12. Quoted from Leonardo/Kemp and Walker 1989, p. 32.

13. Marani in Milan (2006), p. 177, relates the significance of these drawings to Leonardo's written words at the bottom of the page: "salvatico è quel che si salva".

14. English translation quoted from Kemp (1985), p. 203. See also Piazza in Milan 2006, p. 174, 178.

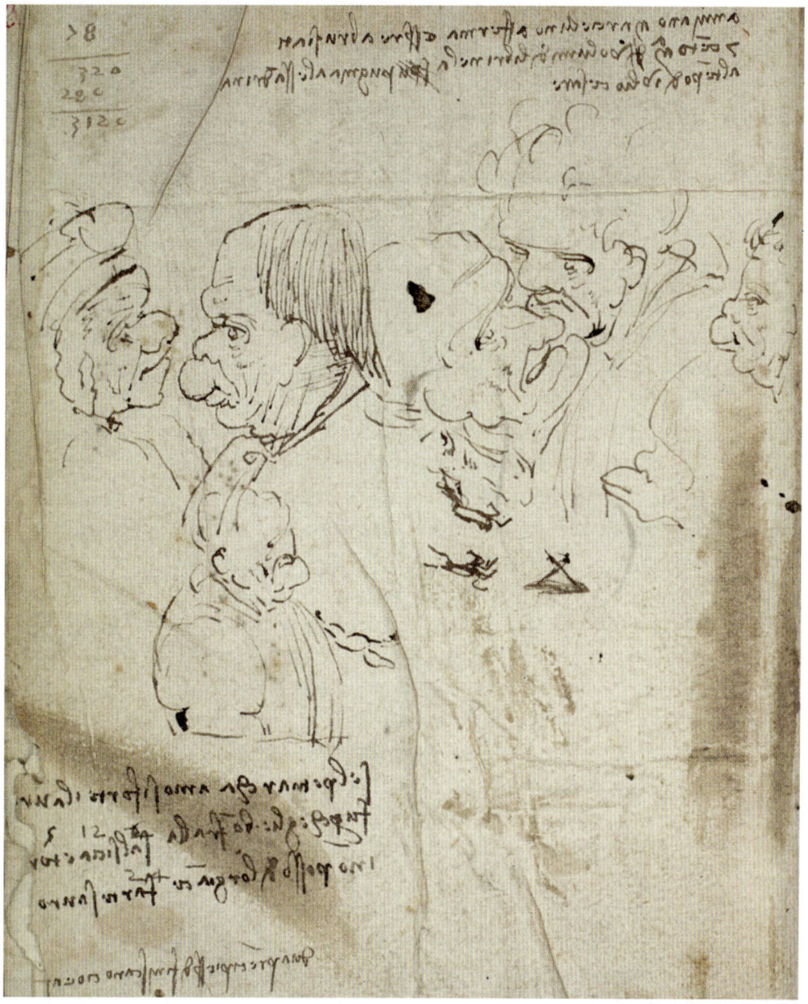

Figure 139: Leonardo da Vinci, Codice Trivulzianus, fol. 1v (c. 1487-90). Pen and ink, 210 × 140 mm. Archivio Storico Civico e Biblioteca Trivulziana, Castello Sforzesco, Milan.

not inconceivable that the sketches of absurd figures in the *Codex Trivulzianus* represent poets. One of Petrarch's followers was the poet Gaspare Visconti (1461-99) who, like Leonardo, belonged to a Milanese "academia" whose members, besides aristocrats, included prominent philosophers, poets, writers, artists and musicians, most of whom worked for Ludovico Sforza. It is possible that during one of the literary debates that were held in Milan Visconti took offence at Leonardo's disparaging remarks concerning the merits of poetry, prompting the poet to mock him in a poem. Although Visconti does not name the butt of his poem "Against a bad painter" (*In malum pictorum*), his words give us enough reason to conclude that Leonardo was the intended target. [15]

15. For a discussion of the text (written c. 1513) naming Leonardo as a member of a Milanese *academia*, see Pederson 2008; for Visconti's poem and the identification of the painter he mocks in it, see Kemp 1985, p. 199; Zöllner 1992, p. 146-147 and Kemp and Pallanti 2017, p. 154. Leonardo owned poems by Visconti; see Pedretti 1977, II, p. 362.

From Leonardo's notes we learn that on more than one occasion he had felt humiliated by the criticism expressed by learned men who regarded his eagerness as an "unlettered man" (*homo sanza lettere*) to show off his wide-ranging knowledge of nature as pedantic and by the lack of confidence shown by his patrons who had little patience with his extremely slow-paced work habit and therefore at times withheld his salary. [16] In addition to these notes, a near contemporary source informs us that in Florence

16. See, for instance, the notes given in Richter (1970), I, p. 115-117, § 10-12; Richter 1970, II, p. 327-328, § 1344-1345; p. 340-341, § 1357; p. 342, § 1364; p. 356, § 1422. In a letter of 22 July 1489, the Florentine ambassador in Milan, Pietro Alamanni, reported to Lorenzo de' Medici that Ludovico Sforza is "not very confident" (*non mi pare si consuli molto la sappi condurre*) that Leonardo knows how to carry out the project of the bronze equestrian monument to his father, Francesco Sforza, see Villata (1999), p. 44, no. 44. Upon abandoning the ruined fresco of the *Battle of Anghiari* in Palazzo della Signoria, Piero Soderini, the head of state and Leonardo's patron in Florence, lamented the artist's conduct in a letter to the Bishop of Paris, see Villata (1999), p. 203, no. 236.

Leonardo was openly blamed by Michelangelo for his failure to cast the horse and that because of these words Leonardo "blushed" (*diventò rosso*)[17].

Leonardo's notes also suggest that he felt himself to be superior not only to poets but also to mankind in general of which he had a very low opinion[18]. More specifically, in his notes on painting he often criticised painters because of their faulty working methods and predominant interest in making money rather than gaining honor with their works[19]. He called humanist scholars "foolish people" (*giente stolta*) for their sole dependence on received wisdom[20]. In addition, he railed at so-called "abbreviators" for writing summaries of complex texts rather than seeking a comprehensive knowledge of human anatomy[21]. Despite his connection with physicians who aided him in his anatomical research, Leonardo called them "destroyers of lives" (*destruttori di vite*)[22]. Furthermore, he compared men who dedicated their life to the pursuit of material wealth to monkeys: "I know that many will call this useless work [...] and often, when I see one of these men take this work of mine in his hand, I wonder that he does not put it to his nose, like a monkey, or ask me if it is something good to eat"[23]. Given Leonardo's reliance on experience and the mathematical sciences for the acquisition of scientific knowledge, it comes as no surprise that he despised alchemists, necromancers, astrologers and other soothsayers or "simpletons" (*semplici ingegni*) as he called them[24]. He accused these men of deceiving "the stupid multitude" (*la stolta moltitudine*) by making a trade of "delusions and false miracles" (*inganni e miraculi finti*). In a similar vein Leonardo called those engineers in search of perpetual motion "fools" and he frequently poked fun at friars for their false claims to the truth[25].

Given Leonardo's contempt for mankind in general and his love of satire, it is not unreasonable to assume that during the 1490s he sought to publish a series of engravings, based on his depictions of ugly old men and women, that would express man's folly, malicious nature and small-mindedness[26]. The satirical character of a stylistically homogeneous series of more than twenty small, painstakingly detailed drawings of the busts of old men and women supports the hypothesis of such a project. In these drawings, the majority of which is kept at Chatsworth, Leonardo depicted the bust of old men and women with absurdly deformed facial features, making some of them resemble a bird, dog or a goat (Fig. 140 and 141). In addition to their old age and facial deformities, the women are shown wearing old-fashioned clothing and ridiculous headgear (Fig. 142). Though most of these types are portrayed without any facial expression, some are depicted laughing or grinning, whereas others convey anger or rage[27]. There is evidence that suggests that these busts were produced as interactive and contrasting pairs to increase their comic effect[28]. In some cases, Leonardo portrayed ugly old men wearing a specific type of Florentine clothing (*cioppa*) and headgear (*cappuccio* and *becchetto*) that allow us to identify them as Florentine citizens of a high status and function in public life (Fig. 143)[29].

17. Anonimo Magliabechiano/Frey (1892), p. 115: "Et detto questo, volto loro le rene et ando via; dove rimase Lionardo, che per le dette parole diventò rosso." English translation quoted from Goldscheider (1969), p. 32.
18. Richter (1970), II, p. 245, § 1182: "O miseri mortali aprite li occhi!" Additional examples of Leonardo's contempt for mankind are provided by the notes given in Richter 1970, II, § 796; § 837; § 844; § 847, § 1153; § 1159; § 1178; § 1179; § 1205; § 1206, § 1207; § 1213; § 1358.
19. Leonardo/Pedretti and Vecce (1995), I, p. 172-173, § 58; p. 175-177, § 65.
20. Leonardo/Kemp and Walker (1989), p. 9-10. See also Richter 1970, I, p. 115-116, § 10-12.
21. Richter (1970), II, p. 250-251, § 1210.
22. *Ibid.*, p. 246, § 1184.
23. *Ibid.*, I, p. 115, § 10.
24. Leonardo/Pedretti and Vecce (1995), II, p. 438, § 750: "[...] come prova sempre la sperienza, nemica delli alchimisti, negromanti et altri semplici ingegni."
25. Richter (1970), II, p. 250-251, § 1208: "E molti fecero bottega con inganni e miraculi finti, ingannando la stolta moltitudine". See also the notes given in Richter 1970, II, p. 250, § 1209; p. 287, § 1280; and Pedretti 1977, II, p. 272; 274 and 276. Leonardo's jests at the expense of priests suggest the influence of popular satirical works in his possession, such as Poggio Bracciolini's *Facetie* and Masuccio Salernitano's *Il Novellino*; see Kemp (1985), p. 204-205. In a passage that has only been preserved in the *Codex Urbinas* (fol. 38v-39r), Leonardo refers to those who criticise painters who work on feast days as: "una certa setta, dett'ipocriti, ch'al continuo studiano d'ingannare sé et altri, ma più altri che sé." Quoted from Leonardo/Pedretti and Vecce 1995, I, p. 183, § 77.
26. Several of Leonardo's fables convey a strong contempt for humanity in their assumptions of the inherent evil nature of men, as represented by animals and other natural entitles, both animate and inanimate, e.g., Richter (1970), II, p. 280, § 1272. In addition, Leonardo's prophecies, though designed to frighten his audience when recited, reflect a notable amount of pessimism about the future of mankind, much of which he infuses with barely concealed disgust. These often quick and concise predictions for the future suggest a level of foreboding in their brevity, as well as outright grimness, e.g., Richter (1970), II, p. 294-300, § 1295 (p. 298): "O animal mostruoso! Quanto sarebbe meglio per li omini che tutti tornassero nell'inferno!" See Gombrich 1976, p. 72-75, who, in his seminal study of the grotesque heads, pointed to Leonardo's "spasmodic disgust with mankind". For contemporary engravings after Leonardo's drawings, see Milan (1984).
27. The series is reproduced in Jaffé (1994), p. 167-172, nos. 882-888.
28. For Leonardo's depiction of these absurd figures in pairs, see Kwakkelstein in Haarlem (2018), p. 124-125, nos. 12-17. Leonardo may have drawn inspiration from contemporary coins or medals depicting double portraits of a man and his wife: see Hill (1930), II, plate 62, no. 366; plate 120, nos. 712 and 713, and plate 189, no. 1139. For laughter and physical ugliness as parts of the comic genre in Renaissance painting and drawing, see Meijer (1988).
29. Kwakkelstein in Haarlem (2018), p. 176, no. 57. For a discussion of the typical dress worn by the Florentine male upper class, see Frick 2003, p. 214-217 and Currie 2016, p. 36-56.

Figure 140: Anonymous (after Leonardo da Vinci), Head and Bust of a Man with a Monstrous Face Wearing a Flat-Topped Hat in Profile to the Left. Pen and ink, 51 × 37 mm.

Figure 141: Anonymous (after Leonardo da Vinci), Head and Bust of a Man with a Goat-like Face in Profile to the Left. Pen and ink, 51x40 mm.

A similar sense of satire is reflected in a drawing of a grinning old man who offers a flower to an old woman in old fashioned dress with a monstrous face (Fig. 144). The flat-topped hat the man wears resembles the type of hat worn by Italian rulers, whom Leonardo had ridiculed also in other drawings (Fig. 140), while the woman's attire recalls that of the woman in Fra Filippo Lippi's *Portrait of a Woman with a Man at a Casement* of about 1440-44 (The Metropolitan Museum of Art, New York). The similarities between the drawing and the painting, in which the man wears a similar hat, suggest that Leonardo mocked wealthy and powerful people for their vanity.[30] In his account of *The Last Supper*, Vasari mentions Leonardo's readiness to use his art to mock contemporaries who had hurt his pride. According to Vasari, the church prior had urged the painter "in a most importunate manner" (*molto importunamente*) to complete the mural speedily. This evidently failed to have the desired effect, at which the man complained about Leonardo's unusual and slow pace of work to his patron Ludovico Sforza. When Leonardo was summoned to account for his actions to Sforza, he explained that he had not yet painted the head of Judas because he had not yet found a model whose facial features expressed his treacherous and cunning nature in a recognisable way, but if in the end he could not find a better model, "he would do the head of the importunate and tactless Prior."[31]

In his notes, Leonardo frequently referred to unpleasant experiences he had suffered at the hands of others, both in his work and in his personal life. For instance, the back of his famous drawing of a bald old man surrounded by four figures with ugly or bizarre faces (Fig. 145) bears a somewhat cryptic note in which Leonardo complains that when someone possesses a good nature, he is treated badly,

30. Kwakkelstein in Haarlem 2018, p. 177-178, no. 56. See also Clayton in Edinburgh/London 2002/03, p. 94, cat. no. 40.

31. Vasari/Milanesi 1879, IV, p. 31. English translation quoted from Goldscheider 1969, p. 17.

Figure 142 : Leonardo da Vinci, Bust of an Old Woman with a Tall Pointy Headdress and Deformed Face in profile to the Right, c 1490. Pen and ink, 69 × 56 mm. Private collection.

Figure 143 : Anonymous (after Leonardo da Vinci), Bust of an Old Florentine Man with a Deformed Face in profile to the right, c 1490. Pen and ink, 65 × 53 mm.

which he finds especially egregious when the perpetrators are friends, as he maintains happened in his own case.[32] Sir Ernst Gombrich, who interpreted the central figure in the drawing as a kind of self-portrait of Leonardo, linked the gloomy tone of this lament to the significance of the scene depicted. He posited that the figures whose appearance, facial expressions and gestures suggest that they are approaching the old man with dastardly intentions, represent Leonardo's fellow human beings, by whom he felt misunderstood and derided.[33]

As far as I am aware, no one has followed up this interpretation by pondering the significance of the oak wreath of the central figure and the garments worn by the figure on the right.[34] According to Pliny the Elder, an oak wreath was a mark of high distinction among the Romans. The oak wreath, or civic crown, was a high military distinction for a civilian who had saved the life of a fellow citizen and killed an enemy during a military conflict. Such a person was permitted to wear the wreath for the rest of his life.[35] Given Leonardo's interest in botany, he would undoubtedly have been familiar with Pliny's words about wreaths in his *Natural History*, since this information is in Book 16, which is dedicated to botany. Pliny writes that Romans were always expected to show great respect to someone who wore a civic crown, regardless of the person's position in society. The oak's solidity and strength also made it a symbol of the power and endurance of virtue in the face of adversity.[36]

In Leonardo's drawing, the old man with the civic crown is surrounded by people who are treating him

32. Richter (1970), II, p. 340, § 1355. The note and the drawing are both dated to around 1494.

33. Gombrich (1976), p. 71-72. Clayton in Edinburgh/London 2002-03, p. 96-99, cat. no. 41, interprets the scene as that of a man being tricked by gypsies.

34. *Ibid.* (p. 98): "The oak wreath worn by the central figure remains mysterious".

35. See Pliny/Rackham (1938), vol. 4, p. 395, Book 16, iv. 12-13. Matthias Corvinas (1443-1490), king of Hungary and Croatia was one of the very few contemporaries of Leonardo who is portrayed wearing an oak wreath *all'antica*; see Mikó in Florence 2013-14, p. 166-169, no. 42.

36. Ferguson 1954, p. 35.

Figure 144: Leonardo da Vinci, A Grinning Old Man and an Old Woman with a Monstrous Face in Old-Fashioned Dress, Half-Length. Pen and ink over black chalk, 262 × 123 mm (inv. 12449).

with a complete lack of respect. Their facial expressions and the gesture of the figure on the left suggest that they are pulling the old man's leg, making fun of him and jeering at him. The man on the right, who sports a himation, a robe worn in ancient Greece, might represent an orator, since – as in portraits of the orator Aeschines, for instance – his arm is not free to allow him to gesticulate. Interestingly, his misshapen features are very similar to those of the poet illustrated at the centre of a group of three men, seen in profile to the left, on a sheet with copies after Leonardo's drawings (Fig. 146). These three men have sometimes been viewed as caricatures of Dante, Boccaccio, and Petrarch. [37] Perhaps it was an unpleasant or even painful experience during one of the literary or scientific disputes in which Leonardo participated in Milan in the 1490s that prompted him to express his sense of moral and intellectual superiority along with feelings of isolation in the drawing in Windsor. In his notes, Leonardo writes of the envy that his virtuousness had aroused among people in his circle of friends and surely this happened also among poets and learned men with whom he competed at the court of Milan. This makes it plausible that he identified with the central figure in the drawing, who is emotionally and intellectually isolated from the others. [38]

After his departure from Milan in 1499, Leonardo lost interest in drawing ridiculous busts of men and women with misshapen facial features and clad in old-fashioned clothes. Nonetheless, he did not abandon his practice of drawing small profiles of unusual faces that he may have seen in the street. He also continued to draw heads of old men. By way of exception, around 1503-05, when he was in Florence, he produced an almost life-sized cartoon of the bust of a man with a monstrous face in profile. The contours of this drawing in black chalk have been perforated and the use of chalk dust indicates that the design was transferred to a different support. It is not known whether Leonardo ever painted the man depicted here. [39]

37. The drawing is attributed to Francesco Melzi and records a lost original, see Clayton in Edinburgh/London 2002-03, p. 89, fig. 20. In her discussion of this drawing, Annalisa Perissa Torrini does not question the theory that Leonardo may have ridiculed the three greatest Italian poets of the fourtheenth century, see Perissa Torrini in Venice (2013), p. 284, cat. no. XI_21.

38. It is clear from his notes that Leonardo regarded intellectual and moral virtue as the most important human qualities; see e.g., Richter (1970), II, p. 246, § 1183: "Non si dimanda richezza quello che si può perdere; la virtù è vero nostro bene ed è vero premio del suo possessore." Other notes confirm that Leonardo felt betrayed by putative friends because they spoke maliciously about him out of envy; see Taglialagamba and Versiero (2014), p. 436-437. See also Richter (1970), II, p. 246, § 1183A: "Prima sia il corpo sanza l'ombra che la virtù sanza Invidia."

39. For this drawing, see Kemp and Barone 2010, p. 84-86, no. 34 and Kwakkelstein in Haarlem 2018, p. 48, fig. 16.

Figure 145 : Leonardo da Vinci, Four men laughing and smiling viciously at an old man wearing an oak wreath in profile to the right, c. 1494. Pen and ink, 260 × 205 mm (inv. 12495).

Figure 146 : Francesco Melzi (attributed). After Leonardo. Seven busts of old men and of a woman, including "caricatures of Dante, Boccaccio and Petrarch". c. 1560. Pen and ink, 183 × 125 mm. Venice, Gallerie dell'Accademia, Gabinetto Disegni e Stampe (inv. 229).

Leonardo continued to write about the problems he suffered at the hands of his fellow human beings until a few years before his death. Despite his many setbacks, disappointments, and the passage of time, his own face retained its fine, attractive features, as is clear from the only known portrait of Leonardo. Convinced as he was of his own virtuous character and wisdom, the sight of his strikingly handsome face in the mirror must have reinforced Leonardo's belief that: "those who show few such indications [marks in the face] are men who engage in thought". [40]

N.B. : A part of this essay previously appeared in Haarlem 2018, p. 32-51.

40. For the portrait drawing of Leonardo, see Clark and Pedretti 1968-69, I, p. 185 (inv. 12726) and Clayton in Edinburgh/London 2002-03, p. 110-113, cat. no. 46. Leonardo/Pedretti and Vecce 1995, II, p. 262, § 292: "quelli che poco li segnano [li segni de' volti] sono uomini operatori della cogitazione."

References

Anonimo Magliabecchiano/Frey 1892 *Il Codice Magliabechiano cl. XVII.17 contenente notizie sopra l'arte degli antichi e quella de' fiorentini da Cimabue a Michelangelo Buonarroti scritte da Anonimo Fiorentino*, ed.by Carl Frey, Berlin.

Britton 2002 Piers D.G. Britton, *The signs of faces: Leonardo on physiognomic science and the «Four Universal States of Man»*, *Renaissance Studies*, Vol. 16, No. 2, p. 143-162.

Brown 1994 David Alan Brown, Leonardo's «Head of an Old Man» in Turin: Portrait or Self-Portrait?', in: *Studi di Storia dell'Arte in onore di Mina Gregori*, edited by Miklós Boskovits et al., Cinisello Balsamo 1994, p. 75-78.

Clark and Pedretti 1968-1969 Kenneth Clark and Carlo Pedretti, *The Drawings of Leonardo da Vinci in the Collection of Her Majesty the Queen at Windsor Castle,* 2nd edition, revised, 3 vols., London.

Corry 2013 Maya Corry, The Alluring Beauty of a Leonardesque Ideal: Masculinity and Spirituality in Renaissance Milan, *Gender & History*, Vol. 25, No. 3, 2013, pp. 565-589

Currie 2016. Elizabeth Currie, *Fashion and Masculinity in Renaissance Florence*, London/New York.

Edinburgh/London 2002-2003 Martin Clayton, *Leonardo da Vinci. The divine and the grotesque*, The Queen's Gallery, Holyroodhouse, Edinburgh/The Queen's Gallery, Buckingham Palace, London.

Eisenberg 2019 Elizabeth A. Eisenberg, A Verrocchio Sculpture as a Source for Leonardo and Raphael: The Evidence of Drawings, *Master Drawings*, 57 (2019), 1, p. 5-32.

Ferguson 1954 George Ferguson, *Signs and Symbols in Christian Art*, New York.

Florence 2013-2014 Péter Farbaky *et al.*, *Mattia Corvino e Florence. Arte e umanesimo alla corte del re di Ungheria*, Museo di San Marco, Biblioteca di Michelozzo, Florence.

Frick 2002 Carole C. Frick, *Dressing Renaissance Florence. Families, Fortunes, & Fine Clothing*, Baltimore/London.

Fumagalli 1939 Giuseppina Fumagalli, *Leonardo. Omo sanza lettere*, Florence.

Goldscheider 1969 Ludwig Goldscheider, *Leonardo. Paintings and Drawings with the Leonardo Biography by Vasari 1568 Newly Annotated*, London (1st ed. 1959).

Gombrich 1976 Ernst H. Gombrich, The Grotesque Heads, in E.H. Gombrich, *The Heritage of Apelles. Studies in the art of the Renaissance*, Oxford, p. 57-75.

Gombrich 1986 Ernst H. Gombrich, Leonardo and the Magicians: Polemics and Rivalry, in E. H. Gombrich, *New Light on Old Masters. Studies in the Art of the Renaissance*, Oxford, p. 61-88.

Haarlem 2018 Michael W. Kwakkelstein and Michiel Plomp, *Leonardo da Vinci. The Language of Faces*, Bussum.

Hill 1930 George Francis Hill, *A Corpus of Italian Medals of the Renaissance before Cellini*, 2 vols., London.

Jaffé 1994 Michael Jaffé, *The Devonshire Collection of Italian Drawings. Venetian and North Italian Schools*, London.

Kemp 1981 Martin Kemp, *Leonardo da Vinci: The Marvellous Works of Nature and Man*, London.

Kemp 1985 Martin Kemp, 'Leonardo da Vinci: Science and the Poetic Impulse', *Journal of the Royal Society of Arts*, Vol. 133, No. 5342, p. 196-214.

Leonardo/Kemp and Walker 1989 Martin Kemp and Margaret Walker, *Leonardo on Painting. An anthology of writings by Leonardo da Vinci with a selection of documents relating to his career as an artist*, New Haven and London.

Kemp 2002 Martin Kemp, "Your Humble and Faithful Servant": Towards a History of Leonardo da Vinci in his Contexts of Employment, *Gazette des Beaux Arts*, CXL, p. 181–94.

Kemp and Barone 2010 Martin Kemp e Juliana Barone, *I Disegni di Leonardo da Vinci e della sua Cerchia nelle Collezioni della Gran Bretagna*, Florence.

Kemp and Pallanti 2017 Martin Kemp and Giuseppe Pallanti, *Mona Lisa. The People and the Painting*, Oxford.

Kwakkelstein 2014 Michael W. Kwakkelstein, *Leonardo da Vinci as a physiognomist. Theory and Drawing Practice*, 2nd rev. ed., Leiden (1st ed. 1994).

Leonardo/Pedretti and Vecce 1995 *Leonardo da Vinci. Libro di Pittura. Codice Urbinate lat. 1270 nella Biblioteca Apostolica Vaticana*, edited by Carlo Pedretti and Carlo Vecce, 2 vols., Florence.

Lomazzo/Ciardi 1973-1974 *Gian Paolo Lomazzo, Scritti sulle arti*, edited by Roberto Paolo Ciardi, 2 vols., Florence.

London 2011 Luke Syson and Larry Keith, *Leonardo da Vinci. Painter at the Court of Milan*, The National Gallery, London, London 2011.

Meijer 1988 Bert W. Meijer, From Leonardo to Brueghel: comic art in sixteenth-century Europe, *Word and Image*, 4, p. 405-411.

Meller 1963 Peter Meller, Physiognomical theory in Renaissance heroic portraits, *The Renaissance and Mannerism. Studies in Western Art. Acts of the 20th International congress of the history of art*, Princeton, New Jersey, vol. 2, p. 53-69.

Milan 1984 Clelia Alberici (ed.) and Mariateresa Chirico De Biasi, *Leonardo e l'incisione. Stampe derivate da Leonardo e Bramante dal XV al XIX secolo*, Castello Sforzesco, Milan.

Milan 2006 Pietro C. Marani and Giovanni M. Piazza, *Il Codice di Leonardo da Vinci nel Castello Sforzesco*, Castello Sforzesco, Milan.

Pederson 2008 Jill Pederson, Henrico Boscano's *Isola beata*: New Evidence for the Academia Leonardi Vinci in Renaissance Milan, *Renaissance Studies*, vol. 22, No. 4, p. 450-475.

Pedretti 1957 Carlo Pedretti, *Leonardo da Vinci. Fragments at Windsor Castle from the Codex Atlanticus*, London.

Pedretti 1977 Carlo Pedretti, *The Literary Works of Leonardo da Vinci compiled and edited from the original manuscripts by Jean Paul Richter. Commentary*, 2 vols., Oxford.

Pliny/Rackham 1938 Pliny, *Natural History*, translation by H. Rackham, 10 vols., London/Cambridge

Popham 1994 A.E. Popham, *The Drawings of Leonardo da Vinci.* Revised and with a a new introductory essay by Martin Kemp, London (first ed. 1946).

Richter 1970 Jean Paul Richter, *The Literary Works of Leonardo da Vinci compiled and edited from the original manuscripts*, 2 vols., London (first ed. 1883).

Schofield 1991 Richard Schofield, Leonardo's Milanese Architecture: Career, Sources and Graphic Techniques, *Achademia Leonardi Vinci. Journal of Leonardo Studies & Bibliography of Vinciana*, vol. 4, p. 111-157.

Pedretti and Trutty-Coohill 1993 Carlo Pedretti and Patricia Trutty-Coohill, *The Drawings of Leonardo da Vinci and his Circle in America*, Florence.

Taglialagamba and Versiero 2016 Sara Taglialagamba and Marco Versiero, Leonardo faceto e grottesco: uno sguardo tragico e comico sulla vita del rinascimento, negli scritti e disegni del genio, in *Comico e tragico nella vita del Rinascimento*, a cura di Luisa Secchi Tarugi, Acts of the XXVI International Conference (Chianciano Terme and Pienza, 17-19 July 2014), *Quaderni della Rassegna*, 114, Florence, p. 433-445.

Trutty-Coohill 1998 Patricia Trutty-Coohill, Bracketing Theory in Leonardo's Five Grotesque Heads, *Enjoyment. From Laughter to Delight in Philosophy, Literature, the Fine Arts, and Aesthetics,* ed. A.-Th. Tymieniecka, Dordrecht/Boston/London, p. 87-102.

Vasari 1879 Giorgo Vasari, *Le opere di Giorgio Vasari. Le vite de'più eccellenti pittori, scultori ed architettori scritte da Giorgio Vasari, pittore Aretino con nuove annotazioni e commenti di Gaetano Milansi*, Florence, 9 vols., 1878-1885.

Vecce 2017.

Carlo Vecce *La biblioteca perduta. I libri di Leonardo*, Rome.

Venice 2013 Annalisa Perissa Torrini *et al.*, *Leonardo da Vinci. L'uomo universale*, Gallerie dell'Accademia, Venice, Florence and Milan.

Villata 1999 Edoardo Villata, *Leonardo da Vinci. I documenti e le testimonianze contemporanee*, Milan (Ente Raccolta Vinciana).

Zöllner 1992 Frank Zöllner, «Ogni Pittore Dipinge Sé» Leonardo da Vinci and «Automimesis», *Der Künstler über sich in seinem Werk*, edited by Matthias Winner, Weinheim, p. 137-160.

Questions à Michael W. Kwakkelstein et réponses

Jeffrey Laitman : Ma femme est psychiatre, si elle avait écouté votre présentation qui décrit ces personnes en colère et paranoïaques elle aurait certainement posé la question suivante : quelle était sa vie sexuelle, dans quel monde vivait-il ? Parce qu'il y a tellement de colère, tellement de frustration, un tel désir de se moquer, de critiquer les autres ! Personne n'en a parlé pendant cette conférence, j'ai lu ici et là quelques éléments à ce sujet mais je n'ai pas d'expertise donc pouvez-vous commenter sur son monde et en quoi ça a pu affecter ce que vous avez décrit ?

Jeffrey Laitman: *My wife is a psychiatrist, but if she had heard your talk describing this paranoid angry person, she would have probably asked what was his sex life like, what was his world, because such anger, such frustration, such desire to lash out at others says many things... No one has discussed this at this meeting, I've read little bits and pieces, but I'm no expert. Could you comment on what his world was, and how it might have affected things such as you've just described?*

Michael W. Kwakkelstein : Si je me fonde sur les manuscrits de Léonard pour vous répondre, je dirais qu'il n'avait pas de vie sexuelle et que sa colère était essentiellement due au fait que les personnes à l'académie, les scientifiques, se moquaient de lui quand il essayait d'expliquer les choses. Par exemple, ses idées scientifiques, ses conclusions scientifiques, il voulait les partager dans les débats scientifiques, à Milan. Notamment sur le fait que la lune reflète la lumière du soleil, les gens se moquaient de lui ils lui disaient « tu n'as pas de doctorat, tu ne viens pas de l'université, qui es-tu pour remettre en question nos idées, tu ne nous respectes pas, tu ne respectes pas les autorités en qui nous avons toute confiance ». Donc les personnes se moquaient de lui, l'humiliaient. Il rentrait chez lui et là il canalisait sa colère, il la couchait sur le papier, avec des mots grossiers. Il y avait également des prophéties, des dessins, c'était comme une sorte de vengeance pour lui : vous ne m'acceptez pas pour qui je suis, je ne suis pas médecin, je ne suis pas professeur d'université, j'ai acquis ma connaissance par l'empirisme, et vous êtes dédaigneux vis-à-vis de moi. C'était un homme très fier, c'était un fils illégitime d'une personne respectée à Florence et donc il devait faire ses preuves, il disait « Regardez ! moi, je suis capable de ça ». Mais concernant sa vie sexuelle, on en sait très peu, presque rien d'ailleurs. On sait qu'il ne s'est jamais marié et qu'il avait un jeune garçon chez lui qui s'appelait Salai. Il y a eu des spéculations sur sa relation sexuelle avec un jeune homme de 10 ans, qui vivait chez lui en 1490 quand il avait 38 ans. Salai est entré dans sa vie et certains émettent l'hypothèse que Salai répondait au désir de Leonardo. Son vrai nom était Gian Giacomo Caprotti et Salai veut également dire pénis.

Michael W. Kwakkelstein: *Well, if I base my answer to that question only on Leonardo's manuscripts, what is known from the contents of his surviving pages, then I would say he had no sex life, but that his anger was especially provoked by the fact that academics, scientists, made a fool of him when he tried to explain things. For instance, every scientific idea and finding, he wanted to share them during scientific debates in Milan, for instance that the moon does not shine light, it reflects that of the sun. They were laughing at him, mocking, adding you don't have a PhD, you're not from a University, who are you to challenge our views, or the views of respected ancient authorities we hold in high esteem. So, they mocked him, humiliated Leonardo, and he went back to his house where he channeled, vented his anger into writing, using offensive language, into these fables and prophecies, and into these drawings. It's like a sort of a vengeance: you don't accept me for who I am. I'm not a doctor, not a University professor, I came up with all this knowledge through empirical research. You look down upon empirical research... He was a very proud man, an illegitimate son of a respected notary from Florence, who had to prove himself, see what I can do. About his sex life we know very little, we know virtually nothing, and the fact that he never married, and had a young boy called Sali in his household, that doesn't mean anything. I mean, a lot has been speculated about his sexual relationship with this 10-year-old boy he assumed in his house in 1490. He was then 38, and everyone is always speculating about Sali fulfilling Leonado's desires somehow. Sali, by the way, means little devil, his real name was Gian Giacomo Caprotti, and in Bocacchio, Sali also means penis, so maybe him being called Sali includes an allusion to that too.*

Jeffrey Laitman : Il semble juste que pour qui a une telle passion pour les arts, une grande partie de son existence est laissée de côté dans toutes nos discussions et dans son art. Nous avons eu des discussions sur les mains, les pieds, sur le cerveau, mais, pas grand-chose sur les organes génitaux ce qui est intéressant.

Jeffrey Laitman: *It just seems that somebody with such passion in his arts... there seems to be a large part of his existence that is left out in all our discussions, and in his art, by the way, I do not know much, we've had talks on hands, on feet, on brains, but interestingly not much on genitalia.*

Michael W. Kwakkelstein : Je me souviens, je ne sais pas si c'était sur le dessin du coït. Je me souviens que Léonard de Vinci dit quelque part que l'acte sexuel est si répugnant, que sans la nécessité de garder l'humanité vivante, nous ne nous engagerions jamais dans une quelconque activité sexuelle car elle est répugnante. Voilà ce qu'il écrit. Donc, sa vision est strictement mécanique.

Michael W. Kwakkelstein: *I remember, I don't know if it was next to the drawing of the coitus, but Leonardo says somewhere that the act of intercourse is so repulsive, that were it not for the necessity of it to keep mankind alive, we would never engage in any sexual activity. It is repugnant. That's what he writes. So, his view is strictly mechanical.*

Jeffrey Laitman : Oui, c'est une vision sur une psyché très intéressante.

Jeffrey Laitman: Right, yes, which is an enormous view onto a very interesting psyche.

Michael W. Kwakkelstein : Il en va de même lorsqu'un homme de 100 ans décède à l'hôpital de Florence. Imaginez qu'il parle à cet homme ; parce que l'homme dans les dernières minutes de vie lui dit : j'ai 100 ans, je n'ai jamais été malade. Et puis l'homme meurt et imaginez que Leonardo l'ouvre immédiatement, pour découvrir la cause d'une mort si douce. Donc, d'une manière ou d'une autre, il a obtenu la permission de le faire, et a pu en quelque sorte se détacher de tout sentiment pour son prochain, pour utiliser immédiatement cet homme, ses restes, à des fins d'étude, faire fi du fait que c'était un homme à qui il venait de parler.

Michael W. Kwakkelstein: The same goes when a 100-year-old man dies in the hospital in Florence. Imagine that he is talking to this man, because the man in his last minutes of life says to him I am 100 years old, I've never been ill. And then the man dies and imagine Leonardo immediately cuts him open, to find out the cause for such a sweet death. So somehow he got permission to do that, and could sort of separate any feelings for his fellow human being, to immediately use that man, his remains, for study purposes, regardless of the fact this was a man he had just spoken to.

Domenico Laurenza : Il y a un livre de Freud sur Leonardo qui est intéressant et qui peut être toujours utile pour comprendre le lien entre le travail de Léonard et sa sexualité. Freud reste une clé, un point d'entrée intéressant pour comprendre la vie de Leonardo.

Domenico Laurenza: Freud wrote a book on Leonardo that could be helpful to understand… of course, it's an ancient book, an old book, but there is something still useful, I think, in understanding Leonardo's link between his work and is sexuality. Freud is still a fascinating key to enter this kind of problems.

Jeffrey Laitman : Oui, même si nous n'avons pas discuté de cette partie lors de notre réunion, et évidemment, elle joue un rôle majeur dans l'identité de Vinci et comment il voyait le monde.

Jeffrey Laitman: Yes, even if we haven't discussed this part in our meeting, and obviously, it plays a major role in who da Vinci was and how he saw the world.

Michael W. Kwakkelstein : En me concentrant sur un langage émotionnellement chargé dans ses écrits, qui n'a pas été fait jusqu'à présent, comme je le sais, j'ai récemment terminé une recherche à ce sujet et révélé de nouveaux aspects de sa personnalité. Donc en effet, isolé de la communauté scientifique, il y avait quelques scientifiques comme Luca Paccioli et quelques autres avec lesquels il a collaboré et s'est bien entendu, mais d'après toutes les notes que j'ai recueillies de ses manuscrits où il parle en quelque sorte de lui-même comme une note personnelle, et la façon dont il utilise un langage extrêmement offensant envers les autres… Je ne l'ai pas encore cité, mais je peux le citer ici, il compare certains hommes à rien d'autre qu'à un sac de peau à travers lequel la nourriture entre et sort. Ils sont en-dessous des bêtes, et il l'écrit dans une préface à son travail scientifique. Imaginez que nous, scientifiques, fassions référence à nos pairs dans l'introduction d'un livre en les traitant de sous-animaux, de sac de peau, rien davantage… C'est la comparaison que Léonard apparait faire, ce n'est pas étonnant qu'il n'ait jamais publié. Il était très fier et se sentait humilié, donc il utilisait l'écriture et le dessin pour canaliser ces sentiments de frustration. Qu'il s'agisse de sexualité, je ne sais pas, je ne pense pas.

Michael W. Kwakkelstein: Focusing on emotionally charged language in his writings, that have not been done so far, as I know, I've recently finished a research on that, and revealed new aspects of his personality. So indeed, isolated from the scientific community, he had a few scientists like Luca Paccioli and a few others with whom he collaborated and went along well, but from all the notes I've gathered from his manuscripts where he somehow speaks from himself like a personal note, and the way he is using extremely offensive language towards others… I didn't quote it yet, but I can quote it here, he compares certain men to nothing but a bag of skin through which food enters and exits. They're below beasts, and he's writing it in a preface to his scientific work. Imagine that we scientists would refer to our peers in the introduction to a book by calling them less than beasts, sack of skin, no better than a skin bag through which food enters and exits... that's what Leonardo apparently tried to do. No wonder he never published. He was very proud, and when he felt humiliated he would use writing and drawing to sort of channel those feelings of frustration. Whether it has to do with sexuality, I do not know, I don't think so.

Gianni : Merci beaucoup pour tous ces éclairages. La physionomie est très importante dans les sciences et nous ne savons pas pourquoi la laideur est quelque chose de mauvais et la beauté quelque chose de bon. Pourquoi dans notre conversation de tous les jours dirait-on à quelqu'un « tu as l'air bien aujourd'hui » et pas « tu as l'air beau » et si quelqu'un n'a pas l'air de se sentir très bien, on ne va pas lui dire « tu as l'air laid aujourd'hui ». Dans tous les films de James Bond, James Bond est toujours un bel homme, Sean Connery par exemple, et le méchant dans le film est toujours quelqu'un qui reflète la laideur. Je pense à la Cène, il s'est vraiment affranchi de la tradition et a installé Judas à l'opposé de la table juste en face de la table alors que dans toutes les autres représentations, Judas était vraiment à l'écart, on pointait le doigt sur Judas. Ici, Judas a une physionomie un peu plus malveillante et démoniaque. Lorsqu'on regarde la fresque avec le Christ et saint Jean l'Évangéliste, un autre disciple du Christ, on voit que d'un point de vue physionomique, ils sont parfaits, sans aucun péché alors que Judas c'est tout le contraire. Voilà comment on reconnaît Judas, c'est l'homme le plus moche à table, ça doit être le traître. C'est ce qu'ils font à Hollywood aussi c'est la même chose. Il y a des explications génétiques mais on n'a pas d'explication tout à fait rationnelle encore aujourd'hui. A l'époque on pensait tout simplement que les personnes moralement mauvaises sont moches et vice versa donc dans ce cas-là, forcément Judas sera représenté par des traits très laids.

Gianni: Thank you for the fantastic thoughts. Considering that the science of beauty is a new science as well, because it's not well defined, physionomy is something very important, and we up to now do not know, why ugly is bad, beautiful is good, why? Because in normal speaking, we say: you're looking good today and we're not telling you, you're looking beautiful. When you're looking ugly, no, you say you're looking bad. It is not recognized until now why we feel so. In all fairy tales, in James Bond, the smart James Bond is a good-looking guy, Sean Connery, and his adversary, Goldfinger, looks ugly. In the Last Supper, Leonardo made a point on that. He broke with the tradition, by putting Judas on the other side of the table (everyone else always put Judas separate from the other apostles so that everyone would recognize that he's the traitor, he's the bad guy). Leonardo thought of physiognomy, giving Judas a demonic physiognomy, the monks of the Santa Mio Bella Grazie, when they looked at the fresca, at the mural painting, with Christ and Saint John the evangelist, the beloved disciple of Christ, they are perfect, they're beautiful, they're without sin... and Judas is the opposite. That's how everyone would recognize Judas, he's the ugliest man at the table, he must be the traitor of Christ. It's the same in Hollywood. Simply because the mode of perception in Leonardo's day and age was, evil people are ugly, and morally good people are beautiful, so if you have that mode of perception, you automatically paint Judas as an ugly man.

John Dennison : D'après ce que vous avez résumé, on voit que Léonard est contre le monde entier. Pensez-vous qu'il souffrait peut-être du syndrome d'Asperger ?

John Dennison: It seems very much in what you have summarized so nicely, that it is Leonardo against the world. Do you think that he might have been suffering from some aspect of Asperger syndrome?

Michael W. Kwakkelstein : Je ne peux pas confirmer cela, je ne suis pas spécialiste du syndrome d'Asperger, je ne connais pas les symptômes et bien entendu il est très difficile d'établir un diagnostic sur une personne décédée il y a 500 ans. C'est la raison pour laquelle il faut vraiment étudier ce type de questions avec beaucoup de prudence, nous n'étions pas là, il n'est pas sur le divan face à nous, mais d'après ce que j'ai lu Léonard était contre l'humanité, il avait une dent contre l'humanité. Il y a ainsi une sorte de paradoxe dans le fait que la NASA a placé sur la sonde envoyée sur Mars en 2012 une reproduction de l'autoportrait de Turin et une copie du codex sur le vol des oiseaux dans une micro puce, considérant qu'ils étaient représentatifs du meilleur de l'humanité. N'y a-t-il pas quelque chose d'ironique à la voir incarner par un homme qui était à la fois tellement contre l'humanité et extrêmement pessimiste.

Michael W. Kwakkelstein: That, I cannot confirm, because I'm not a specialist in Asperger syndrome, I don't know all the symptoms, etc., and of course, it's difficult to come up with a diagnosis of someone who is dead since over 500 years, that's also why I think Freud's study is a bit, you know, you have to read it with caution, because Leonardo was not around sitting on the sofa... I think that, on the basis of what I read, and focused on during my recent research, Leonardo was against humanity, against mankind. The irony of it all, is that on Mars, since 2012, in the Mars Rover, is an image of Leonardo's self-portrait in Turin, along with a copy on a microchip of the codex of the flight of birds, also from Turin. The Italian space agency and NASA decided that he represents the best of mankind, so that's why Leonardo is on Mars, and it's the irony, that I'm studying Leonardo, who is someone who is against humanity, or humankind and so extremely pessimistic, while for us, he represents the best of us.

Anne Dennison : Le fait qu'il pouvait passer très facilement toute une journée totalement absorbé par un visage, le fait qu'il ne s'entendait pas facilement avec ses amis, avec son entourage, tout cela coïncide avec certains symptômes du syndrome d'Asperger.

Anne Dennison: Just, the focus that he could pour into something, that he could spend a day, easily, observing a face, that he didn't find it easy to get along with his friends... all those things speak of one or two I know who do have Asperger syndrome. I could visualize them in similar situations.

Michael W. Kwakkelstein : Vous savez, un artiste avec une mémoire visuelle comme la sienne... il dit lui-même « je ne parlerai pas des visages monstrueux parce qu'on s'en souvient facilement » ; s'il voyait un visage comme cela dans la rue, il le regardait et pouvait le dessiner tout de suite, donc Vasari a inventé cette histoire, Léonard dessinait dans l'instant. Concernant l'autisme et les questions autour de l'autisme, lorsque je suis allé à la galerie qui exposait ses magnifiques œuvres, la Queen's Gallery, on voit que les écritures sont tellement nettes qu'on peut se demander comment Léonard avait la capacité de se concentrer sur les détails les plus infimes pendant des heures et des heures. Cette capacité à se concentrer me rappelle l'autisme en effet mais encore une fois, je ne suis pas médecin donc je ne peux pas m'exprimer sur le sujet, je peux simplement suivre l'hypothèse, d'après ses écrits, qu'il passait des heures et des heures en isolement. Après sa mort, il a laissé des milliers et des milliers de feuilles, il faut déjà des centaines de scientifiques pour comprendre ce qu'il a laissé et ce qu'on a retrouvé mais il y avait déjà bien plus. Léonard a passé la plupart de son temps à écrire et je pense que ses meilleurs dialogues étaient avec lui-même, avec le papier. Il était très observateur, il voyageait, il passait beaucoup de temps seul avec lui-même et lorsqu'il sortait et qu'il faisait ce que je fais aujourd'hui, partager ses opinions et bien tout le monde se moquait de lui et tout le monde lui disait « vous avez tout faux ». Si on me faisait ça, je rentrerais moi aussi à mon hôtel et, peiné, j'écrirais en les traitant tous d'imbéciles.

Michael W. Kwakkelstein: I must immediately correct Vasari, he is of course making this up. An artist with such a great visual memory, and he speaks himself, I quote: "of monstrous faces I will not speak because they are remembered easily"... if Leonardo spotted a man with a striking face on the street, he looked at him and could draw him immediately. Leonardo was not walking a whole day to follow a man with a bizarre face, he drew immediately. About the other question I've been asked... has he suffered from autism or other kinds of ills... when I went to the Queen's Gallery, the beautiful Leonardo exhibition this year, two hundred drawings, and then seeing the anatomical drawings again, but especially the writing, the writing is like this, it's so neat, so I was thinking, he must have had the capacity to be concentrated on the tiniest, tiniest, tiniest detail for hours, so this capacity to concentrate, that reminds me of autism or "sfumature di autisma", but again I am not a doctor, I cannot say anything about it, I can only infer from his writings and drawings, and if you look at the handwriting, that he must have spent hours in isolation, and I think, the last thing... when he died, he left about 30,000 sheets of paper! Today, we have 6000, already for that, you need a whole team of scientists to even deal with that, so imagine if everything had survived what was here 500 years ago in Amboise, we would need twenty people to write a book on Leonardo, so he spent most of his time writing, and I think he had the best dialogues with himself, with paper. I think paper, the drawing, the traveling, the writing, the observation, he was pretty much with himself. And when he went out, maybe talking like what I'm doing now, sharing his findings, you would all laugh at me, and say, well, you know, we wasted time listening to you, because you got it all wrong, so I would go home to my hotel, and cry and write down how stupid you all are.

Evidence for extraordinary visual acuity in Leonardo's comment on a dragonfly

David S. Thaler*

Leonardo da Vinci conveys images that "in real life" only occur for a moment. Two prominent biographers of Leonardo, Kenneth Clark and Walter Isaacson, agree on Leonardo's temporal acuity, however, they infer different causes and consequences. Clark invokes "supernormal... nerves of his eye and brain" whereas Isaacson asserts acts of will and universally cultivatable skills of observation and curiosity. The contrasting ideas of Clark and Isaacson echo debates of nature versus nurture. Contemporary analysis shows cases in which "both are right," e.g., a particular genotype might facilitate efficacious training. However, other cases support extremes of one or the other. This article does not resolve the issue of nature versus nurture with respect to Leonardo's quick eye. Instead, it takes the question as a starting point to ask two questions: (1) Is it possible to quantify Leonardo's "fast eye"? (2) If there were a DNA sequence contribution to Leonardo's "fast eye", what might it be? Regarding point 1, Leonardo's "fast eye" is reframed in psychophysical terms as a rapid flicker fusion frequency (FFF) and a quantitative estimation is attempted via his comment on the relative movement of front and rear wings of a dragonfly compared with modern measurements that use high-speed video. Regarding point 2, the hypothesis is proposed that if there is a DNA-sequence basis for a fast FFF, it will be found in as yet uncharacterized alleles of retinal-expressed genes important for determining the maximum FFF.

* David Thaler made a single presentation during the colloquium, which spanned two subjects. It made more sense therefore to publish two papers in these proceedings.

** Biozentrum, klingelbergstrasse 50/70, University of Basel, CH 4056 – Basel, Switzerland.

Leonardo's visual acuity: Nature or Nurture?

Kenneth Clark in his 1939 biography [1] discussed Leonardo's visual acuity in the following terms: "This book is not concerned with Leonardo as an inventor, but his studies of birds have a bearing on his art because they prove the extraordinary quickness of his eye. There is no doubt that the nerves of his eye and brain, like those of certain famous athletes, were really supernormal, and in consequence he was able to draw and describe movements of a bird which were not seen again until the invention of the slow-motion cinema" [1].

Clark elaborated on his interpretation that Leonardo's eyes and their neural processing components were innately operating above the normal human range:

Certain things in his art are clear and definable; for example, his passionate curiosity into the secrets of nature, and the inhumanly sharp eye with which he penetrated them–followed the movements of birds or of a wave, understood the structure of a seed-pod or a skull, noted down the most trivial gesture or most evasive glance [1].

His super-human quickness of eye has allowed him to fasten on the decorative aspects of the subject, since confirmed by spark photography, and we must take these drawings of water as genuinely scientific [1].

Clark quoted Leonardo directly to demonstrate the artist's self-awareness of what would now be called the psychophysics of visual acuity, in this case with respect to afterimages: "A stone falling through the air leaves on the eye which sees it the impression of its motion, and the same effect is produced by the drops of water which fall from clouds" [1].

...the general effect is one of a graceful speed and of a hunter's certainty of eye [1].

A rendering of nature complete and learned enough to satisfy his interest in its function seemed to involve the idea of finish, and his own preternatural sharpness of eye tempted him in the same direction [1].

A masterpiece of this kind is the study of a Star of Bethlehem among swirling grasses which... combines the rhythmic movement of his hand with the microscopic steadiness of his eye, so that it becomes an essential token of his art when freed from all conscious intuitions, dramatic or professional [1].

Walter Isaacson in his 2017 biography, disagrees with Clark's interpretation of Leonardo's visual acuity:

Kenneth Clark referred to Leonardo's "inhumanly sharp eye." It's a nice phrase, but misleading. Leonardo was human. The acuteness of his observational skill was not some superpower he possessed. Instead, it was the product of his own effort. That's important, because it means that we can, if we wish, not just marvel at him but try to learn from him by pushing ourselves to look at things more curiously and intensely [2].

A book review asserts that Isaacson succumbs to the self-help of "TED-ism" [3]. The review itself seems to take a hereditarian position "...Leonardo da Vinci was born with extra bundles of receptors, attuned to frequencies his peers could not hear and capable of making connections no one else could see..." I believe that this criticism of Isaacson, at least as it concerns visual acuity, is ungenerous. Isaacson may or may not be wrong. But even if Isaacson is wrong, it may be in an interesting way. Whether Leonardo's eye is or is not unusual in a biological sense remains unsettled. It is a good question because of its potential to be rigorously framed and for its implications to be investigated by experiment. Rhetoric alone cannot settle the matter. Here we offer a more detailed analysis of the components of vision, consider the extent to which it is possible to infer them from the works of Leonardo, and suggest a research program to explore variation in human abilities, including their further reaches.

Toward the farther reaches of human nature

One approach to extraordinary work is to ask if it was carried out by a person who is meaningfully different in a biological sense. There is a fairly extensive literature of speculation regarding visual pathologies that may have afflicted Leonardo. A related literature considers possible pathologies in the subjects of some of his portraits. This literature on various named pathologies will not be reviewed here. Instead, we focus on the idea that there may be "counter-pathologies," *i.e.*, optimum states that in some cases are as different from the norm as are pathologies. Because of a medical orientation and desire to help the afflicted on the part of many researchers, physician-researchers, and sources of their funding, optimum states have not been as explored as have pathologies. Psychologist Abraham Maslow, in his book "The Farther reaches of human nature" cautioned against a narrow focus on pathology and advocated a different orientation that studies individuals who function at the highest levels [4]. This article follows Maslow's lead but brings it into the level of sensory apprehension and processing rather than issues concerning mental and emotional health.

A related follow-up is to ask if DNA sequence might help interpret the work or the person who created it. The question here becomes "Might there be a particular DNA sequence or set of DNA sequences that contribute to Leonardo's genius?" A few of the premises, contexts, and consequences of this question are discussed below.

Leonardo da Vinci possessed extraordinary visual acuity in artistic and intellectual senses. This statement allows the question of whether he possessed "extraordinary visual acuity" in a biological sense. Parsing the attributes of visual acuity is preliminary to seeking its sources in DNA sequences or elsewhere. What exactly does the phrase "extraordinary visual acuity" mean?

Three domains of visual acuity

For this analysis, we separate vision into three domains: spatial, spectral, and temporal. We explore each domain to ask if elements of Leonardo's work suggest he had "extraordinary acuity" in that domain. A complicating factor is that when these domains are examined experimentally, none are truly independent. The interdependence of variables preclude certainty regarding Leonardo. The uncertainties also suggest directions for psychophysical, art historical, and artistic research. From the analysis and review summarized below, the strongest – though very far from definitive – case for extraordinary perception by Leonardo can be made for the temporal aspects of his vision.

Spatial acuity. The spatial aspect of vision is expressed as resolution, *i.e.*, how close two objects can be and still be correctly perceived as separate. Spatial resolution at a given distance is what a standard eye chart exam measures (please read the letters on the second row from the bottom). Twenty-twenty vision means that at six meters, *i.e.*, about 20 feet, contours approximately 1.75 millimeters apart can be distinguished. The maximum spatial resolution at close range for most humans is between 50-100 microns, in the range of diameters of a single human hair. The distance of the smallest in-focus distinction depends on how close an eye can focus. If focused at 12 inches (30.5 cm), then the smallest possible is 85 microns. If the focus can be brought closer, the theoretical possibility is to see smaller detail.

"Extraordinary visual acuity" in the spatial realm implies an ability beyond the average person to see small things or to distinguish separate objects that are close. Leonardo da Vinci created drawings with fine visual detail. Italian physicist Cesare Marchetti, who has deeply studied the works of Leonardo and given great attention to the scale of their fine-detail, remarks that "Leonardo had an eagle eye and could go beyond the skills of the best Florence miniaturists of the time, who incidentally were his friends and neighbors. I would say his limit was in the range of a tenth of millimeter" [5]. Comparing Marchetti's estimate with contemporary norms yields scant evidence that Leonardo possessed spatial resolution beyond the ordinary.

However, Marchetti based his estimate of a limit of 100 microns (a tenth of a millimeter) on what Leonardo made. It seems likely that what Leonardo was able to see with his eyes and mind was smaller than what he was able to render with his tools and hands. Therefore, the statement of "about a tenth of a millimeter" must be taken as an upper limit, since he must have seen at least, and most likely saw better, than the spatial resolution at which he created. The neurobiology of eye-hand coordination is an area of ongoing research with many unknowns [6].

Spectral acuity. The meaning of spectral acuity also requires further interpretation even at the most elementary level. "Spectral acuity" might mean how well one can distinguish pure, *i.e.*, single wavelengths of light. Each primary color is a specific wavelength band of light, secondary colors being the simultaneous presentation of different primary colors. In a related sense, "spectral acuity" might mean how close two wavelengths of light can still be distinguished.

Another possible interpretation for "extraordinary spectral acuity" would be an extended visual range in wavelength. A person with normal vision can discern a spectral range of 400-700 nanometers (nm). Many animals have a different spectral range of vision than humans. Some are able to see light in the infrared range with wavelengths longer than 700 nm, and some in the ultraviolet at wavelengths shorter than 400 nm. Some snakes [7], insects [8], and fish [9] have infrared vision and many animals see into the ultraviolet [10].

Vision occurs by means of visual pigments in the eye, where each pigment has a specific absorption spectrum. When a pigment absorbs light, it begins a signaling cascade. The visual pigments themselves are relatively well understood. The protein moiety of visual pigments, opsins, are encoded by genes. The amino acid sequence of the various opsin genes and alleles is largely determinative of their spectral properties. The amino acid sequence and hence the spectral properties of opsins are encoded in their DNA sequence. Different alleles of opsin genes or unusual combinations of opsin genes can lead to altered spectral properties in vision.

Either enhanced spectral differentiation within the normal human range of 400-700 nm or an enhanced spectral range, below 400 nm or above 700 nm, could be mediated by an allele of an opsin encoding an unusual pigment. A different way to get altered spectral properties through the opsin genes would be to have a greater repertoire of genes or alleles expressed in the same organism. Most humans express three rhodopsin pigments whose absorption peaks are determined by the opsin genes. However, occasionally four spectrally distinct opsins are expressed, producing a condition called tetrachromacy. Individuals with this rare condition might have enhanced color discrimination [11, 12].

Different opsin genes underlie the different spectral ranges of vision observed among various animal species. It is conceivable that Leonardo had either a rare allele of an opsin gene, or perhaps a rare combination of visual pigments. And it is conceivable that insight into these matters could be gained by examination of Leonardo's DNA sequence.

Although an altered opsin would contribute to seeing colors with more discrimination, or seeing wavelengths that are invisible to most people, there is to my knowledge no specific reason to support this conjecture for Leonardo da Vinci. The insightful study of Cesare Marchetti on spatial resolution is apparently not matched in the realm of spectral characteristics.

Humans can enhance their visual capabilities through prosthetics such as night vision goggles or infrared imagers and extend their senses in part through the techniques of augmented reality. Genetic engineering offers potential to enhance spectral discrimination and range. Dragonflies have up to 30 opsin pigments with a wide range of properties [13]. Replacement of a mouse opsin gene with a human gene is reported to confer new chromatic discrimination [14] although, the tests used to document the new spectrally-dependent behavior have been challenged [15]. Stable introduction of an extra opsin repairs a mouse model of opsin deficiency [16]. Whether the new perception comes from sensory enhancement by external (e.g., electronic) means or by introducing new genes, the human nervous system is able to usefully integrate additional visual information [17].

Temporal acuity. "Temporal acuity" can mean how close in time two events can occur and still be distinguished as separate. This meaning of temporal acuity in vision partially overlaps with the better-defined psychophysical parameter flicker fusion frequency (FFF), sometimes called critical flicker fusion frequence (CFFF). The CFFF is often defined as the rate above which a white LED flashing on and off in a darkened room is seen as continuously on [18]. Measured in this way, the range of FFF in normal humans varies from about 20 to a little over 40 flashes per second, expressed in hertz (Hz). The flicker fusion frequency of the most perceptive in this case is less than 50 Hz. This agrees with the 48 or 72 frames-per-second rate of most current motion pictures.*

Evidence that Leonardo da Vinci may have had extraordinary acuity in the temporal aspect of vision seems stronger than for enhanced spatial or spectral acuity. Consider Leonardo's observation on the flight of dragonflies as reported by Isaacson [2]:

> "The dragonfly flies with four wings, and when those in front are raised those behind are lowered" [2].

Isaacson reports this observation on dragonflies in flight on the same page as Leonardo's advice that each of us can become a more acute observer through practice.*

The wingbeats and coordination of the front and back wings of dragonflies have been the subject of intensive study using high-speed cameras. It is possible to compare these data with Leonardo's observation to estimate the temporal acuity needed to make his correct observation of the relative movement of their front and back wings (see Figure 147).

The wingbeat frequency can be read from the peak-to-peak distance of the sinusoidal wave in Figure 1. It is about 40 milliseconds (ms) (Figure 1, first peak ~20ms, second peak ~ 60 ms), which corresponds to about 25 complete-cycle wingbeats per second. Figure 1 also shows that the hindwings and forewings are not perfectly inverse in their phase relationships but rather that their phases are offset by approximately one quarter of a cycle. The forewings and hindwings are displaced by approximately 10 ms. Ten milliseconds, or one-hundredth of a second, corresponds to a flicker fusion frequency of 100 Hz, approximately twice the fastest flicker fusion frequency, as conventionally measured, for humans. The wingbeat frequency and phase relationships of dragonfly wings are active subjects of contemporary research [20-22]. Present-day interest in dragonflies shares some of Leonardo's motivation: to make flying machines. Currently the stated interests are in small drones that can maneuver well in tight spaces such as inside buildings.

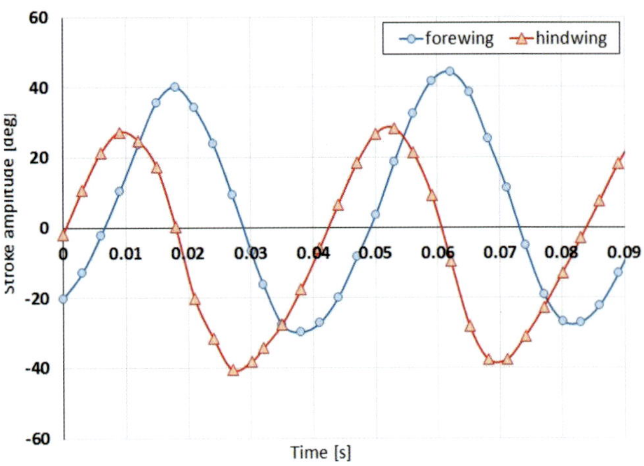

Figure 147: Kinematic study of dragonfly wingbeats shows a full repeat frequency of about 25 per second and a phase difference of about 10 milliseconds between forewings and hindwings. The maximum angle between the wings is 40-50 degrees. The cycle difference between the front and rear wings is 10/40 or ¼ of cycle which if plotted on a circle would correspond to a 90 degree phase shift but what the eye has to observe is the smaller actual angle between front and rear wings which never goes beyond 50 degrees (see x-axis position 0.07 on Figure 1).

Source: Figure 7 from reference [19]; see also reference 21.

Cautions in attributing an extraordinary flicker fusion frequency to Leonardo

The critical flicker fusion frequency is highly dependent on experimental conditions under which it is measured. The measure of white light flickering in a darkened room gives a number that works fairly well and is repeatable although not universal [23, 24].

* Contemporary motion pictures appear to be in smooth, continuous movement because images are presented to the eye at rates that exceed the critical flicker fusion frequency. "Flicks," the American slang term for motion pictures, originated with the slower frame rates used in early movies, in which the flickering was visible to many (but not all) viewers. The "flickering rate" is sometimes different than the rate at which successive different images are presented. In some formats the same still image is presented more than one time. For example, in some formats different images are given 24 times per second but each image is presented twice so that the flicker rate is 48Hz.

* The author's informal investigation of dragonflies in Europe and Western Canada during the summers of 2018 and 2019 found Isaacson's guidance aspirational but not attainable. One colleague reported that he saw the out of phase wings for a few moments during one observation but never before or since, despite numerous tries. "Sight," the first episode of the informative and wonderfully produced BBC video miniseries *Super Senses: The secret Power of Animals,* shows dragonfly flight in slow motion and also the visual parameters of flicker fusion frequency needed to see it in real time ["How Do Dragonflies See the World?" Animal Super Senses, BBC, 20 November 2015, 4 minutes 13 seconds, youtu.be/m5XUdvBO_TE].

Other measures yield different numbers. The perception of motion and of change in vision depends very much on how it is presented. A different experimental protocol where high-contrast images in black and white are alternately flipped allows humans to perceive flicker at an average of 500 Hz, with one out of ten tested individuals perceiving the flicker at 1000 Hz [25]. With the simple white light flashing on and off, the range of human perception is approximately 20 Hz, meaning that slow perceivers have an FFF of about 20 Hz and the fast perceivers about 44 Hz. With the screen test, the difference between slow and fast perceivers is approximately 700 Hz, *i.e.*, between 300 Hz and 1000 Hz. Ambient light, contrast, and colors all affect the FFF, and there is individual variation in the effects of these variables. An additional variable is that the apparatus and methods to measure FFF tend to be specific to each laboratory. The numbers arrived at by different groups may be difficult to compare despite having the same name of FFF.

Isaacson quotes Leonardo's notebooks as detailing special efforts required to correctly perceive the alternating wings of a dragonfly. These may have included not only the presence of the insects but also conditions of light, contrast, and observer attention. Critical flicker fusion frequency can be improved by training [26], although there is controversy about the efficacy of particular methods. General cognitive benefits of training for increased critical FFF have been suggested but not convincingly demonstrated [27]. Physiological state such as fatigue and pharmacology reversibly change FFF [28].

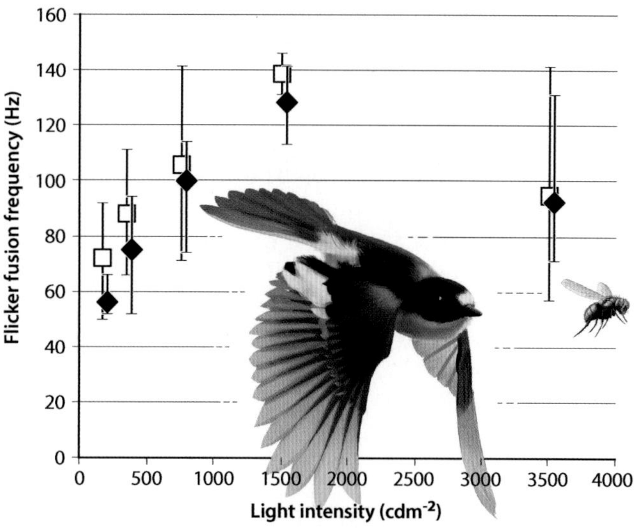

Figure 148: Ultra-rapid vision in birds. This measurement of flicker fusion frequency (in hertz) at moderate light intensity (in candles per square meter) shows a maximum of 141 Hz for collared flycatchers (solid diamonds) and up to 146 Hz for pied flycatchers (open squares).

Source: Figure 2 from reference 31.

Reference 31 includes the following 1-minute video clip showing two flies in flight, first at the speed perceived by humans and then at the slower speed that might be perceived by flycatchers: Interpretation of what the bird sees when chasing flies.

Possible genetic contributions to critical flicker fusion frequency

At this writing it is unknown whether there is a genetic contribution to FFF variation among humans.

Animal species differ in many aspects of their vision, including differences in FFF [29]. Species of insects and birds have been reported with especially high CFFFs (see Figure 148).

There is a literature based on several different methods of measurement that describes such animals as living in a "slow-motion world" [30]. The reasoning behind this vocabulary is notably subjective for the scientific literature. One way that the effects of a high FFF are represented is by making a high-frame-rate movie of the subject of interest and then playing it back at a slower frame rate but one that is still above the CFFF of the human observer. For example, if an activity is filmed at a frame rate of 1 000 images per second and played back at a rate of 50 frames per second, then one second in real time will take 20 seconds in playback. This gives human viewers the impression of "slow motion." It is not known if the subjective experience of an animal or a human with a high CFFF is akin to that represented by slow-motion video. People commonly report intense experiences such as car accidents felt as if they were occurring in slow motion. Such observations have been difficult to repeat under controlled laboratory conditions, and it may be that the recollection rather than the experience itself was in fine-grained, high resolution, which apparently enhanced "slow-motion" detail [31-33].

The characteristics of vision are not constants in the same way as the force of gravity, the number of molecules in a mole, or the speed of light. The quantitative results of psychophysics experiments are often not robust against small variations in experimental design and are not necessarily continuous. For example, the intensity and spectrum of light, subject fatigue, pharmacology, and habituation all may have strong and discontinuous effects.

The physiological, genetic, and molecular-mechanistic basis of FFF and its quantitive variation, either among species or among individuals within a species, are unknown. However, there are reasonable hypotheses. Comparative studies of Diptera (winged flies) find that the FFF varies by more than an order of magnitude for different species within the order (Diptera is a large order estimated to contain a million species of which approximately 125,000 have been partially characterized). Potassium (K+) channels expressed in retinal cone cells of Diptera have properties that correlate with species-specific FFF [34, 35]. In mammals the KCNB1 and KCNV2 K+ channel genes are expressed in the retina, and certain altered alleles in these genes are known to cause visual defects in mouse models and in humans [36]. I hypothesize that as yet unknown or uncharacterized alleles of cone-expressed K+ channels underlie FFF variation among individuals within the same species, and will be found as one component of human FFF variation.

Freezing an instant of motion and flicker fusion frequency

Careful observers have noted that Leonardo was deeply concerned with the representation of movement [37]. Freezing a moment in movement seems critical to his representation of the flight of birds, springy hair, the movement of limbs, and swirls of water. Motion that at a slower FFF would appear a blur, with a sufficiently fast FFF will be distinct. A fast FFF may have contributed to Leonardo's remarkable ability to represent critical instants in continuous movement. This "freeze frame" representation was remarked upon by Isaacson with reference to *The Last Supper* [2, p. 281-282]. Isaacson was himself discussing and contrasting his reaction to the fresco with reference to Kenneth Clark's previous critique of Leonardo's "snapshot" representation of a momentary interaction between Christ and the apostles.

Leonardo is not alone in artistic evidence suggesting a fast flicker fusion frequency and freeze frame memory

The equally or more famous (in Japan) artist Katsushika Hokusai (1760-1849) created a woodblock print of a mayfly (a dragonfly relative) whose flight characteristics resemble those of a dragonfly (see Figure 149).

The front and back wings of Hokusai's mayfly are out of phase but not by 180 degrees as implied by Isaacson's quote from Leonardo's notebooks. The modern slow-motion analysis of dragonflies shows that the front and back wings are often out of phase by about 40 degrees (see Figure 149), which is consistent with Hokusai's masterful portrayal.

Hokusai's most famous painting, at least in the Western world, *Great Wave off Kanagawa*, also manifests frozen motion (Figure 150).

Mona Lisa's smile has been the subject of intense analysis and it may be audacious to make an additional remark with respect to it. Elaine Scarry describes how it is normally easier to remember the face of a person who is smiling than to picture a face that is breaking into a smile: "To understand the meaning of the words "So and so smiled" is effortless; but actually to have the image of a person's face break into a smile ... is extraordinary. Tolstoy tells us at the opening of *Anna Karenin* that Levin can make a perfect image of Kitty in his mind but cannot get the image to smile (thus he is always floored when he meets Kitty in person)" [38]. An aspect of the enigmatic nature of *Mona Lisa*'s smile may be that it is not a smile being held

Figure 149: Katsushika Hokusai's Bellflower and Dragonfly.
Source: Wikimedia Commons.

Figure 150: Katsushika Hokusai's Great Wave off Kanagawa.
Source: Wikimedia Commons.

but the transient moment of a smile being formed. Perhaps Leonardo was able to apprehend Lisa's smile effectively in slow motion and thereby capture the most meaningful transients of movement.

Thoughts and caveats regarding research potentials

Leonardo's copious notes on bird flight have potential for exploration in a manner similar to recent dragonfly analyses [20-23]. Slow-motion studies of bird flight could be quantitatively compared with Leonardo's observations. Of particular value might be comparing Leonardo's statements concerning the relative times of upstroke versus downstroke in the wingbeat of various bird species with measurements derived from contemporary high-speed imaging and analysis ([39] and later papers that cite this 1996 work). High-frame-rate analysis of the upstroke and downstroke of the wingbeat of birds similar to those Leonardo da Vinci studied may allow further estimation of his FFF in this context. Coupled contemporary psychophysical studies would also be possible. These studies would allow determination of optimal conditions for observation. They would also allow exploring the potential for training to increase frame-rate perception.

There is a likely genetic contribution to variations in FFF among species. These differences could be the subject of comparative genomics research. The same genes or genetic networks may or may not be responsible for the variation in FFF among individuals within the same species. As a research program, one could imagine screens or selections in drosophila or zebrafish, for example, for mutants with altered FFF. The possibilities of training as well as genetics could be explored in model systems. The contributions of each will plausibly turn out to vary in interesting ways depending on the species. Candidate genes and genetic networks uncovered in other species and model systems could be tested in a targeted way in humans.

Differences in critical flicker fusion frequency between species and individuals within the same species may, or may not, turn out to have similar causation. The study of both questions should be carried out in parallel because work on either question is likely to inform the other. Kenneth Clark's possibly prescient remark that "*There is no doubt that the nerves of his eye and brain, like those of certain famous athletes, were really supernormal...*" [1] suggests studies focused on athletes with demonstrably quick vision. Perhaps the clearest case is in American baseball because it is said that elite batters can see the seams on a pitched baseball. The ball rotates between 30 and 50 times a second. Depending on its orientation, either two or four symmetric seams are visible to the batter so that the stimulus would be presented between 60 and 200 times per second. The lower number is already above the highest normal CFFF as measured in standard ways by an LED in a dark room. Do elite baseball players notice the flicker in 48 frames-per-second films? Here we give links to two excellent YouTube videos on spin in baseball that alternate slow-motion with real-time views:

MLB Crazy Spin Rates, 3 mn 30 sec, Highlight Reel, <youtu.be/wWNKDKkslUo>

Bill's Blackboard: What Is Spin Rate? 3 mn 47 sec, MLB Network, <youtu.be/OX90_TQr5EI>

Genome-wide association studies (GWAS) among humans with high CFFF might be of interest, as would other approaches to genetic analysis, such as studies of families and other related groups.

Areas of inquiry include the potential for training to increase FFF, including questions of whether it can be learned, how, and if it is a "one size fits all" education paradigm. Whether or not a higher FFF is of wider or general benefit is uncertain. There is a possibility that FFF is a "gateway" to enhanced ability in many realms, including art and science. Pilots and pilot trainers may value a high critical FFF, but they are not immune to errors in the evaluation and optimization of psychophysical skills [40].

One argument against a genetic contribution to Leonardo's genius is the absence of evidence for talent in any of his relatives. Two contravening possibilities deserve consideration. The first is that a "Leonardo phenotype" might require the conjunction of alleles at several loci such that the presence of an incomplete set has no effect. This line of reasoning is well developed as quantitative genetics and epistasis in the context of population biology (which is not to say it necessarily applies to this case, simply that it is logically possible). A second line of reasoning is that the genius effect in Leonardo could involve a *de novo* mutation in the germ cells that gave rise to the embryo or perhaps during post-zygotic development. It is becoming clear that *de novo* mutations play a larger-than-previously-anticipated role in several phenotypes including susceptibility to infectious diseases [41] and autism [42]. There is no specific evidence to support the hypothesis that *de novo* mutation applies to Leonardo's singular case. However, both the conjunction of alleles and the *de novo* mutation hypotheses could conceivably gain unique support from the analysis of Leonardo's DNA sequence. We know of no other way to directly address these hypotheses.

I return to the first paragraph of Kenneth Clark's 1939 book before posing my own slight disagreement with him through remarks that should be considered as an extension and homage. Clark wrote:

This book is concerned with the development of Leonardo da Vinci as an artist. His scientific and theoretical writings can only be studied intelligently by those who have a specialized knowledge of medieval and Renaissance thought. His art, and the personality it reveals, is of universal interest, and like all great art should be re-interpreted for each generation [1].

Leonardo's science can also be re-read and reinterpreted for each generation. Such reexamination is necessary not only for its significance in history, e.g., to make the point that the study of anatomy would have advanced by decades, or even centuries, if only Leonardo had published [43]. Not only from the point of view of comparing Leonardo to other thinkers and artists, valuable as these approaches are. Leonardo's works can also be studied now and into the future by practicing scientists for inspiration, good questions, and research ideas. To study Leonardo means not only that Leonardo is the subject of investigation. It also means to continue asking questions he asked but using methods of thought and instruments available today, an approach foreshadowed by Martin Kemp more than 40 years ago [1].

In our eyes, no less than Leonardo's, the relationship between representation and perception certainly cannot be regarded as a dead issue [44].

Acknowledgments

This manuscript evolved from talks given at meetings of the Leonardo da Vinci DNA project held in Florence (May 2018), in Madrid (May 2019), as well as the International Symposium: *Léonard de Vinci, Anatomiste. Pionnier de l'Anatomie comparée, de la Biomécanique, de la Bionique et de la Physiognomonie*, held in Amboise in October 2019. Jesse Ausubel invited me to consider biological hypotheses that could be relevant to Leonardo da Vinci's genius. Kenji Adzuma pointed out the remarkable temporal acuity inferred by the work of Katsushika Hokusai and the role of fast eyes in baseball. Phil Richardson helped in observing dragonflies. Alexander Borst and Aguan Wei generously shared their profound insights into molecular mechanisms of vision. Csba Helfer, Huihe Qiu and Wie Shyy gave kind permission to include their figure on dragonfly wing motion. Dale Langford's incisive editing redacted and thereby improved the final manuscript. Thanks for encouragement and insight to the above and Fiona Doetsch, Karl Doetsch, Christian Galvez, Ross King, Caroline Lemerle, Henry de Lumley, Marguerite Mangin, Angelo Pontecorboli, Amalie R. Rothschild, Saad Shaikh, CW Tyler, Yunke Wang. I dedicate this manuscript to Franklin W. Stahl on the occasion of his 90th birthday.

1. A difference with Kemp's likely meaning is worth articulating with respect to forward-looking research on perception and consciousness. "Representation" in Kemp's use may refer to manifested art viewed as a product separated from its creator or it may refer to a system of abstraction as in a geometrical representation of perspective. "Representation" in neurobiology and consciousness research includes neural representations of perception. By hypothesis, as understanding improves, there will be less and less separation between "perception", its neural-consciousness meaning as "representation" and action (a direction toward this future is articulated by Zdravko Radman in "The hand, an organ of the mind" MIT press, 2013 and a video "Thinking with the hands" https://youtu.be/yme3qhlYGlk).

References

[1] C K. (1939) *Leonardo da Vinci: An Account of His Development as an Artist. Bentley House*, London: Cambridge University Press.

[2] Isaacson W. (2017) *Leonardo da Vinci: The Biography.* London, Simon & Schuster; 2017.

[3] Senior J. (2017) Portrait of a True Renaissance Man, *New York Times*, 1 November 2017.

[4] Maslow A. H. (1993) *The Farther Reaches of Human Nature.* London, Penguin.

[5] Marchetti C. (s.d.) Leonardo had an eagle eye: <http://www.cesaremarchetti.org/leonardo_2.php>.

[6] Mooshagian E., Snyder L.H. (2018) Spatial eye-hand coordination during bimanual reaching is not systematically coded in either LIP or PRR, *Proceedings of the National Academy of Sciences of the United States of America*, 115(16), E3817-E3826.

[7] Grace M.S., Woodward O.M., Church D.R., Calisch G. (2001) Prey targeting by the infrared-imaging snake Python molurus: effects of experimental and congenital visual deprivation, *Behav Brain Res*, 119(1), p. 23-31.

[8] Klocke D., Schmitz A., Soltner H., Bousack H., Schmitz H. (2011) Infrared receptors in pyrophilous ("fire loving") insects as model for new un-cooled infrared sensors, *Beilstein J Nanotechnol*, 2, p. 186-197.

[9] Gallego B., Verdu J.R., Carrascal L.M., Lobo J.M. (2016) A protocol for analysing thermal stress in insects using infrared thermography, *J Therm Biol*, 56, p. 113-121.

[10] Cronin T.W., Bok M.J. (2016) Photoreception and vision in the ultraviolet, *J Exp Biol*, 219 (Pt 18), 2790-2801.

[11] Jordan G., Mollon J.D. (1993) A study of women heterozygous for colour deficiencies. *Vision Res*, 33 (11), p. 1495-1508.

[12] Jameson K., Winkler A., Goldfarb K. (2016) Art, interpersonal comparisons of color experience, and potential tetrachromacy. In: *IS&T International Symposium on Electronic Imaging Technical Session on Human Vision and Electronic Imaging.*

[13] Futahashi R., Kawahara-Miki R., Kinoshita M., Yoshitake K., Yajima S., Arikawa K., Fukatsu T. (2015) Extraordinary

diversity of visual opsin genes in dragonflies, *Proceedings of the National Academy of Sciences of the United States of America*, 112 (11), E1247-1256.

[14] Jacobs G.H., Williams G.A., Cahill H., Nathans J. (2007) Emergence of novel color vision in mice engineered to express a human cone photopigment, *Science*, 315 (5819), p. 1723-1725.

[15] Makous W. (2007) Comment on "Emergence of novel color vision in mice engineered to express a human cone photopigment", *Science*, 318 (5848), 196; author reply 196.

[16] Zhang Y., Deng W.T., Du W., Zhu P., Li J., Xu F., Sun J., Gerstner C.D., Baehr W., Boye S.L. *et al.* (2017) Gene-based Therapy in a Mouse Model of Blue Cone Monochromacy, *Sci Rep*, 7 (1), 6690.

[17] Gundlach B.S., Frising M., Shahsafi A., Vershbow G., Wan C., Salman J., Rokers B., Lessard L., Kats M.A. (2018) Design considerations for the enhancement of human color vision by breaking binocular redundancy, *Sci Rep*, 8 (1), 11971.

[18] Eisen-Enosh A., Farah N., Burgansky-Eliash Z., Polat U., Mandel Y. (2017) Evaluation of critical flicker-fusion frequency measurement methods for the investigation of visual temporal resolution, *Sci Rep*, 7(1), 15621.

[19] Hefler C., Qiu H., Shyy W. (2016) Dragonflies utilize flapping wings' phasing and spanwise characteristics to achieve aerodynamic performance, *arXiv:161205353v1*.

[20] May M. (1995) Dependence of flight behavior and heat production on air temperature in the green darner dragonfly Anax junius (Odonata: Aeshnidae), *J Exp Biol*, 198 (Pt 11), 2385-2392.

[21] Hefler C., Qiu H., Shyy W. (2018) Aerodynamic characteristics along the wing span of a dragonfly Pantala Flavescens. *J Exp Biol*, 221 (Pt 19), jeb. 171199.

[22] Li Q., Zheng M., Pan T., Su G. (2018) Experimental and numerical investigation on dragonfly wing and body motion during voluntary take-off, *Sci Rep*, 8 (1), 1011.

[23] Van Haute L., Powell C.A., Minczuk M. (2017) Dealing with an unconventional genetic code in mitochondria: The biogenesis and pathogenic defects of the 5-formylcytosine modification in mitochondrial tRNA(Met), *Biomolecules*, 7(1).

[24] Zahonova K., Kostygov A.Y., Sevcikova T., Yurchenko V., Elias M. (2016) An unprecedented non-canonical nuclear genetic code with all three termination codons reassigned as sense codons, *Curr Biol*, 26 (17), 2364-2369.

[25] Davis J., Hsieh Y.H., Lee H.C. (2015) Humans perceive flicker artifacts at 500 Hz, *Sci Rep*, 5, 7861.

[26] Zhou T., Nanez J.E. Sr., Zimmerman D., Holloway S.R., Seitz A. (2016) Two visual training paradigms associated with enhanced critical flicker fusion threshold, *Front Psychol*, 7, 1597.

[27] Seitz A.R. (2018) A new framework of design and continuous evaluation to improve brain training, *J Cogn Enhanc*, 2 (1), 78-87.

[28] Garcia-Gea C., Martinez J., Ballester M.R., Gich I., Valiente R., Antonijoan R.M. (2014) Psychomotor and subjective effects of bilastine, hydroxyzine, and cetirizine, in combination with alcohol: a randomized, double-blind, crossover, and positive-controlled and placebo-controlled Phase I clinical trials, *Hum Psychopharmacol*, 29 (2), 120-132.

[29] Schaeffel F. (2017) Comparative analysis of light sensitivity, depth and motion perception in animals and humans, *Ophthalmologe*, 114 (11), 997-1007.

[30] Reas E. (2014) Small animals live in a slow-motion world, *Sci Am*.

[31] Nyman T.J., Karlsson E.P.A., Antfolk J. (2017) As time passes by: Observed motion-speed and psychological time during video playback, *PLoS One*, 12 (6), e0177855.

[32] Stetson C., Fiesta M.P., Eagleman D.M. (2007) Does time really slow down during a frightening event?, *PLoS One*, 2 (12), e1295.

[33] Tse P.U., Intriligator J., Rivest J., Cavanagh P. (2004) Attention and the subjective expansion of time, *Percept Psychophys*, 66 (7),1171-1189.

[34] Heras F.J., Anderson J., Laughlin S.B., Niven J.-E. (2017) Voltage-dependent K(+) channels improve the energy efficiency of signalling in blowfly photoreceptors, *J R Soc Interface*, 14 (129).

[35] Laughlin S.B., Weckstrom M. (1993) Fast and slow photoreceptors- a comparative study of the functional diversity of coding and conductances in the Diptera, *J Comp Physiol A*, 172, 593-609.

[36] Hart N.S., Mountford J.K., Voigt V., Fuller-Carter P., Barth M., Nerbonne J.M., Hunt D.M., Carvalho L.S. (2019) The role of the voltage-gated potassium channel proteins Kv8.2 and Kv2.1 in vision and retinal disease: Insights from the study of mouse gene knock-out mutations, *eNeuro* 2019, 6 (1).

[37] de Lumley H., de Lumley M.-A., Clarac F., Figarella J., Lamy P. (2017) Leonardo da Vinci. Pioneer of comparative anatomy, biomechanics and physiognomy, *International Journal of Anthropology*, 32, 3-76.

[38] Scarry E. (1999) *Dreaming by the Book*, New York, Farrar Straus & Giroux.

[39] Tobalske B. (1996) Scaling of muscle composition, wing morphology, and intermittent flight behavior in woodpeckers, *The Auk*, 113, 151-177.

[40] Kahneman D. (2011) *Thinking Fast and Slow*, New York, Farrar, Straus & Giroux.

[41] Alcais A., Quintana-Murci L., Thaler D.S., Schurr E., Abel L., Casanova J.L. (2010) Life-threatening infectious diseases of childhood: Single-gene inborn errors of immunity? *Annals of the New York Academy of Sciences*, 1214, 18-33.

[42] Alonso-Gonzalez A., Rodriguez-Fontenla C., Carracedo A. (2018) De novo mutations (DNMs) in autism spectrum disorder (ASD) Pathway and network analysis, *Front Genet*, 9, 406.

[43] Nuland S. (2000) Leonardo da Vinci, London, Penguin/Viking.

[44] Kemp M. (1977) Leonardo and the visual pyramid, *Journal of the Warburg and Courtauld Institutes*, 40, 128-149.

Sfumato in Leonardo's portraits: optical and psychophysical mechanisms

David S. Thaler*

This paper considers physical and psychophysical mechanisms that Leonardo da Vinci did not define but which, by hypothesis, underlie his use of sfumato in portraits. Sfumato occurs in Leonardo's portraits in two different ways: (1) where the degree of focus is a function of distance from the observer, but also (2) where sharpness of focus differs among objects at the same or nearly the same distance. The proposed physical-optical mechanism for the first case follows from his advice to paint by overcast or evening light, when enlarged pupils decrease depth of field such that only a narrow band of distance is in focus at any one moment. A different mechanism is proposed to account for differences in sharpness between adjacent objects at an equal distance from the observer. With normal eye movement, the brain constructs a mental image integrating multiple instantaneous images, each of which had maximum clarity only in the small foveal region of the retina. This integration of multiple images is, by hypothesis, a mental construct that uses neural mechanisms akin to flicker fusion frequency as described in the companion paper. Leonardo's "quick eye" may have allowed him to recognize instantaneous images and their partial focus. Alternatively, he may have held a steady gaze long enough to recognize differential acuity within a visual field held preternaturally still by concentration, awe, fear, or affection.

Leonardo da Vinci sought to understand optics and the relationship of optics to visual perception. Perspective and anatomy are the clearest cases where Leonardo articulates his evolving understanding with words and diagrams in his notebooks as well as with non-notebook drawings and paintings [1-5].

Leonardo's genius was not limited to what he explained with words and diagrams in his notebooks. Some of his artistic expressions seem beyond those for which he had conscious knowledge, a theory, or even a name [6] [1].

Several of Leonardo's uses of blur in different contexts and for different purposes have been masterfully elucidated by Kemp [2, 8]. Without reviewing those that have been characterized previously, here I propose new and related types of blur as integral to features of Leonardo's portraits. To the best of my knowledge, Leonardo's notebooks do not show that he was consciously aware of the effects discussed in this paper. They appear to fall into a realm different than his expression in notebook words or diagrams but, by hypothesis, are expressed within his painted portraits. One of the new blur effects is purely optical. Another is based on neural integration of a temporal series of retinal images. Yet another blur effect is evident in his apparent use of the differential resolution in different regions of the retina. A fourth, neuro-optical mechanism occurs only under certain levels of illumination where rods and cones are simultaneously engaged. This light level coincides exactly with that favored by Leonardo for portraits.

* Biozentrum, klingelbergstrasse 50/70, University of Basel, CH 4056 – Basel, Switzerland.

1. As an intermediate example, Leonardo was aware of what are now called "motion streaks," an effect whose mechanism remains a subject of research 500 years later [7. Apthorp D, Schwarzkopf DS, Kaul C, Bahrami B, Alais D, Rees G: Direct evidence for encoding of motion streaks in human visual cortex. Proc Biol Sci 2013, 280(1752): 20122339.], but chose not to use it in his own work. It is exceptional to be articulate concerning what is not understood. Kemp noted: "From 1508 onwards he was engrossed in studying the infinite variables of the visible world, its illusions, ambiguities, deceptions and fleeting subtleties – all of which disrupted the linear stability of artificial perspective. His later notes are full of beguiling and brilliant observations as he strove to pin down the elusive butterfly of natural appearances. Looking at revolving objects such as a spinning wheel and "whirling fire-brand" he saw that "although they move on the one spot, they do not... reveal themselves as they are in reality" but leave a continuously blurred image of their parts" [2, p. 330].

The optical effect of pupil size on sharpness of focus and depth of field

The purely optical effect is that sharpness of focus and depth of field depend on aperture size, *i.e.*, the diameter of the round hole through which light passes as it moves from the outside world onto the sensing surface. In the human eye, the pupil is the round hole through which light passes on its way through the lens, then the vitreous humor that fills the eyeball, to ultimately fall upon photoreceptor cells arrayed on the retina. Human pupil size changes dynamically, on average, from about 2 mm to about 8 mm.

We can illustrate the optical consequences of changing pupil size with the help of a contemporary electromechanical eye whose physical-optical parameters approximate the human eye (Fig. 151).

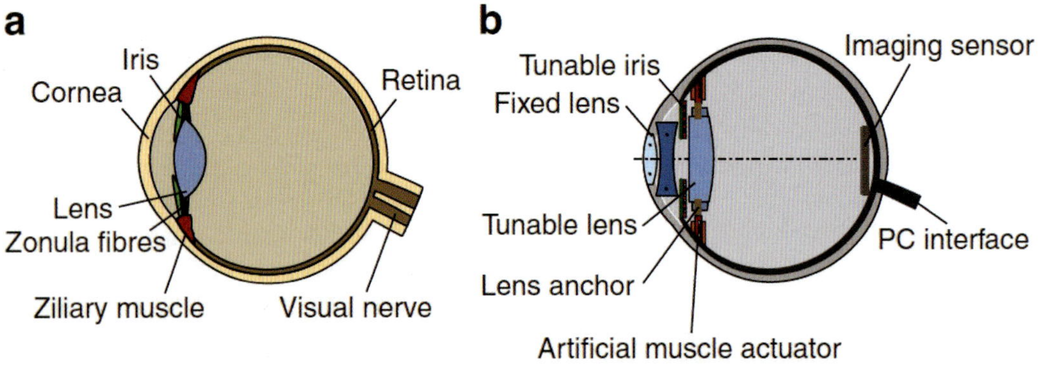

Figure 151: Cross sections of the human eye (a) and an engineered eyeball with a tunable imaging system (b). The optical image formed on the sensor at the back of the electro-mechanical eye is viewed on an external screen. The "tunable iris" of the electro-mechanical eye corresponds to iris of the human eye. The pupil is not labeled on these diagrams; it is the round opening (the hole in the donut) of the iris through which light passes.

Source: From Figure 1 reference 9.

Images taken with the electro-mechanical eye with different sizes of the tunable iris demonstrate the blur effect of seeing through a large-diameter pupil. Note two aspects of this blur effect: (1) The maximum sharpness of focus at the optimum focal plane, and (2) The depth of field, *i.e.*, the distance in the Z-axis over which maximum focus does not noticeably degrade (Fig. 152).

The effects of aperture size on sharpness of focus and depth of field are core considerations for photographers and cinematographers.[2] The human eye is about 24 mm in diameter. In figure 153, computer simulation of a camera lens with a 24 mm focal length and f-stops (lens apertures) that roughly correspond to the maximum and minimum pupil sizes demonstrates depth of field, *i.e.*, the minimum and maximum distances that are completely in focus, for a subject about half a meter from the lens.

Compare the depth of field with image blur as a function of apparent distance in Leonardo's *Salvator Mundi* (Fig. 154). Note the sharpness of focus on fingers and smocking and the blur of the slightly more distant face.

Leonardo's notebooks give instruction concerning the optimum light for portraits. These are conditions under which the artist's pupils are expected to be large because of the dim light. Consequentially, the optical depth of field will be small. Another effect due to the interface of rod and cone cells in the eye will be discussed later with reference to the *Mona Lisa*.

2. Photographers use blur creatively when they employ a wide aperture to capture their subject in a shallow depth of field and throw the background out of focus. The effect, called bokeh, is used frequently in portraits and elsewhere for aesthetic effect or to eliminate cluttered backgrounds. Apple popularized the term in 2016 when it introduced "portrait mode" in iPhone cameras, which digitally simulate the bokeh effect produced by the lens of a single-lens reflex camera. The contrary effect "deep focus" is also important in visual storytelling. Seamless transitions between selective focus and deep focus via image integration is largely unconscious for most people, most of the time. The value of "generalists in love with details" (a phrase attributed to Stewart Brand) suggests a metaphor of transitions from the narrowly defined "visual" into the more inclusive and imaginative "visionary".

The fovea of the retina

Visual resolution is greatest in the small area of the retina called the fovea [10]. The retina is approximately 30-40 mm in diameter. The fovea is only about 1.5 mm in diameter and thus covers only about 5 percent or less of the light-sensitive surface. At any one instant, only a small part of the visual field is perceived with the highest resolution.

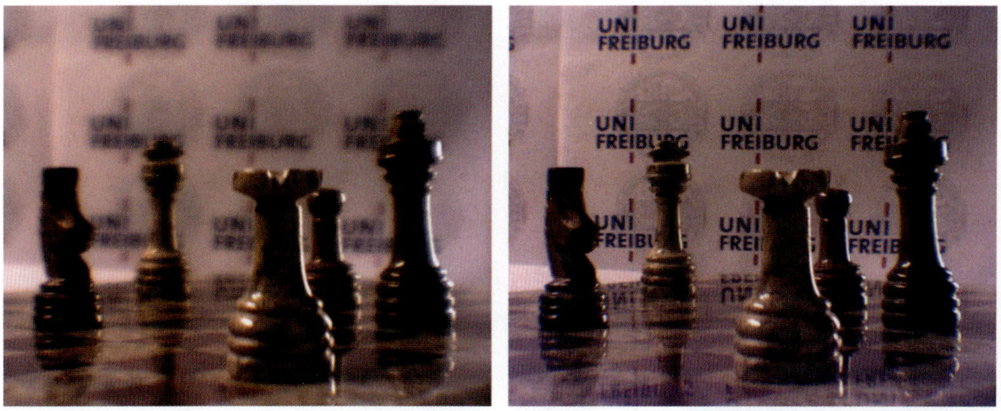

Figure 152 : A scene imaged by the engineered eyeball with two different settings of the "tunable iris corresponding to different pupil sizes of the human eye. Distance between front and rear chess pieces is 220 mm.

Source : Figure 9 in reference 9. Soft focus and shallow depth of field vs Sharp focus and deep depth of field. Pupil diameter 5.00 mm Pupil diameter 1,77 mm

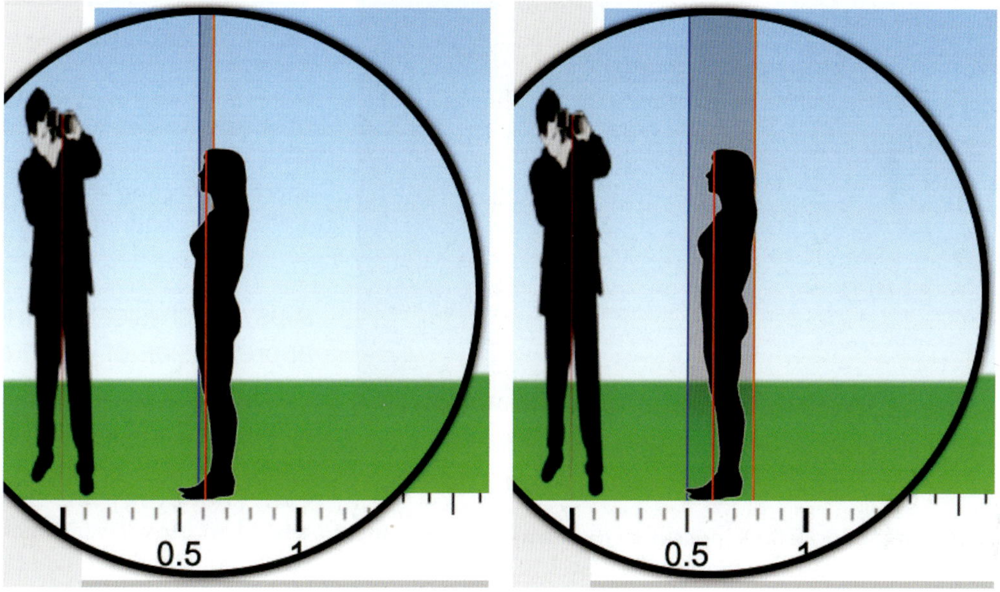

Figure 153: Simulated depth of field for a subject 0.5-0.8 meters from the lens. Source: DOF Simulator. https://dofsimulator.net/en/

8 mm pupil size (aperture ~ f2.1)
1.7 mm pupil size (aperture ~f8.3)
Pupil dilation in near darkness
Pupil constriction in bright light.

By moving our eyes, we normally construct a more detailed mental image of the world than ever existed on the surface of the retina or its immediate transformation into neural impulses at any one moment (Fig. 155).

Martin Kemp notes that Leonardo's selective use of focus is not limited to a simple plane as occurs in depth of field or the minimum distance required from a fixed lens. Leonardo sometimes marks distinct degrees of focus for different features at the same distance, as in the *Salvator Mundi*:

He knew that at very close ranges, of a few inches or less, that sharp perception was impossible – though he did not know that this was caused by the focal length of the lens. Christ's hands are at the optimum distance – far enough away and yet close enough to be seen as sharply as the eye could manage. However, the "soft focus" effect of more distant forms is not observed with complete consistency, since, unsurprisingly, the vivacious vortices of the hair are more crisply painted with little curves of delicate impasto, while the adjacent features of the face are painted more softly. Leonardo's so-called *sfumato* is, as we shall see, selectively and instinctively tuned to act in concert with the desired pictorial effects [11].

By hypothesis, the different foveal areas of sharp focus are rendered in temporal instants that most of us combine into sharper mental images of the entire visual field. In this way, we use an "illusion" akin to flicker fusion frequency (See companion paper [12]: "Evidence for extraordinary visual acuity in Leonardo's comment on a dragonfly") to form a mental image of the world that is more globally in focus and of higher resolution than was ever present on the retina at any single instant. Three hypotheses come to mind

Figure 154: Leonardo's Salvator Mundi (c. 1504-1510).
Source: Wikimedia Commons.

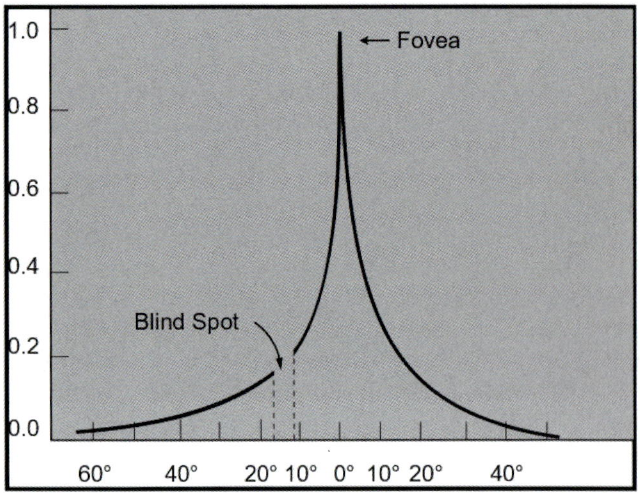

Figure 155: Relative acuity of the human eye as a function of degrees from the fovea.
Source: Wikipedia, Fovia Centralis, https://en.wikipedia.org/wiki/Fovea_centralis

regarding Leonardo's possible involvement with this mechanism regarding the variable level of focus evident at an equal distance:

1. By virtue of possessing a fast flicker fusion frequency, Leonardo may have noticed and visually remembered quick flashes of vision, such as hair in sharp focus but face in soft focus.
2. Leonardo may have been able to hold a steady gaze suppressing normal eye movement for long periods, and therefore possessed selective focus without the need for additional temporal resolution.
3. Leonardo may have come upon the evocative power of selective focus without his own direct experience of it.

Physical optics

The history of optics will not be reviewed here other than to say that the systematic formulation for the pupil/aperture effect on sharpness of focus occurred in the mid-19th century with major contributions by Ernst Abbe [13].

A psychophysical contribution to the subjective apprehension of depth of field

The three-dimensional visual world that most of us live with most of the time is the construct of our brain assembling multiple images at many different planes of focus [14]. By hypothesis, this stitching of focal planes is related to the viewer's flicker fusion frequency (FFF). It seems ironic that the same mental function that leads to a blur of motion allows for a more accurate subjective rendering of stationary space. A companion manuscript presents the hypothesis that Leonardo had a critical flicker fusion frequency (CFFF) at either the high end or beyond the normal range [12]. The awareness, skill, and possibly genetically enabled ability to "freeze frame" movement is, by hypothesis, similar to that for either holding or remembering the narrow focal planes of focus from which most of our experience of the three-dimensional external world is seamlessly and unconsciously constructed.

Learning how to use a conventional light microscope is perhaps analogous to learning how to see with the naked eye, although the latter process probably occurs unconsciously and at a younger age. A beginner at microscopy consciously learns to mentally construct three-dimensional images of specimens that are not all in focus at any one moment. This is necessary because the depth of focus of the optics is often less than the physical depth (Z-axis) of the specimen. As this skill is mastered, it retreats from conscious

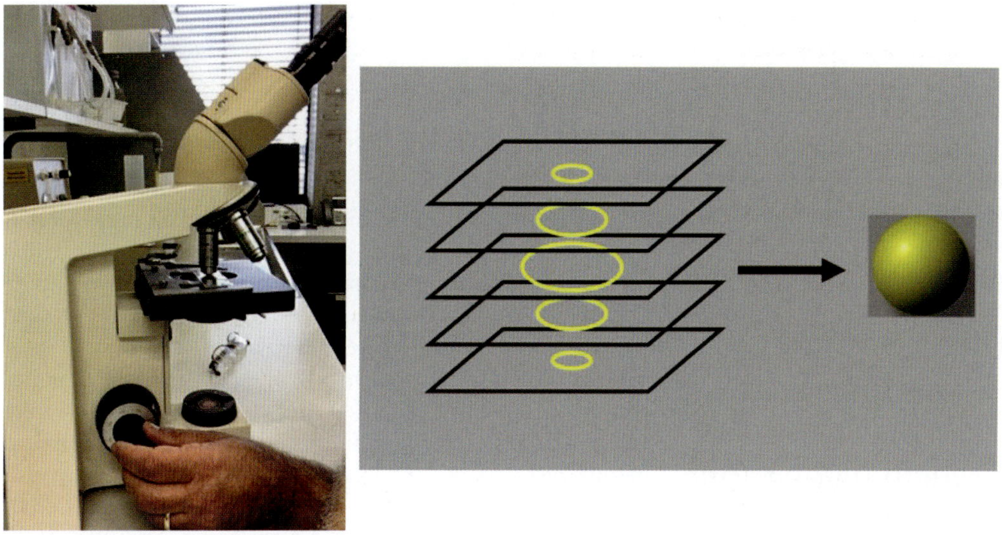

Figure 156: Microscopists continuously adjust the focus knob (left) to move the visual plane of focus up and down through the specimen.
By integrating separate planar views of the specimen (right), a microscopist's mind constructs a three-dimensional view.

Source of diagram: Northwestern University Center for Advanced Microscopy. https://cam.facilities.northwestern.edu/588-2/z-stack/

awareness. The experienced microscopist usually has one hand on the focus knob and continuously moves the focal plan up and down through the specimen without thinking about it (see figure 156). The other hand may be on the knobs controlling horizontal (X-Y) stage movement from side to side and forward and back, which facilitates horizontal stitching. The mind of an experienced microscopist has learned to build up a three-dimensional image of the specimen. Optics and psychophysics are consistent with the idea that normal vision works in similar ways. By hypothesis, Leonardo noticed that instantaneous vision is only partly in focus, and this insight, whether conscious or not, formed a basis for his sfumato in portraits.

It is a common subjective experience that when paying undivided attention to a nearby object or person, the background, if it is noticed at all, is out of focus. By hypothesis this is because the one-pointed attention has prevented the back-and-forth focus that is usually integral to forming a holistic in-focus image of our surroundings. Leonardo's use of sfumato is discussed most often in the context of perspective at distance and the perception of looking through a hazy atmosphere. I am not aware of its being discussed as the subjective experience of focused attention in which the usual mental integration of many focal planes is disrupted by continuous concentration on one focal plane. Again, note the Z-axis of the focal plane in the *Salvator Mundi*.

Attention, affection, and concentration also drive pupil size

A significant literature that will not be reviewed here discusses change in pupil size as an indicator of emotional and intellectual states of mind. Pupils dilate in contexts of affectionate attention and intellectual concentration. In general, the effects of light are quantitatively greater, but in constant light other effects become easily measurable and are among the most reliable physiological indicators of psychological states [15].

The Renaissance concept of beautiful eyes may have featured large pupils

Secondary sources claim that the Renaissance concept of beautiful eyes had large pupils. This is consistent with the large but not dilated pupils seen in several portraits, including *Portrait of a Musician* (c. 1483-1486), whose asymmetric pupils have been discussed previously [16, 17], and the *Mona Lisa* (c. 1503-1515). Primary sources on this point would be welcomed.

A possible pharmacological connection

Belladonna means "beautiful woman" in Italian. The plant *Atropa belladonna* produces the drug atropine. Atropine dilates the pupil; it is used routinely for this purpose in eye examinations. It has been suggested that in Renaissance Florence the pupil-dilation effect of *Atropa belladonna* was deliberately used as a cosmetic [18, 19].

Pupil size allows inference of the light level at which a portrait was painted

Ambient light level is a strong driver of pupil size. Assuming the artist was in the same light as the subject, the artist's pupil size was similar to that of the subject. The artist's depth of field can thereby be inferred. Leonardo's calculated depth of field can then be compared with the sfumato and blur in a portrait. Two caveats apply: (1) There are several formulas for calculating the relationship between pupil size and depth of field, and although they mostly coincide at maximum and minimum, the different models differ significantly at intermediate light levels [20], and (2) There is significant variation in light sensitivity among individuals. Causes of this variation are not fully known. With these caveats, pupil size of the subject in a portrait by Leonardo allows one to see how closely he followed his own advice concerning the ambient light level at which portraits should be painted.

Of the selective light which gives most grace to faces

When you want to take a portrait do it in dull weather, or as evening falls, making the sitter stand with his back to one of the walls of the court yard. Note in the streets, as evening falls, the faces of the men and women, and when the weather is dull, what softness and delicacy you may perceive in them....paint a work towards evening or when it is cloudy or misty, and this is a perfect light.

https://en.wikisource.org/wiki/The_Notebooks_of_Leonardo_Da_Vinci/IX

Consider the *Mona Lisa* of the Louvre

A reasonable estimate is that her pupils are between 4 mm and 5 mm in diameter. The inferred light level is between 1 and 10 candles per square meter (cd/m^2), which is the center of the mesopic vision range, the light range where both rods and cones in the retina are jointly engaged (Fig. 157). Only under the mesopic light conditions favored by Leonardo for portraits are both rods and cones active at the same time. At these intermediate levels of illumination, there is a unique combination of simultaneous rod-dependent apprehension of contrast and also cone-dependent resolution of color and temporal differences. Rods are more numerous than cones. So, when both are engaged, spatial resolution is also highest because an important limit to spatial resolution is a difference in illumination of nearby light-sensitive retinal cells. Unique aspects to both image acquisition and neuronal processing emerge only during dusk or dull-day conditions, where both rods and cones are active and synergizing.

The soft focus and shallow depth of field Leonardo saw in "dull weather or as evening falls" may be seen in the left panel of figure 152 showing of a chessboard imaged by the

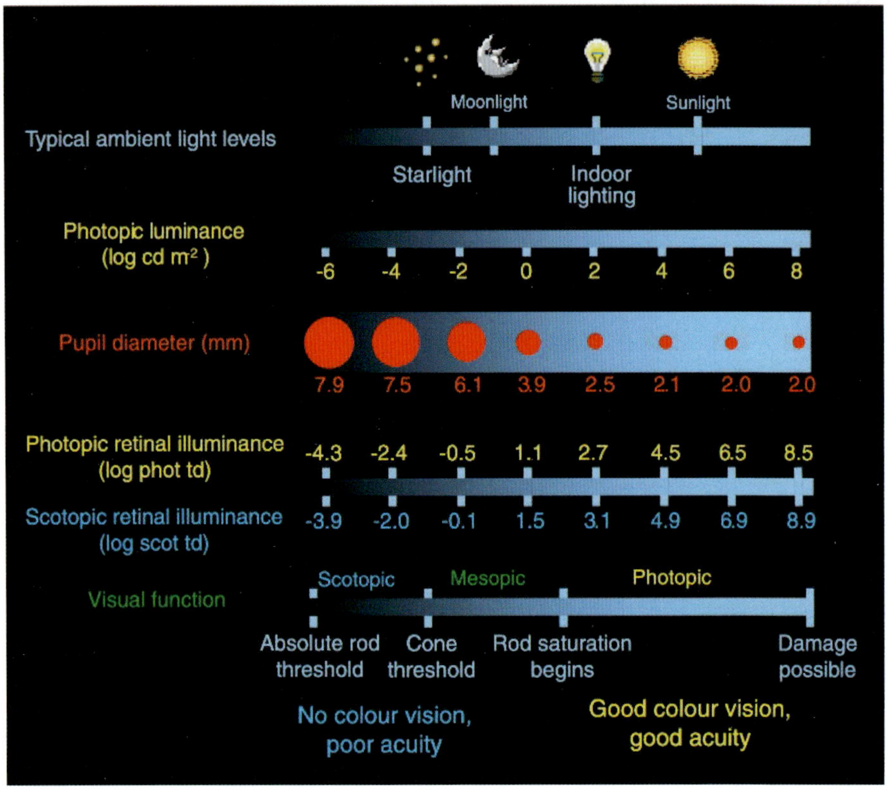

Figure 157: Visual effects of different levels of external illumination. Photopic luminance, measured in candles per square meter, expresses light levels of particular spectra of light, i.e., what fraction of the intensity occurs at each wavelength in the visible spectrum. Retinal illuminance, measured in Trolands (td), refers to the level of illuminance entering the eye through the pupil and impinging on the retina. Photopic (bright light) retinal illuminance and scotopic (dim light) retinal illuminance differ in the light spectra for which typical cone and rod cells are most sensitive. Visual function refers to which visual cells are active under given light conditions. Rod cells dominate under scotopic light conditions; they are more sensitive to low light and better at sensing contrast. However, rod cells to not distinguish different colors and they are not good at detecting rapid changes in light levels (that is, rod cells have a slower flicker fusion frequency). Cone cells dominate vision under bright light (photopic) conditions. They are able to distinguish different colors and they have a higher flicker fusion frequency but are inferior to rods at sensing contrasts.
Source: From Figure 1 of reference 21.

electro-mechanical eye with a 5 mm pupil size and, by hypothesis, also in the *Mona Lisa*.

Four mechanisms – pupil dilation, temporal integration, foveal acuity, and mesopic rod-cone synergy – all contribute to sfumato-relevant aspects of what one sees under the conditions Leonardo recommends for portrait painting. Leonardo did not articulate any of these in the same verbal and diagrammatic manner that he did with perspective and anatomy. Indeed, the conceptual, experimental, and verbal articulation of these mechanisms did not occur until four centuries later in the case of pupil size, or five centuries later in the case of flicker-fusion-like integration of multiple images, foveal hyper-acuity within the retina, or the intermediate-dim light levels at which rods and cones function synergistically. Leonardo very likely sensed these effects, perhaps unconsciously in the realm of his artistic sensibility, even though he did not and perhaps was not consciously able to name them. All four mechanisms – and perhaps others as yet undiscovered – underlie Leonardo's statement that the dim light of dusk or overcast days most favors the appreciation of faces:

Note in the streets, as evening falls, the faces of the men and women, and when the weather is dull, what softness and delicacy you may perceive in them.

Acknowledgments

This work evolved from talks, interactions, and encouragement at meetings of the Leonardo da Vinci DNA project held in Florence in May 2018 and Madrid, in May 2019, as well as the International Symposium: *Léonard de Vinci, Anatomiste. Pionnier de l'Anatomie comparée, de la Biomécanique, de la Bionique et de la Physiognomonie*, held in Amboise, October 2019. Thanks to Jesse Ausubel for inviting me to consider biological hypotheses that might have relevance to Leonardo da Vinci's genius, all members of the Leonardo DNA project for critique and encouragement, Martin Kemp, Saad Shaikh, Christopher Tyler for email correspondence, and Dale Langford for editing the final manuscript.

References

[1] KEMP M. (1977) Leonardo and the visual pyramid. *Journal of the Warburg and Courtauld Institutes*, 40: 128-149.

[2] KEMP M. (2006) Leonardo da Vinci: The Marvelous Works of Nature and Man, 2nd ed., Oxford University Press.

[3] ISAACSON W. (2017) Leonardo da Vinci: The Biography. *London: Simon & Schuster.*

[4] KEMP M. (1971) "Il concetto dell'anima" *In* Leonardo's early skull studies. *Journal of the Warburg and Courtauld Institutes*, 34, p. 115-134.

[5] LUMLEY H. de, LUMLEY M.-A. de, CLARAC F., FIGARELLA J., LAMY P. (2017) Leonardo da Vinci. Pioneer of comparative anatomy, biomechanics and physiognomy. *International Journal of Anthropology*, 32, p. 3-76.

[6] RADMAN Z. (ed.) (2013) The Hand, an Organ of the Mind. The MIT Press.

[7] APTHORP D., SCHWARZKOPF D.S., KAUL C., BAHRAMI B., ALAIS D., REES G. (2013) Direct evidence for encoding of motion streaks in human visual cortex. *Proc Biol Sci*, 280(1752), 20122339.

[8] KEMP M. (1992) In the beholder's eye: Leonardo and the "Errors of Sight" in theory and practice (Hammer Prize Lecture). *Achademia Leonardi Vinci,* V, p. 153-162.

[9] PETSCH S., SCHUHLADEN S., DREESEN L., ZAPPE H. (2016) The engineered eyeball, a tunable imaging system using soft-matter micro-optics. *Light-Sci Appl*, 5.

[10] BRINGMANN A., SYRBE S., GORNER K., KACZA J., FRANCKE M., WIEDEMANN P., REICHENBACH A. (2018) The primate fovea: Structure, function and development. *Prog Retin Eye Res*, 66, p. 49-84.

[11] KEMP M., SIMON R., DALIVALLE M. (2019) Leonardo's Salvator Mundi and the Collecting of Leonardo in the Stuart Courts, Oxford University Press.

[12] THALER D.S. (2019) Evidence for extraordinary visual acuity in Leonardo's comment on a dragonfly. Manuscript available on request from davidthaler@unibasch; davidsthaler@gmailcom.

[13] ABBE E. (1881) VI1.-On the estimation of aperture in the microscope. *Transactions of the Royal Society*, p. 388-423.

[14] MARCOS S., Moreno E., Navarro R. (1999) The depth-of-field of the human eye from objective and subjective measurements. *Vision Res*, 39(12), 2039-2049.

[15] KAHNEMAN D., Beatty J. (1966) Pupil diameter and load on memory. *Science*, 154(3756), 1583-1585.

[16] SHAIKH S. (2007) Eyes on Ice & No Blind Mice: Visions of Science from the Science of Vision: *AuthorHouse.*

[17] TYLER C.W. (2019) Evidence that Leonardo da Vinci had strabismus. *JAMA Ophthalmol*, 137(1), p. 82-86.

[18] STEVENS S.D., K'LARNER A. (1990) Deadly Doses: A Writer's Guide to Poisons: *Writer's Digest Books.*

[19] HOLZMAN R.S. (1998) The legacy of Atropos, the fate who cut the thread of life. *Anesthesiology*, 89(1), p. 241-249.

[20] WATSON A.B., YELLOTT J.I. (2012) A unified formula for light-adapted pupil size. *J Vis*, 12(10), p. 12.

Questions à David Thaler et réponses

Jeffrey Laitman : Merci David, c'était brillant, j'ai trouvé cette présentation excellente j'ai une question pour vous. Récemment les individus ont découvert beaucoup de choses sur le contenu de ce que nous appelons les fluides endolymphe et périlymphe dans l'oreille interne, essentiellement du potassium. L'oreille interne, en particulier le système vestibulaire et le système de l'équilibre, est de plus en plus reliée au mouvement des yeux, d'une façon encore mal comprise. Est-ce que vous ou vos collègues aviez déjà lu ou réfléchi à la façon dont des changements dans les gènes que vous avez mentionnés pourraient avoir un lien avec la position de la tête, ce qui, par des actions subtiles, pourrait être lié également à l'activité de l'œil ?

Jeffrey Laitman: *That was brilliant, I thought that was great. I have a question for you. Recently, individuals are discovering more and more about the contents of what's called endolymph and perilymph fluids in the inner ear, which are heavily based on potassium as an important element of these. Inner ear, particularly the vestibular system and balance system, is more and more being shown to be related to eye movements, and a coordination that is not fully understood. Have you read or any of your colleagues given thought to how changes in the content in the genes that you have mentioned may relate to positional relationships of head, which of course, in subtle actions, could relate to eye activities.*

David Thaler : Le canal potassique KV 2.1 est largement exprimé. KV 8.2 ne l'est pas, il est restreint aux cônes. Le canal est un tétramère, parfois il y a formation d'un hétéromère. Personnellement, je ne connais pas l'oreille interne, mais j'ai quelques connaissances sur les canaux potassiques et dans la littérature, nous pouvons discuter de nos ignorances respectives et où va la connaissance, car il y a beaucoup à dire... Et bien entendu, la teneur en sel dans le milieu pourrait également avoir un impact important, donc si vous en avez trop dans les fluides extracellulaires, j'imagine qu'il y aura un effet physiologique important.

David Thaler: *The KV 2.1 potassium channel is very widely expressed. The KV 8.2 is not, it's pretty restricted to the cones. The potassium channel is a tetramer, and you can have a heteromeric formation. I personally know nothing of the inner ear, but I'm accumulating some knowledge of the potassium channels although, believe me, it's a deep literature, decades of it, and we can discuss a little bit to share our ignorance and where it might go. I'd be happy to... and of course, there are osmotic issues, so the general level of salt in the solution, regardless of the particular channel, could have a profound effect. So if you build up too much in the extracellular fluid, I could really imagine that having a strong physiological effect.*

Jeffrey Laitman : On n'en sait pas beaucoup sur ce sujet, on commence seulement à voir que cela a une influence sur les mouvements de la tête, mais cela fait vingt ans seulement que nous apprenons là-dessus et sur le traitement du glaucome. Il y a encore beaucoup de points d'interrogation pour tout ce qui est de l'oreille interne.

Jeffrey Laitman: *But we know relatively little about vestibular system movements. It's just being shown more and more important in visualization and subtle head movements, and one of the key components are going to be the content of the fluids. It's only been over the last 20 years that we learned about ocular fluids. That's how come glaucoma can be treated. Still, diseases of the inner ear world are still a huge question mark...*

David Thaler : Est-ce qu'il serait possible de mesurer l'osmoralité du potassium de ces fluides cellulaires libres ? Je pense que ce serait la suite la plus simple à donner.

David Thaler: *So the question I'm asking is, is it possible to measure the potassium osmolarity of the cellular free fluids? That would be the simplest way to go.*

Jason Organ : Merci beaucoup, c'était excellent. Ma question concerne les différences. Je pense que vous avez dit que votre 2e gène était exprimé davantage que l'autre c'est bien ça ?

Jason Organ: *That was really excellent, thank you for that. I have a question about differences in expression... wait, I think you said that your second candidate gene was expressed more in cones than anything else... is that correct, or more than the other one?*

David Thaler : Le gène 2.1 est exprimé dans de nombreux cas alors que le 8.2 dans des cas plus limités, dans les cônes il s'agit d'un hétéro-tetramère.

David Thaler: *Well, the 2.1 gene is very expressed throughout the body in many cases, the KV 8.2 is more restricted, and in the cones it's a hetero-tetramer.*

Jason Organ : Certains primates ont une vision trichromatique, d'autres ne l'ont pas, et il y a une très grande variation des types de cônes dans le monde animal, selon les espèces. J'aimerais savoir ce que vous en pensez et en quoi cela pourrait avoir un impact sur votre interprétation de l'acuité visuelle des libellules comparée à celle des êtres humains et si les rétines sont assez similaires pour faire ce genre de prédiction.

Jason Organ: *Ok so, with regard to that, you know some primates have trichromatic vision, some don't, and there's a huge variation in the types of cones that are available for the animal world and what has evolved in different taxa... I'm curious to know how you might or what you have to think about the head, and how that might affect the way you're interpreting dragonfly visual acuity versus human visual acuity, and whether or not the retinas are even remotely similar enough to make these kinds of predictions.*

David Thaler : Il y a des différences importantes certainement entre les mammifères et les insectes, ne serait-ce que dans le nerf optique, si les cellules des cônes hyperpolarisent ou dépolarisent en fonction de l'excitation optique. Ce sont des questions hautement techniques. Vous faites vous-mêmes des comparaisons anatomiques depuis des années et ces comparaisons très approfondies sur le plan électrophysiologique sont bien plus avancées que le quelques semaines que j'y ai moi-même consacrées.

David Thaler: *There are significant differences certainly between mammals and insects. Even the bias of the optic nerves coming out, and whether or not the cone cells hyperpolarize or depolarize as a function of being excited, optically. So these are deep technical questions, we really have to go to the mats about it. I mean, you guys do deep comparative anatomy over years, and this kind of deep comparative electrophysiology is something that people have dedicated a lot more than the last couple of weeks to it, which is all I have done.*

Jason Organ : Je me demande comment la vision chez les primates peut être différente, je pense que les libellules n'ont pas de vision stéréoscopique contrairement aux singes, leur vision est juste différente.

Jason Organ: *Similarly, I wonder how stereoscopic vision in primates actually might affect this. It's different... my understanding of dragonflies, they don't have stereoscopic vision they have just very different vision than we do.*

David Thaler *:* En fait, il est possible de mettre des lentilles de contact bourrées d'électrodes qui permettent de faire des mesures intéressantes et les enregistrements intracellulaires qui nous ont permis d'identifier les réseaux de potassium dont j'ai parlé tout à l'heure nous permettent d'avancer. Chez les primates, il faut se poser la question de savoir quel degré d'information vous souhaitez avoir véritablement, jusqu'où vous voulez mener des expériences.

David Thaler: *Well, the extracellular electrodes, the contact lenses with electrodes could presumably be applied to many systems, and the intracellular recording that identify the potassium channels, you're not in a position to do that to too many people, and for primate experiments one has to really ask oneself how much you want to know, how much do you really want to know, experiment.*

Marguerite Mangin *:* Je me souviens avoir entendu à maintes reprises que Léonard avait une vision tétrachromatique, est-ce que vous pensez que cette hypothèse est bonne ?

Marguerite Mangin: *I seem to remember or have heard many times that Leonardo was supposed to have a tetrachromatic vision. Few humans have this possibility. Have you thought about that versus the regular trichromatic that we all see, I think?*

David Thaler : Je n'ai recueilli aucune preuve au cours de mes études de ce fait. Encore une fois, je sais que Tom Dagmar par exemple a émis l'hypothèse selon laquelle certaines personnes, 2 à 3 pour 100 de l'humanité possède un gène opsine en plus. J'ai lu beaucoup de choses différentes. Il y a des personnes qui apparemment arriveraient à distinguer les couleurs différemment, mais Léonard n'a rien fait qui soit invisible à notre œil. On peut voir toutes les nuances de ses travaux et pour ce qui est de l'élément spatial, Cesare Marchetti dans une publication parlait de 100 microns de distance entre les lignes. Il faudrait travailler sur la temporalité et c'est ce qui nous permettrait de savoir s'il y a des qualités surhumaines chez certaines personnes.

David Thaler: *Well, I wasn't able to see any evidence in my own. I mean it's again this issue of whether you have enhanced... – I know that Tom Dagmar, for instance, speculated that maybe you have an extra cone, that maybe like one or 2% of people have an extra opsin gene, and there's some literature – I looked at the papers, quite controversial – that people might be able to distinguish colors a little more. Clearly, Leonardo didn't make anything that is invisible to us, right? I mean, people have looked by this time with many enhanced spectral means. And similarly, with the spatial things, although it's clear that he was very articulate, the closest lines – it was Cesare Marchetti who mentioned it in a publication – are about 100 microns apart, those are normal range of human, so it's only with the timing that I could get any evidence of – if you want to call it – superhuman, or beyond normal motion apprehension.*

Michael Kwakkelstein : Ça se passe comme lorsqu'on voit tomber une goutte d'eau, et qu'elle se déforme lorsqu'on l'observe au ralenti, mais lui n'avait pas accès à ce type de technique alors comment a-t-il fait ?

Michael Kwakkelstein: *It's just about that he also saw the drop of water... When a drop of water falls, and then how it goes up, I know that we only know of that in slow motion, so I was wondering how could he have seen that, now.*

David Thaler : On ne peut pas connaître les expériences qu'il a faites, mais pour revenir à la libellule c'est par l'observation qu'il a réussi à arriver à ses conclusions.

David Thaler: *That's an excellent point, and I think that we should discuss how clearly one can interpret what experiment he did, and then actually try to put a timing number on it, because the dragonfly wing is so far at the edge of one's fingernail's ability to put a number and there might be another one.*

Amalie Rothschild : Tout d'abord, c'est fascinant bien entendu, je pense que Léonard avait une acuité visuelle extraordinaire et qu'on retrouve aussi certaines choses chez les personnes atteintes d'Asperger. Einstein et d'autres esprits parmi les plus brillants avaient très clairement des capacités de concentration extraordinaires. La vision est une chose qui peut expliquer une partie de son génie, mais elle n'est qu'une partie de son génie parce que d'autres personnes pouvaient avoir aussi des visions extraordinaires sans toutefois avoir la curiosité et la capacité de concentration que Léonard avait et qui faisait de lui l'homme qu'il était. Je ne vois pas la différence entre la vision de la libellule et l'utilisation par Léonard de la libellule dans ses dessins. On parle ici de sa capacité à voir le mouvement des ailes de la libellule et d'avoir utilisé cela dans son analyse de la vie.

Amalie Rothschild: *First of all this is fascinating of course, and I would take as a given that Leonardo certainly had extraordinary powers visually, perhaps more than some of us normally do. I think what was also raised before about the possibility of being on the autism spectrum, Asperger's, explains a great deal. We know that Isaac Newton, Einstein, many of the most brilliant minds of scientific and other areas clearly had very extraordinary abilities of concentration. The vision is one thing, it might explain a part of his genius, but it's only a part because there are other people who might have extraordinary vision, but they don't have the curiosity, the concentration, all of the other characteristics that are involved with making this person be what he was, and do what he did. So I'm curious… I also didn't understand, I don't see the difference between the vision of the dragonfly and Leonardo's use of the dragonfly for his drawings… what we're talking about his ability to have seen the motion of the wings, and to use it as part of his analysis of flight, etc.*

David Thaler : Cette vidéo illustrait parfaitement la fréquence de diffusion de clignotement et pour illustrer le mouvement rapide. Mais le fait que la libellule bouge rapidement, elle peut voir rapidement, tout cela va de pair, les insectes qui sont plus lents ne voient pas aussi rapidement non plus, surtout la nuit, bien sûr.

David Thaler: *That dragonfly was a beautiful video to teach flicker fusion frequency, and to illustrate that it happens to have a fast one. I didn't mean to say... but the fact that it can move fast and see fast do go together, and the flies who move much more slowly and at night have much slower time apprehension, of course.*

Amalie Rothschild *:* Est-ce qu'on a des preuves que Léonard avait fait ses propres expériences par exemple, il aurait pu étudier les insectes, il aurait pu les mettre dans un pot en verre pour essayer de ralentir les mouvements. Est-ce qu'on sait si ça s'est produit ?

Amalie Rothschild: *Is there any evidence that Leonardo did any experiments of his own, like he could have had some insects caged, in drawers, or drugged in order to slow their motion down in order to do some of his drawings? Is there any indication of those kinds of aspects of how to study them?*

David Thaler : Phil Richardson qui a étudié le codex sur le vol des oiseaux de Léonard, pense qu'il a pu observer une libellule à un moment, au crépuscule, quand le soleil formait le bon angle, elle rasait le sol plus foncé. Il l'aurait vue très brièvement et ne l'a plus jamais observée par la suite.

David Thaler: *Phil Richardson who studied Leonardo's codex on the flight of birds, emailed me that he thinks he saw it once over dark grass when the sun was at the right angle, but then the dragonfly angled across 2 lanes of traffic and he couldn't follow it and he's never been able to see it again since...*

Liste et adresses des intervenants par ordre alphabétique

Madame Anne M. BURROWS
burrows@duq.edu
Professeur Anna Rangos Rizakus Endowed
Chair for Health Sciences and Ethics
Department of Physical Therapy
Duquesne University
600 Farles Ave
Pittsburg, PA 15282
Etats-Unis

Monsieur Renaud CHABRIER
renaud.chabrier@m4x.org
58 avenue Victor-Hugo
91440 Bures sur Yvette
France

Monsieur François CLARAC
francois.clarac@univ-amu.fr
Directeur de l'Académie de Marseille
Institut de Neurosciences de la Timone, Marseille
Faculté de Médecine
27, boulevard Jean-Moulin
13005 Marseille
France

Monsieur John DENNISON
john.dennison@anatomy.otago.ac.nz
Department of Anatomy
john.dennison@otago.ac.nz
Otago School of Medical Sciences
P. O. Box 913
Dunedin 9054
Nouvelle Zélande

Monsieur Joachim Graf von FINCKENSTEIN
dr.med@finckenstein.de
Chirurgien plastique et esthétique
Wittelsbacherstraße 2A
82319 Starnberg
Allemagne

Monsieur Giacomo GIACOBINI
giacomo.giacobini@unito.it
Université de Turin
Dipartimento di Anatomia Farmacologia e Medicina Legale
Corso M. d'Azeglio, 52
10126 Torino
Italie

Madame Tracy KIVELL, Ph. D.
t.l.kivell@kent.ac.uk
Biological Anthropology – University of Kent
School of Anthropology and Conservation
Marlowe Building
Canterbury, Kent CT2 7NR
United Kingdom

Monsieur Michael W. KWAKKELSTEIN
kwakkelstein@nikiflorence.org
Professeur d'Histoire de l'Art à l'Université de Utrecht
Directeur de l'Institut Universitaire Néerlandais
de l'Histoire de l'Art
Viale Torricelli 5
50125 Florence
Italie

Monsieur Jeffrey LAITMAN
jeffrey.laitman@mssm.edu
Center for Anatomy and Functional Morphology
Icahn School of Medicine at Mount Sinai
1 Gustave L. Levy Place,
New York – NY 10029
Etats-Unis

Monsieur Jacky LAULAN
j.laulan@chu-tours.fr
Chirurgien de la main
Centre Hospitalier Régional Universitaire
37044 Tours cedex 9
France

Monsieur Domenico LAURENZA
domlar@libero.it
Institut et Musée d'Histoire de la Science
Le musée Galilée
Ville de Florence, capitale de la Toscane.
Piazza dei Giudici, 1
50122 Firenze FI
Italie

Monsieur Dominique LE NEN
0107116A@chu-brest.fr
CHU La Cavale Blanche
Boulevard Tanguy Prigent
29200 Brest
France

Monsieur Henry DE LUMLEY
iph@mnhn.fr – Directeur
Institut de Paléontologie Humaine
Fondation Albert Ier, Prince de Monaco
1, rue René Panhard
75013 Paris
France

Madame Marie-Antoinette DE LUMLEY
malumley@mnhn.fr
Institut de Paléontologie Humaine
Fondation Albert Ier, Prince de Monaco
1, rue René Panhard
75013 Paris
France

Monsieur Jason M. ORGAN
jorgan@iupui.edu
Assistant Professor of Anatomy & Cell Biology
Adjunct Assistant Professor of Anthropology, of Biomedical Engineering, and of Communication Studies
Department of Anatomy & Cell Biology
Indiana University School of Medicine
635 Barnhill Drive
Indianapolis, IN 46102
Etats-Unis

Madame Enrica PAGELLA
mr-to@beniculturali.it
Directeur des Musées Royaux de Turinmbac-mr-to@mailcert.beniculturali.it
Piazzetta Reale, 1
10122 Torino, TO
Piemonte
Italie

Monsieur Brian SHEARER
brian.shearer@gmail.com
Anthropology Programm
City University of New York Graduate Center
365 Fifth Avenue
New York
NY 10016
Etats-Unis

Monsieur Timothy D. SMITH
timothy.smith@sru.edu
School of Physical Therapy,
Slippery Rock University
Slippery Rock
PA 16057
États-Unis

Monsieur Ian TATTERSALL
iant@amnh.org
Paléoanthropologue
Division of Anthropology American Museum of Natural History
Central Park West & 79th Street
NY 10024 New-York NY
Etats-Unis

Monsieur David S. THALER
davidsthaler@gmail.com
Biozentrum, Université de Bâle
david.thaler@unibas.ch
Klingelbergstrasse 50 / 70
CH – 4056 Bâle
Suisse

Liste et adresses des intervenants par pays

ALLEMAGNE

Monsieur Joachim Graf von FINCKENSTEIN
dr.med@finckenstein.de
Chirurgien plastique et esthétique
Wittelsbacherstraße 2A
82319 Starnberg

ETATS-UNIS

Madame **Anne M. BURROWS**
burrows@duq.edu – Professeur
Anna Rangos Rizakus Endowed
Chair for Health Sciences and Ethics
Department of Physical Therapy
Duquesne University
600 Farles Ave
Pittsburg, PA 15282

Monsieur Jeffrey LAITMAN
jeffrey.laitman@mssm.edu
Center for Anatomy and Functional Morphology
Icahn School of Medicine at Mount Sinai
1 gustave L. Levy Place,
New York – NY 100029
Etats-Unis

Monsieur Jason M. ORGAN
jorgan@iupui.edu
Assistant Professor of Anatomy & Cell Biology
Adjunct Assistant Professor of Anthropology,
of Biomedical Engineering, and of Communication Studies
Department of Anatomy & Cell Biology
Indiana University School of Medicine
635 Barnhill Drive
Indianapolis, IN 46102

Monsieur Brian SHEARER
brian.shearer@gmail.com
Anthropology Programm
City University of New York Graduate Center
365 Fifth Avenue
New York – NY 10016
Etats-Unis

Monsieur Timothy D. SMITH
timothy.smith@sru.edu
School of Physical Therapy,
Slippery Rock University
Slippery Rock
PA 16057

Monsieur Ian TATTERSALL
iant@amnh.org
Paléoanthropologue
Division of Anthropology American Museum
of Natural History
Central Park West at 79th Street
NY 10024 New-York NY

FRANCE

Monsieur Renaud CHABRIER
renaud.chabrier@m4x.org
58 avenue Victor Hugo
91440 Bures sur Yvette

Monsieur François CLARAC
francois.clarac@univ-amu.fr
Directeur de l'Académie de Marseille
Institut de Neurosciences de la Timone, Marseille
Faculté de Médecine
27, boulevard Jean Moulin
13005 Marseille

Monsieur Jacky LAULAN
j.laulan@chu-tours.fr
Chirurgien de la main
Centre Hospitalier Régional Universitaire
37044 Tours cedex 9

Monsieur Dominique LE NEN
0107116A@chu-brest.fr
CHU La Cavale Blanche
Boulevard Tanguy Prigent
29200 Brest

Monsieur Henry DE LUMLEY
iph@mnhn.fr – Directeur
Institut de Paléontologie Humaine
Fondation Albert Ier, Prince de Monaco
1, rue René Panhard
75013 Paris

Madame Marie-Antoinette DE LUMLEY
malumley@mnhn.fr
Institut de Paléontologie Humaine
Fondation Albert Ier, Prince de Monaco
1, rue René Panhard
75013 Paris

ITALIE

Monsieur Giacomo GIACOBINI
giacomo.giacobini@unito.it
Université de Turin
Dipartimento di Anatomia Farmacologia
e Medicina Legale
Corso M. d'Azeglio, 52
10126 Torino

Monsieur Michael W. KWAKKELSTEIN
kwakkelstein@nikiflorence.org
Professeur d'Histoire de l'Art à l'Université de Utrecht
Directeur de l'Institut Universitaire Néerlandais
de l'Histoire de l'Art
Viale Torricelli 5
50125 Florence

Monsieur Domenico LAURENZA
domlar@libero.it
Institut et Musée d'Histoire de la Science
Le musée Galilée
Ville de Florence, capitale de la Toscane
Piazza dei Giudici, 1
50122 Firenze FI

Madame Enrica PAGELLA
mr-to@beniculturali.it
Directeur des Musées Royaux de Turinmbac-mr-to@mailcert.beniculturali.it
Piazzetta Reale, 1
10122 Torino, TO
Piemonte

NOUVELLE-ZÉLANDE

Monsieur John DENNISON
john.dennison@anatomy.otago.ac.nz
Department of Anatomy
john.dennison@otago.ac.nz
Otago School of Medical Sciences
P. O. Box 913
Dunedin 9054

ROYAUME-UNI

Madame Tracy KIVELL, Ph. D.
t.l.kivell@kent.ac.uk
Biological Anthropology
University of Kent
School of Anthropology and Conservation
Marlowe Building
Canterbury, Kent CT2 7NR
United Kingdom

SUISSE

Monsieur David S. THALER
davidsthaler@gmail.com
Biozentrum, Université de Bâle
david.thaler@unibas.ch
Klingelbergstrasse 50 / 70
CH – 4056 Bâle

Liste des des intervenants au colloque par ordre alphabétique des auteurs

Anne M. BURROWS, Professeur au Anna Rangos Rizakus Endowed Chair for Health Sciences and Ethics, Department of Physical Therapy, Duquesne University, Pittsburgh, USA : *« Léonard de Vinci, spécialiste de l'anatomie faciale »*

Renaud CHABRIER, École Polytechnique, Palaiseau, France : *« Un dessin en mouvement »*

François CLARAC, INSERM, Marseille, France : *« Les remarquables dessins anatomiques de Léonard de Vinci »*

John DENNISON, Otago School of Biomedical Sciences, Nouvelle-Zélande : *« Léonard de la ville de Vinci : Anatomiste »*

Joachim Graf von FINCKENSTEIN, Chirurgien plastique et esthétique, Starnberg, Allemagne : *« Léonard de Vinci, premier scientifique mondial de la bionique »*

Giacomo GIACOBINI, Professeur d'anatomie humaine, Université de Turin, Italie : *« Histoire des dépôts des dessins anatomiques de Léonard de Vinci, conservés à la Bibliothèque Royale de Turin »*

Tracy L. KIVELL, Professeur d'Anthropologie biologique à l'Université de Kent, School of Anthropology and Conservation, Canterbury, Royaume-Uni : *« Like the back of your hand : Leonardo da Vinci's anatomical knowledge of the human hand and what has (not) changed in 500 years »*

Michael W. KWAKKELSTEIN, Professeur d'Histoire de l'Art à l'Université de Utrecht / Directeur de l'Institut Universitaire Néerlandais de l'Histoire de l'Art, Florence, Italie *« Leonardo's Drawings of Busts of Old Men and Women with Monstrous Faces. Satire as Moral Criticism »*

Jeffrey LAITMAN, Center for Anatomy and Functional Morphology, Icahn School of Medicine at Mount Sinai, New York, USA : *« From da Vinci's eyes to 21st century imaging : An exploration of study into the anatomy of the skull »*

Jacky LAULAN, Chirurgien de la main au CHRU de Tours, France : *« La main vue par Léonard de Vinci, de la fonction à l'anatomie »*

Domenico LAURENZA, Professeur, Université de Florence, Italie : *« Les dessins anatomiques de Léonard de Vinci, artiste et savant révolutionnaire »*

Dominique LE NEN, Professeur des Universités, Chirurgien des Hôpitaux, CHU, Brest, France :*« Léonard de Vinci révèle l'anatomie : du scalpel au pinceau »*

Henry de LUMLEY, Président de l'Institut de Paléontologie Humaine, Fondation Albert Ier Prince de Monaco, Paris, France : *« Léonard de Vinci, anatomiste. Pionnier de l'Anatomie comparée, de la Biomécanique, de la Bionique et de la Physiognomonie »*

Marie-Antoinette de LUMLEY, Chercheur, Institut de Paléontologie Humaine, Fondation Albert Ier Prince de Monaco, Paris, France : *« À l'origine d'une nouvelle science : l'anatomie comparée »*

Jason M. ORGAN, Department of Anatomy & Cell Biology, Indiana University School of Medicine, Indianapolis, USA : *« Art, Science and the Birth of Biomechanics »*

Enrica PAGELLA, Directeur des Musées Royaux de Turin, Italie : *« Les dessins anatomiques de Léonard de Vinci conservés à la Bibliothèque Royale de Turin »*

Brian SHEARER, Anthropology Program, City University of New York Graduate Center, USA : *« Leonardo and the visualization of anatomy »*

Timothy D. SMITH, School of Physical Therapy, Slippery Rock University, Slippery Rock, Pennsylvanie, USA : *« Lentilles, miroirs et dessins d'artiste : une vue de nous-mêmes à travers le temps »*

Ian TATTERSALL, Directeur du Département d'Anthropologie du Museum of Natural History, New-York, USA, représenté par Anne M. Burrows : *« Leonardo da Vinci and the early evolution of earth sciences »*

David S. THALER, University of Basel, Suisse : *« Genetics and Psychophysics inspired by Leonardo da Vinci »*

Table des matières

Composition : Le vent se lève...

Impression et brochage, Imprimerie CHIRAT, 42540 ST-JUST-LA-PENDUE - France
Dépôt légal : avril 2021 - N° 202103.0502
Ouvrage imprimé avec des encres végétales sur papier couché brillant 115 g/m^2 pour l'intérieur.